Programming in C
Methods and Practice

C程序设计
方法与实践

刘喜平 万常选 舒蔚 骆斯文 编著

清华大学出版社
北京

内 容 简 介

本书是强调程序设计能力培养的教材,以 C 语言为载体,围绕程序的基本构造、数据组织和构造方法展开。全书共 15 章。第 1 章简要介绍程序设计的基本概念、算法与数据结构以及软件开发过程;第 2 章首先介绍了 C 语言最核心的内核;第 3~6 章在这个内核的基础上介绍了 C 语言的基础:数据类型、表达式和基本结构,通过学习这些章节的知识,学生可以阅读和编写基本的 C 程序;第 7~13 章介绍了函数、常见算法、指针、结构体和文件等语言元素,使用这些语言特征可以编写出更加复杂的 C 程序;第 14 章介绍了常见的两个 C 程序开发工具以及调试技巧,第 15 章列出了配套的实验。

本书的主要特点是:精心组织结构,精选例题,增强实用性,注重从软件开发和系统的角度来介绍程序设计,突出算法思想的培养,达到提高学生程序设计综合素质和能力的目的。

本书可作为高等学校计算机及相关专业学生的程序设计课程教材,也可供程序设计爱好者自学和参考。

本书封面贴有清华大学出版社防伪标签,无标签者不得销售。
版权所有,侵权必究。举报:010-62782989,beiqinquan@tup.tsinghua.edu.cn。

图书在版编目(CIP)数据

C 程序设计:方法与实践/刘喜平等编著. —北京:清华大学出版社,2017(2024.9重印)
ISBN 978-7-302-46715-1

Ⅰ. ①C… Ⅱ. ①刘… Ⅲ. ①C 语言—程序设计 Ⅳ. ①TP312.8

中国版本图书馆 CIP 数据核字(2017)第 039092 号

责任编辑:张瑞庆
封面设计:常雪影
责任校对:焦丽丽
责任印制:刘海龙

出版发行:清华大学出版社
网　　址:https://www.tup.com.cn, https://www.wqxuetang.com
地　　址:北京清华大学学研大厦 A 座　　邮　编:100084
社 总 机:010-83470000　　邮　购:010-62786544
投稿与读者服务:010-62776969, c-service@tup.tsinghua.edu.cn
质量反馈:010-62772015, zhiliang@tup.tsinghua.edu.cn
课件下载:https://www.tup.com.cn, 010-83470236

印 装 者:天津鑫丰华印务有限公司
经　　销:全国新华书店
开　　本:185mm×260mm　　印　张:32　　字　数:761 千字
版　　次:2017 年 5 月第 1 版　　印　次:2024 年 9 月第 11 次印刷
定　　价:79.99 元

产品编号:073692-04

前 言

程序设计类课程是计算机科学与技术及相关专业的基础课程,在计算机专业课程体系建设中占有十分重要的地位,对于培养学生的思维、能力和兴趣具有十分重要的作用。本书的定位是第一门程序设计类课程的教材。

本书围绕程序设计展开,内容包括3个方面:
- 程序的基本构造,如程序的3种基本结构、函数、常量、变量等;
- 程序的构造方法,如函数分解、递归、常见算法等;
- 程序的数据组织,如数组、结构体、文件等。

全书以C语言为载体,不仅介绍了C语言的基本语法,更重要的是通过C语言的语法元素展示了如何构造出一个完整的程序。

与已有的C语言教材相比,本书具有以下特点:

1) 结构上有所突破

在结构上,本书不是采用传统的条块式结构,即按照知识点一个一个地介绍,而是采用层次结构,即先介绍一个C语言核心,其中包括了C语言最常见的用法,然后再对这个核心进行扩展。实践证明,这种结构更容易被学生接受,教学效果更好。

2) 内容组织上有所创新

在内容组织上,有以下两点创新:

(1) 将文件的基本读写操作提前到输入输出章节(第3章)。这样安排的好处是:一方面让学生更加熟悉C文件操作,强化了文件操作的训练;另一方面可以增强例题的趣味性、综合性和实用性,更容易引起学生的兴趣。

(2) 增加C程序运行机制的介绍。C语言很多知识点与计算机硬件有着紧密的联系,如变量内存分配(变量、指针、静态变量)、内存布局(堆、栈函数调用)、寄存器(寄存器变量)、缓冲区等,要深入地理解C程序不可避免地涉及基本的计算机系统原理。在本书中,专设一章把这些内容串起来,让学生理解C程序运行的背后计算机在发生什么。

3) 精选例题

本书的例题经过了精心的选择和组织。根据例题的性质,将例题分为验证性例题和示范性例题。验证性例题纯粹是为了验证和演示某一个知识点。例如,在printf函数中用%d、%o和%x等不同格式来输出一个整数,通过这个例子,可以验证不同格式符的不同。而示范性例题不仅演示了某一用法,更具有示范意义,值得提炼,值得熟记。例如,判断一个数是否为素数的例子，毫无疑问需要学生完全掌握。本书中的示范性例题都经过了精心挑选，值得好好学习和品读（为了区分，示范性例题在例题编号后加了一个星号，如例2.6*）。本书也注重对例题的分析，尽量让学生通过一个题目掌握一类题目的解法。

4) 强调规范化、工程化的开发

程序设计具有很强的工程化属性，因此本书也一直强调程序设计的规范化和工程化思想，书中介绍了一些常见的工程实践中的做法，如代码风格、命名、程序计时、软件测试等，并强调软件工程中功能分解、函数封装等原则。

另外，为了方便读者查找和复习，本书提供了电子版的例题索引；为了方便教学，本书还提供了电子版的PPT演示文稿。读者可以到清华大学出版社网站（http://www.tup.tsinghua.edu.cn)免费下载。

本书是在《C语言与程序设计方法》(第2版)(万常选、舒蔚、骆斯文、刘喜平编著)的基础上编写的。其中，第1～5、9、14～15章由刘喜平编写，第6、8、10、13章由万常选编写，第7、11章由舒蔚编写，第12章由骆斯文编写。刘喜平、万常选提出本书的编写大纲，并对全书的初稿进行了修改、补充和总纂。

本书在编写过程中参阅了大量的参考文献，在此对参考书目的作者表示衷心感谢！

由于水平有限，加上编写时间仓促，书中难免会有不少缺点或错误，敬请专家和读者批评指正。

作　者

2017年1月

目 录

第1章 程序设计与软件开发 ... 1
1.1 程序设计的基本概念 ... 1
1.1.1 程序 ... 1
1.1.2 程序设计语言 ... 2
1.1.3 程序设计 ... 4
1.2 算法与数据结构 ... 7
1.2.1 算法及其特征 ... 7
1.2.2 算法的结构 ... 9
1.2.3 算法的描述 ... 10
1.2.4 数据结构 ... 14
1.3 软件开发 ... 16
1.3.1 软件 ... 16
1.3.2 软件工程 ... 16
1.4 本章小结 ... 17
习题 1 ... 19

第2章 C语言概述 ... 20
2.1 C语言的发展与特点 ... 20
2.1.1 C语言的发展 ... 20
2.1.2 C语言的特点 ... 21
2.2 一个C程序实例 ... 22
2.2.1 编写和运行C程序 ... 23
2.2.2 注释 ... 23
2.2.3 预处理命令 ... 24
2.2.4 程序主体 ... 24
2.3 C语言的字符集与标识符 ... 26
2.4 数据类型 ... 27

2.5 常量和变量 28
2.5.1 常量 28
2.5.2 变量 28
2.6 运算符和表达式 30
2.6.1 运算符 30
2.6.2 表达式 32
2.7 输入与输出 33
2.7.1 输出函数 printf 33
2.7.2 输入函数 scanf 34
2.8 语句 36
2.8.1 简单语句 36
2.8.2 语句块 36
2.8.3 if 语句 37
2.8.4 while 语句 39
2.8.5 for 语句 39
2.9 函数 41
2.10 编程实践：代码风格 42
2.11 本章小结 44
习题 2 48

第 3 章 数据类型与输入输出 49
3.1 整型 50
3.1.1 整数的内部表示 51
3.1.2 整型常量 51
3.1.3 整数的输出 52
3.1.4 整数的输入 55
3.2 浮点型 57
3.2.1 浮点常量 58
3.2.2 浮点数的内部表示 58
3.2.3 浮点数的输出 58
3.2.4 浮点数的输入 60
3.2.5 浮点数的比较和计算 60
3.3 字符型 62
3.3.1 字符型数据的内部表示 62
3.3.2 字符常量和变量 63
3.3.3 字符输出 64
3.3.4 字符输入 65

- 3.3.5 字符处理 ·············· 66
- 3.4 数组 ·············· 68
  - 3.4.1 什么是数组 ·············· 68
  - 3.4.2 数组的内部表示 ·············· 69
  - 3.4.3 数组元素的访问 ·············· 69
  - 3.4.4 数组的初始化 ·············· 70
- 3.5 字符串 ·············· 71
  - 3.5.1 字符串常量 ·············· 71
  - 3.5.2 用字符数组处理字符串 ·············· 72
  - 3.5.3 字符串的输出 ·············· 73
  - 3.5.4 字符串的输入 ·············· 74
- 3.6 文本文件输入与输出 ·············· 77
  - 3.6.1 声明 FILE * 类型的变量 ·············· 78
  - 3.6.2 打开文件 ·············· 78
  - 3.6.3 关闭文件 ·············· 79
  - 3.6.4 读写文件 ·············· 79
- 3.7 变量的进一步讨论 ·············· 81
  - 3.7.1 变量的声明与初始化 ·············· 81
  - 3.7.2 限定词 const ·············· 82
- 3.8 编程实践：命名 ·············· 82
- 3.9 本章小结 ·············· 83
- 习题 3 ·············· 86

第 4 章 运算符与表达式 ·············· 89

- 4.1 运算符与表达式概述 ·············· 89
  - 4.1.1 C 运算符简介 ·············· 89
  - 4.1.2 C 表达式简介 ·············· 91
- 4.2 算术运算符和算术表达式 ·············· 91
  - 4.2.1 算术运算符 ·············· 91
  - 4.2.2 算术表达式 ·············· 92
  - 4.2.3 算术表达式的例子 ·············· 93
- 4.3 赋值运算符和赋值表达式 ·············· 93
  - 4.3.1 赋值运算符 ·············· 94
  - 4.3.2 赋值表达式 ·············· 94
  - 4.3.3 复合赋值运算符 ·············· 95
- 4.4 增量减量运算符 ·············· 96
- 4.5 子表达式的求值顺序 ·············· 97

4.6 数据类型的转换 ·· 99
　　4.6.1 隐式类型转换 ·· 99
　　4.6.2 赋值运算符两侧数据的类型转换 ·· 100
　　4.6.3 强制类型转换 ·· 103
4.7 逗号运算符和逗号表达式 ·· 104
4.8 本章小结 ·· 105
习题 4 ·· 107

第 5 章　分支结构 ·· 110

5.1 关系运算符和关系表达式 ·· 110
5.2 逻辑运算符和逻辑表达式 ·· 111
　　5.2.1 逻辑运算符 ·· 111
　　5.2.2 逻辑表达式 ·· 112
5.3 条件运算符和条件表达式 ·· 114
5.4 C 语句概述 ·· 114
5.5 if 语句 ·· 116
5.6 switch 语句 ·· 119
5.7 应用举例 ·· 122
5.8 本章小结 ·· 127
习题 5 ·· 128

第 6 章　循环结构与程序设计基本算法 ·· 133

6.1 循环结构与控制语句 ·· 133
　　6.1.1 while 语句 ·· 133
　　6.1.2 for 语句 ·· 134
　　6.1.3 do-while 语句 ·· 136
　　6.1.4 循环嵌套 ·· 139
　　6.1.5 流程控制语句(break 语句、continue 语句和 goto 语句) ················ 140
6.2 控制循环的基本方法 ·· 144
　　6.2.1 通过计数器变量控制循环 ·· 144
　　6.2.2 通过程序执行的状态控制循环 ·· 148
6.3 穷举算法 ·· 153
6.4 迭代与递推算法 ··· 157
　　6.4.1 迭代 ·· 157
　　6.4.2 递推 ·· 159
6.5 程序设计实例 ·· 162

6.6　编程实践：程序计时 …………………………………………………… 171
　　6.7　本章小结 ………………………………………………………………… 172
　习题 6 ………………………………………………………………………………… 175

第 7 章　函数与结构化程序设计 ……………………………………………… 180

　　7.1　函数 ……………………………………………………………………… 180
　　　　7.1.1　为什么要使用函数 ……………………………………………… 180
　　　　7.1.2　函数定义 ………………………………………………………… 183
　　　　7.1.3　函数调用 ………………………………………………………… 188
　　　　7.1.4　函数原型与函数声明 …………………………………………… 190
　　　　7.1.5　函数的执行 ……………………………………………………… 193
　　　　7.1.6　主调函数与被调函数之间的数据传递 ………………………… 195
　　　　7.1.7　函数设计的思路 ………………………………………………… 198
　　7.2　递归调用与递归算法 …………………………………………………… 202
　　　　7.2.1　递归调用的执行过程 …………………………………………… 202
　　　　7.2.2　递归算法 ………………………………………………………… 204
　　　　7.2.3　Hanoi 塔问题 …………………………………………………… 206
　　7.3　程序的函数分解 ………………………………………………………… 208
　　7.4　C 程序结构 ……………………………………………………………… 217
　　　　7.4.1　编译预处理命令 ………………………………………………… 217
　　　　7.4.2　全局声明 ………………………………………………………… 224
　　　　7.4.3　函数 ……………………………………………………………… 225
　　　　7.4.4　C 程序的逻辑与物理构成 ……………………………………… 225
　　7.5　编程实践：软件测试 …………………………………………………… 227
　　7.6　本章小结 ………………………………………………………………… 229
　习题 7 ………………………………………………………………………………… 232

第 8 章　指针与数组 ……………………………………………………………… 236

　　8.1　指针与指针变量 ………………………………………………………… 237
　　　　8.1.1　指针的概念 ……………………………………………………… 237
　　　　8.1.2　指针变量的声明与初始化 ……………………………………… 239
　　　　8.1.3　指针的基本运算 ………………………………………………… 241
　　8.2　数组的指针 ……………………………………………………………… 246
　　　　8.2.1　一维数组的指针 ………………………………………………… 246
　　　　8.2.2　二维数组 ………………………………………………………… 251
　　　　8.2.3　二维数组的元素指针和行指针 ………………………………… 256

    8.2.4　指向一维数组的指针变量(行指针变量) ……………………………… 260
8.3　字符指针与字符串 …………………………………………………………………… 262
    8.3.1　字符串处理函数 ………………………………………………………………… 262
    8.3.2　指向字符的指针变量处理字符串 …………………………………………… 265
8.4　指针作为函数参数 …………………………………………………………………… 267
    8.4.1　变量的指针作为函数参数 …………………………………………………… 267
    8.4.2　一维数组的指针作为函数参数 ……………………………………………… 270
    8.4.3　二维数组的指针作为函数参数 ……………………………………………… 273
8.5　返回指针的函数 ……………………………………………………………………… 275
8.6　指针数组 ……………………………………………………………………………… 277
    8.6.1　指针数组的概念及其应用 …………………………………………………… 277
    8.6.2　指针数组作 main 函数的形参 ……………………………………………… 280
    8.6.3　行指针数组 …………………………………………………………………… 282
8.7　编程实践：实用字符串处理 ………………………………………………………… 284
8.8　本章小结 ……………………………………………………………………………… 288
习题 8 ……………………………………………………………………………………… 297

第 9 章　C 程序运行原理 …………………………………………………… 304

9.1　一个 C 程序的运行之旅 …………………………………………………………… 304
9.2　计算机指令的执行过程 ……………………………………………………………… 306
9.3　计算机的存储模型 …………………………………………………………………… 308
9.4　程序的内存布局 ……………………………………………………………………… 310
    9.4.1　概述 …………………………………………………………………………… 310
    9.4.2　栈 ……………………………………………………………………………… 311
    9.4.3　堆 ……………………………………………………………………………… 312
    9.4.4　可执行文件映像 ……………………………………………………………… 314
9.5　变量的存储类型 ……………………………………………………………………… 314
    9.5.1　作用域 ………………………………………………………………………… 315
    9.5.2　存储期限(生存期) …………………………………………………………… 319
    9.5.3　链接 …………………………………………………………………………… 322
    9.5.4　变量分类 ……………………………………………………………………… 323
9.6　编程实践：程序设计与操作系统 …………………………………………………… 327
9.7　本章小结 ……………………………………………………………………………… 329
习题 9 ……………………………………………………………………………………… 332

第 10 章 复杂问题的求解算法 ·· 334

10.1 分治法 ·· 334
10.1.1 分治法的基本思想 ·· 334
10.1.2 折半查找 ·· 335
10.1.3 循环赛赛程安排 ·· 338

10.2 贪心算法 ·· 340
10.2.1 贪心算法的基本概念 ·· 340
10.2.2 活动安排问题 ·· 342
10.2.3 背包问题 ·· 344

10.3 动态规划算法 ·· 348
10.3.1 动态规划介绍 ·· 348
10.3.2 最长公共子序列问题 ·· 349
10.3.3 0-1 背包问题 ·· 353
10.3.4 动态规划算法总结 ·· 355

10.4 回溯法 ·· 356
10.4.1 回溯法的基本思想 ·· 356
10.4.2 n 皇后问题 ·· 357
10.4.3 0-1 背包问题 ·· 359
10.4.4 回溯法总结 ·· 362

10.5 本章小结 ·· 363

习题 10 ·· 365

第 11 章 结构体、联合共用体与枚举类型 ·· 368

11.1 数据类型的再讨论 ·· 368
11.1.1 数据类型与事物属性 ·· 368
11.1.2 数据类型的定义 ·· 369

11.2 结构体 ·· 370
11.2.1 结构体类型的定义 ·· 370
11.2.2 结构体变量的声明与存储 ·· 371
11.2.3 结构体变量的引用与初始化 ·· 373

11.3 结构体数组 ·· 375

11.4 结构体指针 ·· 377

11.5 结构体与函数 ·· 379
11.5.1 函数的结构体类型参数 ·· 379
11.5.2 结构体类型的函数 ·· 381

11.6 结构体嵌套 ·· 382

11.7 线性链表 ··· 383
    11.7.1 线性链表概述 ·· 383
    11.7.2 C语言实现线性链表 ·· 384
11.8 联合共用体 ··· 389
11.9 枚举类型 ··· 393
    11.9.1 枚举类型定义与变量声明 ·· 393
    11.9.2 枚举类型的使用方法 ·· 394
    11.9.3 类型名重新定义typedef ·· 396
11.10 编程实践：中文处理 ·· 397
11.11 本章小结 ·· 400
习题11 ··· 403

第12章 文件 ·· 406

12.1 C文件概述 ·· 406
    12.1.1 C文件的基本概念 ·· 406
    12.1.2 文本文件与二进制文件 ·· 407
    12.1.3 文件的处理方法 ·· 408
12.2 流与文件类型的指针 ··· 408
12.3 文件操作 ··· 409
    12.3.1 文件的打开 ·· 409
    12.3.2 文件的关闭 ·· 411
    12.3.3 字符方式读写文件 ·· 411
    12.3.4 数据块方式读写文件 ·· 414
12.4 文件的定位与随机读写 ··· 418
    12.4.1 文件的定位 ·· 418
    12.4.2 随机读写 ·· 421
12.5 文件操作的出错检测 ··· 422
12.6 文件读写操作应用实例 ··· 422
    12.6.1 文件中数据的修改 ·· 423
    12.6.2 文件中数据的删除 ·· 424
    12.6.3 向文件中追加或插入数据 ·· 425
12.7 编程实践：C与C++ ··· 426
12.8 本章小结 ··· 428
习题12 ··· 431

第 13 章　指针的进一步讨论与位运算 **432**

13.1　多级指针 432
13.1.1　指向指针的指针与指向行指针的指针 432
13.1.2　指向指针的指针数组与指向行指针的指针数组 434

13.2　函数与指针 435
13.2.1　指向函数的指针变量 435
13.2.2　指向函数的指针数组 440
13.2.3　指向返回指针的函数的指针变量 440
13.2.4　指向返回指针的函数的指针数组 441
13.2.5　返回行指针的函数 441
13.2.6　指向返回行指针的函数的指针变量 442
13.2.7　指向返回行指针的函数的指针数组 443

13.3　位运算 443
13.3.1　二进制位运算概述 443
13.3.2　位运算符 444
13.3.3　位段 448

13.4　本章小结 450

习题 13 452

第 14 章　C 程序开发环境与调试 **455**

14.1　Visual Studio Community 2015 的安装与使用 455
14.1.1　Visual Studio Community 2015 简介 455
14.1.2　Visual Studio Community 2015 的安装 457
14.1.3　Visual Studio Community 2015 中编写 C 程序 459
14.1.4　Visual Studio Community 2015 中运行 C 程序 461
14.1.5　Visual Studio Community 2015 中调试 C 程序 463

14.2　Code::Blocks 的安装与使用 468
14.2.1　Code::Blocks 简介 468
14.2.2　Code::Blocks 的安装 469
14.2.3　在 Code::Blocks 中编写程序 471
14.2.4　在 Code::Blocks 中运行和调试程序 476

第 15 章　C 语言上机实验 **478**

15.1　实验概述 478
15.1.1　实验目的 478
15.1.2　实验步骤 478

15.2 实验项目 ·· 479
　　15.2.1　实验 1：C 程序调试与输入输出 ·································· 479
　　15.2.2　实验 2：运算符、表达式及简单 C 程序设计 ······················ 481
　　15.2.3　实验 3：分支及循环结构 ·· 483
　　15.2.4　实验 4：循环程序设计 ·· 485
　　15.2.5　实验 5：函数程序设计 ·· 487
　　15.2.6　实验 6：函数设计 ·· 489
　　15.2.7　实验 7：数组、指针的应用 ······································ 491
　　15.2.8　实验 8：二维数组的应用 ·· 492
　　15.2.9　实验 9：结构体与文件 ·· 494

附录　部分字符与 ASCII 代码对照表 ·· **496**

参考文献 ·· **497**

第 1 章 程序设计与软件开发

- 理解程序的概念。
- 了解程序设计语言,以及机器语言、汇编语言和高级语言的概念。
- 理解什么是算法、算法的特征以及算法的3种结构。
- 掌握用流程图来描述算法。
- 理解数据结构和算法的概念,以及数据结构和算法的关系。
- 了解软件的概念,理解软件工程的必要性。

本课程将通过 C 语言介绍程序设计的基本方法和技巧。本章首先了解程序设计的基本背景,如什么是程序,程序是如何设计的,算法、数据结构是什么,什么是软件,为什么提出了软件工程的概念等。

1.1 程序设计的基本概念

1.1.1 程序

人类已经进入信息社会,信息社会的主要特征之一就是以计算机为代表的信息技术的广泛使用。从物理上来看,计算机无非就是一台机器,但是很少有机器像计算机这样对人类的经济社会发展产生如此重要的影响。与其他的机器设备,如冰箱、电视机相比,计算机到底有什么魔力呢?

计算机的魔力之一在于它有各种各样的软件。冰箱、电视机都只能用于特定的用途,但是计算机的使用是全方位的,可以用它来获取资讯、沟通娱乐、数据处理、智能控制、设计图纸等。为什么一台普通的机器可以做这么多的工作呢?这要归结于计算机丰富的软件。计算机是由软件驱动的,离开了软件,计算机就仅仅只是一台冰冷的机器而已。

计算机软件的核心是计算机程序。简单地说,计算机程序是完成特定功能的计算机指令序列。当运行一个软件时,计算机就是在程序中的指令的控制下一步一步地完成相应的功能。要让计算机完成一个任务,要么找一个现有的软件实现相应功能,要么开发一个软件来实现。开发软件中最关键的就是编写计算机程序。

"程序"这个词我们并不陌生,在日常生活中,我们会碰到各种各样的程序。例如,开学典礼的安排就是一个程序,每一项干什么都事先安排好了,典礼完毕后,程序也就结束了;在办理复杂的业务时,相关负责人会告诉我们办理流程,如先填写表格,然后开证明、签字、审批,这里的流程也就是程序的意思。另外,有时候尽管我们没有用到"程序"这个词,但是却隐含了类似的意思。例如,一个菜谱(如图1.1所示)是一个典型的程序。按照这个菜谱一步一步地加工，就可以做出这道菜。

```
菜名：糖醋排骨
厨具：炒锅
主料：排骨
辅料：料酒、生抽、老抽、香醋、糖、盐、味精、芝麻
步骤：
(1) 排骨500克焯水。
(2) 加水，煮30分钟。
(3) 用一汤匙料酒、一汤匙生抽、半汤匙老抽、两汤匙香醋腌渍20分钟。
(4) 捞出洗净控水，炸至金黄。
(5) 锅内放排骨、水和3汤勺白糖、半碗肉汤，用大火烧开，调入半茶匙盐提味。
(6) 小火焖10分钟。
(7) 大火收汁，收汁的时候最后加一汤匙香醋。
(8) 临出锅撒葱花、芝麻，少许味精。
```

图 1.1 一个菜谱的例子

从这些例子中可以看出，日常生活中的一个"程序"大致就是为了完成一件事情（办理业务、做菜）所进行的操作序列。一个程序包括两个方面：一是完成这个操作序列所涉及的对象，二是对这些对象所作用的动作规则。例如，在做菜这个"程序"中，涉及的对象有排骨、料酒、生抽等，而涉及的操作有焯水、煮、腌渍等。

计算机中的程序与日常生活中的程序的概念是类似的，只不过执行日常生活程序的主体是人，而执行计算机程序的主体是计算机。由于是计算机来完成所有操作，所以，一方面，计算机程序中的操作必须是计算机可以理解和执行的；另一方面，计算机程序中涉及的对象必须是计算机中的数据。

从另外一个角度，计算机程序让人和计算机之间可以进行交流。计算机只是一台机器，如何才能和人交流呢？通过计算机程序。可以认为一个计算机程序是由很多命令（一般称为指令）构成，每条指令告诉计算机要做什么。当计算机执行或者运行一个程序的时候，它按照程序中的操作指令一步一步地对数据进行加工处理，完成相应的功能。

1.1.2 程序设计语言

编制计算机程序的过程就是程序设计（programming），通俗一点也叫编程。在程序设计的时候，程序中的指令必须是计算能够理解并执行的。人和人之间交流思想、相互沟通要以某种自然语言为媒介。例如，中国人之间交流可以用中文，但是在国际会议这种场合就要用某种国际通用语言，如英语来交流。人和计算机之间交流也需要一种语言——计算机语言，程序设计语言就是程序设计的时候所使用的语言，这样的语言提供了计算机能够理解并执行的指令。因此，程序设计要使用某种程序设计语言，这样写出来的程序才可以被计算机理解并执行。

计算机能够直接执行的指令是二进制指令。而且不同的计算机系统能直接执行的指令系统是不同的。计算机中负责执行指令的部件是中央处理器（Central Processing Unit，CPU），CPU所能够处理的全部指令的集合称为指令系统。指令系统中的每个指令都是用二进制表示的，可以被机器直接执行，因此也称为**机器语言**。如图 1.2 所示的是用 MIPS R4000 处理器的机器语言写的计算最大公约数的程序。为了简洁，这个程序是用十六进制

的形式表示的。

```
27bdffd0  afbf0014  0c1002a8  00000000  0c1002a8  afa2001c  8fa4001c  00401825
10820008  0064082a  10200003  00000000  10000002  00832023  00641823  1483fffa
0064082a  0c1002b2  00000000  8bf0014  27bd0020  03e00008  00001025
```

图 1.2　机器语言编写的程序

很明显,这样的程序编写和阅读都非常困难。用机器语言编写程序,必须知道表示每个具体操作用什么二进制序列,每个数据的二进制表示又是什么,非常繁琐。为了简化程序设计,人们就想用一些记号来代替二进制序列,例如,用 add 表示加法,sub 表示减法等,这样就产生了**汇编语言**。用 MIPS 的汇编语言重新写出上面的程序,大致如图 1.3 所示。图 1.3 所示程序中包含了 23 行代码,每行代码对应了图 1.2 中的一个十六进制序列。用汇编语言编写的程序一般称为汇编程序。

```
       addiu   sp, sp, -32                b       C
       sw      ra, 20, (sp)               subu    a0, a0, v1
       jal     getint              B:     subu    v1, v1, a0
       nop                         C:     bne     a0, v1, A
       jal     getint                     slt     at, v1, a0
       sw      v0, 28(sp)          D:     jal     putint
       lw      a0, 28(sp)                 nop
       move    v1, v0                     lw      ra, 20(sp)
       beq     a0, v0, D                  addiu   sp, sp, 32
A:     slt     at, v1, a0                 jr      ra
       beq     at, zero, B                move    v0, zero
       nop
```

图 1.3　汇编语言编写的程序

与机器语言相比,汇编语言简化了程序的编写,但带来的问题是机器并不理解汇编语言中助记符的含义,因此汇编程序不能被计算机直接理解和执行。为此,人们在计算机中引入了一个工具称为汇编器,它可以将汇编程序翻译成为机器语言程序。早期设计的汇编语言就是在助记符和机器语言指令之间建立一一对应的关系,后来的汇编语言有一定的灵活性,但大体上仍然是对应的。汇编器根据这样的对应关系进行翻译。

汇编语言使用助记符来代替机器指令,那么使用的助记符是如何确定的呢?一般来说,每种计算机都定义了所支持的汇编语言,也携带了自己的汇编器,在为某种计算机编写程序的时候要使用特定的汇编语言,不同类型的计算机的汇编语言是不同的。要想让一个程序在另一种计算机上运行,就需要把它移植到该计算机上去。这里移植就是用另一种计算机所支持的汇编语言来重写程序。随着计算机类型的增多,以及程序越来越复杂,移植越来越令人头疼。人们希望能有一种独立于机器的语言,这样就可以编写出通用的程序,在不同类型的计算机上都可以执行。另外,人们对汇编语言也越来越不满意,希望能用接近于日常使用的数学式来表示数学运算,如 $a=5, b=a\times 3$。在这种背景下,20 世纪 50 年代中期 Fortran 语言最初版本问世了。Fortran 语言的开创性工作,在社会上引起了极大的反响。

Fortran 语言被认为是第一个高级程序设计语言。一般把机器语言和汇编语言称为低级程序设计语言。这里所谓的低级和高级是根据语言和机器之间关系的紧密程度来划分的。低级语言接近于机器语言,与机器指令之间存在着较为紧密的对应关系,而高级语言与机器语言之间则没有明显的对应关系,与人类习惯的表达方式则比较接近,如图1.4所示。

图1.4 从机器语言到自然语言

高级语言的出现极大地解放了程序员。但是,高级语言编写的程序要被计算机执行,也需要被翻译成为机器语言,这个工作由编译器来完成。由于高级语言与机器语言之间存在巨大差异,编译器非常复杂。不同的语言需要不同的编译器,编译器本身也是软件,也是由程序员开发的。计算机本身不支持任何一种高级语言,要使用高级语言编写程序,一般需要安装相应的开发工具,开发工具的核心就是编译器。对于很多高级语言,如C语言,存在很多开发工具(如Visual C++系列、Code::Blocks等),其中的编译器往往是不同的。

图1.5显示了一个C语言编写的程序,这个程序与前面两个程序的功能类似,但是用C语言编写的程序更简洁,可读性也更好。

```
int gcd(int m, int n) {
    int tmp;
    if (m < n) {
        tmp = m;
        m = n;
        n = tmp;
    } //此段程序可不要
    while (1) {
        tmp = m % n;
        if (tmp == 0) break;
        m = n;
        n = tmp;
    }
    return n;
}
```

图1.5 C语言编写的程序

自从计算机语言发展进入到高级语言阶段之后,各种高级语言层出不穷。根据维基百科的资料,可以称得上相对"主流"(有人用、有文档)的程序设计语言至少有600余种,还有大量小众的程序设计语言,而且这个数字还在不断地增长。初学者很容易被这个数字所打击,为什么有这么多语言,我们学得过来吗?不同的语言有不同的特点,主流的每种语言都有其独特的地方。我们也不需要把这些语言都学完,虽然各种语言都有所不同,但是很多地方是相通的,学了几种语言之后就可以融会贯通了。以后在工作中需要的时候,可以再自学其他语言。另外一个经常纠结的问题是,什么语言最好?其实语言并没有好坏之分,不同的人对语言特性有不同的偏好,不同的语言也有各自擅长的场合,要完成一个特定项目,考虑到各种环境约束,可以选择最合适的语言,因此可以说只有最合适一个项目的语言,或者自己最喜欢的语言,而没有最好的语言。在实际的项目开发中,经常是混合使用多种语言。

1.1.3 程序设计

简单地说,程序设计就是使用某种程序设计语言来编写程序的过程。程序设计的过程可以分为以下4个阶段。

(1)分析:问题是什么?已知信息有哪些?用户想要做什么?用户可以负担什么?可

以使用哪些资源？

(2) 设计：如何解决问题？系统包括哪些部分？这些部分之间如何通信？系统与用户之间如何通信？

(3) 编码：用代码表达问题（或设计）求解的方法，以满足所有约束（时间、空间、成本、可靠性等）的方式编写代码。保证这些代码是正确的和可维护的。

(4) 测试：系统化地尝试各种情况，保证系统在所要求的所有情况下都能正确工作。

需要说明的是，这 4 个阶段并不是独立的，也不一定严格地按照这个顺序出现，而且可能出现反复。下面举一个例子说明程序设计的过程。

问题描述：编写程序，计算两个数的最大公约数。

1. 分析

本问题简单明了。题目并没有指定对哪两个数计算最大公约数，因此程序应该允许用户输入任意两个数，并得出正确的结果。计算最大公约数一般是针对正整数，因而要用到整型数据类型。

2. 设计

在设计阶段首先要想清楚如何解决这个问题，也就是解决问题的思路。给定两个正整数 m 和 n，计算最大公约数的两种思路如下（见图 1.6）。第一种思路简单直观。如果 m>n，那么对于 n~1 范围中的每个数 x 测试是不是 m 和 n 的公约数，如果是，那么 x 就是公约数中最大的（因为从大到小进行测试），即最大公约数，然后输出 x。第二种思路稍微复杂一些，但是效率更高[①]。它基于这样的一个公式：假定 m>n，用 gcd(m, n) 表示 m 和 n 的最大公约数，m%n 表示 m 除以 n 的余数，那么

$$\gcd(m,n) = \begin{cases} n & \text{当 } m\%n = 0 \\ \gcd(n, m\%n) & \text{当 } m\%n \neq 0 \end{cases}$$

```
比较m和n，假定m为较大者，n为较小者。
按照从大到小的顺序对n~1范围中的数逐个测试。
如果某个数x能够同时整除m和n，停止测试。
x就是m和n的最大公约数。
输出x。
```

```
取m除以n的余数，记余数为r。
如果r为0，过程完成。
如果r非0，令m等于n，n等于r，重复这个过程。
输出n。
```

(a) 思路1　　　　　　　　　　　　　　(b) 思路2

图 1.6　设计最大公约数的两种思路

例如，要计算 72 和 60 的最大公约数，思路 1 从 60 开始按照从大到小的顺序测试，直到遇到 12 才找到 72 和 60 的第一个公约数，因此它们的最大公约数就是 12。思路 2 首先计算 72 除以 60 的余数，得到 12，然后再计算 60 和 12 的最大公约数；由于 60 除以 12 的余数为 0，因此它们的最大公约数是 12，这也就是原始数据的最大公约数。很明显，思路 2 算起来更快。因此，在编写程序的时候采用思路 2。

如果要解决的问题比较复杂，可以把问题进行分解，分成若干个小问题，每个小问题分

---

① 这种方法称为辗转相除法或者欧几里得法。

别解决,从而解决大问题。对这样的问题,在写程序时也可以将程序分成几个部分,一个部分可以是一个文件、模块、函数等。这时,在设计阶段要设计好整个程序如何划分,每个部分完成的功能是什么,如何与其他部分交互等。

3. 编码

在这个阶段,根据设计方案和解题思路编写程序。首先要选择某种程序设计语言,有了语言还不够,还需要一系列的工具。拿 C 语言来说,要编写并运行 C 程序,至少需要以下这些工具。

- 编辑器:用于输入和编辑 C 程序源代码。一个 C 程序就是一个文本文件,因此原本任何文本编辑器都可以用于写程序。但是一些专业编辑器提供了自动着色、自动缩进对齐、自动补齐等功能,可以大幅提高编码效率。
- 编译器和链接器:用于将一个 C 源程序转换为可以执行的目标程序,其主要作用是将高级语言写的程序翻译成为汇编或机器语言程序,并组装成一个可以直接运行的程序。其具体任务在第 9 章还将介绍。
- 调试器:用于帮助用户定位并修正程序中的错误。很多程序员都有这样的体会:在程序改错上消耗的时间往往比编码上的时间多得多。一个好的调试器可以大幅提高程序改错的效率。

要编写 C 程序,需要先安装这些工具。如果手动调用这些工具,将会非常繁琐。为了提高开发效率,可以选择一种集成开发环境(IDE)。IDE 将这些工具集成在一起,安装了 IDE 就安装了所有这些工具。在 IDE 中,不仅在一个环境下就可以完成编写、编译、链接、调试等步骤,而且调用这些工具非常简单。例如,在 Visual Studio 2015 中,单击一个菜单项或者工具栏按钮就可以自动地完成编译和链接,并启动调试。C 语言作为一种长时间被广泛使用的程序设计语言,有很多成熟的 IDE。例如,用于商业用途的 Visual Studio 系列和免费 Code∷Blocks、Dev C++ 等。在本书后面章节将介绍如何使用 Visual Studio 2015 和 Code∷Blocks 编写 C 程序。

4. 测试

在编码阶段要保证编写的程序可以运行,但这还不够,还要对其进行全面测试,以检测是否满足了需求、解决了问题。在测试之前,要准备测试用例。例如,对于计算最大公约数的问题,可以输入 72 和 60,检查程序的输出是否正确。这里,72 和 60 就构成了一个测试用例。测试用例应该尽可能全面,覆盖各种可能情况,特别是一些边界情况。对于上述例子,可以针对 m 和 n 的以下取值进行测试:

(1) 一般情况,如 m=72,n=60,或者 m=60,n=72。

(2) m 或者 n 为无效值:如 m=0,或者 m=−5。

(3) 最大公约数为 m 或者 n,如 m=72,n=24。

(4) 最大公约数为 1,如 m=72,n=71。

(5) m 或者 n 为 1,如 m=72,n=1。

通过测试,可以发现程序中的潜在错误和不足,从而能够进一步改进程序。另外,在准备测试用例的过程中可以对程序的功能和目标进行系统梳理和审视,从而能够更深入地理解问题。正是因为测试如此重要,一种流行的软件开发方法要求在编写某个功能的代码之前先编写测试代码,然后只编写使测试通过的功能代码,通过测试来推动整个开发的进行,这一开发方法称为**测试驱动的开发**。这种开发方法有助于编写简洁可用和高质量的代码,并加速开发过程。

1.2 算法与数据结构

1.2.1 算法及其特征

前面提到,同一个问题可以有不同的思路来解决,在计算机中,解决问题的思路就是算法。例如,在计算最大公约数的问题中,我们提到了两种算法。算法的选择对于程序的性能(主要指运行时间)有很大的影响。例如,要计算 10000 和 9999 的最大公约数,利用第一种算法(从大到小,逐个测试),需要测试 9999 次,而利用第二种算法,只需要重复两次。对于一般的例子来说,这两种算法的效率也存在很大差异。在程序设计中,首先要实现某种功能,解决某一问题;其次还要尽可能高效率实现,这就需要寻找一个最佳算法。

对于数学问题,往往可以找出多种解法,一种解法一般可以对应一个算法。但是,计算机算法与数学解法之间的主要区别在于,计算机算法要能在计算机中实现,要更加具体,不仅要考虑如何操作,还要考虑如何访问数据。

例 1.1 求一元四次方程 $ax^4+bx^3+cx^2+dx+e=0 (a\neq 0, a, b, c, d, e\in R)$ 的根。

数学解法:数学上对于一元四次方程存在求根公式,因此这个问题只要将各个系数代入求根公式即可。求根公式如图 1.7(a)所示。

可以看到,一元四次方程求根公式异常复杂,很难记忆。对于一般方程的求解,很多数学家都进行过研究,提出了很多其他解法,如经典的牛顿迭代法。

设 r 是 f(x)=0 的根,选取 x_0 作为 r 的初始近似值,过点 $(x_0, f(x_0))$ 做曲线 y=f(x)的切线 L,L 的方程为 $y=f(x_0)+f'(x_0)(x-x_0)$,求出 L 与 x 轴交点的横坐标 $x_1=x_0-\dfrac{f(x_0)}{f'(x_0)}$,称 x_1 为 r 的一次近似值。过点 $(x_1, f(x_1))$ 做曲线 y=f(x)的切线,并求该切线与 x 轴交点的横坐标 $x_2=x_1-\dfrac{f(x_1)}{f'(x_1)}$,称 x_2 为 r 的二次近似值。重复这一过程,得到迭代公式:

$$x_{n+1} = x_n - \dfrac{f(x_n)}{f'(x_n)}$$

可以得到 r 的近似序列。在满足一定条件的情况下,x_1、x_2…将会收敛,并越来越接近于 r。因此,如果 x_n 和 x_{n+1} 之间的差异足够小(小于事先给定的误差范围 ε),可以认为 x_{n+1} 已经非常接近于 r 了,迭代就可以停止了。这一过程可以用图 1.7(b)来描述。

用计算机来求解一元四次方程,可以根据这两个解法得到两个算法。这两个算法各有特点,其中牛顿迭代法可读性更好,更容易书写和理解,而且能够推广到更一般的多次方程[①]。

---

① 牛顿迭代法的使用有一些前提条件,读者可以参考数值计算方面的文献。

用求根公式求解：

$$\begin{cases} \Delta_1 = c^2 - 3bd + 12ae \\ \Delta_2 = 2c^3 - 9bcd + 27ad^2 + 27b^2e - 72ace \end{cases}$$

并记

$$\Delta = \frac{\sqrt[3]{2}\Delta_1}{3a\sqrt[3]{\Delta_2 + \sqrt{-4\Delta_1^3 + \Delta_2^2}}} + \frac{\sqrt[3]{\Delta_2 + \sqrt{-4\Delta_1^3 + \Delta_2^2}}}{3\sqrt[3]{2}a}$$

牛顿迭代法求解：
① 猜测根的一个初始值x_0。
② 如果$f(x_0)=0$，输出x_0，算法结束。
③ 令$x_1=x_0-\dfrac{f(x_0)}{f'(x_0)}$。
④ 如果$|x_1-x_0|<\varepsilon$，转到⑥。
⑤ 令$x_0=x_1$，转到③。
⑥ 输出x_1，算法结束。

则有

$$\begin{cases} x_1 = -\dfrac{b}{4a} - \dfrac{1}{2}\sqrt{\dfrac{b^2}{4a^2} - \dfrac{2c}{3a} + \Delta} - \dfrac{1}{2}\sqrt{\dfrac{b^2}{2a^2} - \dfrac{4c}{3a} - \Delta - \dfrac{-\dfrac{b^3}{a^3} + \dfrac{4bc}{a^2} - \dfrac{8d}{a}}{4\sqrt{\dfrac{b^2}{4a^2} - \dfrac{2c}{3a} + \Delta}}} \\ x_2 = -\dfrac{b}{4a} - \dfrac{1}{2}\sqrt{\dfrac{b^2}{4a^2} - \dfrac{2c}{3a} + \Delta} + \dfrac{1}{2}\sqrt{\dfrac{b^2}{2a^2} - \dfrac{4c}{3a} - \Delta - \dfrac{-\dfrac{b^3}{a^3} + \dfrac{4bc}{a^2} - \dfrac{8d}{a}}{4\sqrt{\dfrac{b^2}{4a^2} - \dfrac{2c}{3a} + \Delta}}} \\ x_3 = -\dfrac{b}{4a} + \dfrac{1}{2}\sqrt{\dfrac{b^2}{4a^2} - \dfrac{2c}{3a} + \Delta} - \dfrac{1}{2}\sqrt{\dfrac{b^2}{2a^2} - \dfrac{4c}{3a} - \Delta - \dfrac{-\dfrac{b^3}{a^3} + \dfrac{4bc}{a^2} - \dfrac{8d}{a}}{4\sqrt{\dfrac{b^2}{4a^2} - \dfrac{2c}{3a} + \Delta}}} \\ x_4 = -\dfrac{b}{4a} + \dfrac{1}{2}\sqrt{\dfrac{b^2}{4a^2} - \dfrac{2c}{3a} + \Delta} + \dfrac{1}{2}\sqrt{\dfrac{b^2}{2a^2} - \dfrac{4c}{3a} - \Delta - \dfrac{-\dfrac{b^3}{a^3} + \dfrac{4bc}{a^2} - \dfrac{8d}{a}}{4\sqrt{\dfrac{b^2}{4a^2} - \dfrac{2c}{3a} + \Delta}}} \end{cases}$$

(a) 直接用求根公式求解　　　　　　　　　　　　　　(b) 用牛顿迭代法求解

图 1.7　求解一元四次方程根的两种方法

具体来说，算法（Algorithm）是指解题方案的准确而完整的描述，是由一系列解决问题的清晰指令组成。一个算法应该具有如下几个特征：

（1）有穷性。一个算法必须总是（对任何合法的输入值）在执行有穷步之后结束，且每一步都可在有穷时间内完成。要注意的是，在这里有穷的概念不是纯数学的，而是在实际上合理的、可接受的。如果一个算法的执行时间很长，如 500 年，虽然理论上它仍然是一个有穷的算法，但由于它超过了合理的限度，人们认为它也是不可接受的。

（2）确定性。算法中的每一条指令必须有确切的含义，读者理解时不会产生二义性。并且在某种特定情形下，算法只有唯一的一条执行路径，即对于相同的输入只能得出相同的输出。

（3）可行性。一个算法是可行的，即算法是可以在计算机中实现的，算法中描述的操作都是可以通过已经实现的基本运算执行有限次来实现的。

（4）输入。一个算法有零个或多个输入，这些输入取自于某个特定的对象的集合。

（5）输出。一个算法有一个或多个输出，以反映对输入数据加工后的结果。

一般而言，算法有优劣之分。算法的优劣可以有多种评价标准，可以从时间上来评价，可以从空间上来评价，也可以从其他的角度来评价。在用计算机解题的时候，首先要保证算法的正确性,即算法要能正确地求解问题;其次要考虑算法的高效性,即算法要占用尽可能少的时间和空间。

1.2.2　算法的结构

各种算法在形式上多种多样,那么不同的算法在结构上有没有一些规律呢?美国学者 I. Nassit 和 B. Schneiderman 对这个问题进行了研究,他们发现所有问题的算法都可以用以下 3 种基本结构进行描述。

(1) **顺序结构**:根据算法中操作的先后顺序依次执行的操作序列。它是算法的主体结构。

(2) **分支结构**:根据不同的条件,选择执行不同的操作,用来解决有选择、有转移的诸多问题。分支结构以条件或判断为起始点,根据逻辑判断是否成立而决定程序运行的走向,又称为选择结构。

(3) **循环结构**:根据特定的条件(循环条件),反复执行某一操作序列(循环体)。根据循环条件判断和循环体执行的先后顺序,循环结构又分为当型循环和直到型循环。当型循环先判断循环条件,再决定是否执行循环体;直到型循环先执行循环体,再判断循环条件决定是否要继续执行循环体。

顺序结构表示程序执行的流程确定地按照某一先后次序进行;分支结构表示程序的流程可能有多种选择,程序运行的时候根据某种条件是否成立选择一个流程执行;循环结构则表示程序的流程在某些步骤上面要反复执行,直到满足某些条件。

考虑一个简单问题:求 1~100 的自然数中 3 或者 5 的倍数之和。这个问题的算法之一可以这样描述:

① 使 i=1,sum=0。
② 判断 i 能否被 3 或者 5 整除,如果不是,转到步骤④。
③ 使 sum=sum+i。
④ 使 i=i+1。
⑤ 判断是否有 i≤100,如果是,转到步骤②,否则,转到步骤⑥。
⑥ 输出 sum 的值。
⑦ 算法结束。

在这个算法里,①总在②③④⑤的前面,②③④总在⑤的前面,⑥⑦总在②③④⑤的后面,每条语句执行完之后,如果没有转向命令,总是按照语句顺序,执行下一条语句,这就体现了顺序结构;当执行完步骤②后,可能转到④,也可能按顺序继续执行③,这就是分支结构;步骤②③④⑤要反复执行若干次,这就是一个循环结构。

一般来说,绝大多数算法的描述里可以找到这 3 种结构的痕迹。有些算法描述中也可能包含这 3 种结构以外的结构,但是这并不影响上述结论的正确性,因为已经有人证明了,任何一个复杂问题的算法都可以由这 3 种结构表示,换言之,任何算法都可以找到一个只包含这 3 种结构的等价的描述。

1.2.3 算法的描述

算法本身是抽象的,要把它具体化就要用某种方式描述算法。算法的描述可以采用流程图、伪代码或程序等不同的形式。

1. 用流程图表示

流程图就是用一些图形符号(框和线)来表示算法的每一步以及各步之间联系的图形。我国国标中规定的部分流程图符号及其含义如图 1.8 所示。

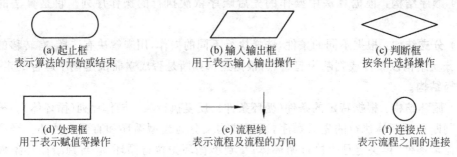

图 1.8 常用的流程图符号

用流程图可以很形象地表示前面介绍的 3 种基本结构,如图 1.9 所示。

例 1.2 (画流程图)一个班有 50 个同学,求某一科全班平均成绩。

本题的算法用流程图描述如图 1.10 所示。

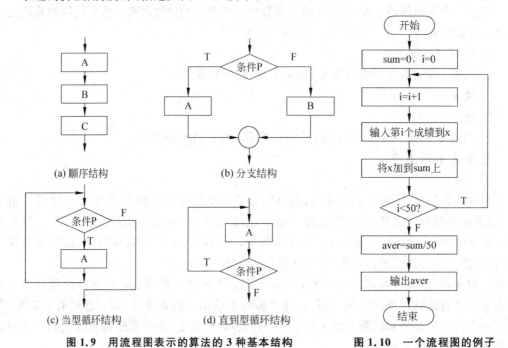

图 1.9 用流程图表示的算法的 3 种基本结构　　图 1.10 一个流程图的例子

用流程图表示算法,优点是直观形象,各种操作一目了然,而且不会产生"歧义性",流程清晰。缺点是占面积大，而且由于允许使用流程线，当流程转移多时，容易使人弄不清流程的思路。为了消除这个缺点，美国学者 I. Nassit 和 B. Schneiderman 于 1973 年提出了一种更适合于结构化的流程图，称为 NS 流程图(N 和 S 是他们二人名字的首字母)。NS 流程图的主要特点是取消了流程线，即不允许流程任意转移，只能从上到下顺序进行。NS 流程图提出的背景正是前面介绍的这一事实，即任何算法都可以只由 3 种基本结构组成。图 1.11 是用 NS 流程图表示的 3 种基本结构，读者可以将图 1.11 与图 1.9 进行比较。

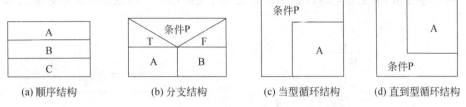

(a) 顺序结构　　(b) 分支结构　　(c) 当型循环结构　　(d) 直到型循环结构

图 1.11　用 NS 流程图表示的算法的 3 种基本结构

NS 图的优点是只能描述结构化程序所允许的控制结构，从而迫使用户遵守结构化程序设计的原则。NS 图可以嵌套也可以并列，能清楚地显示程序的结构。缺点是如果嵌套层数太多，内层的方框越画越小，影响图形的清晰度。

下面再举几个流程图的例子。

例 1.3　(画流程图)输入两个实数，按数值从小到大的次序输出这两个数。

分析：该问题的输入是两个实数，输出也是两个实数，但输出的两个实数是从小到大排序的。可见输入的两个实数是在比较了大小后输出的，如果输入的第一个数比第二个数小，则按输入次序输出这两个数，否则交换次序后输出即可。

经过上述分析，可以得到该题的算法。用流程图表示见图 1.12。

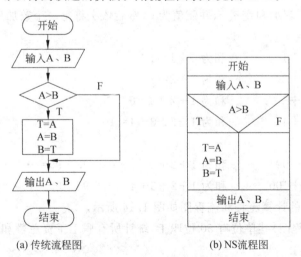

(a) 传统流程图　　　　　　(b) NS流程图

图 1.12　例 1.3 的流程图

例 1.4　(画流程图)根据如下分段函数，输入 x 的值后输出相应 y 的值。

$$y = \begin{cases} 2\times x+1 & \text{当 } x<2 \\ 5 & \text{当 } 2\leqslant x<8 \\ 5\times x-35 & \text{当 } x\geqslant 8 \end{cases}$$

分析：当输入 x 的值后，首先判断 x 是否小于 2，如果是则计算 $2\times x+1$ 的值并赋给 y，否则继续判断 x 是否小于 8，如果是则将 5 赋给 y，否则计算 $5\times x-35$ 的值并赋给 y；最后输出 y 的值即可。

经过上述分析，可见该题算法是一个分支套分支的结构。用流程图表示见图 1.13。

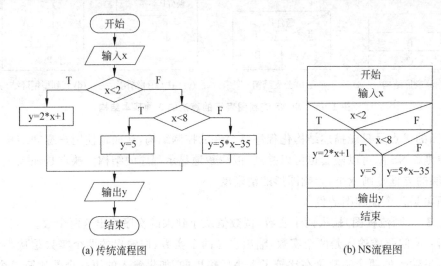

(a) 传统流程图　　　　　　　　　　(b) NS 流程图

图 1.13　例 1.4 的流程图

例 1.5　(画流程图)求 $1+2+3+\cdots+100$ 之和。

分析：引进一个累加和变量 s，并赋值为 0，然后依次将每一个数加到 s 中去，即：

令 s＝0
s＝s+1　　　　和为 0+1=1
s＝s+2　　　　和为 1+2=3
s＝s+3　　　　和为 1+2+3=6
s＝s+4　　　　和为 1+2+3+4=10
⋮　　　　　　　⋮
s＝s+99　　　和为 $1+2+3+4+\cdots+98+99=\cdots$
s＝s+100　　和为 $1+2+3+4+\cdots+98+99+100=\cdots$

因此，求和问题的计算流程和流程图如图 1.14 所示。

例 1.6　(画流程图)某单位有 50 位职工，统计所有职工工资总额和工资超过 8000 元的职工人数。

分析：统计工资总额是累加求和的过程，采用循环结构即可实现。求工资超过 8000 元的职工人数的方法是：设定一个计数变量用于统计满足条件的人数。在循环结构中，当输入职工工资额后，判断工资额是否超过 8000 元，如果是则计数变量加 1，否则不加 1。

经过上述分析，可见该题算法是一个循环套分支的结构。用流程图表示见图 1.15。

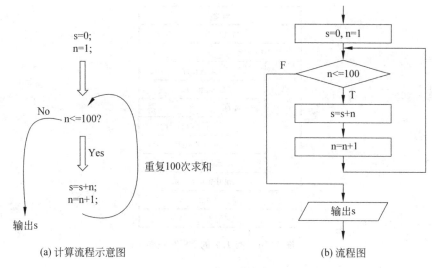

图 1.14 例 1.5 的计算流程与流程图

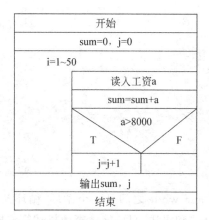

图 1.15 例 1.6 的 NS 流程图

例 1.7 （画流程图）统计某商场营业额。

问题描述：某商场 10 个柜组，每个柜组各有 a(i)位售货员(i=1,2,…,10)，第 i 个柜组第 j 位售货员的营业额为 b(i,j)(i=1,2,…,10;j=1,2,…,a(i))，分别统计各柜组的营业额以及商场的营业总额。

分析：商场的营业额为各柜组的营业额之和，柜组的营业额为每位售货员的营业额之和。可见该问题要用循环套循环的结构。用流程图表示见图 1.16。其中，用来求每个柜组营业额之和的变量 sum，对于每个柜组都必须重新置为 0，因此它的初始化应该放在外循环之内、内循环之外。

2. 用伪代码表示

用流程图表示算法，直观易懂，但是绘制和修改比较麻烦。另一种描述算法的方式是用伪代码。伪代码是介于自然语言和计算机高级语言之间的一种代码。它的表示形式灵活自由，而且与计算机高级语言比较接近，可以比较容易地转换成计算机程序。

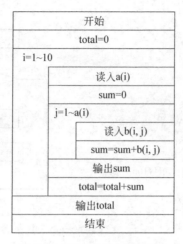

图 1.16　例 1.7 的 NS 流程图

例如,对于前面例 1.2 中的算法,可以用代码描述如下:

```
sum=0
count=0
while count<50
    输入 grade 的值
    sum=sum+grade
    count=count+1
end while
aver=sum/50
输出 aver
```

上述伪代码中,while 和 end while 之间是一个循环,循环条件是 count<50。用伪代码描述比较自由,没有统一的格式和语法,只要能清晰地描述算法即可。

1.2.4　数据结构

在程序设计中,数据的组织方式对于算法的选择有很大影响。

考虑一个简单问题:在 n 个数中查找一个值 x,并输出相应信息(如果找到了,则输出 x 的位置,否则输出一个提示消息)。为了更具体一点,假定有 9 个数据,值分别是 1、3、4、6、7、8、10、13、14,要查找其中有没有包含某个值 x。

用什么算法在一个数据的集合中查找一个特定值(如 x=4),取决于这些数据在计算机中如何组织。考虑以下 3 种组织方式下的查找。

(1) 数据无序地存储在内存的一片连续空间中。例如:

a[0]	a[1]	a[2]	a[3]	a[4]	a[5]	a[6]	a[7]	a[8]
6	3	8	1	10	13	4	14	7

这种情况下只有用**顺序查找**算法,即将 x 依次与 a[0]、a[1]、a[2]…中的每一个数据进行比较,直到找到;或者所有数据都比较完毕(查找失败)为止。例如,要找 x 这个值,需要比较 7 次。

(2) 数据有序地存储在内存的一片连续空间中。例如:

a[0]	a[1]	a[2]	a[3]	a[4]	a[5]	a[6]	a[7]	a[8]
1	3	4	6	7	8	10	13	14

这种情况下可以用更快的**二分查找**(或**折半查找**)算法。首先将 x 与整个查找范围 a[0]~a[8]的中间数据 a[4]进行比较,如果相等则结束查找,否则可将下次查找的范围缩小一半;由于 x<a[4],因此下次的查找范围为上次查找范围的左半部分 a[0]~a[3],再将 x 与新查找范围 a[0]~a[3]的中间数据 a[1](由于(0+3)/2=1)进行比较,由于 x>a[1],因此下次的查找范围为上次查找范围的右半部分 a[2]~a[3],再将 x 与新查找范围 a[2]~a[3]的中间数据 a[2](由于(2+3)/2=2)进行比较,由于 x 等于 a[1],因此找到 x 并结束查找。整个查找过程共比较了 3 次。

(3) 数据组织在一棵二叉查找树中,如图 1.17 所示。可以假想在内存中存在一棵树,其中每个结点存放了一个数,每个结点最多有两个分支,可以到达两个结点,这两个结点称为左子结点和右子结点,例如,3 和 10 分别是 8 的左子结点和右子结点。二叉查找树有一个性质,那就是从一个结点出发,如果沿着左边分支向下访问,那么遇到的数都比这个结点的数要小;如果沿着右边分支向下访问,那么遇到的数都比这个结点的数要大。

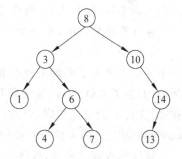

图 1.17 一棵二叉查找树

图 1.17 所示就是一棵二叉查找树。二叉查找树上的查找过程如下:要查找 x,首先比较 x 与树的根(8),由于 x<8,因此沿着左边分支继续访问;然后比较 x 与 3,由于 x>3,因此继续沿着右边分支查找;下一次比较 x 与 6,由于 x<6,因此沿着左边分支继续查找;下一次比较 x 与 4,由于相等,因此找到 x 并结束查找。整个查找过程共比较了 4 次。

可以看出,数据的组织结构(简称数据结构)非常重要,它直接影响了算法的选择,进而影响到程序的执行效率。数据的组织就是数据结构所关注的主题。程序设计的实质就是针对确定的问题选择一种合适的数据结构并设计出一个好的算法。正因为如此,著名计算机科学家沃斯(Niklaus Wirth)教授提出了著名的公式:

$$程序 = 数据结构 + 算法$$

这个公式清晰地揭示了算法和数据结构这两个计算机科学重要支柱的重要性和统一性。我们不能离开数据结构去抽象地分析求解问题的算法,也不能脱离算法去孤立地研究数据结构。

1.3 软件开发

1.3.1 软件

关于软件,初学者最容易迷糊的问题是,软件和程序是什么关系?软件开发和程序设计是什么关系?下面从几个不同角度来区分这些名词。

在前面提到,计算机程序是完成特定功能的计算机指令序列。软件主要是相对于硬件而言的。在计算机中,硬件是有形的部分,而软件是无形的部分。软硬件相互配合计算机才能工作。

一个软件往往包含很多程序。例如,Windows 操作系统是一个软件,其中的计算器就是一个应用程序。再如,QQ 是一个软件,而其中在主界面上显示天气的功能是通过一个程序来实现的。一个软件可能具有很多功能,它们可能由不同的程序来实现,因此一个软件可能包含多个程序。

程序是由程序员编写和维护的,因此要求易于被程序员理解和维护。软件是由软件开发人员(如软件工程师)开发的,它是给最终用户使用的,而最终用户一般不是程序员。这就要求软件不仅要实现相应功能,而且要求对用户友好。例如,界面友好,使用简单,文档丰富。很多时候,功能之外的因素会对软件的命运产生重大影响。例如,音乐播放器的核心程序都大同小异,但是界面、操作方式等会对软件的使用产生影响。

在计算机科学中,有一个说法:

$$软件 = 程序 + 文档$$

这个说法主要为了强调文档的重要性。除了文档之外,软件中还有很多重要的组成部分。例如,安装了 QQ 之后,在安装目录下有 exe、dll、ini、xml、dat、wav 和 jpg 等文件,其中 exe 和 dll 文件一般对应程序,而 ini、xml、dat 等文件用来保存一些软件配置信息或者用户数据,wav、jpg 等文件用来保存一些声音和图片资源。

软件具有商品属性,软件开发者享有软件著作权,开发者的权益受到法律保护。软件在使用之前一般先要安装,不需要的时候可以卸载。程序在运行之前一般先要经过编译、链接等阶段产生可执行文件,然后执行该可执行文件就可以运行程序了。

程序设计是软件开发中的一个重要环节。除此之外,软件开发中还包括很多其他环节,例如需求分析、软件分析、软件设计、软件运行与维护等。这些环节上所消耗的时间和成本往往比程序设计要大得多,因此软件开发是一个非常复杂的系统工程,需要系统化的方法来指导。

1.3.2 软件工程

关于软件开发,有一个经常争论的问题是:软件开发到底是一门艺术还是工程?传统意义上,艺术和工程的区分是很明显的。艺术如绘画、书法、文学、雕塑等,一件艺术作品充满了灵性,艺术创作过程需要想象力,而且充分体现了个人品味和魅力,艺术的主要目的是创造美,而美在不同人的眼中是不一样的。因此,艺术创作的过程很难标准化,艺术品的质量很难度量。工程,如排水工程、建筑工程、网络布线工程等,一般需要较多的人力、物力来进行较大而复杂的工作,需要在一个较长时间周期内来完成。例如,要建造一个建筑,首先要考察、测量,然后设计图纸,图纸审核通过后组建施工队伍,制定施工计划,材料进场,开始施工。施工过程中要按照规范进行,如按照基础工程→主体工程→室内外装饰工程→屋面工程的顺序进行,在每个阶段又分为很多步骤,每一步都有相应的规范要求,每个阶段、步骤完成后都要检验,施工结束后要进行总体验收。可以看出,工程实施过程要有计划,要有规范性,要有检验,这些都与艺术创作有很大的不同。

早期的软件开发(程序设计)过程中,要解决的问题比较简单,掌握程序设计的人也比较缺乏,程序设计过程更多地体现了个人思想、经验和技巧。然而,随着软件的规模越来越大、越来越复杂,这种手工式的程序设计方法越来越不能满足要求,20 世纪 60 年代末的软件危机是这种矛盾的集中爆发。所谓"软件危机",是指当时一方面需要大量的软件系统,如操作系统、数据库管理系统;另一方面,软件研制周期长,可靠性差,维护困难。在这种背景下,1968 年,北大西洋公约组织(NATO)在前联邦德国召开了第一次软件工程会议,分析了危机的局面,研究了问题的根源,提出了用工程学的办法解决软件研制和生产的问题,并提出了软件工程的概念。所谓软件工程,就是研究和应用如何以系统性的、规范化的、可定量的过程化方法去开发和维护软件,以及如何把经过时间考验而证明正确的管理技术和当前能够得到的最好的技术方法结合起来。

例如,一种常见的软件开发方法将软件开发分为以下 3 个阶段。

(1) 定义阶段:包括可行性研究、需求分析。

(2) 开发阶段:包括概要设计、详细设计、实现和测试。

(3) 运行和维护阶段:包括软件运行、维护和废弃。

对于初学者而言,开始接触到的程序都较为简单,可能体会不到工程化开发的必要性,但是在学习过程中要有软件工程的意识,并自觉地规范化程序设计过程。例如,重视程序设计前的分析与设计,重视测试,重视代码质量。

1.4 本章小结

简单地说,计算机程序是完成特定功能的计算机指令序列。

程序设计语言就是程序设计的时候所使用的语言,这样的语言提供了计算机能够理解并执行的指令。

CPU 所能处理的全部指令的集合称为指令系统。指令系统中的每个指令都用二进制表示,可以被机器直接执行,因此也称为机器语言。

为了简化程序设计,人们用一些记号来代替二进制序列,这样就产生了汇编语言。用汇编语言编写的程序一般称为汇编程序。

一般把机器语言和汇编语言称为低级程序设计语言。低级语言接近于机器语言,与机器指令之间存在着较为紧密的对应关系,而高级语言与机器语言之间则没有明显的对应关系,与人类习惯的表达方式则比较接近。

程序设计的过程可以分为以下 4 个阶段。

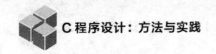

(1) 分析：问题是什么？已知信息有哪些？用户想要做什么？用户可以负担什么？可以使用哪些资源？

(2) 设计：如何解决问题？系统包括哪些部分？这些部分之间如何通信？系统与用户之间如何通信？

(3) 编码：用代码表达问题(或设计)求解的方法，以满足所有约束(时间、空间、成本和可靠性等)的方式编写代码。保证这些代码是正确的和可维护的。

(4) 测试：系统化地尝试各种情况，保证系统在所要求的所有情况下都能正确工作。

算法是指解题方案的准确而完整的描述，是由一系列解决问题的清晰指令组成的。

一个算法应该具有如下几个特征。

(1) 有穷性：一个算法必须总是(对任何合法的输入值)在执行有穷步之后结束，且每一步都可在有穷时间内完成。

(2) 确定性：算法中的每一条指令必须有确切的含义，读者理解时不会产生二义性。

(3) 可行性：算法是可以在计算机中实现的，算法中描述的操作都是可以通过已经实现的基本运算执行有限次来实现的。

(4) 输入：一个算法有零个或多个输入，这些输入取自于某个特定的对象的集合。

(5) 输出：一个算法有一个或多个输出，以反映对输入数据加工后的结果。

所有问题的算法都可以用以下 3 种基本结构组成。

(1) 顺序结构：根据算法中操作的先后顺序依次执行的操作序列。它是算法的主体结构。

(2) 分支结构：根据不同的条件，选择执行不同的操作，用来解决有选择、有转移的诸多问题。分支结构以条件或判断为起始点，根据逻辑判断是否成立而决定程序运行的走向，又称为选择结构。

(3) 循环结构：根据特定的条件(循环条件)，反复执行某一操作序列(循环体)。根据循环条件判断和循环体执行的先后顺序，循环结构又分为当型循环和直到型循环。当型循环先判断循环条件，再决定是否执行循环体；直到型循环先执行循环体，再判断循环条件决定是否要继续执行循环体。

算法本身是抽象的，要把它具体化就要用某种方式描述算法。算法的描述可以采用流程图、伪代码或程序等不同的形式。

程序设计的实质就是针对确定的问题选择一种合适的数据结构并设计出一个好的算法。

软件和程序之间的关系：

- 软件主要是相对于硬件而言的。
- 一个软件往往包含很多程序。
- 程序是由程序员编写和维护的，因此要求易于被程序员理解和维护。软件是由软件开发人员(如软件工程师)开发的，它是给最终用户使用的，而最终用户一般不是程序员。
- 程序设计是软件开发中的一个重要环节。除此之外，软件开发中还包括很多其他环节，如需求分析、软件分析、软件设计、软件运行与维护等。

所谓软件工程,就是研究和应用如何以系统性的、规范化的、可定量的过程化方法去开发和维护软件,以及如何把经过时间考验而证明正确的管理技术和当前能够得到的最好的技术方法结合起来。

习题 1.1　除了 C 语言,你还了解哪些程序设计语言?把它们列出来。

习题 1.2　机器语言、汇编语言和高级程序设计语言各有什么特点?

习题 1.3　为什么会有那么多不同的程序设计语言?如果让你设计一个程序设计语言,你觉得最重要的是什么?

习题 1.4　你如何看待中文编程或者汉语编程?

习题 1.5　什么是算法?什么是数据结构?它们之间是什么关系?

习题 1.6　计算机算法和数学算法之间的异同点有哪些?

习题 1.7　描述算法有哪些方法?

习题 1.8　程序和软件是什么关系?

习题 1.9　为什么要提出软件工程?

习题 1.10　用流程图表示以下算法。

(1) 有一函数:

$$y = \begin{cases} x & \text{当 } x < 1 \\ 2x - 1 & \text{当 } 1 \leqslant x < 10 \\ 3x + 11 & \text{当 } x \geqslant 10 \end{cases}$$

输入 x 的值,根据该函数计算 y 的值。

(2) 由键盘输入任意 3 个数,找出其中最小的数。

(3) 求 $1 + 3 + 5 + \cdots + 99$。

(4) 由键盘输入 20 个整数,分别统计其中有多少个正数、负数和零?

(5) 从键盘输入两个整数分别给变量 x、y,如果 x>y,则输出 x 及 x-y 的值;否则,输出 y 及 y-x 的值。

(6) 假设某班学生分为 6 个组,每个小组均有 8 名学生,输入每个学生的成绩,分别计算各小组的平均成绩以及全班的平均成绩。提示:小组平均成绩=小组成绩之和÷小组人数,班平均成绩=班成绩之和÷班人数。

第 2 章　C 语言概述

学习目标
- 了解 C 语言的发展历程及其特点。
- 了解典型 C 程序的各个组成部分。
- 理解常见数据类型：char、int、float 和 double。
- 理解常量、变量的概念。
- 掌握如何使用常见的运算符来表达计算过程。
- 熟悉 C 语言标准输入输出函数。
- 了解 if、while 和 for 语句的格式，并使用它们编写简单程序。
- 掌握如何调用库函数。

本章将描述 C 语言的一个子集，这个子集中的内容是 C 语言中最基础、最常用的部分。通过本章，读者对 C 语言和 C 程序将有一个较为全面的了解；学习完本章后，读者可以阅读和编写简单的程序，为学习其他章节打下基础；再次，对于已有其他语言基础的读者而言，通过本章可以快速地进入到 C 语言的角色中来。

本章首先介绍 C 语言的发展历史以及 C 语言的特点，然后通过实例介绍 C 程序的构成，最后介绍 C 语言中最基本的知识点：常见的数据类型、表达式、输入和输出、语句和函数。

2.1　C 语言的发展与特点

2.1.1　C 语言的发展

C 语言是由著名的计算机科学家丹尼斯·里奇(Dennis Ritchie)创造的。1967 年，一次偶然的机会，里奇进入了贝尔实验室工作。一开始，里奇和他的同事肯·汤普生(Ken Thompson)想要研究 DEC PDP-7 机器，但是在这个机器上写程序很困难，只能用很底层的汇编语言。于是汤普生设计了一种高级程序语言，并把它命名为 B 语言。但是由于 B 语言本身设计的缺陷，使他在内存的限制面前一筹莫展。1973 年，里奇决定对 B 语言进行改良，他赋予了新语言强有力的系统控制方面的能力，并且新语言非常简洁、高效，里奇把它命名为 C 语言，意为 B 语言的下一代。

在开发 C 语言的同时，里奇和汤普生、布朗(贝尔实验室的另一名科学家)还接受了一个新任务，就是在 DEC PDP-7 上开发一个多任务、多用户的操作系统，1969 年，他们用汇编语言完成了这个操作系统的第一个版本，里奇受一个更早的项目 Multics 的启发，将这个系统命名为 UNIX。

1973年，UNIX的90%以上用C语言改写。后来，C语言进行了多次改进，但主要还是在贝尔实验室内部使用。直到1975年UNIX第6版公布后，C语言的突出优点才引起人们普遍注意。1977年出现了不依赖于具体机器的C语言编译器，使C移植到其他机器时所做的工作大大简化，这也推动了UNIX操作系统迅速地在各种机器上实现。随着UNIX的日益广泛使用，C语言也迅速得到推广。C语言和UNIX可以说是一对孪生兄弟，在发展过程中相辅相成。1978年以后，C语言已先后移植到大、中、小型机和微型机上，已独立于UNIX和PDP了。现在C语言已风靡全世界，成为世界上应用最广泛的几种计算机语言之一。

1978年，丹尼斯·里奇和布莱恩·科尔尼干(Brian Kernighan)出版了一本书 *The C Programming Language*(中文译名为《C程序设计语言》)。这本书被C语言开发者们称为K&R，很多年来被当作C语言的非正式的标准说明。人们称这个版本的C语言为K&R C。

1983年初夏，美国国家标准化协会(ANSI)专门成立了一个委员会，为C语言制定了ANSI标准，称为ANSI C，又由于这个版本是1989年完成制定的，因此也被称为C89。

1988年丹尼斯·里奇和布莱恩·科尔尼干修订了他们的著作，出版了 *The C Programming Language* 的第2版，第2版涵盖了ANSI C语言标准。

后来ANSI把ANSI C提交到国际化标准组织(ISO)，1990年被ISO采纳为国际标准，称为ISO C。又因为这个版本是1990年发布的，因此也被称为C90。ANSI C(C89)与ISO C(C90)内容基本相同，主要是格式组织不一样。

在ANSI C标准确立之后，C语言的规范在很长一段时间内都没有大的变动。1995年C程序设计语言工作组对C语言进行了一些修改，成为后来的1999年发布的ISO/IEC 9899:1999标准，通常被称为C99。但是，各个公司对C99的支持所表现出来的兴趣不同，限制了C99的推广。

C语言最新的标准是C11，是在2011年12月发布的。C11在语言层面的改动并不大，主要是为了与C++11保持一致，最主要的变化是增加了对并行的支持。

目前，C语言已风靡全世界，成为应用最广泛的几种计算机高级语言之一。C语言不仅可用来开发系统软件，也可用来开发应用软件。C语言具有高级语言的特性(可读性好、可移植性好，结构化程序设计)，同时具有低级语言(如汇编语言)的特性(可直接对硬件进行操作，如对位、字节和内存地址的操作)，它是一种集高级语言和低级语言优点于一身的语言。因此，C语言常被称为计算机"中级语言"。

2.1.2　C语言的特点

C语言的主要特点如下：

(1) 简洁、紧凑。C语言一共只有32个关键字(即保留字)，压缩了一切不必要的成分。C语言的运算符和表达式的表示方法也力求简练，如增量运算符++及赋值表达式、逗号表达式概念的引入，使表达式变得非常紧凑；函数和复合语句使用{}表示范围，而不用文字表示；有时可以把多条语句浓缩成一条语句。正如C语言设计者指出的，把C的规模压缩到较小会带来一些好处，语言的简洁自然地提高了程序员的潜在生产力。由于对语言本身的描述也简单，所以易于学习，便于理解和使用。

(2) 数据类型丰富，控制结构完善。C语言数据类型丰富，它不仅有不同长度的整型、字符型和单、双精度浮点型等基本数据类型,还有指针类型以及数组、结构体和联合体等构造数据类型,能用这些类型来实现各种复杂的数据结构(如链表、树、栈等)的运算。尤其是指针类型,使用起来更为灵活、多样。

(3) 支持模块化和结构化程序设计。C语言提供了9种控制语句来实现3种结构(顺序、分支和循环结构)的程序设计,以支持良好的程序结构。同时,用函数作为程序模块以实现程序的模块化,每一个C程序由若干个函数组成,用户不仅可以调用丰富的库函数,还可以自定义函数。因此,C语言是结构化程序设计的理想语言,符合现代编程风格要求。

(4) 运算符丰富,表达能力强。C语言的运算类型非常丰富,表达式类型多样化。灵活使用各种运算符和表达式,不仅可以使程序简洁,还可以实现在其他语言中难以实现的运算。

(5) 语法限制不太严格,程序设计自由度大。C语言中的语法不拘一格,可以在原有语法基础上进行创造、复合,给程序员更多的想象和发挥的空间。C语言的思想之一是"相信程序员",因此所做的限制和检查很少,由程序编写者自己保证程序的正确,给了程序员最大的自由度。

(6) 同时具有高级语言和低级语言的特点。C语言允许直接访问物理地址,能进行位操作,可以直接对硬件进行操作,能实现汇编语言的大部分功能。因此,C语言既具有高级语言的功能,又具有低级语言的许多功能。C语言的这个特点使得它既是成功的系统描述语言,又是通用的程序设计语言;既可用来编写系统软件,又可用来编写应用程序。

(7) 目标代码质量高,可移植性好。C语言程序不仅编译的目标代码质量高、程序执行效率高,而且可移植性好。可移植性是指程序从一个硬件环境不加修改或稍加修改就可移植到另一种硬件环境上运行的性能。虽然C语言适合用在许多计算机机型上,它却独立于具体的计算机系统。灵活地运用预处理程序,可以提高程序的可移植性。

2.2 一个C程序实例

本节将给出一个C程序实例,通过这个实例来介绍C程序的构成要素。

例 2.1 C程序实例:输入半径,计算圆的面积。

```
1   /* program2_1.c                                      ⎫
2    * 本程序根据给定的半径计算圆的面积                        ⎬ 注释
3    * 程序运行时要求用户输入半径,程序计算并输出圆的面积         ⎭
4    */
5   #include <stdio.h>                                   ⎱ 预处理指令
6   #define PI 3.14                                      ⎰
7   int main()                                           ⎫
8   {                                                    ⎪
9       float r, area;           // 声明两个float型的变量r和area
10      printf("请输入半径:");     // 输出提示信息
11      scanf("%f", &r);          // 输入一个值给变量r           ⎬ 程序主体
12      area = PI * r * r;        // 计算面积并赋给area
13      printf("面积为:%f.\n", area);  // 输出面积
14      return 0;                                        ⎪
15  }                                                    ⎭
```

例 2.1 所示的是一个计算圆面积的程序。它要求用户输入圆的半径值,然后计算并输出圆的面积。注意,代码左边的数字行号不是程序的一部分,不需要用户输入。

2.2.1 编写和运行 C 程序

要编写并运行一个 C 程序,初学者最好使用一个集成开发环境。本节将从原理上介绍 C 程序的编写和运行过程。C 程序从编写到运行大致需要经过以下 5 个步骤:

(1) **编写**。首先在一个编辑器中编写程序代码(一般称为**源代码**)。理论上来说,任何文本编辑器(如记事本)都可以用来编写源代码,但使用专业的编辑器或者集成开发环境可以大大提高效率。一般来说,源代码应该保存在以.c 为扩展名的文件中,保存源代码的文件一般称为**源文件**。

(2) **预处理**。编写完成后,C 程序要进行**预处理**。**预处理器**根据预处理指令对源文件进行修改,如添加头文件的内容等。

(3) **编译**。在这个阶段,由**编译器**将源代码翻译成机器指令,也称**目标代码**。机器指令就是由 0 和 1 组成的二进制指令。在 Windows 中,目标代码文件以.obj 为扩展名。

(4) **链接**。在这个阶段,**链接器**将目标代码和其他附加代码整合在一起,产生一个**可执行程序**。在 Windows 中,可执行程序文件以.exe 为扩展名。

(5) **运行**,即运行可执行程序。

一般的集成开发环境中都集成了编辑器、预处理器、编译器和链接器,因此上述过程可以在一个开发环境中完成。而且,除了编写代码需要程序员自己完成外,其他步骤都可以在集成开发环境中自动或半自动地完成。当然,用户也可以手动地一步一步地完成每个步骤。

从上述步骤可以看出,一个 C 程序要能运行,需要几个工具:预处理器、编译器和链接器,其中最核心的是编译器,在本书中将这几个工具合起来称为 **C 编译系统**。

例 2.1 所示程序包括 3 个部分:注释、预处理命令和程序主体,下面将分别介绍。

2.2.2 注释

例 2.1 所示程序的第一部分是注释。注释是写给人看的,而不是给机器看的。当机器编译该程序时,注释会被剥离掉,即目标代码中并没有注释。写注释的目的是向程序的阅读者或维护者传递一些信息,使得程序能被更好地理解和维护。注释中经常包括以下信息:

- 源文件名、程序作者、完成时间等信息,如例 2.1 的第 1 行显示了程序所在的文件名;
- 版权声明;
- 对程序功能、使用的说明,如上述例 2.1 的第 2、3 行。

初学者往往对注释不以为然,其实书写注释是一个很好的习惯,是保证程序可读性和可维护性的重要手段。

在 C 语言中,有两种形式的注释:

- 第一种形式的注释以 /* 开始,以 */ 结束,中间是注释内容,它们可以在同一行也可以在不同行。这是传统的 C 语言注释方式。
- 第二种形式的注释是单行注释,以 // 开始,其后这一行的内容都被认为是注释,如

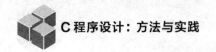

第 9~13 行。这种形式的注释始于 C++ 语言,在 C99 标准中也引入到 C 语言。

2.2.3 预处理命令

程序的第二部分是预处理命令(或指令)。在编译 C 程序之前,**预处理器**会先对 C 程序进行**预处理**。C 程序中以 # 开头的行就是一条预处理指令。例 2.1 含有两条预处理指令。其中:

```
#include <stdio.h>
```

告诉预处理器将**头文件** stdio.h 包含进来。在 C 语言中,要进行输入或者输出就需要用到头文件 stdio.h,因为该头文件中包括了输入输出函数的声明。由于输入输出是最基本的操作,因此几乎所有 C 程序都需要包含该头文件。而

```
#define PI 3.14
```

则告诉预处理器将程序中的 PI 替换为 3.14。

2.2.4 程序主体

除了注释和预处理指令外,剩下的部分就是程序主体。程序主体是由**函数**组成的。函数这个术语来自于数学。C 语言中,函数是一系列组合在一起并且赋予了名字的语句。一个 C 程序中可以包含多个函数,其中一定且仅有一个 main 函数(常称为**主函数**)。main 函数的一般形式为:

```
int main()
{
    ...
    return 0;
}
```

每个函数名后面都有一对括号。main 函数名后面的一对括号是用来接收程序执行者传给本程序的信息,在本例中,main 后面的括号内为空,表示该函数不需要接收信息。语句 "return 0;" 表示程序返回给执行者一个 0 值,这个值代表程序正常结束。

在例 2.1 的第 8~15 行中一对花括号{}包含的语句称为**函数体**,函数体中包含了多条语句。程序运行时,从 main 函数开始执行,依次执行其函数体中的各条语句。main 函数的所有语句执行完毕后,整个 C 程序便运行结束了。

语句是程序运行时执行的命令。可以看到每条语句都是由分号";"结束的。第 9 行代码

```
float r, area;
```

是一个变量声明语句,它声明了两个变量 r 和 area。系统将为每一个变量在内存中分配一

个存储单元,用于存放该变量的值。变量的含义就是:它的值可以发生变化。float 是一种数据类型,可以表示带小数位的数据,如 3.14、0.333。除了 float 外,C 语言中还有表示整型数据的 int 等数据类型。不同类型的数据在内存中存储的方式不同,所需要的存储空间不同,能够进行的操作也不同。

第 10 行代码

```
printf("请输入半径:");
```

调用了一个函数 printf,这个函数是 C 编译系统自带的函数(称为**标准库函数**,简称**库函数**),要使用这个函数,必须有"♯include <stdio.h>"预处理指令。

当程序需要使用一个函数的功能时,就可以**调用**一个函数。调用一个函数的形式是:

```
函数名(参数 1, 参数 2, …)
```

函数名是函数的名称,如 printf;**参数**是提供给函数的其他信息,是传递给被调用函数的数据。例如,printf 函数的功能是在屏幕上输出信息,调用它的时候,必须提供它要输出的内容。在第 10 行中,提供了一个参数,它是一个字符串"请输入半径:"。这个函数调用语句执行后,在屏幕上就可以看到这个字符串了。

第 11 行代码

```
scanf("%f", &r);
```

调用了标准库中的 scanf 函数来获取用户输入。这里 scanf 带有两个参数,第一个参数是一个字符串"%f",它意味着将用户输入视为浮点数(实数),第二个参数是变量 r 在内存中所分配存储单元的地址。当运行到这条语句时,程序将等待用户输入一个实数,用户输入完毕并按下回车键后,输入的值会保存在变量 r 的内存存储单元中。换句话说,输入的值赋给了变量 r。

第 12 行代码

```
area=PI * r * r;
```

是一个表达式语句,该语句首先计算 3.14 * r * r 的结果(注意 PI 已在预处理阶段被替换为 3.14),然后将结果赋给变量 area。注意,这里的等号＝不是用来判断是否相等,而是表示一个赋值操作:将等号右边的值赋给等号左边的变量。

第 13 行代码

```
printf("面积为:%f.\n", area);
```

再次调用 printf 函数,并向它传递了两个参数:字符串"面积为:%f.\n"和变量 area。printf 函数会将第一个参数中的%f 用 area 的值进行替换,并在屏幕上输出。最后的字符'\n'表示一个特殊字符,称作"换行符"。输出该字符之后,光标会移动到下一行的起始处。

整个程序运行时的输出如下所示。其中,斜体部分是用户输入的内容,其他部分是程序输出的内容，⌑表示回车符。

```
请输入半径:2.0⌑
面积为:12.560000.
```

编写C程序时要注意：除了字符串中的内容外，所有的字母、标点、数字都应该是半角西文字符，而且字母区分大、小写。

2.3 C语言的字符集与标识符

1. 字符集

能在C程序（注释除外）中出现的字符包括所有大小写的英文字母、阿拉伯数字以及部分特殊符号，这些特殊符号如下所示：

```
+    -    *    /    %    _(下画线)    =    <    >    &
~    (    )    [    ]    .    {    }    :    ?
;    "    !    #    '         !         ^    空格
```

2. 标识符

标识符简单地说就是对象的名字，主要指常量、变量、函数和类型等的名字，包括保留字、预定义标识符和用户定义标识符3类。

保留字是指具有特定含义的名字，这些名字已经被C语言规范占用，不允许再为用户所使用。常见的保留字包括类型标识符、语句标识符等。经典C语言的保留字共有32个，如下所示，它们的含义在后面将逐步介绍。

```
auto      break     case      char      const     continue  default   do
double    else      enum      extern    float     for       goto      if
int       long      register  return    short     signed    sizeof    static
struct    switch    typedef   union     unsigned  void      volatile  while
```

除此之外，在C99和C11中还增加了一些保留字，例如inline、restrict、_Bool、_Complex、_Imaginary等。

除了上述保留字之外，还有一类具有特殊含义的标识符，它们被用作库函数名（如printf）和预编译命令（如define、include、ifdef、ifndef、endif、elif等），这类标识符在C语言中称为预定义标识符。一般来说，也不要把这些标识符再定义为其他标识符使用。

用户定义标识符是程序员根据自己的需要定义的一类标识符，用于标识变量、符号常量、用户定义函数、构造类型名和文件名等。这类标识符由英文字母、数字和下画线构成，但开头字符只能是字母或下画线。下画线常用来把几个词语隔开，以增强代码的可读性，如变量num_of_people。

C语言对大小写敏感，保留字和预定义标识符全部使用小写字母，用户定义标识符也需要区分大小写，如NUMBER、Number和number被视为不同的标识符。

一个用户定义标识符可由许多字符组成，但其长度是有限制的，ANSI C只能识别前

31个字符,因此如果两个标识符的前31个字符是相同的,那么它们被视为是同一个标识符。但现在的编译器一般都允许255甚至更长的标识符。

数据类型

为了能够在不同的应用中使用,程序必须能够支持多种不同类型的数据。数学中没有数据类型的概念,这是因为数学不需要考虑数据的存储。在计算机中要处理一个数据,需要先把数据放入内存中。那么,这个数据需要给它分配多大的内存呢?数据在内存中是如何存储和表示的呢?这些都是在计算机处理数据时需要考虑的问题。

对于这个问题,程序设计语言中引入了数据类型的概念。一个数据类型规定了能够取值的范围,以及能够进行的操作。更进一步,一个数据类型有特定的存储方式。在C语言中,提供了int、char、float、double等基本数据类型,并明确了每种类型所需要的内存空间、存储方式、能表示的数据的范围和精度,以及能够进行的操作。例如,float类型的值需要4个字节,其中存储了符号、尾数和指数的二进制表示,取值范围是 $1.17549 \times 10^{-38} \sim 3.40282 \times 10^{38}$,能够进行的操作包括常见的算术运算。在程序设计中,需要处理一个数据的时候,要根据数据的范围、精度等特征来选择最合适的数据类型。

下面介绍C语言中最基本的数据类型:整型、浮点型和字符型。

1. 整型

整型用于表示没有小数部分的数值,可以是负数。C语言中最常用的整型是int。int类型数据需要占用4个字节的内存空间,可以表达的值的范围是-2 147 483 648~2 147 483 647,即 $-2^{31} \sim 2^{31}-1$。

除了int外,C语言还提供了多种其他整型类型,如short、long,这些类型所需要的内存空间不同,能够表示的整数范围也不同,在编写程序的时候可以根据需要来选用。

需要注意的是,整型类型所占的空间和范围并不是固定的,在不同的软硬件平台和编译系统中可能是不同的。

2. 浮点型

浮点型用于表示有小数部分的数值。C语言中有两种浮点型:float和double,它们能够表示的数的范围和精度都不同,当然,所需要的内存空间以及内存中的表示方式也不同。这里只介绍float类型。float类型占4个字节空间,能够表示的精度是6~7位有效数字,取值范围是 $1.17549 \times 10^{-38} \sim 3.40282 \times 10^{38}$。

3. 字符型

char类型用于表示单个字符,其取值范围是ASCII表中的字符。char类型需要一个字节的空间。

值得注意的是,当把一个字符存入到一个char类型的内存空间时,存放的其实是该字符的ASCII码,也就是一个整数。这是因为计算机内部只能存放0和1组成的二进制序列,并不能直接存放一个字符。例如,字符'A'在计算机内部其实以65(的二进制)的形式存在。

2.5 常量和变量

在计算机中处理数据的时候,有些数据项是直接给出的,其值不会发生变化,如圆周率 3.14。而有些数据项的值会发生变化,例如要编写一个程序计算圆周长,需要用户输入圆的半径,很明显,半径的值是不可预知的,也不是固定的。这两种类型的数据分别称为常量和变量。

2.5.1 常量

常量,也就是数学中的常数,它的值是不变的。不同的常量有不同的表示方法。

(1) **整型常量**。整型常量可以像数学和日常生活中一样给出,如 50、8848 等都是整型常量。

(2) **浮点型常量**。浮点型常量可以用两种方式给出:十进制形式和指数形式。

① 十进制形式,如 3.14、0.99。如果整数部分为 0,也可以省略整数部分,如 .99。

② 指数形式,如中国国土面积为 963.406 万 km^2,可以写成 $9.63406 \times 10^6\ km^2$,这个常量在 C 语言中可以表示为 9.63406e6 或者 9.63406E6。

(3) **字符型常量**。一个字符型的常量用单引号引起来的一个字符表示,如 'A'。除了普通字符外,还有一些特殊字符无法直接表示,如换行符,对这些字符常量,用另一种方式表示。如用'\n'表示换行符,这里\改变了后续字母 n 的含义,称为转义字符。注意,这里'\n'表示的是一个字符,而不是两个。

(4) **字符串常量**。字符串常量是用一对双引号引起来的字符序列,如 "Program"、"C"、"C 程序\n" 等都是字符串常量。

注意 "C" 和 'C' 是不同的,前者是一个字符串常量,后者是一个字符常量。

(5) **符号常量**。可以用一个符号来代替一个常量,称为符号常量。在例 2.1 中,有以下指令代码:

```
#define PI 3.14
```

它定义了一个符号常量 PI,PI 实际就是一个记号,可以代替 3.14 使用。相对于直接使用 3.14,这样可读性更好;另外,如果精度不够,需要使用 3.14159,只需要修改这一行即可。定义符号常量用 #define 指令,这是一条编译预处理命令,在预处理阶段,预处理器会将源码中的 PI 替换为对应的常量,如 3.14。

2.5.2 变量

对于值可能会发生变化的数据,需要声明变量。变量声明语句为:

变量类型 变量名;

例如：

```
float r;
```

声明了一个变量 r。一个变量对应一段特定类型的内存空间（称为存储单元）。例如，当声明变量 r 时，系统会分配一段内存（占 4 个字节），并登记：这段内存存放的是 float 型的值（即一个浮点数），这段内存有个名字叫做 r。以后就可以通过变量名 r 来访问（读出或者存入）这段内存了。习惯上，称 r 对应的内存空间中的值为 r 的值。当改变这段内存空间中的值的时候，r 的值就发生了变化。

声明一个变量时，除了要指定变量类型外，还要给变量命名。变量的命名是自由的，但是要服从以下规则：

- 变量的名字只能由字母、数字和下画线组成，而且数字不能是第一个字符。
- 变量名中不能有空格。
- 不能使用 C 语言中已经被占用的词语，如 main、int 等。
- 变量名对大小写敏感，也就是说大小写字母是不同的。

例如，score、score1、studentAge、stu_no 等都是合法的变量名，但是 english.score、stu-no、1stperson、Li's 则不是合法的变量名。

当声明多个变量时，可以写多个声明语句，例如：

```
float r;
float area;
```

如果多个变量有相同的数据类型，也可以将它们的声明合并，例如：

```
float r, area;
```

注意 #define 定义和变量声明的区别。如

```
#define PI 3.14
```

其中 PI 并不是一个变量，它只是 3.14 的一个记号，它不能再指代其他值，如 PI=3.14159 是错误的。另外，#define 指令不是一条 C 语句，不能在行末写上分号。

变量可以被赋予一个值，例如

```
r=2.0;
```

将 2.0 赋予变量 r。一旦变量被赋值，就可以使用它来进行计算，如

```
area=PI*r*r;
```

计算 PI*r*r 的值，并将该值赋给变量 area。

可以在声明变量的同时给它赋值，称为变量的初始化，例如

```
float r=2.0;
```

多个变量可以同时初始化,例如:

```
float r=2.0, d=3.4;
```

变量要赋值或者输入值之后才可以参与运算或者输出。如果只是声明,例如:

```
int i;
```

这时变量 i 有一个未知的、不确定的值。有些人认为这时 i 自动被初始化为 0,这是错误的。

2.6 运算符和表达式

与数学类似,当需要进行计算的时候,要列出一个计算式。在 C 语言中,称这种计算式为**表达式**,表达式由**运算符**和**运算数**(也称为**操作数**)组成,常量、变量、函数调用或者括号表达式都可以是运算数。函数调用作为运算数的情况将在后面讨论,括号表达式就是用括号括起来的表达式。

2.6.1 运算符

运算符表示一步运算,其运算对象为运算数。C 语言支持丰富的运算符,下面介绍常见的运算符。

1. 算术运算符

算术运算符包括＋、－、*、/和％,分别表示加、减、乘、除和取模运算。这几个运算符都要求有两个操作数,即都是**二元运算符**(或双目运算符)。值得注意的是:

(1) 当运算符/的两个操作数都是整数时,表示**整数除法**,结果仍然为整数;否则,表示**浮点数除法**,结果为浮点数。例如,9/4 表示 9 除以 4 的商(即整数部分),结果为 2,而不是 2.25;而 9/4.0、9.0/4 或者 9.0/4.0 都等于 2.25。

(2) 取模运算符％的操作数都应该为整数,该运算符计算第一个操作数除以第二个操作数后的余数。例如,9％4 等于 1,12％4 等于 0。

取模运算符％经常用来判断一个数能否被另一个数整除,如要判断变量 x 是否为偶数,只需要判断 x％2 是否等于 0。

2. 赋值运算符

C 语言中用等号表示赋值。等号右边是一个值,可以是常量、变量或者运算结果,等号左边是一个可以改变内容的数据项,如变量。赋值操作首先计算等号右边的值,然后赋给等号左边的数据项。例如:

```
float r;
r=2.0;
r=r+1;
```

是允许的,因为 r 是变量,而

```
r*r=4.0;                    /*错误*/
r+1=3;                      /*错误*/
```

这两行代码中的赋值都是错误的,因为等号左边的表达式的值是不可以被改变的。

3. 复合赋值运算符

在赋值运算符前面加上其他二元运算符,可构成复合赋值运算符,即

```
变量  二元运算符= 表达式
```

它等价于

```
变量 = 变量  二元运算符  表达式
```

例如,x+=5 等价于 x=x+5,a/=2 等价于 a=a/2,n*=a+b 等价于 n=n*(a+b)。

4. 关系运算符

关系运算符判断两个操作数之间的相等或者大小关系。C 语言使用 == 和 != 来检测相等或者不相等,用>、<、>=、<= 表示大于、小于、大于或等于、小于或等于。关系运算符经常用于条件判断中。

5. 逻辑运算符

利用关系运算符,可以表达一些简单条件。例如,a!=0,b*b-4*a*c>0 等。在表达复杂的条件时,经常需要将几个简单条件连接起来,连接条件的运算符有 3 个:与、或、非,在 C 语言中对应 &&、|| 和 ! 3 个运算符,称为逻辑运算符。关于逻辑运算符,需要注意的是它们的优先级:! 的优先级最高,而 || 的优先级最低。

下面是逻辑运算符的几个例子。

(1) 一元二次方程 $ax^2+bx+c=0$ 有根的判定条件:

```
(a!=0) && (b*b-4*a*c>0)
```

(2) 等腰三角形(三边分别为 a、b 和 c)的判定条件:

```
(a==b)||(b==c)||(a==c)
```

(3) 某人年龄 age 在 20 和 30 之间的判断条件:

```
age >=20 && age <=30
```

(4) 某景区定于 2 月 23 日举办梅花节，推出优惠措施：凡是名字中含有"梅"且 2 月 23 日出生的游客均可免费参加。现用字符串 name 表示游客姓名，变量 m 和 d 分别表示游客出生所在月和日。函数 strstr(s, t)找出子串 t 在母串 s 中出现的位置，若没有出现，则返回 NULL。因此，享受优惠的条件是：

```
strstr(name, "梅")!=NULL && (m==2 && d==23)
```

也可以写成：

```
!(strstr(name, "梅")==NULL) && (m==2 && d==23)
```

在用逻辑运算符连接多个条件时，建议多用括号，至少每个条件用一个括号围起来，这样既容易阅读，也不容易出错。

2.6.2 表达式

关于表达式，有以下两个问题需要注意：
- 如何构造 C 语言表达式？
- C 语言表达式如何求值？

下面分别讨论这两个问题。

1. 如何构造 C 语言表达式

下面给出了几个表达式的例子，为了方便理解，右边给出了其数学表示。

C 语言表达式	数学表达式
x+y	$x+y$
2*x	$2x$
b*b−4*a*c	b^2-4ac
p/2	$\dfrac{p}{2}$
(a+b)/(a*b)	$\dfrac{a+b}{a*b}$
sqrt(a*a+b*b)	$\sqrt{a^2+b^2}$

相比较于数学表达式，C 语言表达式有几点需要特别注意：
- 乘号不能省略。如果将 x*y 写成了 xy，编译器会以为这是一个名为 xy 的变量；如果将 2*x 写成了 2x，编译器会报错。
- 分子和分母需要加上括号。如果将(a+b)/(a*b)中的括号漏掉了，写成 a+b/a*b，它对应的数学表达式是 $a+\dfrac{b}{a}*b$。
- 某些数学运算符在 C 语言中没有对应的运算符。如幂运算、求根运算、积分、求导、极限、阶乘等，这些运算有的可以在数学函数库中找到对应的函数，有的需要自己编写代码实现。

2. C 语言表达式如何求值

当一个表达式中有多种运算符的时候,表达式的求值要考虑它们的优先级。C 语言中的优先级大部分与数学式子计算的优先级类似,就常见的运算符而言,它们的优先级从高到低为:

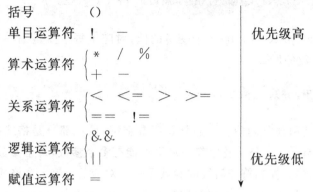

例如,给定表达式:

$$5+7/2-2*3\%5*(1+3)$$

在某系统上的计算过程如下,其中下画线部分是即将计算的步骤。

$\quad\quad\quad 5+\underline{7/2}-2*3\%5*(1+3)$

第 1 步:$\underline{5+3}-2*3\%5*(1+3)$

第 2 步:$8-\underline{2*3}\%5*(1+3)$

第 3 步:$8-\underline{6\%5}*(1+3)$

第 4 步:$8-1*\underline{(1+3)}$

第 5 步:$8-\underline{1*4}$

第 6 步:$\underline{8-4}$

第 7 步:4

2.7 输入与输出

用计算机程序进行数据处理的流程,从大的方面来说就是 3 个阶段:输入、处理和输出。本节介绍如何从标准输入设备(主要指键盘)输入数据,以及如何向标准输出设备(主要指屏幕)输出数据。

2.7.1 输出函数 printf

printf 是最常见的格式化输出函数(print 之后的 f 代表 format,即格式化)。所谓格式化输出,即可以指定输出的格式。printf 最简单的用法是输出一个字符串常量,例如:

```
printf("Hello world!\n");
```

会在屏幕上输出字符串"Hello world!",然后换行。注意,'\n'表示一个换行符。

如果要输出表达式的值,就要使用%引导的格式控制符。例如:

```
int amount=20;
float price=5.6, total;
total=amount * price;
printf("数量:%d,单价:%f,总额:%f\n", amount, price, total);
```

这个例子输出了 amount、price 和 total 3 个变量的值,对应于每个变量,有一个格式控制符(%d 或%f)。printf 函数的形式为:

```
printf(格式化字符串,参数1,参数2,…);
```

其中,格式化字符串包括两部分内容:一部分是正常字符,另一部分是格式控制符,以%引导,用来确定输出内容格式。在格式化字符串后面可能有多个参数,每个参数都是一个表达式。格式化字符串中的格式控制符和后续的参数是一一对应的:第 1 个格式控制符指定了第 1 个参数的输出格式,第 2 个格式控制符控制着第 2 个参数的输出……。在输出的时候,会将格式化字符串中的正常字符输出,而格式控制符会被对应的表达式的值替换,所以上述例子的输出为:

```
数量:20,单价:5.600000,总额:112.000000
```

不同数据类型的值对应的格式控制符不同。表 2.1 列出了常见数据类型对应的格式控制符:

表 2.1 printf 函数中的常见格式控制符

格式控制符	对应数据类型	含 义
%d	int	输出为十进制整数
%f	float 或 double	float 和 double 都可用,double 还可用%lf
%c	char	输出字符
%s	字符串	输出字符串

2.7.2 输入函数 scanf

与 printf 对应的函数是输入函数 scanf。scanf 函数是格式化输入函数,它从标准输入设备(键盘)读取输入的信息。其调用格式为:

```
scanf(格式化字符串,地址列表);
```

其中,格式化字符串中包含了%d、%f 等格式控制符,它们指示了如何解读用户输入的信息。地址列表是一个地址的序列,其中的地址与格式化字符串中的格式控制符是一一对应的。scanf 函数根据格式控制符的指示,从用户输入信息中提取数据,并根据给出地址存入到内存存储单元中去。scanf 函数中常见的格式控制符如表 2.2 所示。

表 2.2 scanf 函数中的常见格式控制符

格式控制符	含 义
%d	读入一个十进制整数
%f	读入一个单精度浮点数(float)
%lf	读入一个双精度浮点数(double)
%c	读入一个字符
%s	读入一个字符串

例 2.2 写 C 程序,输入商品数量和单价,计算商品总额。

```
1   #include <stdio.h>
2   int main(){
3       int amount;
4       float price, total;
5       printf("请输入数量:");
6       scanf("%d", &amount);         /* amount 是 int 型变量,用%d 作为格式控制符 */
7       printf("请输入单价:");
8       scanf("%f", &price);          /* price 是 float 型变量,用%f 作为格式控制符 */
9       total=amount*price;
10      printf("数量:%d,单价:%f,总额:%f\n", amount, price, total);
11      return 0;
12  }
```

在这个例子中,两次调用 scanf 函数来分别获取 amount 和 price 变量的值。& 符号是取地址运算符,如 &amount 可以得到 amount 变量的内存地址。由于这两个变量的类型分别为 int 和 float,因此分别使用%d 和%f 格式控制符。注意,输入一个数后,要按回车键后输入的信息才能被读取到。这个例子在屏幕上显示的内容如下所示:

```
请输入数量:50↵
请输入单价:6.8↵
数量:50,单价:6.800000,总额:340.000000
```

也可以通过一次 scanf 函数调用来读入两个变量的值,如下所示:

```
printf("请输入数量和单价:");
scanf("%d%f", &amount, &price);
```

这两行代码对应的屏幕显示内容如下所示:

```
请输入数量和单价:50 6.8↵
```

读入后,amount 的值为 50,price 的值为 6.8。

关于scanf函数,需要注意以下几点:
- scanf函数调用前,一般有对printf函数的调用,用来输出一些提示信息。
- 因为scanf函数不能输出信息,在scanf函数中的第一个格式化字符串参数中一般不包含普通字符。
- 如果scanf的格式化字符串参数中包含了普通字符,这些字符要按原样输入。例如,如果有这样一行:

```
scanf("数量:%d,代码:%f", &amount, &price);
```

那么在执行这一行的时候,必须输入:

```
数量:50,单价:6.8↵
```

- 如果scanf中包含多个格式控制符,表示要读入多个值,那么在输入的时候,这些值必须间隔开来,可以用任意空白符(空格、跳格或者回车)作为间隔符。

2.8 语句

C程序是由函数构成的,而函数是由语句构成的。C语言中的语句中最基本的是两种:①简单语句,执行一些操作;②控制语句,控制其他语句的执行顺序。下面将分别介绍。

2.8.1 简单语句

简单语句是C语言中最常见的语句,它由一个表达式加一个分号构成。

```
表达式;
```

在大多数情况下,**表达式**是一个赋值运算、一个函数调用或者自增(自减)运算。

2.8.2 语句块

根据C语言的定义,控制语句一般用于一条语句。在编写程序时,经常希望某条特定的控制语句用于一组语句。为了指明一组语句作为一个紧密的单元,可以将它们组合为**语句块**。一个语句块是用大括号(即花括号)括起来的一组语句,如下所示:

```
{
    语句1
    语句2
    ⋮
    语句n
}
```

凡是可以出现单条语句的地方也可以出现一个语句块,正是因为它表现得像单条语句一样,有时候也称为**复合语句**。

为了清晰地了解程序的结构,块中的语句一般相对上下文缩进。编译器会忽略这种缩进,但是这种缩进结构对于阅读者来说很有帮助。根据经验,一般每一级缩进一个跳格或者4~8个空格,本书中使用4个空格的缩进。在一个程序中应该使用一致的缩进风格。

复合语句和简单语句的另一个区别是,简单语句以分号作为结束符,而复合语句的大括号后面不再使用分号,因为右大括号已经表示复合语句结束。

2.8.3 if 语句

在编写程序的时候,经常需要检查一些条件,再根据检查的结果控制程序的执行顺序,这种程序控制称为条件执行。在 C 语言中,表示条件执行最简单的方式是使用 if 语句。

1. 单分支结构

最简单的 if 语句形式就是单分支结构。

```
if (条件)
    语句 1
```

当条件为真时,执行**语句 1**;当条件为假时,则不执行任何语句。

2. 双分支结构

如果要在条件为真和假的时候分别执行不同的语句,可以使用双分支结构的 if 语句。

```
if (条件)
    语句 1
else
    语句 2
```

这里**语句 1** 和**语句 2** 既可以是单条语句,也可以是语句块。

例如,判断一个变量 number 是奇数还是偶数,可以用双分支结构:

```
if (number % 2 == 0)
    printf("这是一个偶数.\n");
else
    printf("这是一个奇数.\n");
```

3. 多分支结构

前面的两种 if 语句分别对应了**单分支**和**双分支**的程序结构。有些应用具有更加复杂的**多分支结构**:程序的执行要考虑多种情况,在每种情况下执行一个语句。最典型的例子是对学生成绩进行评价,评价标准如下:

$$评价 = \begin{cases} 优秀 & 当成绩大于或等于90分 \\ 良好 & 当成绩在80 \sim 90之间(不含90) \\ 中等 & 当成绩在70 \sim 80之间(不含80) \\ 及格 & 当成绩在60 \sim 70之间(不含70) \\ 不及格 & 当成绩低于60 \end{cases}$$

对这种多分支的结构,可以用**级联** if 语句,形式如下:

```
if (条件1)
    语句1
else if (条件2)
    语句2
  ⋮
[else
    语句n]
```

在这个结构中,首先判断**条件1**,如果**条件1**成立,则执行**语句1**;否则判断**条件2**,若**条件2**成立,则执行**语句2**;……;如果前面的条件都不成立,则执行**语句n**(说明:该部分可以缺省,即语句格式中用[ ]表示可以缺省的部分)。因为程序执行时从**语句1**、**语句2**、……、**语句n**中选择一条执行,因此这种结构也称为**多分支结构**。

例 2.3(a)实现了多分支的学生成绩评价。注意第 8 行,只需要判断 score≥80,这是因为 else if 语句隐含了前面的判断都是不成立的。也就是说,在第 8 行处隐含了 score<90,而在第 10 行处隐含了 score<80,……。

例 2.3 写 C 程序,根据学生成绩做出五段式评价。

	(a) 正确的写法		(b) 错误的写法
1	`#include <stdio.h>`	1	`#include <stdio.h>`
2	`int main(){`	2	`int main(){`
3	`    float score;`	3	`    float score;`
4	`    printf("请输入成绩:");`	4	`    printf("请输入成绩:");`
5	`    scanf("%f", &score);`	5	`    scanf("%f", &score);`
6	`    if (score >=90)`	6	`    if (score >=90)`
7	`        printf("优秀.\n");`	7	`        printf("优秀.\n");`
8	`    else if (score >=80)`	8	`    if (score >=80)`
9	`        printf("良好.\n");`	9	`        printf("良好.\n");`
10	`    else if (score >=70)`	10	`    if (score >=70)`
11	`        printf("中等.\n");`	11	`        printf("中等.\n");`
12	`    else if (score >=60)`	12	`    if (score >=60)`
13	`        printf("及格.\n");`	13	`        printf("及格.\n");`
14	`    else`	14	`    else`
15	`        printf("不及格.\n");`	15	`        printf("不及格.\n");`
16	`    return 0;`	16	`    return 0;`
17	`}`	17	`}`

初学者很容易写出例2.3(b)这样的代码,这个例子没有语法错误,但是逻辑上存在问题,称有**逻辑错误**。这两个例子之间的区别是,例2.3(a)包含了一个多分支结构,因为程序只会在5个分支中选择一个执行;而例2.3(b)包含了4个分支结构,前面3个都是单分支结构,第4个为双分支结构,这4个分支结构是独立的。考虑一个例子,如果输入95,那么例2.3(a)会执行第6、7行,而例2.3(b)会执行第6~13行。

2.8.4 while 语句

计算机的一大优点是它可以不知疲倦地重复工作。因此,在程序设计语言中一般都存在一种可以控制部分语句重复执行的控制语句,称为循环语句。C语言中最常用的循环语句是while语句和for语句。

while语句的形式如下:

```
while (条件表达式)
    语句
```

while语句的执行过程是:首先计算**条件表达式**的值,当表达式的值为真时,执行**语句**;然后再次计算**条件表达式**的值,重复上述过程,直到**条件表达式**的值为假时,结束循环。**条件表达式**常称为**循环条件**,而每次循环执行的内容常称为**循环体**。

例 2.4 计算 100 以内的整数之和(用 while 循环)。

```
1   #include <stdio.h>
2   int main(){
3       int sum=0, i=1;
4       while (i<=100){
5           sum +=i;
6           i++;         // ++为自增运算符,i++相当于 i=i+1
7       }
8       printf("1+2+...+100=%d\n", sum);
9       return 0;
10  }
```

在这个例子中,循环条件是 $i \leqslant 100$,当循环条件为真时,将变量 i 累加到 sum,并将 i 增1。可以看出,i 从 1 一直增加到 100,每个值都被累加了,因此 sum 最终的值就是 $1+\cdots+100$。

2.8.5 for 语句

for语句是另一种循环语句。for语句的一般形式是:

```
for (表达式1; 表达式2; 表达式3)
    语句
```

它的执行过程是：首先计算**表达式 1**；然后计算**表达式 2**的值，若其值为真，则执行**语句**；最后计算**表达式 3**。至此完成一次循环，然后再从计算**表达式 2**的值开始下一次循环。如此下去，直到**表达式 2**的值为假时，循环结束。从 for 语句的执行过程中可以看出，for 语句中的 3 个表达式的作用是不同的。**表达式 1** 通常用于循环之前的初始化，**表达式 2** 是循环控制条件，**表达式 3** 通常用于更新循环变量的值。这种结构如果用 while 循环表示，则应该为：

```
表达式 1;
while (表达式 2){
    语句
    表达式 3;
}
```

例 2.5 计算 100 以内的整数之和（用 for 循环）。

```
1  #include <stdio.h>
2  int main(){
3      int sum, i;
4      sum=0;
5      for (i=1; i<=100; i++){
6          sum += i;
7      }
8      printf("1+2+…+100=%d\n", sum);
9      return 0;
10 }
```

for 循环中的 3 个表达式都是可选的，但是分号不能省略。如果没有**表达式 1**，循环开始前就直接测试**表达式 2** 是否为真；如果没有**表达式 2**，相当于循环条件为真；如果没有**表达式 3**，语句执行完后直接再次测试**表达式 2**。

例 2.6[*] 从键盘输入 10 个整数，并从中找出最大数。

分析：从 10 个整数中找出最大数、最小数可采用打擂台的思想实现。在武侠小说中，打擂台的方式是：第一个人首先上台，后面的人上台向台上的人发起挑战，谁能打赢谁就留在擂台上，所有的人都打过之后，最终留在擂台上的就是武功最高强的人。

在本题中，用 maxnum 记录当前站在台上的人，最开始设 maxnum 为第 1 个整数。再依次将第 i 个（2≤i≤10）输入的整数 num 与 maxnum 进行比较，如果 num>maxnum（即挑战者打赢了），则令 maxnum=num（站在擂台上的人换了）；打擂结束后，maxnum 即为最大值。程序如下：

```
1  #include <stdio.h>
2  #define N 10
3  int main(){
4      int i, num, maxnum;
5      printf("请输入第 1 个整数：");        // 输出提示信息
6      scanf("%d", &num);                    // 先输入一个整数
```

```
7       maxnum=num;                              // 令输入的第1个整数是最大数
8       for (i=2; i<=N; i++){                    // 输入其余整数,并通过打擂台找最大数
9           printf("请输入第%d个整数: ", i);       // 输出提示信息
10          scanf("%d", &num);
11          if (num>maxnum) maxnum=num;          // 找最大数
12          printf("当前最大数: %d\n", maxnum);
13      }
14      printf("\n最大整数是: %d\n", maxnum);
15      return 0;
16  }
```

从若干个数中找出最大数、最小数是一个典型的求最值问题。对于这类问题,一般都可以用打擂台的思想来解决。

函数

说起函数,可以自然地想到数学中的函数。在数学中,一个函数的功能是根据自变量的值完成特定计算。例如,三角函数 sin(x)是计算自变量 x 的正弦值。在程序设计中,函数的功能和数学函数是类似的。例如,可以写出这样一个表达式:0.5 * sin(2),这个表达式计算0.5乘以弧度2的正弦值。在这里,弧度2的正弦值是通过C语言中的sin函数来计算的。

在C语言中,使用一个函数的专门术语是**函数调用**或者**调用一个函数**。例如:

```
1  #include <stdio.h>
2  #include <math.h>
3  int main(){
4      double x;
5      x=0.5*sin(2.0);
6      printf("x=%lf", x);
7      return 0;
8  }
```

主函数(main函数)中调用了sin函数(需要包含头文件math.h)和printf函数,称主函数为**主调函数**(也称为**调用函数**),sin函数和printf函数为**被调函数**。

在调用函数时,往往要向该函数传递一些信息,如上述例子中的2.0,在C语言中它们也有一个专门的名称叫做**实际参数**,简称**实参**。一个函数根据实际参数执行特定的计算过程,函数计算往往可以得到一个值,也就是函数的计算结果,这个值称为**函数返回值**,简称**函数值**,就像使用数学函数可以得到函数值一样。这个值可以赋给变量,也可以参与表达式的运算。在上述例子中,就是将函数sin的返回值参与表达式的运算,并将结果赋给变量x。

在C语言中,值都是有类型的,因此实参和函数返回值都是有类型的,它们的类型是在定义函数时指定的。例如,sin函数的实参应该是double型,如果一个值不是double型,把它作为sin函数的实参时,要么由系统自动地进行数据类型转换,要么报错。sin函数的返回值类型也是double型,当sin函数的返回值参与表达式运算时,必须注意数据类型是否匹配。

总结一下，要调用一个函数，需要知道关于函数的以下信息：
- 函数的名称。
- 函数所要求提供的实参，包括实参的个数以及每个实参的数据类型。
- 函数的功能。
- 函数返回值的类型。

例如，函数 sin 的名称为 sin，要求提供一个 double 型的值作为实参，函数的功能是计算实参的正弦值，函数返回值的类型是 double 型。了解这些信息后，便可以使用函数。在表达式中调用函数的一般形式是：

函数名(实参列表)

其中，**实参列表**包含零个或多个实参。若没有实参，则**实参列表**为空（但是函数名后的括号要保留）；若有多个实参，实参之间用逗号分隔，其形式为：

实参1，实参2，…

每个实参都应该是或者能转换到期望的数据类型。函数的实参可以是常量、变量，也可以是表达式，甚至函数。例如，表达式 2 * 3 * sin(80.0/180.0 * 3.14)/2 中用表达式 80.0/180.0 * 3.14 的值作为 sin 函数的实参。下面的例子则将 sin 函数的值作为 printf 函数的一个实参：

```
printf("%f\n", sin(80.0/180.0 * 3.14));
```

在实现某一功能时，如果已经存在完成这一功能的函数，用户就可以直接调用该函数，从而减轻程序设计的工作量。C 语言的标准库中提供了丰富的函数，如前面提到的 printf 函数、sin 函数等都是标准库中的函数，由于这些函数如此重要，以至于成为 C 语言标准的一部分。在使用 C 语言编写程序时，除了需要掌握 C 语言本身的语法和用法外，还需要掌握标准库中的这些常见函数。

除了调用标准库中的函数之外，用户可以自定义函数，在后续章节中将介绍如何定义自己的函数。

2.10 编程实践：代码风格

每个作家都有自己的写作风格，在遣词造句、谋篇布局等方面有自己强烈的烙印。程序员也有自己的代码风格。有的程序员认为代码风格纯粹是个人的选择，只要代码能实现预期的功能就行，采用什么风格都无所谓。这种观点比较片面。不好的代码风格晦涩难懂、不易维护，使得维护和沟通成本增加，开发效率降低。而好的风格会使程序更加优雅、易读、易懂、易维护。那么什么是好的风格？在这一点上没有统一的标准，但是在程序设计实践中形成了一些约定俗成的规则。

1. 代码缩进

程序中普遍使用缩进来体现代码的层次。缩进有 3 个要点：①同一层次的代码应该是左对齐的,即缩进层次相同;②层次越深,缩进越多;③同一个程序或者项目中使用相同的缩进风格。

关于缩进主要有两个争论,一个是该用空格(Space)还是用制表符(Tab),另外一个是该用4格缩进还是8格缩进还是其他。使用空格缩进的好处是不管在哪个编辑器中打开,缩进的效果都是相同的,但是输入空格比较麻烦。输入制表符简单得多,但是有的编辑器中一个制表符占4个字符大小,有的编辑器中占8个字符大小。因此不同编辑器中的效果是不同的。在本书中,使用4个空格缩进。

2. 左花括号位置

C语言中的语句块和函数体都包围在一对花括号中。左花括号的位置有两种选择:另起一行或者留在上一行末尾。下面是几种比较常见的方案:

```
(a)
void func()
{
    if (a>0)
    {
        ...
    }
    while (b>a)
    {
        ...
    }
}
```

```
(b)
void func(){
    if (a>0){
        ...
    }
    while (b>a){
        ...
    }
}
```

```
(c)
void func()
{
    if (a>0){
        ...
    }
    while (b>a){
        ...
    }
}
```

其中,方案(a)中所有的左花括号都在下一行,方案(b)中所有的左花括号都没有另起一行,方案(c)中函数后面的左花括号另起一行,其他位置的左花括号不另起一行。本书使用方案(b),因为它最节省版面。

3. if-else 语句风格

if-else 语句有多种书写风格,常见的有:

```
(a)
if (a>10)
{
    ...
}
else if (a>0)
{
    ...
}
else
{
    ...
}
```

```
(b)
if (a>10){
    ...
}
else if (a>0){
    ...
}
else {
    ...
}
```

```
(c)
if (a>10){
    ...
} else if (a>0){
    ...
} else {
    ...
}
```

本书使用的书写风格是(b)。

4. 空格

代码中以下这些位置需要空格：

- if、while、switch 等关键字与之后的左圆括号"("之间。
- 左花括号"{"之前。
- 双目运算符两侧，如 p == NULL。
- 逗号","与分号";"之后，如 for (i=0; i<10; i++)。

代码中以下位置不要空格：

- 函数名与之后的左圆括号"("之间，包括带参数的宏与之后的左圆括号"("之间，如 max(a, b)。
- 左圆括号"("右边，右圆括号")"左边，如 if (p == NULL)。

5. 长行拆分

代码行最大长度宜控制在 80 个字符以内。代码行不要过长，否则眼睛看不过来，也不便于打印。

长表达式要在低优先级操作符处拆分成新行，操作符放在新行之首（以便突出操作符）。拆分出的新行要进行适当的缩进，使排版整齐，语句可读。例如：

```
if ((very_longer_variable1 >=very_longer_variable12)
    && (very_longer_variable3 <=very_longer_variable14)
    && (very_longer_variable5 <=very_longer_variable16))
```

6. 注释

注释的位置应与被描述的代码相邻，一般放在代码的上方或右方。边写代码边注释，修改代码同时修改相应的注释，以保证注释与代码的一致性。不再有用的注释要删除。

2.11 本章小结

（1）C 语言不是在学院里研究出来的，而是出于实际项目开发的需要开发出来的，而且 C 语言一开始就是为了早期的开发计算机系统软件而设计的，这些背景导致了 C 语言的一些重要特点：

- 简洁、紧凑。
- 数据类型丰富，控制结构完善。
- 支持模块化和结构化程序设计。
- 运算符丰富，表达能力强。
- 语法限制不太严格，程序设计自由度大。
- 同时具有高级语言和低级语言的特点。
- 目标代码质量高，可移植性好。

(2) C程序从编写到运行大致需要经过以下几个步骤：

① 编写。首先在一个编辑器中编写程序代码(一般称为源代码)。

② 预处理。编写完成后，C程序要进行预处理。

③ 编译。由编译器将源代码翻译成机器指令，也称目标代码。

④ 链接。由链接器将目标代码和其他附加代码整合在一起，产生一个可执行程序。

⑤ 运行，即运行可执行的程序。

(3) 一个C程序要能运行，需要几个工具：预处理器、编译器和链接器，其中最核心的是编译器，在本书中将这几个工具合起来称为C编译系统。

(4) 程序包括3个部分：注释、预处理命令和程序主体。

(5) 写注释的目的是向程序的阅读者或维护者传递一些信息，使得程序能被更好地理解和维护。在C语言中，有两种形式的注释：第一种形式的注释以 /* 开始，以 */ 结束，中间是注释内容，它们可以在同一行也可以在不同行；第二种形式的注释是单行注释，以 // 开始，其后这一行的内容都被认为是注释。

(6) 预处理器会先对C程序进行预处理，如包含头文件。

(7) 程序主体是由函数组成的。C语言中，函数是一系列组合在一起并且赋予了名字的语句。一个C程序中可以包含多个函数，其中一定有且仅有一个main函数(常称为主函数)。

(8) 当程序需要使用一个函数的功能时，就可以调用一个函数。调用一个函数的形式是：

函数名(参数1,参数2,…)

(9) 标识符简单地说就是对象的名字，主要指常量、变量、函数和类型等的名字，包括保留字、预定义标识符和用户定义标识符3类。保留字和预定义标识符是指具有特定含义的名字，不能被用户使用。用户定义标识符由英文字母、数字和下画线构成，但开头字符只能是字母或下画线。

(10) C语言中最基本的数据类型包括整型、浮点型和字符型。

① 整型用于表示没有小数部分的数值。C语言中最常用的整型是int。int类型数据需要占用4个字节的内存空间。

② 浮点型用于表示有小数部分的数值。C语言中有两种浮点型：float和double，float类型数据占4个字节内存空间，double类型数据占8个字节内存空间。

③ char类型用于表示单个字符，其取值范围是ASCII表中的字符。char类型数据需要一个字节的内存空间。

(11) 不同的常量有不同的表示方法。

① 整型常量。整型常量可以像数学和日常生活中一样给出。

② 浮点型常量。浮点型常量可以用两种方式给出：十进制形式和指数形式。

③ 字符型常量。一个字符型的常量用单引号引起来的一个字符表示，如'A'。

④ 字符串常量。字符串常量是用一对双引号引起来的字符序列。

⑤ 符号常量。可以用一个符号来代替一个常量，称为符号常量。

(12) 对于值可能会发生变化的数据,需要声明变量。变量声明语句为:

变量类型 变量名;

一个变量对应了一段特定类型的内存空间(称为存储单元)。

(13) 可以在声明变量的同时给它赋值,称为变量的初始化。

(14) 常见的运算符包括以下 4 类。

① 算术运算符:算术运算符包括+、-、*、/和%,分别表示加、减、乘、除和取模运算。

② 赋值运算符:C 语言中用等号表示赋值。赋值操作首先计算等号右边的值,然后赋给等号左边的对象。

③ 复合赋值运算符:在赋值运算符前面加上其他二元运算符,可构成复合赋值运算符,即

变量 二元运算符= 表达式

等价于

变量 = 变量 二元运算符 表达式

④ 关系运算符

关系运算符判断两个操作数之间的相等或者大小关系。C 语言使用 == 和 != 来检测相等或者不相等,用>、<、>=、<= 表示大于、小于、大于或等于、小于或等于。

(15) printf 是最常见的格式化输出函数。printf 函数的形式为:

printf(格式化字符串,参数 1,参数 2,…);

其中,格式化字符串包括两部分内容:一部分是正常字符,另一部分是格式化控制符,以%引导,用来确定输出内容格式。在格式化字符串后面可能有多个参数,每个参数都是一个表达式。

(16) scanf 函数是格式化输入函数,它从标准输入设备(键盘)读取输入的信息。其调用格式为:

scanf(格式化字符串,地址列表);

其中,格式化字符串中包含了%d、%f 等格式控制符,它们指示了如何解读用户输入的信息。地址列表是一个地址的序列,其中的地址与格式化字符串中的格式控制符是一一对应的。

(17) 在 C 语言的语句中,最基本的是两种:简单语句,执行一些操作;控制语句,控制其他语句的执行顺序。

① 简单语句是 C 语言中最常见的语句,它由一个表达式加一个分号构成。

② 一个语句块是用大括号括起来的一组语句。凡是可以出现单条语句的地方也可以

出现一个语句块。

③ if 语句有 3 种形式：

单分支结构：

```
if (条件)
    语句 1
```

双分支结构：

```
if (条件)
    语句 1
else
    语句 2
```

多分支结构：

```
if (条件 1)
    语句 1
else if (条件 2)
    语句 2
    ⋮
[else
    语句 n]
```

④ C 语言中最常用的循环语句是 while 语句和 for 语句。

while 语句的形式如下：

```
while (条件表达式)
    语句
```

for 语句的一般形式是：

```
for (表达式 1; 表达式 2; 表达式 3)
    语句
```

(18) 在表达式中调用函数的一般形式是：

```
函数名 (实参列表)
```

其中，实参列表包含零个或多个实参。若没有实参，则实参列表为空（但是函数名后的括号要保留）；若有多个实参，实参之间用逗号分隔。

习 题 2

习题2.1 有一函数：

$$y = \begin{cases} x & \text{当 } x < 1 \\ 2x-1 & \text{当 } 1 \leqslant x < 10 \\ 3x+11 & \text{当 } x \geqslant 10 \end{cases}$$

编写程序，输入 x 的值，根据该函数计算 y 的值。

习题2.2 查有关资料，找出一元三次方程的求根公式。编写程序，输入一元三次方程的系数，输出它的根。

习题2.3 编写程序，由键盘输入任意3个数，找出其中最小的数。

习题2.4 编写程序，从键盘输入两个整数分别给变量 x、y，如果 x>y，则输出 x 及 x－y 的值；否则，输出 y 及 y－x 的值。

习题2.5 编写程序，求 1＋3＋5＋…＋99。

习题2.6 编写程序，统计1000以内的自然数中3的倍数之和。

习题2.7 编写程序，输出 0°～360°中所有度数为 5°倍数的角度的正弦值和余弦值，即输出 0°、5°、10°、15°、…、360°的正弦值和余弦值。

习题2.8 编写程序，由键盘输入 20 个整数，统计其中的正整数、负整数、0 分别有多少个？并分别计算其中的正整数、负整数之和以及各自的平均值（结果为浮点型，输出时保留2位小数）。

习题2.9 编写程序，由键盘输入 20 个整数，分别找出其中的最大正整数、最小正整数、最大负整数、最小负整数。

第 3 章　数据类型与输入输出

学习目标

- 了解 C 语言数据类型的分类。
- 掌握整型数据的内部表示、整型常量的表示、整型数据的输出和输入。
- 理解 int、short 和 long 3 种整型数据类型的区别。
- 掌握浮点常量的表示、浮点数的内部表示、浮点数的输出和输入。
- 理解 float 和 double 两种数据类型的区别。
- 掌握字符型常量和变量的表示和声明、字符型数据的内部表示、字符的输出和输入,掌握常见的字符处理技巧。
- 理解数组的内部表示,掌握数组元素的访问和初始化。
- 理解如何表示字符串常量,如何用数组表示来存储和处理字符串。
- 掌握字符串的输出和输入。
- 掌握如何向文本文件中输入和输出信息。

　　C 语言是一种强类型语言,也就是说,所有的数据都是具有某种数据类型的,而且必须先声明后使用。C 语言提供的数据类型非常丰富,C 语言除了提供整型、字符型和浮点型等基本数据类型外,还提供数组、结构体、共用体和指针等数据类型。利用这些数据类型能方便地描述较复杂的数据对象。

　　C 语言的数据类型分类如图 3.1 所示。

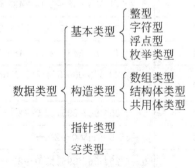

图 3.1　C 语言的数据类型分类

本章将介绍基本类型,其他类型将在后面章节介绍。

3.1 整型

整型是表示整数的数据类型。为了表示不同范围的整数,C 语言提供了丰富的整型类型,它们有的可以表示高达 19 位数的整数,有的只能表示 5 位数的整数;有的可以表示有符号数,如-23、-98,有的只能表示无符号的数,如 1、917。

C 语言中的整型类型可以总结成表 3.1。其中括号内的内容可以省略。

表 3.1　C 语言整型类型

有符号型(默认)	说　明	无　符　号　型	说　明
(signed) int	基本整型	unsigned int	无符号基本整型
(signed) short (int)	短整型	unsigned short (int)	无符号短整型
(signed) long (int)	长整型	unsigned long (int)	无符号长整型
(signed) long long (int)		unsigned long long (int)	

C 整型类型分为有符号(signed)和无符号(unsigned)两大类,分别表示有符号数和无符号数。对于有符号数,存储单元的最高位用来存储符号,0 表示+,1 表示-。对于无符号数,存储单元中全部二进制位都用来表示值,而不包括符号。无符号型变量只能存放不带符号的整数,如 23、507 等,而不能存放负数,如-23、-98。在默认情况下,整型是有符号的,如果要表示无符号整型,需要显式地加上 unsigned 来限定。

C 标准没有具体规定以上各类数据所占内存字节数(也称为**宽度**),各种平台上有所不同,但是遵循以下原则:long 型数据的字节数应不小于 int 型,short 型不长于 int 型。例如,对于 Win32 平台,在 Visual Studio 编译系统中,各整型类型宽度和取值范围如表 3.2 所示。在本书中,假定整型数据的规格(宽度、取值范围)与表 3.2 保持一致。

表 3.2　整型类型的规格

类　　型	所占字节	取　值　范　围
int	4	$-2\,147\,483\,648 \sim 2\,147\,483\,647$,即 $-2^{31} \sim 2^{31}-1$
short	2	$-32\,768 \sim 32\,767$,即 $-2^{15} \sim 2^{15}-1$
long	4	$-2\,147\,483\,648 \sim 2\,147\,483\,647$,即 $-2^{31} \sim 2^{31}-1$
long long	8	$-9\,223\,372\,036\,854\,775\,808 \sim 9\,223\,372\,036\,854\,775\,807$,即 $-2^{63} \sim 2^{63}-1$
unsigned int	4	$0 \sim 4\,294\,967\,295$,即 $0 \sim 2^{32}-1$
unsigned short	2	$0 \sim 65\,535$,即 $0 \sim 2^{16}-1$
unsigned long	4	$0 \sim 4\,294\,967\,295$,即 $0 \sim 2^{32}-1$
unsigned long long	8	$0 \sim 18\,446\,744\,073\,709\,551\,615$,即 $0 \sim 2^{64}-1$

long long 和 unsigned long long 是在 C99 标准中引入的,目前主流的编译器都支持,但

是旧的编译器可能不支持,如 Visual C++ 6.0,Turbo C 2.0/3.0。

具体到某一个平台和编译系统,可以用 sizeof()运算符来获取某一种数据类型或变量的宽度。其用法是在括号中写需要获取宽度的类型名或变量名。例如:

```
printf("%d", sizeof(int));              /*输出 int 型的宽度*/
```

或者

```
int a;
printf("%d", sizeof(a));                /*输出 int 型变量 a 的宽度*/
```

都可以输出 int 型的宽度。

3.1.1 整数的内部表示

在计算机内部,数据都以二进制形式存在。那么整数在内存中是如何表示的呢?

无符号整数的表示比较简单,直接采用整数的二进制表示。有符号数的最高位用于表示符号位,用 0 表示+,1 表示负号。但是,剩余的二进制位并不是二进制表示。从原理上来说,有符号整数在内部采用补码表示。

对于一个数,计算机要使用一定的编码方式进行存储。原码、反码、补码是机器存储一个整数的编码方式。

① 原码。原码就是符号位加上整数的绝对值,即用第一位表示符号,其余位表示值。原码是人脑最容易理解和计算的表示方式。

② 反码。反码的表示方法是:正数的反码是其本身,负数的反码是在其原码的基础上,符号位不变,其余各个位取反。

③ 补码。补码的表示方法是:正数的补码就是其本身;负数的补码是在反码的基础上加 1。

例如,如果用 8 位二进制表示整数,那么

$+1 = (00000001)_{原码} = (00000001)_{反码} = (00000001)_{补码}$

$-1 = (10000001)_{原码} = (11111110)_{反码} = (11111111)_{补码}$

图 3.2 给出了几个例子,其中左边是高位,右边是低位。

为什么 int 型整数可以表示-2^{31}呢?这要从引入补码的原因说起。补码有一个独特的特征,即 $a_{补码}+b_{补码}=(a+b)_{补码}$。以 8 位二进制为例,

$1_{补码}+(-1)_{补码} = 0\ 0000001+1\ 1111111=0\ 0000000=0_{补码}$

8 位二进制可以表示-128,可以认为这样产生的:

$(-128)_{补码}=(-1)_{补码}+(-127)_{补码}=1\ 1111111+1\ 0000001=1\ 0000000$

3.1.2 整型常量

整型常量即整型常数。C 语言整型常数可用 3 种表示方式:

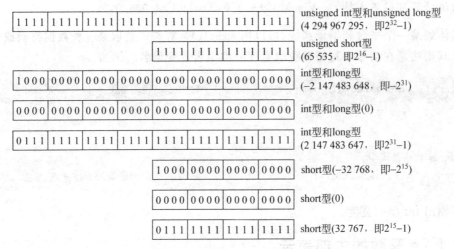

图 3.2 整数的内部表示示例

- 十进制整数。如 124、234、−23、0 等。
- 八进制整数。以 0 开头的数是八进制数。如 0234 表示八进制数 $(234)_8$，它等于十进制数 156。
- 十六进制整数。以 0x 或 0X 开头的数是十六进制数。如 0x234 表示十六进制数 $(234)_{16}$，它等于十进制数 564。注意，十六进制数只能由数字 0～9 和字母 a～f（或 A～F）组成。

当程序中出现整型常量时，如果它属于 int 类型的取值范围，那么编译器会自动将它当作 int 型整数来处理，否则作为更宽的数据类型来处理。为了显式地要求编译器把一个常量作为 long 型处理，可以在后面加一个字母 L（或 l），如 30L、05647L、0x8abfl。为了指明是无符号常量，可以在后面加上字母 U（或 u），如 30U、05647U、0x8abfu。还可以同时加上 U 和 L 表示无符号长整型，如 30LU、05647LU、0x8abfLU。

3.1.3 整数的输出

整数用 printf 进行格式化输出。printf 函数的一般调用格式为：

    printf(格式化字符串,输出参数列表);

其中，格式化字符串是用双引号括起来的字符串，它包括两种信息：

① 格式说明，由%和格式字符组成，如%d、%f 等。它的作用是将输出的对象采用指定的格式输出。格式说明总是由%字符开始的。

② 普通字符，即需要原样输出的字符，它可以是一般字符，也可以是转义字符。

在用 printf 函数输出一个整数时，要考虑两个因素：整数的类型（int、short、long 还是 long long）和以什么形式输出（什么进制，有符号还是无符号）。

可用的格式控制符如表 3.3 所示，它们分为两组，一组指示以什么形式输出，另一组告诉 printf 函数该数据是什么类型。这些格式控制符的组合如表 3.4 所示。

表 3.3　printf 格式字符

作　　用	格式字符(%)	说　　明
输出形式	d	以带符号的十进制形式输出整数(正数不输出符号)
	o	以无符号八进制形式输出整数(不输出前导符 0)
	x	以无符号十六进制形式输出整数(不输出前导符 0x)
	u	以无符号十进制形式输出整数
数据类型	h	用于短整型
	l	用于长整型
	ll	用于 long long 类型

表 3.4　printf 格式字符的组合

数据类型	输 出 形 式			
	d	u	o	x
	十进制形式 输出 int	无符号十进制形式 输出 unsigned int	无符号八进制形式 输出 unsigned int	无符号十六进制形式 输出 unsigned int
h	十进制形式 输出 short	无符号十进制形式 输出 unsigned short	无符号八进制形式 输出 unsigned short	无符号十六进制形式 输出 unsigned short
l	十进制形式 输出 long	无符号十进制形式 输出 unsigned long	无符号八进制形式 输出 unsigned long	无符号十六进制形式 输出 unsigned long
ll	十进制形式 输出 long long	无符号十进制形式 输出 unsigned long long	无符号八进制形式 输出 unsigned long long	无符号十六进制形式 输出 unsigned long long

说明：

① 在选择格式控制符的时候，要根据原本的数据类型和期望的输出形式（十进制、八进制还是十六进制）来确定，尤其是数据类型说明符(h、l、ll)。

② 这些格式控制符只是指示 printf 函数如何解读、输出整数值，不会影响整数值原本的数据类型和存储形式。

③ 同一个值用不同的格式控制符输出的时候，结果不同，不是值发生了变化，而是对值的解读不同。

④ 用 u、o 和 x 格式控制符的时候，将数据解读为无符号数，本应用于输出无符号数，但是也可以用于有符号数，前提是这种解读不会造成曲解。

C 语言中任何数据都属于某种数据类型，而且任何一个值的数据类型编译系统都是知道的，那么 printf 函数的格式化字符串中为什么还要有 h、l、ll 这些与数据类型相关的格式控制字符呢？其实，这些格式控制字符只是告诉系统如何来看待后面的值，也就是说，同一个值可以"当作"不同类型的值来输出。

例 3.1　整型数据的格式化输出。

```
1  #include <stdio.h>
```

```c
 2   int main() {
 3       int a_int=2, b_int=-2;
 4       unsigned int c_uint=4294967293;
 5       short d_short=2;
 6       long e_long=4294967294;
 8       printf("a_int: %d, %u, %o, %x\n", a_int, a_int, a_int, a_int);
 9       /* a_int: 2, 2, 2, 2 */
10       printf("b_int: %d, %u, %o, %x\n", b_int, b_int, b_int, b_int);
11       /* b_int: -2, 4294967294, 37777777776, fffffffe */
12       printf("a_int: %ld, %lu, %lo, %lx\n", a_int, a_int, a_int, a_int);
13       /* a_int: 2, 2, 2, 2 */
14       printf("c_uint: %d, %u\n", c_uint, c_uint);
15       /* c_uint: -3, 4294967293 */
16       printf("d_short: %d, %u\n", d_short, d_short);
17       /* d_short: 2, 2 */
18       printf("d_short: %hd, %hu\n", d_short, d_short);
19       /* d_short: 2, 2 */
20       printf("e_long: %hd, %hu\n", e_long, e_long);
21       /* e_long: -2, 65534 */
22       return 0;
23   }
```

为了方便对照，每一个 printf 语句的输出结果显示在下一行的注释中。

对比变量的原始值，可以分析如下：

- 第 8 行变量 a_int 用％u、％o 和％x 3 种格式符输出的时候没有错误，虽然这 3 种格式本用来输出无符号数。这是因为 a_int 为正数，以无符号数来解读其内部表示的时候值不变。
- 第 10 行变量 b_int 用％u、％o 和％x 3 种格式符输出的时候出现错误，因为 b_int 为有符号数，以无符号数来解读其内部表示的时候得到的是不同的值。
- 第 12 行将变量 a_int 以长整型的形式输出，结果没有问题，因为在 Win32 平台上 int 和 long 两个数据类型是完全相同的。
- 第 14 行变量 c_uint 用％d 格式符输出的时候出现问题，因为％d 格式符是按有符号数输出，而 c_uint 的最高为 1，被解读为一个负数。
- 第 16 行变量 d_short 用％d 和％u 输出的时候没有错误。这是因为 short 型数据会被自动提升为 int 型。实际上，对于 short 型数据，既可以用％d、％u 也可以用％hd 和％hu 来输出。
- 第 20 行变量 e_long 用％hd 和％hu 输出的时候存在问题，因为它被当作 short 类型（2B）来解读，也就是说，只会考察低位的两个字节，这两个字节的内容按照有符号数来解读是－2，按照无符号数来解读是 65534。

上面所用的格式符都是按数据的实际长度输出，为了输出排列的需要，有时要指定每一个数据的输出宽度和对齐方式。指定输出宽度和对齐方式需用到两个附加格式符 m 和－。

附加格式符放在％和格式符之间使用。
- m 为一正整数,用来指定输出宽度,如果数据的实际宽度比指定输出宽度小,则补上空格后按指定宽度输出;如果数据的实际宽度比指定输出宽度大,则按实际宽度输出。
- 附加格式符"-"用来说明采用左对齐方式,没有"-"时默认是右对齐方式。

例 3.2 整型数据按照指定宽度和对齐方式输出。

```
1  #include <stdio.h>
2  int main(){
3      int a=4, b=45, c=456, d=4567;
4      unsigned u=456;
5      long l=456;
6      printf("a=%3d, b=%3d, c=%3d, d=%3d\n", a, b, c, d);
7      /* a=  4, b= 45, c=456, d=4567 */
8      printf("a=%-3d, b=%-3d, c=%-3d, d=%-3d\n", a, b, c, d);
9      /* a=4  , b=45 , c=456, d=4567 */
10     printf("u=%-5u, u=%5u, l=%-5ld, l=%5ld\n", u, u, l, l);
11     /* u=456  , u=  456, l=456  , l=  456 */
12     return 0;
13 }
```

其中,每一个 printf 语句的输出结果显示在下一行的注释中。

3.1.4 整数的输入

可以用 scanf 函数来输入数据给整型变量。回忆一下,scanf 函数调用的一般形式为:

scanf(格式化字符串,地址列表);

其中,**格式化字符串**的含义同 printf 函数类似,**地址列表**是由若干个地址组成的列表,可以是变量的地址,或字符串的首地址。

在介绍更多的例子之前,先介绍 scanf 函数的原理。

scanf 函数以及其他的标准输入函数并不是直接从输入设备(如键盘)读取数据,而是从内存中的输入缓冲区中读取数据。如果 scanf 函数要读取数据,而内存缓冲区为空,scanf 函数就会被阻塞,等待用户输入。用户输入数据并按回车键后,所输入的内容才送到内存输入缓冲区中。

scanf 函数的第一个参数格式化字符串指示了如何从输入缓冲区中读取数据。格式化字符串中可以包含以下内容:
- 格式化字符,由％引导的字符。格式化字符导致 scanf 读入若干字符并将其转换为某种类型的数据,该数据会被存入到地址列表中的某一地址。
- 除％外的非空白字符。一个非空白字符导致 scanf 读入一个相同的字符但并不存储该字符。如果 scanf 读不到一个相同的字符,scanf 会中断。

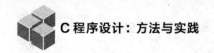

- 空白字符，包括空格、跳格('\t')和换行符('\n')。一个空白字符导致 scanf 读入后面连续的空白符，直到下一个非空白符。

scanf 使用的具体格式符与 printf 中类似，如表 3.5 所示。

表 3.5 scanf 整数输入格式符

作用	格式字符(%)	说明
输入形式	d	期望读入一个十进制数
	o	期望读入一个八进制数
	x	期望读入一个十六进制数
	u	期望读入一个无符号数
数据类型	h	期望读入一个 short 型数据
	l	期望读入一个 long 型数据
	ll	期望读入一个 long long 型数据
附加格式符	m(正整数)	指定输入数据所占的宽度(列数)
	*	表示本输入项在读入后不赋给相应的变量

下面是 scanf 在使用时需要注意的几个地方。

（1）输入数据的格式注意要与 scanf 格式化字符串的格式一致。例如：

```
int a, b, c;
scanf("%d%d%d", &a, &b, &c);
printf("a=%d, b=%d, c=%d\n", a, b, c);
```

对于这个片段，如果要输入 3 个数 3、4、5 分别给变量 a、b 和 c，可以按以下方式输入：

```
3 4 5↵
```

其中，3、4、5 之间用一个或多个空格间隔。除了空格之外，还可以是其他空白符(如跳格、换行符)。当 scanf 想要读入数值的时候，它会自动跳过连续的空白符。但是，不能按以下方式输入：

```
3, 4, 5↵
```

按照这样输入，输出结果如下：

```
a=3, b=-858993460, c=-858993460
```

这是因为，scanf 在读入了 3 之后，下一个字符是逗号","，计算机不知道如何处理。或者说，它期望后面是一个整数，但是逗号","不是整数，于是读入就中断了，因此变量 b 和 c 没有被赋值。至于 -858 993 460 这个整数没有任何意义。

scanf 在读入一个数值的时候(包括整数和浮点数)，遇到任何非数字类字符(含小数点)

都导致数值读入结束。scanf 在试图读入一个数值的时候,遇到空白符会自动地跳过,如果遇到其他非法字符会导致读入中断。

如果把 scanf 语句改成如下形式:

```
scanf("%d,%d,%d", &a, &b, &c);
```

那么在输入的时候要输入:

```
3,4,5↵
```

如果输入是:

```
3 4 5↵
```

那么结果是类似的:a=3,而 b 和 c 没有输入值,因为 scanf 想在输入缓冲区中读入一个逗号",",但是没有读到,于是就中断。

(2) 不要轻易地在 scanf 的格式化字符串中加空白符。这样可能导致意想不到的后果。如

```
scanf("%d%d\n", &a, &b);
```

如果输入以下信息:

```
12 34↵
```

会发现 scanf 还在等待输入,这是因为格式化字符串中的\n 会导致 scanf 读入后续所有的空白符,包括回车符。

浮点型

要表示带小数点的数需要用浮点型(因为小数点是浮动的)。C 语言的浮点型分为单精度型(float 型)、双精度型(double 型)和长双精度型(long double 型)3 类。

C 语言标准并没有规定每种浮点型的精度(有效数字)到底为多少,因为浮点型的实现因机器而异。C 语言标准只是要求 double 的精度不比 float 低,而 long double 的精度不比 double 低。不过,在大部分的实现中,double 的精度大约是 float 的两倍。大部分计算机都支持 IEEE 制定的浮点数标准,即 IEEE 754 标准。该标准提供了两个主要的浮点数格式:单精度(32 位)和双精度(64 位)。在大部分的 C 编译器中,float 则对应于 IEEE 单精度,而 double 则对应于 IEEE 双精度。

表 3.6 是 3 种浮点型的对比。值得注意的是,long double 类型在其他编译器上可能具有不同的长度和精度。

表 3.6　浮点类型

类　型	存储空间/B[①]	精度/b	取　值　范　围
float	4	6～7	$1.17549 \times 10^{-38} \sim 3.40282 \times 10^{38}$
double	8	15～16	$2.22507 \times 10^{-308} \sim 1.79769 \times 10^{308}$
long double	8	15～16	$2.22507 \times 10^{-308} \sim 1.79769 \times 10^{308}$

3.2.1　浮点常量

浮点数常量有两种表示形式：

(1) 十进制数形式。如 0.678、.678、678.0、678.、0.0 都是十进制数形式。

(2) 指数形式。如 54.0e3 或 54E3 都代表 54.0×10^3。但应注意，字母 e(或 E)之前必须有数字，且 e 后面指数必须为整数，如 e6、3.2e7.5、.e9、5e 等都是不合法的指数形式。

通常浮点数常量都是以 double 形式存储，如果要显式地要求一个浮点数以 float 形式存储，可以在常量后面加上字母 f(或 F)，如 3.14F；如果要求以 long double 形式存储，可以在后面加上 l(或者 L)，如 57.0L。

3.2.2　浮点数的内部表示

浮点数的内部表示是基于科学计数法。科学计数法用一个尾数(尾数实际上是有效数字的非正式说法)、一个基数、一个指数以及一个表示正负的符号来表示浮点数。例如，123.45 用十进制科学计数法可以表达为 1.2345×10^2，其中，1.2345 为尾数，10 为基数，2 为指数。

无论是哪种浮点型，都是将特定长度的连续字节的所有二进制位分割为特定宽度的符号域、指数域和尾数域 3 个域，其中保存的值分别用于表示浮点数中的符号、指数和尾数。例如，float 类型的长度为 4B(32b)，double 类型的长度为 8B(64b)，这些二进制位的分配如表 3.7 所示。例如，对于 float 类型，用 1 位表示符号，8 位表示指数(其中用 1 位表示指数的符号)，23 位表示尾数。

表 3.7　浮点型数据字节的分配

浮点型	符号	指数	尾数
float	第 31 位	23～30 位	0～22 位
double	第 63 位	52～62 位	0～51 位

3.2.3　浮点数的输出

浮点数也用 printf 函数输出，相关的格式控制符如表 3.8 所示。

---

① B 表示字节，b 表示位。

表 3.8　printf 输出浮点数时的格式符

作　用	格式字符	说　　明
输出形式	f	以小数形式输出，默认输出 6 位小数
	e(或 E)	以标准指数形式输出，默认输出 6 位小数
	g(或 G)	自动选用%f 或%e 格式输出中较短的一个
附加格式	m	用来指定输出宽度为 m
	.n	用来指定输出 n 位小数
	—	采用左对齐方式

说明：

(1) 格式符 e 和 E 的区别在于输出时指数前面的字符是 e 还是 E。例如：

```
printf("%E", -1234.0)
```

会输出－1.234000E+003。类似地，g 和 G 的区别也在于指数输出的时候这一字符的差别。

(2) m 为一正整数，用来指定输出宽度(对于 f 格式符，输出宽度包括整数位、小数点和小数位；对于 e 格式符，输出宽度包括尾数部分和指数部分)，如果数据的实际宽度比指定输出宽度大，则按实际宽度输出。也就是说，指定输出宽度不会截断数据。

(3) 附加格式符".n"的作用是指定输出 n 位小数；如果 n 为 0，那么不会输出小数点以及后面的小数。

(4) 附加格式符"－"是用来说明采用左对齐方式，没有"－"时默认是右对齐方式。

(5) 附加格式符放在%和格式符之间使用。

(6) 对于 g 格式符，如果指定输出小数位，表示的是要保留的有效数字位数(包括小数点前面的数字)，而不是小数部分的位数。

例 3.3　浮点数的输出。

```
1   #include<stdio.h>
2   int main(){
3       double a=3.1415926535898;
4       double b=-12345678.87654321;
5       double c=0.577215664901;
6       printf("a=%f, a=%4f\n", a, a);          /* a=3.141593, a=3.141593 */
7       printf("a=%-8.2f, a=%.0f\n", a, a);     /* a=3.14    , a=3 */
8       printf("a=%-12.3e, a=%e\n", a, a);
9           /* a=3.142e+000  , a=3.141593e+000 */
10      printf("a=%g, a=%8.4g\n", a, a);        /* a=3.14159, a=   3.142 */
11      printf("b=%f, b=%e\n", b, b);
12          /* b=-12345678.876543, b=-1.234568e+007 */
13      printf("b=%g, b=%.3g\n", b, b);         /* b=-1.23457e+007, b=-1.23e+007 */
14      printf("c=%f, c=%e\n", c, c);           /* c=0.577216, c=5.772157e-001 */
```

```
15      return 0;
16   }
```

为了方便对照,每一个 printf 语句的输出结果显示在行后或下一行的注释中。

3.2.4 浮点数的输入

浮点数可用 scanf 函数输入,使用的格式符如下:
- float 型数据输入:可用 f、e、E、g 和 G 中的任一个,此时它们无差别,输入的时候既可以用小数形式输入,也可以用指数形式输入。
- double 型数据输入:用 lf、le、lE、lg 和 lG 中的任一个,同样地,它们之间无差别。
- 附加格式符:可以用一个正整数指定输入的宽度,但是不能指定输入的精度;可以用 * 表示跳过某输入项。

例 3.4 浮点数的输入。

```
1   #include <stdio.h>
2   int main(){
3       double a, b, c;
4       scanf("%4lf%*3lf%lf", &a, &b);
5       printf("a=%f, b=%f\n", a, b);
6       return 0;
7   }
```

输入和输出如下:

```
3.1415926535↵
a=3.140000, b=26535.000000
```

3.2.5 浮点数的比较和计算

由于浮点数在计算机内部是用离散的二进制数表示的,这就决定了很多浮点数是无法精确表达的。当计算机在处理浮点数时,就需要引入一个精度的概念,计算机只能处理在某个精度范围内的浮点数。如果某个浮点数超出了能够表示的精度,那么在计算机中只会用在这个精度范围内与其最接近的浮点数来表示它。这样一来,对于浮点数的比较,用==是不可靠的。如果有两个浮点数的精度都在精度范围内,那么就可以直接比较。如果至少有一个浮点数的精度在精度范围外,那么在比较时就要根据自己的需求定义一个精度。

当浮点数进行算术运算的时候,这种不精确性可能会被进一步放大;再加上运算过程中存在一些数字的舍弃,运算结果往往更不精确。

例 3.5 用==和!=运算符实现浮点数比较存在的问题。

```
1   #include <stdio.h>
2   int main(){
```

```
3       double a1=0.015+0.045;
4       double a2=0.05+0.01;
5       double a3=0.03+0.03;
6       double a4=0.02+0.04;
7       double a5=0.07-0.01;
8       double sum=0;
9       int i;
10      for (i=1; i<=10; i++){
11          sum +=0.01;
12          if (sum!=0.01*i)
13              printf("有问题: sum=%f\n", sum);
14      }
15      printf("a1~a5: %f %f %f %f %f\n", a1, a2, a3, a4, a5);
16      if (a1==0.06)
17          printf("a1==0.06\n");
18      if (a2==0.06)
19          printf("a2==0.06\n");
20      if (a3==0.06)
21          printf("a3==0.06\n");
22      if (a4==0.06)
23          printf("a4==0.06\n");
24      if (a5==0.06)
25          printf("a5==0.06\n");
26      return 0;
27  }
```

在 Visual Studio Community 2015 中编译运行后,输出如下:

```
有问题: sum=0.060000
有问题: sum=0.100000
a1~a5: 0.060000 0.060000 0.060000 0.060000 0.060000
a1==0.06
a3==0.06
a4==0.06
```

而如果在 Code::Blocks 中编译运行,发现结果又不同(请读者自己运行),这说明不同编译系统内部浮点数的表示和运算是有着细微的区别的。

从这个例子中可以发现:浮点数不能像在数学中一样直接比较。

一种常见的比较浮点数的思路是:如果两个浮点数之间的误差很小,以至于可以认为是由计算机内部表示的不精确性引起的,则可以认为这两个浮点数相等。那么,多大的误差可以认为很小呢? 很遗憾,这一误差不是固定的,而是应该根据实际情况确定。

例 3.6 通过浮点数之间的误差来比较浮点数。

```
1  #include <stdio.h>
2  #include <math.h>
3  int main(){
4      double a2=0.05+0.01;
5      double a5=0.07-0.01;
6      double epsilon=0.00000001;
7      if ((a2-0.06)<epsilon && (0.06-a2)<epsilon)
8          printf("a2 ~=0.06\n");
9      if ((a5-0.06)<epsilon)
10         printf("a5 ~=0.06\n");
11     return 0;
12 }
```

输出如下：

```
a2 ~=0.06
a5 ~=0.06
```

例 3.6 中的第 7 行和第 9 行都是想用来判断两个浮点数之间的误差是否小于 epsilon，但它们的效果是不完全相同的（请读者去理解它们之间的差异，是否能够正确地实现预期目的）。

如果两个浮点数之间的误差小于 epsilon，则可以认为这两个浮点数相等。在这里，epsilon 指定了可以容忍的误差范围，它的取值非常关键，也很难确定。如果 epsilon 的取值比较大，如 0.001，那么两个本不应该相等的值会被认为相等；如果 epsilon 的取值比较小，如 10^{-18}，那么本应相等的值会被认为不相等。在实际中，误差范围要结合具体情况来分析。

3.3 字符型

除了整型和浮点型之外，另外一种基本数据类型是字符型，即 char 类型。

3.3.1 字符型数据的内部表示

在 C 语言中，一个字符或者字符型变量占一个字节大小，其中存放的是字符的 ASCII 码。例如，字符 'a' 在计算机内部的存储形式如下所示（即存储的是字符 'a' 的 ASCII 码值 97）。

| 'a' | 0 | 1 | 1 | 0 | 0 | 0 | 0 | 1 |

既然在内存中存储一个字符或者字符型变量实际是存储一个整数，所以 C 语言的字符型数据可以当成整型数据来使用。事实上，C 语言还提供了 signed char 和 unsigned char 两种字符型，它们的宽度都是一个字节，分别可以表示 $-128 \sim 127$ 之间的整数，以及 $0 \sim 255$ 之间的整数，并且可以进行整数的任何运算。因此，signed char 和 unsigned char 可以归入到

整型类型,它们提供了最小的整数范围。

那么 char 类型与 signed char 和 unsigned char 到底是什么关系呢？在 C 标准中并未指出,实际上,C 标准定义了 char、signed char 和 unsigned char 3 种类型,char 是有符号还是无符号并未定义,它是依赖于平台和编译器的。

char 类型一般用于表示字符,反过来,"字符型"一般指的是 char 类型;如果要进行整数运算,一般用 signed char 或者 unsigned char。

由于一个 char 类型数据(常量或变量)存放的是字符的 ASCII 码值,而常用的 ASCII 码值的范围是 0~127。所以,这个范围内的整数和 char 可以通用。例如,可以比较、互相赋值,可以将字符和整数一起计算,可以将字符以整数形式输出。

ASCII 全称是美国信息交换标准码,一种使用 7 个或 8 个二进制位进行编码的方案,最多可以给 256 个字符(包括字母、数字、标点符号、控制字符及其他符号)分配(或指定)数值。

ASCII 码于 1961 年提出,用于在不同计算机硬件和软件系统中实现数据传输标准化,大多数的小型机和全部的个人计算机都使用此码。ASCII 码划分为两个集合：基本的 128 个字符的标准 ASCII 码和附加的 128 个字符的扩充 ASCII 码。

基本的 ASCII 字符集共有 128 个字符,其中有 96 个可打印字符,包括常用的字母、数字、标点符号等,另外还有 32 个控制字符。标准 ASCII 码使用 7 个二进位对字符进行编码。

虽然标准 ASCII 码是 7 位编码,但由于计算机基本处理单位为字节,所以一般仍以一个字节来存放一个 ASCII 字符。每一个字节中多余出来的一位(最高位)在计算机内部通常保持为 0(在数据传输时可用作奇偶校验位)。

由于基本的 ASCII 字符集字符数目有限,在实际应用中往往无法满足要求。为此,国际标准化组织又制定了一批适用于不同地区的附加的 ASCII 字符集,每种附加的 ASCII 字符集分别可以扩充 128 个字符,这些扩充字符的编码均为高位为 1 的 8 位代码,称为扩充 ASCII 码。

3.3.2 字符常量和变量

C 语言的字符常量是用单引号括起来的一个字符。例如,'a'、'A'、'#'、'5'等都是字符常量。注意,'a'和'A'是不同的字符常量。

C 语言中有些控制字符(又称非显示或非打印字符)是无法直接用字符常量形式表示的。C 语言规定用一种特殊形式表示控制字符,即以一个\开头的字符序列。因为\后面的字符已不再是原来该字符的含义而转为新的含义,因而称为转义字符。例如,'\n'中的 n 不代表字母 n,而作为"换行"符。C 语言的转义字符如表 3.9 所示。

字符型变量(即 char 类型变量)可以存放单个字符型数据。例如：

```
char c1, c2;
c1='a';                    /*也可以写成 c1=97*/
c2='b';                    /*也可以写成 c2=98*/
```

表 3.9 转义字符

字符	功　能	字符	功　能
\n	换行	\a	响铃
\t	横向跳格(跳到下一个输出区)	\\	反斜杠字符
\v	竖向跳格	\'	单引号字符
\b	退格	\"	双引号字符
\r	回车	\ddd	1~3位八进制数所代表的字符
\f	走纸换页	\xhh	1~2位十六进制数所代表的字符

也可以把一个整数赋值给字符型变量,只要确保该整数是某一个字符的 ASCII 码。

在 ASCII 字符集中,字母'A'~'Z'是连续编码的,'a'~'z'也是连续编码的,数字'0'~'9'还是连续编码的,因此只需要记住字符'A'、'a'和'0'的 ASCII 码,其他字母和数字的 ASCII 码便可以计算出来。

3.3.3 字符输出

字符输出可以用 putchar 函数和 printf 函数。

字符输出函数 putchar 的作用是向标准输出设备输出一个字符。例如:

```
putchar(c);
```

这条语句的作用是向标准输出设备输出字符变量 c。c 可以是字符型变量或整型变量(要求值在 ASCII 编码范围内)。

printf 输出时使用%c 格式符。

例 3.7　输出所有非控制字符(使用 printf 函数)。

```
1   #include <stdio.h>
2   int main(){
3       unsigned char ch;
4       for (ch=32; ch<=127; ch++)
5           printf("ASCII 码:%3d, 字符:%c\n", ch, ch);
6       return 0;
7   }
```

部分输出结果如下:

```
ASCII 码:32, 字符: 
ASCII 码:33, 字符:!
ASCII 码:34, 字符:"
ASCII 码:35, 字符:#
```

在这个例子中,直接将整数赋给字符变量 ch,然后分别用%d 和%c 格式符输出其整数值(即 ASCII 码值)和字符。

3.3.4 字符输入

字符输入可用 getchar 和 scanf 函数。

函数 getchar()的作用是从标准输入设备(严格地说是输入缓冲区)读入一个字符,该函数没有参数,其函数返回值就是读到的字符。

函数 scanf 输入字符时需使用%c 格式符。

例 3.8 用 getchar()和 scanf 函数实现字符的输入。

```
1  #include <stdio.h>
2  int main(){
3      char c1, c2;
4      c1=getchar();
5      scanf("%c", &c2);
6      putchar(c1);
7      putchar(c2);
8      return 0;
9  }
```

输入和输出如下:

```
xy↵
xy
```

输入两个字符"xy"后,按回车键,它们才送到内存输入缓冲区中。第 4、5 两行分别读入字符 'x'和 'y',读完后输入缓冲区中还有一个回车符。

注意,不能试图按如下形式输入:

```
x↵
y↵
```

因为输入 x↵后,缓冲区已经有两个字符('x'和回车符)了,它们分别赋给变量 c1 和 c2,然后程序就继续执行直至结束,后面用户根本没有机会再输入。

在输入一个字符时要特别注意:从输入缓冲区中读到的任何字符,包括回车符,都会被接受。但在另一方面,通过标准输入设备(键盘)输入数据时,只有按下回车键后用户的输入才能够进入输入缓冲区,因此这个回车键往往会造成一些困扰。

例 3.9 getchar 输入时要注意的问题。

```
1  #include <stdio.h>
2  int main(){
3      char c1, c2;
4      printf("请输入一个字母:");
```

```
5       c1=getchar();                      /*getchar();*/
6       printf("请再输入一个字母:");
7       c2=getchar();
8       printf("第一个字符:%c, ASCII 码:%d\n", c1, c1);
9       printf("第二个字符:%c, ASCII 码:%d\n", c2, c2);
10      return 0;
11  }
```

输入和输出如下:

请输入一个字母:D↵
请再输入一个字母:第一个字符:D, ASCII 码:68
第二个字符:
, ASCII 码:10

从输出信息可以推出,在第 5 行,变量 c1 被赋值'D',而在第 7 行,变量 c2 被赋值回车符(ASCII 码为 10),这正是用户输入'D'后的回车符。因为 c1 和 c2 都已经接收到了值,因此第 7 行就不会再等待用户输入了。

要避免出现这种情况,只需要将第 5 行后加一条语句"getchar();",即注释中的内容。这个语句可以接收回车键,这样运行到第 7 行时就会等待用户输入,并将输入的第一个字符赋给变量 c2。

3.3.5 字符处理

在编程中,经常遇到与字符处理相关的几个问题。

(1) 判断字符变量的值是大(小)写字母。

由于所有大写字母在 ASCII 字符集中都是连续编码的,所有小写字母也是连续编码的,因此只需要判断一个字符变量的值是否在对应范围中。由于字符可以直接当成整型用,因此可以直接比较字符大小。两个字符的大小关系实际上就是它们的 ASCII 码的大小关系。假定已声明字符变量 c,则

- 判断 c 的值是否为大写字母,就是判断 c >= 'A' && c <= 'Z' 是否为真;
- 判断 c 的值是否为小写字母,就是判断 c >= 'a' && c <= 'z' 是否为真。

(2) 字母大小写转换。

对任意一个字母,其小写字母的 ASCII 码比对应的大写字母的 ASCII 大 32,因此可以很方便地在大小写之间进行转换。假定已声明字符变量 c,则

- 若 c 的值是大写字母,则 c+32 或者 c−'A'+'a' 可得到其对应的小写字母;
- 若 c 的值是小写字母,则 c−32 或者 c−'a'+'A' 可得到其对应的大写字母。

(3) 数字字符转换为整数。

对于字符变量 c,如果它表示一个数字字符,那么 c−'0' 可以得到对应的整数。例如,'8'−'0' 得到 8。

（4）计算字母在字母表中的序号。

对于字符变量 c，如果它表示一个字母，那么 c−'a'或者 c−'A' 可以得到它在字母表中的序号（从 0 开始）。例如，'f'−'a'得到 5。

（5）循环读入一行字符。

getchar 只能读入一个字符，可以通过循环控制读入一行字符：

```
char c=getchar();
while (c!='\n'){
    /* 处理字符 c 的语句 */
    c=getchar();
}
```

或者

```
char c;
while ((c=getchar())!='\n'){
    /* 处理字符 c 的语句 */
}
```

（6）循环读入多行字符。

如果要能够循环读入多行字符，需要把上面代码片段中的循环条件改为 c!＝EOF 或 (c＝getchar())!＝EOF，而且这时用户要结束输入需要按 Ctrl＋Z。其中，EOF 是 stdio.h 头文件中已定义的一个符号常量，其值为−1。

下面介绍几个字符处理相关的例子。

例 3.10* 统计输入的若干行字符中包含的字符（不包括结束输入的控制符 Ctrl＋Z）、大写字母和小写字母个数。

```
1   #include <stdio.h>
2   int main(){
3       char c;
4       int count=0, lower=0, upper=0;
5       while ((c=getchar())!=EOF){
6           count++;
7           if (c>='A' && c<='Z')
8               upper++;
9           else if (c>='a' && c<='z')
10              lower++;
11      }
12      printf("字符:%d, 大写字母:%d, 小写字母:%d\n", count, upper, lower);
13      return 0;
14  }
```

这个程序用 3 个变量 count、lower 和 upper 来分别统计字符、小写字母和大写字母的个数。

类似于 count、lower 和 upper 这样用来计数的变量一般称为计数器变量,或简称为计数器。其用法一般是:在计数前,将计数器变量初始化为 0;在需要计数的时候计数器变量增 1。

例 3.11* 将输入的一行字符中的大写字符改为小写字符。

```
1   #include <stdio.h>
2   int main(){
3       char c;
4       while ((c=getchar())!='\n'){
5           if (c>='A' && c<='Z')
6               c=c - 'A'+'a';
7           putchar(c);
8       }
9       return 0;
10  }
```

输入和输出如下:

```
Hello, C!↵
hello, c!
```

 3.4 数组

前面介绍了 C 语言中声明变量的方法。有的时候需要声明大量的变量,这时前面介绍的声明方式显得不太方便。在 C 语言中,提供了批量声明变量的方式,这就是数组。

3.4.1 什么是数组

数组是由具有相同数据类型的数据组成的有序集合。这个集合中的每一项称为数组的元素,每一个数组元素均可以作为一个独立变量使用。因此,声明了一个数组就相当于声明了一批变量。例如

```
int a[10];                        /* a 是数组名,10 是数组的长度 */
```

声明了一个数组[①],其中,a 是数组变量名,它包含了 10 个元素,相当于 10 个 int 类型的变量。

---

① 严格地说,应该是匿名定义了一个一维数组数据类型 int[10](简称为一维数组类型),并声明了该一维数组类型的变量 a。由于数组是构造数据类型,因此需要用户定义自己需要的数组类型,再声明该数组类型的变量。可参见 11.9.3 节"类型名重新定义 typedef"。

数组声明中的长度只能是整型常量,可以是常量或符号常量,不能包含变量。例如,下面的数组声明是不允许的:

```
int len;
scanf("%d", &len);
int a[len];                              /*错误!*/
…
```

仅仅批量声明变量还不够,数组中元素的命名方式使得可以很方便地引用这些元素。数组元素用数组名和下标(可以理解为序号)来标识和访问,下标用方括号[ ]括起来。例如,前面声明的数组中的元素分别是 a[0],a[1],…,a[9]。注意,下标是从 0 开始的,而不是从 1 开始。

关于下标为什么从 0 而不是 1 开始,有很多种解释。一种站在二进制表示的角度。如果用二进制表示 8 个状态,很容易想到用 000~111,即从 0 开始表示。如今,这一用法的真实原因已经无从考究,也无须考究,它已经成为程序员的一种基本习惯了。

3.4.2 数组的内部表示

我们知道,对于程序中的每个变量,系统都会分配内存存储单元,分配的空间大小取决于变量的类型。对于数组,系统也要分配内存空间。具体来说,系统会给数组分配一块连续的内存空间,数组中各个元素在分配到的内存空间中依次相邻存放,数组名代表这片连续空间的起始地址。第一个数组元素存放在连续空间的低地址端,高地址端存放最后一个数组元素。例如,前面声明的数组 a 在内存中的存储情况如下所示。

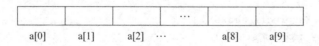

因此,对一个数组来说,整个数组所占字节大小可由下式计算出:

总字节=类型长度×数组长度

所以,上面的数组 a 的存储需要占用的总字节数=4B×10=40B。

另外,也可以用 sizeof()运算符来计算数组的长度。例如:

```
int a[10];
printf("%d", sizeof(a));                 /*输出 40*/
```

3.4.3 数组元素的访问

数组不是一种基本数据类型,因此不可以整体对数组赋值、输入或者输出。对数组的操作都是通过对数组元素的操作来实现的。

数组元素可以用**数组名[下标]**来标识或者访问。因为数组元素的这种标识方式,可以很方便地循环遍历数组中的所有元素:可以用一个变量表示下标,当变量变化的时候,就可

以表示不同的数组元素,如下所示:

```
int a[10], i;
for (i=0; i<10; i++)
    scanf("%d", &a[i]);
```

上面的代码通过一个循环来给每个数组元素输入值。

要输出数组元素,则可以类似地循环输出,如下所示:

```
for (i=0; i<10; i++)
    printf("%d", a[i]);
```

数组相当于是一个大的容器,其中可以装入大量对象。循环遍历可以很方便地存取访问容器中的每个对象。有了这两种机制,就可以编写程序处理大量的数据了。

例 3.12 某次考试有 40 个学生的成绩,找出其中的最高成绩和最低成绩。

```
1   #include <stdio.h>
2   #define N 40                    /*在调试程序的时候可以把N的值改为一个较小的值*/
3   int main() {
4       int i;
5       float scores[N];
6       float maxs, mins;
7       for (i=0; i<N; i++)         /*通过一个循环给所有的数组元素输入值*/
8           scanf("%f", &scores[i]);
9       maxs=scores[0];
10      mins=scores[0];
11      for (i=1; i<N; i++){         /*现在i从1开始*/
12          if (scores[i]>maxs)
13              maxs=scores[i];
14          else if (scores[i]<mins)
15              mins=scores[i];
16      }
17      printf("最高成绩:%f,最低成绩:%f\n", maxs, mins);
18      return 0;
19  }
```

3.4.4 数组的初始化

通过赋值语句或输入函数可以使数组中的元素得到值,除此之外,也可以通过**初始化**对数组元素赋值。数组初始化是指在数组声明时给数组元素赋初值。数组初始化时各元素的初始值按顺序写在一对花括号(即大括号)里,值之间用逗号分隔。例如:

```
int a[10]={0, 1, 2, 3, 4, 5, 6, 7, 8, 9};
```

经过上面对数组的声明和初始化之后,a[0]~a[9]分别有值0~9。

说明:
(1) 数组元素的初始化只能在数组声明语句中使用,下面的用法是错误的:

```
int a[10];
a[10]={0, 1, 2, 3, 4, 5, 6, 7, 8, 9};      /*错误!*/
```

(2) 可以只给一部分元素初始化,即花括号中给出的初值个数可以小于或等于数组长度,但不能大于数组长度。例如:

```
int a[10]={0, 1, 2, 3, 4};
```

只给数组前5个元素赋初值,后面没有赋初值的5个元素被自动赋值为0。

(3) 注意如下两条语句的区别:

```
int a[10]={0};
int a[10];
```

第一条语句不仅声明数组 a 有 10 个元素,同时将 10 个元素初始化为 0;第二条语句仅声明数组 a 有 10 个元素,这 10 个元素并未赋任何值,其值是不确定的。

(4) 在对全部数组元素初始化时,可以不指定数组长度。例如:

```
int a[5]={1, 2, 3, 4, 5};
```

可以写成:

```
int a[]={1, 2, 3, 4, 5};
```

在第二种写法中,花括号中给出了 5 个数,系统会据此自动声明数组 a 的长度为 5。但如果被声明的数组长度与提供的初值个数不相等,则数组长度不能省略。

3.5 字符串

3.5.1 字符串常量

字符串常量由一对双引号括起来的字符序列构成。如"Hello"、"a"、"I am a student.\n"、"\n\n"等都是字符串常量。

在内存中,一个字符串常量被存放在一块连续的内存空间中。具体来说,一个长度为 n 的字符串,会被存到一个大小为 n+1 个字节的内存空间中,其中前 n 个字节存放字符串的字符,最后一个字节存放一个特殊的字符'\0',这个字符常称为空字符,或者字符串结束符,它标识了字符串的结束。

例如,"Hello"在内存中的表示如下所示。

| H | e | l | l | o | \0 |

空字符'\0'与空白符不同,空字符'\0'的 ASCII 码就是 0,而空白符是指空格符(ASCII 码为 32)、水平制表符(即'\t',ASCII 码为 9)和回车符(即'\n',ASCII 码为 13)。

在内存中存储字符串的时候为什么要多存一个空字符呢?当在程序中引用一个字符串时,其实只是引用这个字符串的起始地址,通过空字符才知道字符串在哪里结束。

3.5.2 用字符数组处理字符串

在很多程序设计语言中都有专门的数据类型表示字符串,而 C 语言中没有。在 C 语言中,如果想有一种机制能够存储一个字符串并能改变存储的内容,那么应该用字符数组。

用来存放字符数据(char 类型数据)的数组是字符数组,字符数组中的每一个元素存放一个字符。C 语言用字符数组来处理字符串,其原理很简单,就是将字符串的每个字符存入到字符数组中。类似于字符串常量,把一个字符串存入字符数组时,除了存放其字符外,还需要存放结束符'\0'。这样一来,一个长度为 n 的字符数组中可以存储长度不超过 n−1 的字符串。

为了方便字符数组对字符串的处理,可以直接用字符串常量对字符数组进行初始化。初始化有以下方式:

```
char ch[10]={"Hello"};
char ch[10]="Hello";
char ch[10]={'H', 'e', 'l', 'l', 'o', '\0'};   /*最后一个初值'\0'可以省略*/
```

无论用哪种方式,数组 ch 中前 5 个元素分别是'H'、'e'、'l'、'l'、'o',第 6 个元素是'\0',即字符串结束符。如果字符数组的长度大于初始化字符的个数,则剩余的数组元素全部被初始化为'\0'。这时数组在内存中的存储情况如下所示。

ch[0]	ch[1]	ch[2]	ch[3]	ch[4]	ch[5]	ch[6]	ch[7]	ch[8]	ch[9]
H	e	l	l	o	\0	\0	\0	\0	\0

注意下面语句与上面语句的区别:

```
char ch[5]={'H', 'e', 'l', 'l', 'o'};          /*该字符数组的内容不构成字符串*/
char ch[]={'H', 'e', 'l', 'l', 'o'};           /*该字符数组的内容不构成字符串*/
char ch[5]="Hello";                            /*该字符数组的内容不构成字符串*/
```

这 3 条语句会声明并初始化一个长度为 5 的字符数组,由于数组元素已全被显式初始化,数组中没有元素被赋值'\0',因此这个数组中没有结束符,也就不能视为一个字符串。

```
char ch[]="Hello";
```

这条语句用字符串常量"Hello"来初始化数组 ch,由于常量"Hello"中隐含了结束符'\0',因此 ch 数组的长度为 6,而不是 5,包含的元素是'H'、'e'、'l'、'l'、'o'、'\0',它可以视为一个字符串。

字符串和一般字符数组是有区别的。在 C 语言标准库中,有很多专门的字符串处理函数,这些函数的处理对象都是字符串。如果只是一个普通的字符数组,那么不能应用这些函数。

3.5.3 字符串的输出

字符串的输出可以有 4 种方式：
- 用 printf 函数及格式符％c，可通过循环控制结构输出字符数组中的每个字符。
- 用 putchar 函数，可通过循环控制结构输出字符数组中的每个字符。
- 用 printf 函数及格式符％s 实现整个字符串的输出。
- 用字符串输出函数 puts 实现整个字符串的输出。

第一种方式和第二种方式类似于对数值数组的处理。例如：

```
char ch[5]={'H', 'e', 'l', 'l', 'o'};
int i;
for (i=0; i<5; i++)
    printf("%c", ch[i]);
```

但是，如果字符数组的内容构成字符串的话，则循环控制条件不必使用数组长度，而是判断字符串是否结束，例如：

```
char ch[10]="Hello";
int i;
for (i=0; ch[i]!='\0'; i++)
    putchar(ch[i]);
```

（1）用 printf 函数及格式符％s 输出字符串。

例 3.13 使用 printf 函数及格式符％s 实现字符串输出。

```
1   #include <stdio.h>
2   int main(){
3       char s1[10]="I like";
4       char s2[]="language!";
5       printf("Example:%s %s %s\n", s1, "C", s2);
6       return 0;
7   }
```

输出结果如下：

```
Example: I like C language!
```

说明：

① 用格式符％s 输出字符串时，printf 函数中的输出项是字符串常量或字符数组名。字符数组名代表的是字符数组（即字符串）的内存起始地址，而不是数组元素。

② 用格式符％s 输出字符串时，字符数组中存放的必须是字符串，即字符数组中必须包含字符'\0'。

③ 如果一个字符数组中包含一个以上'\0',则遇第一个'\0'时输出就结束。

④ 输出字符串时可以用附加格式符 m、". n"和"—"指定输出宽度和对齐方式。其中,m 为一正整数,用来指定输出宽度,如果字符串的实际宽度比指定输出宽度大,则按实际宽度输出,否则补空格;附加格式符". n"的作用是只输出字符串左端 n 个字符;附加格式符"—"是用来说明采用左对齐方式,没有"—"时默认是右对齐方式。附加格式符放在％和格式符之间使用。

(2) 利用 puts 函数输出字符串。puts 函数的格式为:

```
puts(字符串常量或字符数组名);
```

puts 函数输出字符串与 printf 函数输出字符串不同之处有:
- puts 函数调用一次只能输出一个字符串,而 printf 可以在一次调用中输出多个字符串,还可以将字符串和数值、字符等数据混合在一起输出,因此,printf 函数更灵活。
- puts 函数在输出字符串后会自动换行,而 printf 函数不会。

例如,在例 3.13 中的第 5 行如果替换为以下行:

```
puts("Example: ");
puts(s1);
puts(" C ");
puts(s2);
```

则输出结果如下:

```
Example:
I like
 C
language!
```

3.5.4 字符串的输入

字符串的输入可以有 5 种方式:
- 用 scanf 函数及格式符％c,可通过循环控制结构实现逐个字符输入到字符数组中。
- 用 getchar 函数,可通过循环控制结构实现逐个字符输入到字符数组中。
- 用 scanf 函数及格式符％s 实现整个字符串的输入。
- 用字符串输入函数 gets 实现整个字符串的输入。
- 使用 fgets 函数实现字符串输入。

第一种方式和第二种方式类似于对数值数组的处理,输入的内容不构成字符串。例如:

```
char ch[5];
int i;
for (i=0; i<5; i++)
    scanf("%c", &ch[i]);              /*或 ch[i]=getchar();*/
```

(1) 利用 scanf 函数使用格式符%s 输入一个字符串。

例 3.14 使用 scanf 函数及格式符%s 实现字符串输入。

```
1  #include <stdio.h>
2  int main(){
3      char name[10];
4      printf("请输入姓名：");
5      scanf("%s", name);              /*注意用数组名作为参数*/
6      printf("姓名：%s\n", name);
7      return 0;
8  }
```

输入和输出如下：

```
请输入姓名：Li Lei↙
姓名：Li
```

说明：

① 用格式符%s 输入字符串时，scanf 函数中的输入地址项直接用字符数组名，而不需要取地址运算符&。这是因为数组名本身就是在内存中给数组分配的存储空间的起始地址。

② 对 scanf 函数用格式符%s 输入字符串时，遇空白符（空格符、跳格或换行符）系统认为字符串输入结束，并在其后自动加上结束符'\0'。如例 3.14，输入的是"Li Lei"，而字符数组 name 中接受的字符串是"Li"，剩下的字符仍在输入缓冲区中。

③ 如果输入的字符串的长度大于或等于数组长度，则一直往后存储，这是非常危险的，因为后面的存储空间不属于该数组。因此，声明的数组长度必须足够大，至少比输入的有效字符个数大 1。

(2) 利用 gets 函数实现字符串输入。gets 函数的调用格式为：

```
gets(字符数组名);
```

该函数从标准输入缓冲区中读取一个字符串到字符数组中。它读取字符直到遇到换行符，换行符也被读入并被转换为字符串结束符'\0'存放到字符数组中。如果读取成功，函数 gets 的返回值是字符数组的起始地址，否则返回空地址 NULL（符号常量 NULL 在头文件 stdio.h 中已被定义为 0）。

例 3.15 使用 gets 函数实现字符串输入。

```
1  #include <stdio.h>
2  int main(){
3      char name[10];
4      printf("请输入姓名：");
5      gets(name);                     /*注意用数组名作为参数*/
6      printf("姓名：%s\n", name);
7      return 0;
8  }
```

输入和输出如下:

请输入姓名：Li Lei ↵
姓名：Li Lei

在例 3.15 中第 5 行,如果不输入任何字符直接按回车键,那么 name 中存放的是一个空串。所谓空串,就是数组第一个字符就是结束符,也就是说字符串长度为 0。

gets 函数输入字符串与 scanf 函数输入字符串的不同之处如下:

- gets 函数遇到换行符结束,而 scanf 函数是遇空白符结束。
- 可以一次调用 scanf 函数输入多个字符串,或者数值、字符等其他数据,但一次调用 gets 函数只能输入一个字符串。

例 3.16 求一行字符串的长度。

```
1   #include <stdio.h>
2   int main(){
3       int i=0;
4       char s[81];              /*输入的字符串长度不能超过80*/
5       gets(s);                 /*调用gets函数输入一个字符串存到s中*/
6       while (s[i]!='\0')
7           i++;
8       printf("字符串长度为%d\n", i);
9       return 0;
10  }
```

(3) 使用 fgets 函数实现字符串输入。fgets 函数的用法如下:

fgets(字符数组名,数组长度,文件指针);

该函数从文本文件中读取一行字符(指从文件中的当前位置开始一直读取到遇到换行符'\n'为止),存放到字符数组中,并在字符数组中接着自动加上字符串结束符'\0'。如果读取的一行字符(含换行符)的个数小于或等于**数组长度**,那么将所有读取的字符存入到字符数组中,并在字符数组中接着自动加上字符串结束符'\0';如果读取的一行字符的个数大于**数组长度**,则仅读取文件中该行字符的前**数组长度**−1 个字符,并在字符数组的最后一个元素中自动加上字符串结束符'\0'。也就是说,确保写到字符数组中的字符的个数(包括空字符'\0')小于等于**数组长度**。

如果输入失败(如用户中断输入),则 gets 和 fgets 函数会返回一个值 NULL(符号常量,已在 stdio.h 中被定义为 0),因此判断 fgets 函数的返回值就可以决定是否要继续输入。

要用 fgets 从键盘输入字符串,需要将第 3 个参数改为 stdin(表示从标准输入设备"键盘"中读取)。与 gets 相比,fgets 在功能上有以下区别:

- fgets 更安全。它可以确保写入字符数组的数据不会越过数组边界,而 gets 无法确保;
- fgets 会将换行符存入到字符数组中(前提是有空间放得下换行符),而 gets 不会。

例 3.17* 输入多行字符,统计输入的行数。

```
1    #include <stdio.h>
2    int main() {
3        int count=0;
4        char s[81];              /*输入的每一行字符的长度(含回车符)不能超过 80 个字符*/
5        while (fgets(s, 81, stdin)!=NULL)   /*按下 Ctrl+Z 组合键结束输入*/
6            count++;
7        printf("行数: %d\n", count);
8        return 0;
9    }
```

如果要输入多行字符,可以用循环结构,每次输入一行字符,以回车键结束每一行的输入,并要求输入的每一行字符的长度(含回车符)不能超过字符数组长度-1 个字符。结构如下:

```
while (gets(s)!=NULL){          /*或者用 fgets(s,字符数组长度, stdin)!=NULL*/
    /*对字符串 s 进行处理的语句*/
}
```

这时要结束输入,需要在一行起始处按下 Ctrl+Z 组合键。

gets 函数是不安全的,这是因为它并不会检测字符数组的长度,而只是把接收到的字符串都写到字符数组起始地址后面,这样很容易超过字符数组的边界,而覆盖了内存中的其他内容。正因为如此,新的 C11 语言标准中该函数已经被遗弃。

除了使用 fgets 来替代之外,还可以使用 gets 函数的安全版本 gets_s,它的用法是:

```
gets_s(字符数组名,字符数组长度);
```

当输入的字符数超过字符数组长度的时候,它会提示错误信息。gets_s 已经在 C11 中成为了标准库函数,用于取代 gets 函数。

3.6 文本文件输入与输出

程序利用变量临时存储各种信息,但是一旦程序运行结束,变量及其值就消失了。利用 printf 函数等语句可以向屏幕输出数据,但是输出的结果很难被重新读取。如果要将数据持久地存储下来,并可以被其他程序读取,就需要用到文件。本节仅介绍 C 语言中对文本文件的输入和输出操作,有关文件的更多内容请参见第 12 章。

C 语言中的文件操作也是通过标准输入输出库中的函数来进行,也需要包含头文件 stdio.h。在 C 语言中操作一个文件,有以下步骤:

(1) 声明一个 FILE *类型的变量。

(2) 调用 fopen 函数将此变量与某一实际的文件相关联,这一操作称为打开文件。

（3）调用文件相关函数完成必要的文件操作，包括从文件中读取数据、向文件中写入数据、更改读写位置等。

（4）调用 fclose 函数断开 FILE * 类型的变量与实际文件之间的联系，这一操作称为关闭文件，表明文件操作结束。

下面将依次讨论上述步骤。

3.6.1 声明 FILE * 类型的变量

要操作文件，首先要声明一个 FILE * 类型（也称为文件指针类型）的变量。这个数据类型并不是 C 语言内置的，而是定义在 stdio.h 头文件中。注意，要使用几个文件，就需要声明几个 FILE * 类型变量。例如：

```
FILE * infile, * outfile;
```

声明了两个变量。注意不能写成：

```
FILE * infile, outfile;              /*错误！*/
```

如果这样声明，infile 是 FILE * 类型，而 outfile 则是 FILE 类型。

3.6.2 打开文件

声明了 FILE * 类型的变量后，要让它与实际的文件关联起来，这是通过 fopen 函数来实现的。fopen 函数的用法为：

```
变量= fopen(文件名, 打开方式);
```

其中，fopen 带有两个参数，均为字符串，第一个参数指定实际的文件名，第二个参数指定打开方式。下面是一个实际的例子：

```
infile=fopen("city.txt", "r");
```

关于这个例子的解读，有几点要注意：

（1）这个语句将 infile 与文本文件 city.txt 关联起来，infile 变量就成为文件 city.txt 的代表，在后面对文件进行操作的时候，使用这个变量即可。

（2）city.txt 是文件名，注意要确保系统能够找到这个文件。

（3）r 表示以只读方式打开。第二个参数的可选项有：

- r，只读方式，此时文件必须存在，只能从文件中读取数据。
- w，只写方式，此时不管文件是否存在，都会创建一个新的空文件，只能向文件中写入数据。如果文件已经存在，则已经存在的文件会被覆盖。
- a，追加方式，只能向文件中写入数据，如果文件已经存在，则会在文件尾部追加。

在指定文件名时，文件名中可以包含路径，也可以不包含。

- 如果文件名中没有包含路径,那么程序在运行时会试图在一个默认目录下寻找。不同的开发环境下该默认目录可能不同,在 Visual Studio 中这个默认目录是当前项目所在的目录。
- 如果包含路径,注意要用\\来间隔目录层次。如 D:\\data\\city.txt 表示 D 盘根目录下 data 目录中的 city.txt 文件。不用\是因为它表示的是转义字符。

fopen 函数操作可能会失败,如程序找不到指定的文件,因此,在进一步操作之前,应该检测打开操作是否成功。如果 fopen 操作失败,会返回 NULL 值(这是一个符号常量),因此可以像下面这样来检测:

```
infile=fopen("city.txt", "r");
if (infile==NULL)
    printf("不能打开文件!");
```

或

```
if ((infile=fopen("city.txt", "r"))==NULL)
    printf("不能打开文件!");
```

fopen 的调用虽然习惯上称为"打开文件",但是这个打开操作与 Windows 系统中打开文件的操作没有任何关系。Windows 中打开一个文件时会读取文件的内容并显示在屏幕上,而 fopen 仅仅是建立起一个 FILE * 类型的变量与文件的关联,它不会读取文件内容,也没有任何显示。

3.6.3 关闭文件

如果不再对文件进行操作,需要关闭文件。关闭文件使用 fclose 函数。例如:

```
fclose(infile);
```

将关闭 infile 所代表的文件。

3.6.4 读写文件

C 语言标准库中提供了丰富的函数进行读写文件,这里介绍 fprintf/fscanf 函数。

从函数名可以看出,这两个函数与 printf/scanf 非常相似,所不同的是它们分别用来输出到文件而不是屏幕,以及从文件输入而不是键盘。

文本文件的格式化输入与输出函数的调用格式为:

```
fscanf(文件指针变量, 格式化字符串, 输入地址列表);
fprintf(文件指针变量, 格式化字符串, 输出参数列表);
```

与 scanf/printf 函数的调用格式相比,就是多了一个文件指针变量参数,用于指定输入输出的文本文件。

例 3.18 输入学生成绩信息,保存到文件。

```
1   #include <stdio.h>
2   #include <stdlib.h>        /*包含了库函数exit的声明*/
3   #define N 5
4   int main(){
5       char stuid[10], name[20];
6       float score;
7       FILE *outfile;
8       int i;
9       outfile=fopen("scores.txt", "w");    /*试图创建一个文件*/
10      if (outfile==NULL){
11          printf("不能创建文件!");
12          exit(0);             /*调用库函数exit直接退出程序,参数0表示正常退出*/
13      }
14      fprintf(outfile, "学号\t姓名\t入学成绩\n");
15      for (i=0; i<N; i++){
16          printf("请输入学生学号、姓名和入学成绩(空格分开): ");
17          scanf("%s%s%f", stuid, name, &score);
18          fprintf(outfile, "%s\t%s\t%f\n", stuid, name, score);
19      }
20      fclose(outfile);
21      return 0;
22  }
```

运行时屏幕信息如下:

```
请输入学生学号、姓名和入学成绩(空格分开): 0001 Li 580↵
请输入学生学号、姓名和入学成绩(空格分开): 0002 Wang 571↵
请输入学生学号、姓名和入学成绩(空格分开): 0003 Zhao 568↵
请输入学生学号、姓名和入学成绩(空格分开): 0004 Meng 575↵
请输入学生学号、姓名和入学成绩(空格分开): 0005 He 586↵
```

程序正常结束后,打开 scores.txt 文件,可以看到内容如下:

```
学号     姓名       入学成绩
0001     Li         580.000000
0002     Wang       571.000000
0003     Zhao       568.000000
0004     Meng       575.000000
0005     He         586.000000
```

可以看出,fprintf/fscanf 相比较于 printf 和 scanf 只是多了第一个参数,该参数指示了对什么文件进行操作。

3.7 变量的进一步讨论

变量是指在程序运行过程中其值可以被改变的数据对象。实质上,变量是程序中的数据连同其存储空间的抽象。

变量使用前要先声明。声明一个变量是告诉编译系统,有个某类型的变量会被使用,同时编译系统会为该变量分配内存空间。

理解 C 语言的变量时应该注意以下几点:

(1) 一个变量应该有一个名字,称为变量名。例如,变量声明语句"int x;"向系统申请一个能存放 int 型数据的内存空间,x 为这块空间的名字,称为变量名。可以通过变量名对该存储空间存取变量的值。

(2) 变量是有类型的,不同类型的变量分配不同大小的存储空间,存放不同类型的数据。如 C 语句"int x;"声明的是一个 int 型变量,它所对应的存储空间大小是 4 个字节。

(3) 所谓的变量应该包括变量名、存储空间、变量的值几部分内容。

(4) 访问一个变量既可以通过变量名,也可以通过变量的内存地址。在前面章节中都是通过变量名来访问,后面将会看到如何通过地址来访问(详见第 8 章)。

3.7.1 变量的声明与初始化

C 是强类型语言,强类型语言要求程序设计者在使用变量之前必须对变量进行声明。程序设计过程中,绝大部分错误是发生在数据类型的误用上,使用强类型语言编程,编译程序能检查出尽可能多的数据类型方面的错误。

可以在一条语句中声明多个同类型的变量,变量声明的一般形式为:

类型标识符 变量列表;

例如:

```
unsigned int age, wage;              /*声明 2 个 unsigned int 类型的变量*/
int length, width, height;           /*声明 3 个 int 类型的变量*/
double area;                         /*声明 1 个 float 类型的变量*/
char sex, type;                      /*声明 2 个 char 类型的变量*/
```

声明变量之后,系统为所声明的每一个变量按数据类型的要求分配一个一定大小的存储空间,这时该存储空间所存放的值一般是一个不确定的值。此后,可以用赋值运算符=给变量赋值。例如:

```
int length, width;
length=12;
width=10;
```

也可以在声明变量的同时给变量赋值,称为变量的初始化。例如:

```
int length=12, width=10;
```

一条变量初始化语句相当于前面介绍的变量声明、给变量赋值两条语句,它们的效果完全一样。系统都是先给变量分配一块内存空间,然后将一个值赋给该变量(存到内存空间)。

C语言提供的运算符 sizeof() 是用来求C语言的类型或变量所分配内存空间的大小(字节数)。例如,sizeof(int) 或 sizeof(width) 的值为4,sizeof(double) 或 sizeof(area) 的值为8,说明 int 型的数据在计算机内存占4个字节,而 double 型的数据占8个字节。

3.7.2 限定词 const

如果想让变量的内容自初始化后一直保持不变,则可以使用变量的限定词 const。例如:

```
float x =345.67;
const float pi =3.1415926;
```

虽然系统给变量 x、pi 都分配了4个字节的存储空间,但是变量 x 的值是可以变化的(通过重新赋值),而变量 pi 受到 const 的限定,这意味着不能重新给 pi 赋值,它相当于一个 float 型的常量 3.1415926,即变量 pi 的作用实际上相当于常量。

由#define 命令定义的符号常量是没有类型属性的,也不会分配内存空间;而 const 声明的变量是有数据类型属性的,需要分配内存空间,只是该内存空间的值除了声明时初始化外,再不允许重新赋值。例如:

```
#define PI 3.141592653
const float pi=3.141592653;
```

由于 float 型的数据只能保留7位有效数字,所以 pi 的值是 3.141593(最后1位有效数字是由四舍五入得到);如果把 pi 的类型改为 double,则10位有效数字可全部保留下来。对于 PI,在编译前(预编译过程中)就把程序中出现的所有 PI 全部用 3.141592653 替代完成,因此,它是没有数据类型属性的。

3.8 编程实践:命名

编程过程中要对各种变量、常量、函数等命名。与其他高级语言一样,用来标识变量名、符号常量名、函数名、数组名、类型名、文件名等的有效字符序列称为标识符。简单地说,标识符就是一个名字。

C语言是大小写敏感的,即大写和小写字母认为是不同的字母。例如,变量名 Count、count 和 COUNT 表示不同的名字。

C语言标识符的命名必须满足以下规则:

(1) 标识符只能由26个字母、数字和下画线组成,且数字不能作为标识符的第一个字符。

(2) C语言中标识符的长度(字符个数)无统一规定,随系统而定。在早期的 Turbo C 等编译器中,一个标识符只有前31个字符在程序中是有效的,也就是说,它们可以相互区别。现在的编译器中这个长度至少扩展到了 255 个字符甚至更长。

(3) 标识符中间不能有空格。

(4) C 语言的关键字不能作为标识符。

例如,price、velocity、a3、interest、m_iNumber 等都是合法的变量名,而 101、NO.1、S&T、#203、red flag、up-to-date 等都是非法的变量名。

在编程时,变量、函数等标识符的命名是一个极其重要的问题。好的命名方法使变量易于记忆且程序可读性大大提高。下面列出命名的一些共性规则,这些规则是被大多数程序员采纳的。

(1) 标识符应当尽量"见名知义"。标识符最好采用英文单词或其组合,便于记忆和阅读。切忌使用汉语拼音来命名。程序中的英文单词一般不会太复杂,用词应当准确。例如不要把 CurrentValue 写成 NowValue。

(2) 习惯上,变量名用小写字母表示。如果名字需要由两个或两个以上的单词(如 math 和 score)组成,不同的程序员和项目中有不同的习惯。有的直接将单词连起来(如 mathscore),但是更常用的两种命名方式是 math_score 和 mathScore。前一种形式称为连接命名法,它是通过下画线将多个单词连接起来;后一种形式称为驼峰表示法,因为大写字母看起来像驼峰。在 Windows 系统编程中还有一种流行的方法是匈牙利标记法,该方法在每个变量名字前面加上若干表示类型的字符,例如,fMathScore 表示浮点型变量(f 代表 float 型)、fpMathScore 表示浮点型指针变量(fp 代表 float 型的指针)。

(3) 变量的名字应当使用"名词"或者"形容词+名词"。例如,value、count 和 maxvalue 等。

(4) 符号常量全用大写的字母,用下画线分割单词。例如:

```
#define MAX_SIZE 100
```

(5) 不要自己随便发明简写,简写最好是规范的、约定俗成的。常见的简写包括 max(最大)、min(最小)、avg(平均值)、cnt(count,个数)等。

本章小结

C 整型类型分为有符号(signed)和无符号(unsigned)两大类,分别表示有符号数和无符号数。每一类又分别有 int、short、long 和 long long 等类型,因此共有 8 类整型。最常见的类型是 short、int 和 long 3 种数据类型,在本书使用的编译系统中,分别占 2、4 和 4 个字节。

无符号整数的表示比较简单,直接采用整数的二进制表示。有符号数的最高位用于表示符号位,从原理上来说,有符号整数在内部采用补码表示。

C 语言整型常数可用 3 种表示方式:

(1) 十进制整数。如 124、234、-23、0 等。

(2) 八进制整数。以 0 开头的数是八进制数。

(3) 十六进制整数。以 0x 或 0X 开头的数是十六进制数。

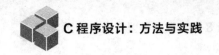

在用 printf 函数输出一个整数时,要考虑两个因素:整数的类型(int、short、long 还是 long long),以及以什么形式输出(什么进制,有符号还是无符号)。以下是常用的格式控制符。

- %d:以带符号的十进制形式输出整数(正数不输出符号)。
- %o:以无符号八进制形式输出整数(不输出前导符 0)。
- %x:以无符号十六进制形式输出整数(不输出前导符 0x)。
- %u:以无符号十进制形式输出整数。
- %h:用于短整型。
- %l:用于长整型。
- %ll:用于 long long 类型。

scanf 函数以及其他的标准输入函数是从内存中的输入缓冲区中读取数据。如果 scanf 函数要读取数据,而内存缓冲区为空,scanf 函数就会被阻塞,等待用户输入。用户输入数据并按回车键后,所输入的内容才送到内存输入缓冲区中。

scanf 输入整数时使用的具体格式符与 printf 中类似。

C 语言的浮点型分为单精度型(float 型)、双精度型(double 型)和长双精度型(long double 型)3 类。在本书使用的编译系统中,float 和 double 分别占 4 和 8 个字节。

浮点数常量有两种表示形式:

(1) 十进制数形式。如 0.678、.678、678.0、678.、0.0 都是十进制数形式。

(2) 指数形式。如 54.0e3 或 54E3 都代表 54.0×10^3。

浮点数的内部表示是基于科学计数法。科学计数法用一个尾数(尾数实际上是有效数字的非正式说法)、一个基数、一个指数以及一个表示正负的符号来表示浮点数。

浮点数也用 printf 函数输出,相关的格式控制符有 f、e(E)、g(G)、m、.n、—。其中:

- f:以小数形式输出,默认输出 6 位小数。
- e(或 E):以标准指数形式输出,默认输出 6 位小数。
- g(或 G):自动选用%f 或%e 格式输出中较短的一个输出。
- m:用来指定输出宽度为 m。
- .n:用来指定输出 n 位小数。
- —:采用左对齐方式。

浮点数可用 scanf 函数输入,使用的格式符如下:

(1) float 型数据输入:可用 f、e、E、g 和 G 中的任一个,此时它们无差别,输入的时候既可以用小数形式输入,也可以用指数形式输入。

(2) double 型数据输入:用 lf、le、lE、lg 和 lG 中的任一个,同样地,它们之间无差别。

对于浮点数的比较,用==是不可靠的。一种常见的比较浮点数的思路是:如果两个浮点数之间的误差很小,以至于可以认为是由计算机内部表示的不精确性引起的,则可以认为这两个浮点数相等。

在 C 语言中,一个字符或者字符型变量占一个字节大小,其中存放的是字符的 ASCII 码。

C 语言中有些控制字符(又称非显示或非打印字符)是无法直接用字符常量形式表示

的。C语言规定用一种特殊形式表示控制字符,即以一个\开头的字符序列,称为转义字符。

字符输出可以用 putchar 函数和 printf 函数。字符输入可用 getchar 和 scanf 函数。

数组是由具有相同数据类型的数据组成的有序集合。这个集合中的每一项称为数组的元素,每一个数组元素均可以作为一个独立变量使用。因此,声明了一个数组就相当于声明了一批变量。

数组元素用数组名和下标(可以理解为序号)来标识和访问,下标用方括号[ ]括起来。如 a[0],a[1],…,a[9]。注意,下标是从 0 开始的,而不是从 1 开始。编译器会给数组分配一块连续的内存空间,数组中各个元素在分配到的内存空间中依次相邻存放,数组名代表这片连续空间的起始地址。

数组不是一种基本数据类型,因此不可以整体对数组赋值、输入或者输出。对数组的操作都是通过对数组元素的操作来实现的。

数组初始化是指在数组声明时给数组元素赋初值。数组初始化时各元素的初始值按顺序写在一对花括号里,值之间用逗号分隔。

字符串常量由一对双引号括起来的字符序列构成。

具体来说,一个长度为 n 的字符串,会被存到一个大小为 n+1 个字节的内存空间中,其中前 n 个字节存放字符串的字符,最后一个字节存放一个特殊的字符'\0',这个字符常称为空字符,或者字符串结束符,它标识了字符串的结束。

C语言用字符数组来存储一个字符串。为了方便字符数组对字符串的处理,可以直接用字符串常量对字符数组进行初始化。

字符串的输出可以有 4 种方式:

(1) 用 printf 函数及格式符％c,可通过循环控制结构实现输出字符数组中的每个字符。

(2) 用 putchar 函数,可通过循环控制结构实现输出字符数组中的每个字符。

(3) 用 printf 函数及格式符％s 实现整个字符串的输出。

(4) 用字符串输出函数 puts 实现整个字符串的输出。

字符串的输入可以有 5 种方式:

(1) 用 scanf 函数及格式符％c,可通过循环控制结构实现逐个字符输入到字符数组中。

(2) 用 getchar 函数,可通过循环控制结构实现逐个字符输入到字符数组中。

(3) 用 scanf 函数及格式符％s 实现整个字符串的输入。

(4) 用字符串输入函数 gets 实现整个字符串的输入。

(5) 使用 fgets 函数实现字符串输入。

C语言中的文件操作也是通过标准输入输出库中的函数来进行,也需要包含头文件 stdio.h。在 C 语言中操作一个文件,有以下步骤:

(1) 声明一个 FILE ＊类型的变量。

(2) 调用 fopen 函数将此变量与某一实际的文件相关联,这一操作称为打开文件。

(3) 调用文件相关函数完成必要的文件操作,包括从文件中读取数据、向文件中写入数据、更改读写位置等。

(4) 调用 fclose 函数断开 FILE ＊类型的变量与实际文件之间的联系,这一操作称为关闭文件,表明文件操作结束。

理解 C 语言的变量时应该注意以下几点：

(1) 一个变量应该有一个名字，称为变量名。

(2) 变量是有类型的，不同类型的变量分配不同大小的存储空间，存放不同类型的数据。

(3) 所谓的变量应该包括变量名、存储空间、变量的值 3 部分内容。

(4) 访问一个变量既可以通过变量名，也可以通过变量的内存地址。

习题 3.1 请选出正确的数值和字符常量，并说明类型；对于不正确的数，说明原因。

(1) 0.0   (2) 5L   (3) 013   (4) 0xff   (5) 0xaa
(6) 018   (7) 9861   (8) 011   (9) 3.987E−2 (10) .987
(11) 0xabcd (12) 50.   (13) 8.9e1.2 (14) 1e1   (15) 0xFF00
(16) 0.825e2 (17) 473   (18) Ox4   (19) "c"   (20) '\t'
(21) '\"'   (22) '0'   (23) '\0'   (24) 'A'

习题 3.2 请从下面的字符中选出正确的 C 语言的转义符。

(1) '\\'   (2) '\1011' (3) '\''   (4) '\018'
(5) '\t'   (6) '\156'   (7) '\n'   (8) '\xaa'

习题 3.3 程序阅读。

(1) 若 x 为 int 型变量，则执行以下语句后的输出结果是什么？

```
x=0xDEF;
printf("%4d,%4o,%4x\n", x, x, x);
```

(2) 若 x、y 为 int 型变量，则执行以下语句后的输出结果是什么？

```
x=015; y=0x15;
printf("%4o%4x\n", x, y);
printf("%4x%4d\n", x, y);
printf("%4d%4o\n", x, y);
```

(3) 执行以下语句后的输出结果是什么？

```
char c1='a', c2='b', c3='c', c4='\101', c5='\116';
printf("abc\tde\bh\rA\tg\n");
printf("a%cb%c\tc%c\tabc\n", c1, c2, c3);
printf("\t\b%c%c", c4, c5);
```

(4) 设 a、b 为 int 型变量，x、y 为 float 型变量，c1、c2 为 char 型变量，且设 a=5,b=10, x=3.5,y=10.8,c1='A',c2='B'。为了得到以下的输出格式和结果，请写出对应的 printf

语句。

```
x-y=-7.3  a-b=-5
c1='A' or 65 (ASCII)
c2='B' or 66 (ASCII)
```

(5) 若已有说明：

```
int a=123;
float b=456.78;
double c=-123.45678;
```

试写出以下各 printf 语句相应的输出结果（设在 Win32 平台下的 Visual Studio 编译系统中）。

```
printf("%.3f  %.3e  %f\n", b, b, c);
printf("%8.3f  %8.3e  %g\n", b, b, c);
printf("%u %-10.3f %-10.3e\n", a, b, c);
```

(6) 对于如下语句：

```
int x;  float y;  char z;
scanf("%3d%f%3c", &x, &y, &z);
```

从第一列开始输入以下数据：

```
12345abc↵
```

则 x、y 和 z 的值分别为什么？

习题 3.4 写一个程序，首先向数组中输入 10 个得分，然后去掉一个最高分，去掉一个最低分，计算剩下的平均分，并输出。

习题 3.5 编写程序，输入一个数字序列，输出相邻两个数之间的差值。例如，输入

```
15 20 18 24 9 54 30
```

那么应该输出：

```
5 -2 6 -15 45 -14
```

习题 3.6 编写一个程序，输入一个字符串，输出其中 ASCII 码最大的字符。

习题 3.7 编写一个程序，输入一个字符串，分别统计并输出其中大写字母（A～Z）和小写字母（a～z）出现的次数。

习题 3.8 想一想，怎么判断一个字符串是否为空串？编写程序，输入一个字符串，如果不是空串，则照原样输出；如果是空串，则输出"空串"。例如，如果输入"hello"（不含引号），

则输出"你输入的是：hello"；如果什么都没有输入，则输出"你输入的是空串！"

习题 3.9 运行例 3.18，产生 scores.txt 文件。然后编写程序，读取这个文件的内容并在屏幕上显示出来。

习题 3.10 写一个程序，输入一个字符串，然后将其输出到一个文本文件中，格式是每个字符占一行。例如，输入"Hello"，那么输出的文本文件中应该有 6 行，如下：

```
H
e
l
l
o
```

第 4 章 运算符与表达式

学习目标

- 理解 C 语言运算符、表达式和语句的概念。
- 掌握算术运算符、赋值运算符、增量减量运算符、强制类型转换运算符和逗号运算符的结合性、优先级和运算规则。
- 掌握算术表达式、赋值表达式和逗号表达式的求值。
- 掌握混合表达式的求值顺序。
- 能够根据要求写出各种表达式。

运算符和表达式是 C 语言的核心语法,C 语言运算符丰富,不仅有优先级概念,还有结合性的概念;不仅有算术、关系和逻辑运算符,还有赋值、逗号运算符。由于 C 语言运算符丰富,因此表达式类型多,而且将字符、逻辑值数值化,使得 C 语言表达式的使用变得非常灵活。熟练掌握 C 语言的运算符和表达式是学好 C 语言的基本要求。本章讨论算术运算符、赋值运算符、增量减量运算符、强制类型转换运算符和逗号运算符以及相应的表达式,关系运算符、逻辑运算符、条件运算符及其表达式将在下一章介绍。

4.1 运算符与表达式概述

4.1.1 C 运算符简介

运算是对数据的加工过程,表示不同运算的符号称为**运算符**(或操作符),而参与运算的数据称为**操作数**。C 语言中提供了丰富的运算符,在 C 语言中,除了几个控制语句外,几乎所有的操作都是通过由运算符构造的表达式来完成,因此 C 语言运算符的作用范围很广。

C 语言的运算符可分为如表 4.1 所示的 15 类。

根据运算符所要求操作数的个数分类,C 语言的运算符可以分为单目运算符、双目运算符和三目运算符。例如,++为单目运算符,%、/为双目运算符,?:为三目运算符。

每个运算符有两个重要性质:优先级和结合性。

(1) 优先级。C 语言运算符的优先级与数学运算中的意义相同,它决定了一个表达式的运算顺序。如果一个操作数两侧有两个不同优先级的运算符,则先执行优先级高的运算。例如,4−9*7,在 9 的两侧分别为 − 和 *,根据 C 运算符的运算级别,则先执行 *,再执行 −。

(2) 结合性。如果一个操作数的两侧有两个优先级别相同的运算符,则按结合方向顺序进行运算。C 语言运算符的结合性分为左结合性和右结合性。

表 4.1 C 语言运算符的优先级及结合性

优先级	运算符	含义	操作数个数	结合方向	举例
1	() [ ] -> .	圆括号 下标运算符 指向结构体成员 结构体成员		自左至右	(a+b)*c array[5] p->num stud.name
2	! ~ ++ -- + - (类型) * & sizeof	逻辑非 按位取反 自增 自减 正号 负号 类型转换 间接访问 取地址(取指针) 变量或类型的长度	单目运算符	自右至左	!a ~0 (i++)+(++i) (i--)+(--i) +5 -x (float)n/20 x=*p p=&x sizeof(long)<sizeof(x)
3	* / %	乘法 除法 求余	双目运算符	自左至右	a*b a/b 25%3
4	+ -	加法 减法	双目运算符	自左至右	a+b a-b
5	<< >>	左移 右移	双目运算符	自左至右	a<<3 a>>2
6	< <= > >=	小于 小于等于 大于 大于等于	双目运算符	自左至右	if (x<y) 其余运算符类似
7	== !=	等于 不等于	双目运算符	自左至右	if (x==y) while (i!=0)
8	&	位与	双目运算符	自左至右	a&b
9	^	位异或	双目运算符	自左至右	b^024
10	|	位或	双目运算符	自左至右	044|c
11	&&	逻辑与	双目运算符	自左至右	(a>b)&&(c<d)
12	||	逻辑或	双目运算符	自左至右	(x>1)&&(y<3)
13	?:	条件	三目运算符	自右至左	x=a>b?a:b
14	= += -= *= /= %= &= ^= |= >>= <<=	赋值 (复合赋值)	双目运算符	自右至左	a=a+b a+=b(同 a=a+b) a*=b+c(同 a=a*(b+c)) a&=b(同 a=a&b) 其余复合运算符类似
15	,	逗号	双目运算符	自左至右	a=1,b=2,c=12

① 左结合性。如果一个运算符对其操作数自左至右执行规定的运算,则称该运算符是左结合的。运算符＋、－、＊、/、％、＆＆、||等都是左结合性的运算符。例如：

$$10-8+3$$

8两侧的运算符优先级相同,根据"自左至右"方向的结合原则,8先和其左边的运算符结合,再与其右边的运算符结合。也就是说,运算顺序是(10-8)+3,而不是10-(8+3)。

② 右结合性。如果一个运算符对其操作数自右向左执行规定的运算,则称该运算符是右结合的。运算符＝、!、＋＋、－－等都是右结合性的运算符。例如：

$$a=b=c=8$$

b两侧都是赋值运算符＝,根据"自右至左"方向的结合原则,它先与其右侧的赋值运算符结合,即a=(b=c=8)。由于赋值运算符＝是一个双目运算符,因此b右侧赋值运算符的右边要求有一个操作数,这里是c=8,那么是把c的值直接赋给b呢?还是先进行c=8运算呢?由于c两侧的运算符级别相同且是"右结合性",因此c应先与其右的赋值运算符结合,故表达式相当于a=(b=(c=8))。

关于"结合性"的概念是其他高级语言没有的,是C语言的特点之一。

从表4.1中可以看到,有的运算符具有多重含义,例如-既是负号运算符,也是减法运算符,那么它出现在一个表达式中的时候到底是什么运算符呢?这个时候编译系统会自动根据操作数的情况来判定。例如,-3中的-是一个负号运算符,而5-3中的-则是一个减法运算符。

4.1.2　C表达式简介

用运算符将常量、变量、函数等(操作数)连接起来的符合C语言规定的式子称为C语言**表达式**。一个单独的变量或常量也可以称为一个表达式。表达式具有值,反过来,任何具有值的式子基本都是表达式。

下面是几个表达式的例子：

　　　　a+b-c*3+d/e　　　a>>8　　　y=a+b||c　　　a+=a+b

要特别注意表达式的值与表达式中变量的值之间的区别。例如,假如变量n为5,对于表达式n++,表达式的值和n的值是不同的。如果要计算5*(n++)这样的表达式,理解这一点至关重要。

算术运算符和算术表达式

算术运算是日常生活中使用最为常见的一种运算。C语言提供了常见的算术运算符,如加、减、乘、除和求余(取模)等。

4.2.1　算术运算符

C语言中的算术运算符包括单目算术运算符：

　　　　　　　　＋(正号)　　　－(负号)

和双目算术运算符：

+（加） －（减） *（乘） /（除） %（取模）

单目运算符－又称为一元减运算符，其作用与数学中的负号相同，即取操作数的负值。而一元运算符＋则无任何操作，它主要用于强调某数值常量是正的，如＋10。单目算术运算符的结合方向为"自右至左"，其优先级别高于双目算术运算符。

双目算术运算符＋、－与数学中的加、减的作用相同，而 * 、/则分别对应数学中的乘、除。例如，3+5，6－4，3 * a 和 b/c 等。双目运算符%称为**取模**运算符或**求余**运算符，其作用是取被除数的模，即被除数除以除数后的余数。例如，13%5 的结果为 3，3%5 的结果也为 3。双目算术运算符 * 、/、%的优先级别相同，运算符＋、－的优先级别相同，但前者的优先级别高于后者。双目算术运算符的结合方向为"自左至右"。

%运算符和/运算符习惯上用于两个正整数。当其中一个操作数为负数的时候，其结果是由实现定义的。"由实现定义（Implementation－defined）"是在 C 语言标准文本中经常出现的词。C 语言标准并没有对所有语言细节都定义，有很多细节称为"由实现定义"。所谓实现是指软件在特定的平台上的编译、链接和执行。由实现定义也就意味着在不同的平台、不同的编译器中其实现是不同的，结果当然也可能不同。%和/运算符对负数的操作就是一个例子。

为什么要留下一些细节由实现定义呢？这是因为 C 语言的一个核心思想是高效，就是说 C 语言编译出的代码要尽可能快，这意味着很多操作是与硬件相关的，C 标准不便对这些细节做出具体描述。

对于程序员来说，要慎用由实现定义的 C 语言特征。如果一定要用，记得查阅相关手册，不可以想当然。

需要说明的是：

(1) 运算符%要求它的两个操作数都是整型数据。

(2) 其他运算符可以是任何基本数据类型。

(3) 若运算符/的两个操作数都为整数，则运算结果即商也为整数，小数部分被自然舍弃了。例如，13/5 的运算结果为 2，5/13 的运算结果为 0。参加运算的两个数只要有一个为浮点型，则结果是浮点型。

4.2.2 算术表达式

用算术运算符和括号将操作数连接起来的 C 语言表达式称为 C 算术表达式。例如，下面是一个合法的 C 算术表达式：

a * b/c－1.5+'a'

C 语言规定了运算符的优先级和结合性。在写 C 表达式时一定要注意运算符的优先次序和结合方向，C 表达式求值时，先按优先级从高到低执行。如果在一个运算对象两侧的运算符的优先级相同，则按规定的"结合方向"处理。例如：

a－b＋c * d

该表达式的运算顺序为：

(1) 由于 b 两侧的运算符的优先级相同,则按"自左至右"结合方向进行,因此 b 先与减号结合,执行(a-b)运算。

(2) 由于 c 两侧运算符的优先级不同,* 高于+,因此 c 先与 * 结合,执行(c*d)运算。

(3) 最后执行(a-b)+(c*d)运算。

4.2.3 算术表达式的例子

实际工作中存在着大量数值计算方面的问题,用 C 语言来解决这类问题的关键就是把数学表达式转换为 C 算术表达式。

(1) 写出求一元二次方程 $ax^2+bx+c=0$ 实根的表达式。

数学表达式为:

$$x1 = (-b + \sqrt{b^2-4ac})/2a$$
$$x2 = (-b - \sqrt{b^2-4ac})/2a$$

C 语言表达式为:

$$x1 = (-b + sqrt(b*b - 4*a*c))/(2*a)$$
$$x2 = (-b - sqrt(b*b - 4*a*c))/(2*a)$$

式中的 sqrt()是 C 标准库中的求平方根函数。

(2) 普通年金每年的支付金额为 A,利率为 i,期数为 n,则按复利计算的年金终值 S 为

$$S = \frac{A((1+i)^n - 1)}{i}$$

C 语言表达式为:

$$S = A * (pow(1+i, n) - 1) / i$$

式中的 pow()是标准库中的幂函数,pow(1+i, n)就是计算$(1+i)^n$。

(3) 假如你向银行借款购房,你估计每年能偿还款数为 a,拟分 n 年还清,年利率为 r,则可以借款 D 的计算公式如下:

$$D = \frac{a(I^n - 1)}{(I-1) \times I^n}$$

式中,I=1+r,因此 I-1 等于 r。则 C 语言表达式为:

$$D = a * (pow(1+r, n) - 1)/(r * pow(1+r, n))$$

由上述例题可见,在将数学表达式转换为 C 语言的算术表达式时,要注意数学表达式的运算顺序与 C 表达式运算顺序的区别,也就是说应注意 C 表达式的运算顺序与数学表达式的运算顺序一致,否则就会产生错误的结果。为了减少出错,也为了方便理解,建议多用括号。

赋值运算符和赋值表达式

在程序中使用最频繁的表达式就是赋值表达式,在 C 语言中,赋值的方法灵活多变。本节介绍 C 语言的赋值运算符和赋值表达式。

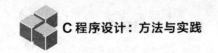

4.3.1 赋值运算符

=为C语言的赋值运算符。赋值运算符的优先级比较低,仅高于逗号运算符",",低于其他所有的运算符。它的结合方向是自右至左。

运算符=属于双目运算符,它要求其左边的操作数为**左值表达式**。有确定内存地址的表达式就是左值表达式。从另外一个角度说,如果一个表达式是左值表达式,那么它一定对应了一个对象,可以在内存中找到这个对象,并可以修改它的值。跟左值相对的是右值,任何表达式的值都是右值,右值可以出现在赋值运算符的右边。

我们目前学到的只有两种左值表达式:
- 整型、浮点型、字符型等基本类型的变量是左值表达式。
- 数组的下标表达式,如假定声明了"int a[10];",那么a[0]、a[i]都是左值表达式。

在后面章节中还将学习到其他的左值表达式。所有的左值表达式都是右值表达式,反之不然。如a+b是一个右值表达式,而不是左值表达式,因为它的值是不可以修改的。sqrt(10)也是一个右值表达式,而不是左值表达式。再比如,a[i+j]是左值表达式,但是i+j不是,a[i]+j也不是。

4.3.2 赋值表达式

由赋值运算符连接起来的表达式称为**赋值表达式**。赋值表达式的一般形式如下:

左值表达式=右值

赋值表达式的值等于**右值**,与此同时,它会改变左值表达式的值,将右值赋给左值表达式。如赋值表达式a=6/3的值是2,同时也把2赋给a。而a+b=10则不是一个合法的赋值表达式,因为a+b不是一个左值表达式。

在数学中,一般在计算一个式子的时候不会改变操作数的值,例如b^2-4ac不会改变a、b和c的值。大多数C语言运算符也不会改变操作数的值,但是也有一些会改变,如赋值运算符,这些运算符不仅仅计算整个表达式的值,还会改变左边的操作数的值。例如,a=7在计算出表达式的值为7的同时,也会改变a的值为7。在C标准中,称这类运算符有副作用。有副作用的运算符包括赋值运算符、复合赋值运算符和增量/减量运算符。

赋值表达式本身是有值的,因此它可以作为右值。例如:

$$i=j=5$$

就是一个合法的赋值表达式,由于赋值运算符具有右结合性,故上述表达式相当于:

$$i=(j=5)$$

即先把5赋给变量j,然后把表达式j=5的值赋给变量i。

表4.2是赋值表达式的一些例子。

表 4.2　赋值表达式的例子

赋值表达式	赋值表达式的值	副　作　用
a＝b＝c＝7	7	a、b、c 的值均变为 7
a＝5＋(c＝7)	12	a 的值变为 12，c 的值变为 7
a＝(b＝6)－(c＝4)	2	a 的值变为 2，b 的值变为 6，c 的值变为 4
a＝(b＝10)/(c＝2)	5	a 的值变为 5，b 的值变为 10，c 的值变为 2

将赋值表达式作为表达式的一种，使赋值操作不仅可以出现在赋值语句中，而且可以以表达式的形式出现在其他语句(如循环语句)中，这是 C 语言灵活的一种表现。以后将会看到这种特性的很多应用。

赋值运算符经常被误用。例如，初学者常写出这样的条件：if(x＝0)，本意是判断 x 是否为 0，但是错写成了赋值运算符。这个赋值表达式的值为 0，而且因为赋值运算符的副作用，x 的值被不小心地改变了。在工程实践中，很多程序员这样写上面的条件：if(0 ＝＝ x)，这样，即使错写成了赋值运算符，编译器也会检查出来。

4.3.3　复合赋值运算符

在 C 程序中经常需要利用变量原有值计算出新值，并重新赋值给这个变量。最典型的是一个计数器变量(如变量 count)，每次需要计数都执行：

$$\text{count}=\text{count}+1;$$

它表示把 count 的值加上 1 再重新赋给 count，也就是 count 增 1。C 语言中的复合赋值运算符允许缩短这种语句以及其他类似的语句。例如，上面的语句可以缩写成：

$$\text{count} +=1;$$

这里＋＝就是一个复合赋值运算符。

C 语言中的所有双目算术运算符均可与赋值运算符组合成一个单一的运算符，即复合赋值运算符，它们是：

＋＝(加等)　－＝(减等)　＊＝(乘等)　/＝(除等)　％＝(取模等)

还有其他复合赋值运算符，将在后面章节介绍。

复合赋值运算符的优先级和结合性都与赋值运算符相同。复合赋值运算符可以用来构成复合赋值表达式，其构成形式与赋值表达式相同。复合赋值表达式的运算过程为：先将左值和右值做运算符所规定的算术运算，然后将其结果赋给其左值表达式。下面以 ＊＝ 为例说明复合赋值表达式的运算过程。

设 i 和 j 的值分别为 5 和 6，则 i＊＝i+j 的运算过程是：先计算右值表达式的值，即算术表达式 i+j 的值，其运算结果为 11；然后把左值和右值做复合赋值运算所规定的算术运算，即 i 与上述结果相乘，其运算结果为 55；最后进行赋值运算操作，即把上述运算结果赋给运算符的左值表达式 i。同时，整个表达式的值也为 55。从其功能上看 i＊＝i+j 等价于 i＝i＊(i+j)。

下面再来看一个更复杂的例子：a ＊＝ a －＝ a＋a，如 a 的初值为 2，则此赋值表达式

的求值过程如下:

(1) 运算符 *= 和 -= 的优先级相同且具有右结合性,故先进行 a-=a+a 运算,相当于 a=a-(a+a),这个表达式的值为-2,同时表达式求值后 a 的值也是-2。

(2) 再进行 a*=-2 运算,相当于 a=a*(-2)=(-2)*(-2)=4。

注意,此时 a*(-2)所用的 a 的值为-2,而不再是 2。

由此可见,表达式 a*=a-=a+a 相当于:a=a*(a=a-(a+a))。

4.4 增量减量运算符

C 语言提供了两个使变量的值增 1、减 1 的运算符:

++(增量)   --(减量)

它们都是单目运算符,分别将操作数的值加 1、减 1。例如,设变量 i 的值为 5,则++i 后 i 的值将变为 6,即表达式++i 相当于赋值表达式 i=i+1。又如--i 相当于赋值表达式 i=i-1。

由于增量、减量运算符本身就隐含有赋值操作,所以它们的操作数必须是一个左值表达式。例如,++5 或++(a+b)都是不合法的。

但是,与其他单目运算符不同的是,这两个单目运算符既可以放在操作数的前面,又可以放在操作数的后面。表 4.3 是几种表达式的对比(假定初始时 i 的值是 5)。

表 4.3 增量/减量表达式的例子

表达式	表达式的值	副作用	说明
++i(前置增量)	6	i 的值变为 6	等价于表达式 i += 1
i++(后置增量)	5	i 的值变为 6	
--i(前置减量)	4	i 的值变为 4	等价于表达式 i -= 1
i--(后置减量)	5	i 的值变为 4	

作为一个单独的表达式时,运算符前置和后置是没有什么区别的,但在一个还包含有其他运算的表达式中,运算符前置和后置却会产生不同的效果:

- 增量或减量运算符的前置意味着操作数先增量或减量,然后将操作数的值作为表达式的值。
- 而后置增量或后置减量运算符先将操作数的值作为表达式的值,然后操作数再增量或减量。

例 4.1 表达式中前置、后置增量运算符的运算顺序。

```
1  #include <stdio.h>
2  int main(){
3      int i=5, j, k;
```

```
4       j=++i;
5       printf("i=%d, j=%d\n", i, j);    /*输出 i=6, j=6*/
6       i=5;
7       k=i++;
8       printf("i=%d, k=%d\n", i, k);    /*输出 i=6, k=5*/
9       return 0;
10  }
```

++和--的结合方向是"自右至左",即右结合性。如果有-i++,i的左边是负号运算符,右边是增量运算符。因负号运算符与增量运算符同优先级,而它们的结合方向为"自右至左",即它相当于-(i++)。假定i的初值为3,那么表达式i++的值为3,表达式-(i++)的值就是-3。在这个过程中,作为副作用,i的值会增1,变成4。

增量、减量运算符常用于循环语句中,使循环变量自动加1或减1。也用于指针变量,使指针指向下一个或上一个存储单元。这些将在后续章节中介绍。

4.5 子表达式的求值顺序

从前面的章节中我们知道表达式的求值要考虑优先级和结合性。除此之外,有些表达式的值可能依赖于子表达式的求值顺序。

考虑表达式(i++)*(j++),对于这个表达式来说,i++和j++就是它的子表达式。那么这两个子表达式的求值顺序是怎样的,也就是说先计算哪个子表达式呢?

有些人会认为当然是先计算i++,因为运算符 * 是左结合的,也就是从左到右计算的。这是对结合性的误解。左结合并不意味先计算左边子表达式,而是指当有两个相同优先级的运算符竞争同一个操作数的时候,该操作数应该和哪个运算符结合。例如,在表达式a-b+c中,b两边的运算符都是左结合的,因此b优先和左边运算符结合。

对这个问题,在C语言标准中可以找到部分答案。在标准C中,规定了几个运算符的子表达式的求值顺序,它们是逻辑与(&&)、逻辑或(||)、条件运算符(?:)以及逗号运算符。除此之外,其他运算符的求值顺序都是未定义的。

对于大多数表达式而言,子表达式的求值顺序并不重要。例如,对于(i++)*(j++),不管哪个子表达式先求值,结果是相同的。但是,有一些表达式的值依赖于子表达式的求值顺序。下面举几个例子,假定i的初值为5。

(1) (i++)*(++i)。下面是两种计算顺序的对比。

先计算左边子表达式:　　　　　　　先计算右边子表达式:
① 计算子表达式i++的值为5,并且i　① 计算子表达式++i的值为6,并且i
的值变为6;　　　　　　　　　　　 的值变为6;
② 计算出子表达式++i的值为7;　　② 计算出子表达式i++的值为6;
③ 计算出表达式的值为5*7,即35。 ③ 计算出表达式的值为6*6,即36。

(2) (i+10)/(i=3)。下面是两种计算顺序的对比。

先计算左边子表达式:	先计算右边子表达式:
① 计算子表达式 i+10 的值为 15;	① 计算子表达式 i=3 的值为 3;
② 计算出子表达式 i=3 的值为 3;	② 计算出子表达式 i+10 的值为 13;
③ 计算出表达式的值为 15/3,即 5。	③ 计算出表达式的值为 13/3,即 4。

在这些例子中,存在子表达式改变某个操作数的值,即子表达式有副作用,当子表达式计算的时机不同时,操作数的值不同,因此计算结果也不同。

还存在另外一些例子,看起来子表达式求值顺序无关紧要,但是结果与预期的并不相同。

例 4.2 子表达式的运算顺序。

```
1   #include <stdio.h>
2   int main(){
3       int i=5, j, k;
4       j = (++i)+(++i);
5       printf("i=%d, j=%d\n", i, j);    /*输出 i=7, j=14*/
6       i=5;
7       k = (i++)+(i++);
8       printf("i=%d, k=%d\n", i, k);    /*输出 i=7, k=10*/
9       return 0;
10  }
```

对于第 4 行的表达式(++i)+(++i),不论是先计算左边的子表达式还是右子表达式,其值都应该是 6+7 即 13,但实际上该表达式的值是 14;第 7 行的(i++)+(i++)计算结果也并不是 5+6,而是 10。我们不解释为什么产生这样的结果,事实上,在不同的编译系统上这两个表达式的计算结果也是不同的,也就是说,这样的表达式的值是依赖于编译系统的。

当多个表达式作为函数参数的时候,C 语言也没有规定计算顺序。

例 4.3 表达式作为参数的运算顺序。

```
1   #include <stdio.h>
2   int main(){
3       int i=5;
4       printf("first: %d, second: %d\n", i++, i++);
5       i=5;
6       printf("first: %d, second: %d\n", ++i, ++i);
7       return 0;
8   }
```

输出结果为:

```
first: 6, second: 5
first: 7, second: 7
```

由此可见,当表达式作为函数参数时,计算顺序不一定是从左到右,也不一定是从右到左;而且,其计算顺序在不同的编译系统上也是不同的。

根据上述例子应该注意:

① 在写表达式时,应该尽量避免让表达式的值依赖于子表达式的求值顺序。

② 在写函数调用语句时,不应该对参数计算顺序作任何假设,即避免让函数值依赖于参数的计算顺序。

4.6　数据类型的转换

4.6.1　隐式类型转换

一般来说,一个双目运算符的两个操作数的类型必须一样才能进行运算操作,但 C 语言允许在一个表达式中存在不同数据类型的操作数。在对这样的表达式求值时,编译系统会对其中的一些操作数自动地进行类型转换——称为**隐式类型转换**,以使一个双目运算符两个操作数的类型一致。由于赋值运算符有些特别,将专门在下一节讨论。本节主要针对其他双目运算符。

隐式类型转换有两种规则:

(1) 无条件的隐式类型转换。所有的 char 型和 short 型都必须转换为 int 型,所有的 float 型都必须转换成 double 型。即使两个操作数都是相同类型,也要进行类型转换。

(2) 统一类型的隐式类型转换。如果一个运算符的多个操作数的类型仍然不一致,则需要将较低的类型转换为较高的类型,然后进行运算。例如,如果类型级别较高的一个操作数为 long 型,则其他操作数也要转换成 long 型;如果类型级别较高的一个操作数为 double 型,则其他操作数也要转换为 double 型。

隐式转换规则如图 4.1 所示。

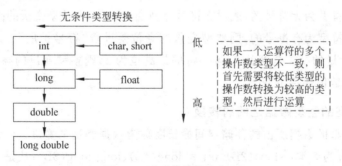

图 4.1　隐式类型转换规则

图 4.1 中的横向箭头表示无条件转换,而纵向箭头表示统一类型的隐式类型转换,即当一个运算符的多个操作数为不同类型时的转换方向。纵向箭头的方向表示数据类型的高低,数据类型由低向高转换,并不表示一定要逐级转换。例如,一个 double 型与一个 int 型数据之间的运算,是直接将 int 型转换为 double 型,而不是先由 int 型转换为 long,再由 long型转换为 double 型。

例如，假定变量 f 为 float 型，则表达式'a'+'b'+f 的运算次序为：

① 进行'a'+'b'的运算，先将'a'、'b'都转换成 int 型（无条件转换），转换后分别是 int 型数据 97 和 98，然后对两个 int 型数据进行运算，结果为 int 型数据 195。

② 进行 195+f 的运算，需要把 int 型 195 和 float 型 f 都转换成 double 型相加（其中，float 到 double 型的转换是无条件转换，int 到 double 型的转换是统一类型转换），其结果为 double 型。

应当说明的是，类型的转换仅是临时性的，它并不改变变量的数据类型，只是在执行运算时将变量值的类型做了临时的转换。

4.6.2　赋值运算符两侧数据的类型转换

赋值运算符把右值赋给左值表达式，一般来说，右值的类型和左值表达式的类型应该是相同的。当右值类型和左值类型不相同时，有的时候无法赋值，有的时候会进行自动类型转换，然后再赋值。本小节讨论这一问题。

1. 整型数据与浮点型数据之间的转换

（1）将浮点型数据（包括单、双精度）赋给整型变量时舍弃浮点数的小数部分。如 i 为整数变量，执行 i=6.76 后 i 的值为 6。

（2）将整型数据赋给单、双精度浮点型变量时数值不变，但以浮点数形式存储到变量中，如将整数 23 赋给 float 型变量 f（即 f=23），先将整数 23 转换为浮点数形式，再存储到 f 中，f 的值为 23.00000。

2. 字符型数据与整型（short、int、long 等）数据之间的转换

字符型数据赋给整型变量时，由于字符数据占 1 个字节，而整型变量为 2~8 个字节，因此将字符数据（8 位）放到整型变量低 8 位，整型变量剩下的高位的处理有两种情况：

（1）如果字符型为无符号的，或对无符号整型变量赋值，则整型变量的高位全部补 0。

（2）如果字符型为有符号的，则整型变量的高位要进行"符号扩展"。即若字符的最高位为 0，则整型变量的高位全部补 0；若字符的最高位为 1，则整型变量的高位全部补 1。这样做的目的是使数值保持不变。

3. 不同类型的整型数据之间的转换

一种数据类型的数据所占的存储空间的长度称为数据类型的宽度。C 语言中的整型从宽度来看，可以分为 3 类：short(2B)、int 和 long(4B)、long long(8B)；从是否有符号可以分为有符号整型和无符号整型。当赋值运算符两侧整型数据的宽度和符号不相同的时候，会发生自动类型转换，即将右值转换为左值表达式的类型。转换共有 10 种情况，如表 4.4 所示，其中窄类型和宽类型是相对的，如 short 相对于 int 和 long 是窄类型的，int 相对于 short 就是宽类型的。

第4章 运算符与表达式

表 4.4 不同类型的整型数据之间的转换

类别	左值表达式	右值表达式	例　子	操　作	变化
1	有符号同宽度	无符号同宽度	如 int ← unsigned int	照搬	可能
	无符号同宽度	有符号同宽度	如 unsigned int ← int		
2	有符号宽类型	有符号窄类型	如 int ← short	照搬并扩展	不变
	无符号宽类型	无符号窄类型	如 unsigned int ← unsigned short		
	有符号宽类型	无符号窄类型	如 int ← unsigned short		
	无符号宽类型	有符号窄类型	如 unsigned int ← short	照搬并扩展	可能
3	有符号窄类型	有符号宽类型	如 short ← int	照搬并截断	可能
	无符号窄类型	无符号宽类型	如 unsigned short ← unsigned int		
	有符号窄类型	无符号宽类型	如 short ← unsigned int		
	无符号窄类型	有符号宽类型	如 unsigned short ← int		

假设已经定义并初始化若干变量,变量定义和它们在内存中的表示分别如下:

```
short s1=1, s2=-1;
unsigned short us1=0xfffeU, us2;
int i1=3, i2=-3;
unsigned int ui1=4, ui2=0xfffffffcU;
```

```
0000 0000 0000 0001              s1 (short, 值为1)
1111 1111 1111 1111              s2 (short, 值为-1)
1111 1111 1111 1110              us1 (unsigned short, 值为65534)
0000 0000 0000 0000 0000 0000 0000 0011   i1 (int, 值为3)
1111 1111 1111 1111 1111 1111 1111 1101   i2 (int, 值为-3)
0000 0000 0000 0000 0000 0000 0000 0100   ui1 (unsigned int, 值为4)
1111 1111 1111 1111 1111 1111 1111 1100   ui2 (unsigned int, 值为0xfffffffcU)
```

表 4.4 中的 10 种情况可以分为 3 类,下面分别讨论。

(1) 同宽度数据类型转换。即将同宽度的无符号类型数据转换为有符号类型,或者将同宽度的有符号类型数据转换为无符号类型。对这种转换,系统采取的操作是"照搬",即将右值原封不动地照搬到左值表达式的内存区域中。例如:

```
i1=ui1;              /*赋值后 i1 的值为 4*/
ui1=i2;              /*赋值后 ui1 的值为 0xfffffffd*/
i2=ui2;              /*赋值后 i2 的值为-4*/
```

这时将ui1、i2和ui2的内容分别照搬到i1、ui1和i2的内存空间中。在这个过程中,虽然转换前后的内容并没有发生变化,但是由于无符号数和有符号数对于内容的理解存在差异,转换后的值可能发生变化。

(2) 将窄类型数据转换为宽类型。这种转换称为**类型宽化**,系统的处理策略是"照搬并扩展",即将右值照搬到左值所占内存区域的低位,然后将左值内存区域的高位补0或者1。至于左值内存区域的高位补0还是1,取决于左值和右值的符号。具体来说:

① 将有符号窄类型转换为有符号宽类型。如果右值为负数,则将左值内存区域的高位补1,否则补0。转换后值不会发生变化。

② 将无符号窄类型转换为无符号宽类型。将左值内存区域的高位补0,转换后值不会发生变化。

③ 将无符号窄类型转换为有符号宽类型。由于右值是无符号类型,将左值内存区域的高位统一补0,转换过程中不会发生值的变化。

④ 将有符号窄类型转换为无符号宽类型。如果右值为负数,则将左值内存区域的高位补1,否则补0。这样可能改变符号位,从而导致值的变化。

如下面的例子:

```
i2=s2;        /*将s2(值为-1)的内容照搬到i2的低16位,并将高16位补1*/
ui1=us1;      /*将us1(值为65534)的内容照搬到ui1的低16位,并将高16位补0*/
i1=us1;       /*将us1(值为65534)的内容照搬到i1的低16位,并将高16位补0*/
ui2=s2;       /*将s2(值为-1)的内容照搬到ui2的低16位,并将高16位补1*/
```

赋值后各个变量的内容分别如下。

0000	0000	0000	0000	1111	1111	1111	1110	i1 (int, 值为65534)
1111	1111	1111	1111	1111	1111	1111	1111	i2 (int, 值为-1)
0000	0000	0000	0000	1111	1111	1111	1110	ui1 (unsigned int, 值为65534)
1111	1111	1111	1111	1111	1111	1111	1111	ui2 (unsigned int, 值为0xffffffffU)

(3) 将宽类型数据转换为窄类型。宽类型到窄类型的转换称为**类型窄化**,系统采取的操作是"照搬并截断",即截取右值低位照搬到左值所占内存区域。由于只复制一部分内容到左值内存区域中,因此这个过程可能导致值发生变化。

例如:

```
s1=i1;        /*将i1(值为3)的低16位照搬到s1*/
us1=i2;       /*将i2(值为-3)的低16位照搬到us1*/
us2=ui2;      /*将ui2(值为0xfffffffcU)的低16位照搬到us2*/
s2=ui2;       /*将ui2(值为0xfffffffcU)的低16位照搬到s2*/
```

赋值后各个变量的内容分别如下。

| 0 0 0 0 | 0 0 0 0 | 0 0 0 0 | 0 0 1 1 | s1 (short, 值为3)

| 1 1 1 1 | 1 1 1 1 | 1 1 1 1 | 1 1 0 1 | us1 (unsigned short, 值为65533)

| 1 1 1 1 | 1 1 1 1 | 1 1 1 1 | 1 1 0 0 | us2 (unsigned short, 值为65532)

| 1 1 1 1 | 1 1 1 1 | 1 1 1 1 | 1 1 0 0 | s2 (short, 值为–4)

4.6.3 强制类型转换

隐式类型转换和赋值操作引起的类型转换都是自动进行的，程序员无法控制。要想对类型转换进行控制，需要用到强制类型转换，即显式类型转换。

强制类型转换是通过强制类型转换运算符来实现的，强制类型转换运算符的形式为"(**类型名**)"，强制类型转换的一般形式为：

(类型名)(表达式)

例如：

```
double r, pi=3.14159;
int a=10, s;
r=(double)a;           /*将a的值转换成double类型后赋给r,最终r值为10.0*/
s=(int)(pi*r*r);       /*将pi*r*r的值转换成为int类型后赋给s,最终s的值为314*/
```

注意：强制类型转换运算符的优先级较高，高于算术运算符、关系运算符和逻辑运算符，因此表达式(double)a/2首先将a的值转换为double型后再除以整数2。

例4.4 判断一个浮点数的值是否等于一个整数。

```
1   #include<stdio.h>
2   int main(){
3       double d;
4       printf("请输入一个浮点数:");
5       scanf("%lf", &d);
6       if ((int)d ==d)
7           printf("d等于一个整数!");
8       else
9           printf("d不等于一个整数!");
10      return 0;
11  }
```

对一个变量x做类型转换，无论是隐式转换还是显式转换，都不会改变原来x的类型，也不会改变x的值。

4.7 逗号运算符和逗号表达式

逗号","既是一个C语言的标点符号,又是一个C语言的运算符,它是一种特别的运算符——逗号运算符。用逗号运算符连接起来的式子称为**逗号表达式**。例如:

$$a+b, b*c, c-a$$

就是一个逗号表达式。

逗号表达式的一般形式如下:

> 表达式1,表达式2,表达式3,…,表达式n

逗号运算符的优先级是最低的。逗号表达式的求解过程是:自左向右地计算各个表达式的值,即先计算**表达式1**,再计算**表达式2**……最后计算**表达式n**。而整个逗号表达式的值为最后一个**表达式n**的值。

分析下面几个例子中的逗号运算符。

```
t=a, a=b, b=t;              /*将a和b的值交换*/
x=(t=a, a=b, b=t);          /*将t的值(即a的初值)赋给x,同时将a和b的值交换*/
(x, y)=(1, 2);              /*错误,左边不是合法的左值表达式*/
x, y=1, 2;                  /*是一个合法的表达式,可以将1赋给y*/
```

其实,逗号表达式无非是把若干个表达式"串联"起来。在许多情况下,使用逗号表达式的目的只是想分别得到各个表达式的值,而并非一定需要得到整个逗号表达式的值,逗号表达式最常用于for循环语句中。

需要提出的是,在C语言中并不是任何地方出现的逗号都是作为逗号运算符,它还能作为分隔符来使用。例如,函数参数的分隔、变量说明中各变量之间的分隔等,在使用中要加以区别。例如:

```
printf("%d, %d, %d\n", a, b, c);
```

a,b,c并不是一个逗号表达式,其中的逗号是分隔符。

再比较以下例子:

```
printf("%d", 1, 2, 3);          /*输出1*/
printf("%d",(1, 2, 3));         /*输出3*/
```

第一条语句中的逗号是分隔符,格式串中只包含一个格式说明符,因此只输出值列表中的第一个值,其他值被忽略了。第二条语句中输出的是逗号表达式(1, 2, 3)的值。

4.8 本章小结

表达式是 C 语言程序的基本构件,而表达式是围绕运算符形成的。运算是对数据的加工过程,表示不同运算的符号称为**运算符**(或**操作符**),而参与运算的数据称为**操作数**。C 语言中提供了丰富的运算符,可以完成各种运算。

对 C 语言中的每个运算符,要理解以下几点:

- 运算符所需的操作数的个数。根据操作数的个数,运算符可以分为单目运算符、双目运算符和三目运算符。
- 运算符要求的操作数的类型。大部分运算符只能作用在某些类型的操作数上。例如,%作用于整数,+可作用于任何数值型数据、字符型数据,也可以作用于一个指针和整数上。
- 运算符的语义。对于运算符所代表的操作要准确地理解。例如,/作用于整型和浮点型的时候,其语义是不同的。前置增量运算符和后置增量运算符的语义也有微妙的区别。
- 运算符的优先级。运算符的优先级决定了表达式中运算符的运算顺序。优先级是相对的,如果一个操作数两边有两个不同优先级的运算符,那么优先级高的运算符先做。
- 运算符的结合性。当一个操作数两边的运算符优先级相同的时候,结合性决定哪个运算符先做。

常见的 C 运算符包括:算术运算符、赋值运算符、增量减量运算符、强制类型转换运算符和逗号运算符,以及关系运算符、逻辑运算符、条件运算符。

用运算符将常量、变量、函数等(操作数)连接起来的符合 C 语言规定的式子称为 C 语言表达式。一个单独的变量或常量也可以称为一个表达式。表达式具有值,反过来,任何具有值的式子基本都是表达式。

(1) 算术运算符

对于常见的算术运算符,如加、减、乘、除,C 语言提供了相应的运算符:+、-、*、/。其中,运算符/的操作与数学中有所不同:如果两个操作数都为整数,则运算结果即商也为整数,小数部分被自然舍弃了;如果有一个操作数为浮点型,则结果是浮点型。

C 语言中还提供了一个专门的求余(取模)运算符:%,其作用是取被除数的模,即被除数除以除数后的余数,它只能作用于整数。

用算术运算符和括号将操作数连接起来的 C 语言表达式称为 C 算术表达式。在书写 C 算术表达式的时候,要注意不能省略运算符,而且要多用括号来改变运算顺序。

(2) 赋值运算符

C 语言中用=进行赋值运算,相应地,=称为赋值运算符。由赋值运算符连接起来的表达式称为赋值表达式。赋值表达式的一般形式如下:

左值表达式=右值

赋值表达式的值等于右值，与此同时，它会改变左值表达式的值，将右值赋给左值表达式。

（3）复合赋值运算符

C语言中的所有双目算术运算符均可与赋值运算符组合成一个单一的运算符，即复合赋值运算符。复合赋值表达式的运算过程为：先将左值和右值做运算符所规定的算术运算，然后将其结果赋给其左值表达式。复合赋值运算符构成的表达式的一般形式是：

```
lvalue op=rvalue
```

其中，lvalue 是一个左值表达式，op 是一个双目算术运算符，rvalue 是一个右值表达式。该表达式等价于：

```
lvalue=lvalue op rvalue
```

（4）增量减量运算符

增量运算符＋＋和减量运算符－－常用于将一个变量的值增1或减1。在使用的时候要注意的是，它们有前置和后置之分。

- 增量或减量运算符的前置意味着操作数先增量或减量，然后将操作数的值作为表达式的值。
- 而后置增量或后置减量运算符先将操作数的值作为表达式的值，然后操作数再增量或减量。

（5）强制类型转换运算符

强制类型转换运算符将一个值强制转换为另一种数据类型的值，以满足某些运算符和函数对于数据类型的要求。强制类型转换运算符的形式为"（类型名）"，强制类型转换的一般形式为：

```
(类型名)(exp)
```

例如，如果 d 为 double 型，那么(int)(d＋0.5)可以将 d 四舍五入转换为一个整数。
强制类型转换符不会改变原表达式的值，而是临时产生一个新值。

（6）逗号运算符

C语言中，逗号"，"也可以作为一个运算符。逗号运算符连接起来的式子称为**逗号表达式**。逗号表达式的一般形式如下：

```
表达式1,表达式2,表达式3,…,表达式n
```

逗号运算符的优先级是最低的。逗号表达式的求解过程是：自左向右地计算各个表达式的值，即先计算**表达式1**，再计算**表达式2**……最后计算**表达式n**。而整个逗号表达式的值为最后一个**表达式n**的值。

（7）子表达式的求值顺序

当一个双目运算符两侧各有一个子表达式的时候，哪个表达式先做？C语言标准只针对逻辑与（＆＆）、逻辑或（||）、条件运算符（？：）以及逗号运算符等少数几个运算符做出了

规定,其他运算符两侧子表达式的运算顺序是由实现决定的。因此,在编写代码的时候,应该尽量避免书写依赖于子表达式计算顺序的表达式。

(8) 隐式数据类型转换

一般来说,一个双目运算符的两个操作数的类型必须一样才能进行运算操作,但C语言允许在一个表达式中存在不同数据类型的操作数。在对这样的表达式求值时,编译系统会对其中的一些操作数自动地进行类型转换——称为**隐式类型转换**,以使一个双目运算符两个操作数的类型一致。

对于非赋值运算符,转换规则有两条:

① 无条件的隐式类型转换。所有的 char 型和 short 型都必须转换为 int 型,所有的 float 型都必须转换成 double 型。即使两个操作数都是相同类型,也要进行类型转换。

② 统一类型的隐式类型转换。如果一个运算符的多个操作数的类型仍然不一致,则需要将较低的类型转换为较高的类型,然后进行运算。

对于赋值运算符,分为3种情况:

① 整型数据与浮点型数据之间的转换:
- 将浮点型数据(包括单、双精度)赋给整型变量时舍弃浮点数的小数部分。
- 将整型数据赋给单、双精度浮点型变量时数值不变,但以浮点数形式存储到变量中。

② 字符型数据与整型(short、int、long 等)数据之间的转换:数值保持不变。

③ 不同类型的整型数据之间的转换:如果右值在左值数据类型的表示范围中,那么转换后的值不变;否则,值可能会发生变化。

习 题 4

习题 4.1   请判断以下表达式是否正确,若正确则计算表达式的值,若不正确则写出错误原因。各变量的类型说明如下:

```
int i=8, j=3, k, a, b;
unsigned long w=5, u;
double x=1.42, y=5.2, t;
```

(1) k=i++
(2) (int)x+0.4
(3) w+2=u
(4) y+=x++
(5) i/=j+12
(6) k=--i
(7) f=3/2*(t=30.0-10.0)
(8) k=(a=2, b=3, a+b)
(9) ++(i+j)
(10) -2%3

习题 4.2   写出下列 C 表达式求值后,变量 a、b、c、x、y 的值。各变量的类型声明如下:

```
int a=2, b=5, c=0;
float x=1.2, y;
```

(1) a=(b=x)+x
(2) y=(float)a+x

(3) c=(a=8, b)　　　　　　　　　(4) y=a=b=c=x=7.2

习题4.3　指出下列表达式的求值顺序,并计算表达式的值。设变量f、x、y的初值分别为：3.6、-1、1.5。

(1) (a=b=4, a+1, b+1, a+b)　　　(2) 30％6/2

(3) (int)f*100+0.5/100.0　　　　 (4) x+=y-=x

习题4.4　请把下列代数表达式写成C表达式。

(1) -(x+y)×z　　　　　　　　　(2) 3sin(3x+7)+5cos(6x+9)

(3) $\dfrac{A+4}{\dfrac{8}{B+4.5}-C}$　　　　　　　　　　(4) $\dfrac{88-52\times89}{18+67\div5}$

习题4.5　若 x、y 为 int 型变量,则执行以下语句后结果是什么？

```
for (x=1; x<5; x+=2){
    for (y=1; y<5; y++)
        printf("%3d", x*y);
    printf("\n");
}
```

习题4.6　程序填空题。零存整取问题：每月同一天存入银行50元钱,单利计息,月利率为5‰,求一年以后的本利和。

```
#define M 50                /*本金*/
#define R 0.005             /*月利率*/
#include <stdio.h>
int main(){
    int i;
    float sum1=0, sum2=0;
    for (i=1; i<=____; i++){
        sum1=sum1+M;
        sum2=sum2+____;
    }
    printf("sum1=%.2f sum2=%.2f sum1+sum2=%.2f\n", sum1, sum2, sum1+sum2);
    return 0;
}
```

习题4.7　已知 x、y 为整型变量,根据下列要求写出一个表达式。

(1) 将 x 赋给 y,然后 x 的值增1。

(2) 将 x 赋给 y,然后 x 的值倍增(变成原来的2倍)。

(3) 将 x-y 的值赋给 y,y 的值赋给 x(分别思考：如果借助于另一个变量怎么写,如果不能用其他变量又怎么写)。

(4) 将 x 和 y 的值交换(可以借助于另一个变量)。

习题4.8　输入天数,将其转换为周数和天数。例如,输入17,转换为2周3天,并输出。

习题 4.9 编写程序,根据用户输入的两位数,反向显示出该数中的数字。例如,用户输入 48,那么程序输出 84。

习题 4.10 扩展习题 4.9,使得它可以处理任意位数的整数。例如,用户输入 163850,那么程序输出 058361;用户输入 65810347,那么程序输出 74301856。

习题 4.11 计算 1~10 所有数的平方和。

第 5 章 分支结构

学习目标
- 理解 C 语句的概念。
- 掌握关系运算符和关系表达式的运算。
- 掌握逻辑运算符和逻辑表达式的运算。
- 掌握条件运算符和条件表达式的运算。
- 掌握 if 和 switch 分支语句。
- 能够根据要求写出逻辑表达式或者分支语句。

在程序设计中,经常要根据不同的条件执行不同的语句。例如,根据客户是否是会员或者是什么等级的会员来计算消费金额,根据包裹的重量是否达到超重标准来决定邮费的计算规则,根据用户输入是否正确来决定是否继续运行等。在这样的场景中,有两个关键点:如何表示一个条件,以及如何书写整个结构。本章首先介绍关系运算符、逻辑运算符,以及对应的表达式,它们可以用来表示条件;接着介绍条件运算符和条件表达式、if 语句和 switch 语句,用它们可以表示含有分支的程序结构。

关系运算符和关系表达式

C 语言中使用关系表达式和逻辑表达式来表示条件,它们分别是用关系运算符以及逻辑运算符连接起来的式子。本节介绍关系运算符和关系表达式,下节介绍逻辑运算符和逻辑表达式。

关系运算符用于值的比较。C 语言中共包括以下 6 个运算符,它们都是二元运算符,结合性都是左结合,优先级低于算术运算符。

```
<    (小于)      ⎫
<=   (小于等于)  ⎬ 优先级相同(高)
>    (大于)      ⎪
>=   (大于等于)  ⎭
==   (等于)      ⎫
!=   (不等于)    ⎬ 优先级相同(低)
```

例如:

a>b<=c 等效于(a>b)<=c,因为关系运算符都是左结合的。

a>b!=c 等效于(a>b)!=c,因为>的优先级高于!=。

a>b-c 等效于 a>(b-c),因为-优先于>。

x==c>=b 等效于 x==(c>=b),因为>=优先于==。

用关系运算符将两个表达式连接起来的式子就是关系表达式。例如：
    a>b   c==d   x<=0   n!=10   x<8.3   x-y>a-b   a*b>13.6
都是合法的关系表达式。关系表达式的一般形式如下：

| 表达式1 | 关系运算符 | 表达式2 |

关系表达式的值是一个逻辑值，即"真"或"假"。当给定的条件满足（成立）时，关系表达式的值为"真"，否则为"假"。C语言中并没有提供逻辑型数据，而是用整数1和0分别表示逻辑真和逻辑假。

例如，表达式3<5的值为1,3==5的值为0,表达式a-b==c-d等价于(a-b)==(c-d)。要特别注意的是3<5<2这样的表达式，它在C语言中是合法的，等价于(3<5)<2,因此值为1（代表真），这与其数学上的含义是不同的。

由于关系表达式的结果是一个整数，因此可以将其作为算术运算符的操作数。例如，可以用(a>0)+(b>0)+(c>0)来计算a、b和c 3个变量中正数的个数。

5.2 逻辑运算符和逻辑表达式

一个简单的条件可以用一个关系表达式来表示。如果要指定由几个简单条件组成的复合条件，例如x>0且x<10、y<=0或y>=10、a!=b且x==y等，这就需要用逻辑运算符把它们连接起来组成逻辑表达式。

5.2.1 逻辑运算符

C语言中的逻辑运算符包括单目逻辑运算符!（逻辑非）和双目逻辑运算符 （逻辑与）、||（逻辑或）。

从原理上来说，逻辑运算符的操作数和运算结果都应该是逻辑值。C语言没有提供逻辑值类型，但是可以灵活地将非逻辑值作为逻辑值处理，也可以将逻辑值作为非逻辑值处理。规则如下：

- 把非逻辑值当作逻辑值：任何非零值都被视为逻辑真，而零值则被视为逻辑假。
- 把逻辑值当作非逻辑值：逻辑真被视为数值1,逻辑假被视为数值0。

因此，C语言中可以将任何值（不一定是整型，可以是任意类型，如字符型、实型、指针类型等）作为逻辑运算的操作数，也可以将逻辑运算的结果进行算术运算。

逻辑运算符的运算规则如下：

(1) 逻辑非：当操作数的值为假(0)时，对该操作数逻辑非运算的结果为真(1)；当操作数的值为真（非零值）时，对该操作数逻辑非运算的结果为假(0)。

(2) 逻辑与：只要两个操作数中有一个操作数的值为假(0)，则逻辑与运算的结果就为假(0)。仅当两个操作数全为真（非零值）时，运算结果才为真(1)。

(3) 逻辑或：只要两个操作数中有一个操作数的值为真（非零值），则逻辑或运算的结果就为真(1)。仅当两个操作数全为假(0)时，运算结果才为假(0)。

例如,若 a=5,b=7,表 5.1 显示了几个逻辑表达式的例子。

表 5.1　逻辑表达式的例子

表达式	表达式的值	表达式	表达式的值	表达式	表达式的值
!(a>b)	1	(a<b) && a	1	(a<b) || a	1
!'a'	0	(a>b) && b	0	(a>b) || b	1
!(!'a')	1	(a<b) && (a<0)	0	(a<b) || (a<0)	1
!(a==b)	1	(a>b) && (a<0)	0	(a<0) || (b<0)	0
!(a >= 'a')	1	(a+b) && (a−b)	1	(a+b) || (a−b)	1
!(a/2.0)	0	(a!=0) && (b!=0)	1	(a==b) || (a>b)	0

逻辑运算符由高至低的优先次序是:

!(非)──→&&(与)──→||(或)

逻辑非的优先级较高,与负号运算符、强制类型转换运算符、自增和自减运算符优先级相同。逻辑与和逻辑或运算符优先级都低于关系运算符,但高于赋值运算符。

从结合性来说,逻辑非的结合方向是从右到左,逻辑与和逻辑或的结合方向都是从左到右。例如:

!a || b	等效于	(!a) || b
a>b && x+y	等效于	(a>b) && (x+y)
a=b*3−5 && x==y	等效于	a=((b*3−5) && (x==y))
a>b && b>c || a==c	等效于	(a>b && b>c) || (a==c)

5.2.2　逻辑表达式

所谓逻辑表达式,就是用逻辑运算符将操作数连接起来的式子。例如:

year%4==0 && year%100!=0 \|\| year%400==0

一个复杂的逻辑表达式中可能包括逻辑运算、算术运算、关系运算、赋值运算、逗号运算等,在阅读程序时,要特别注意各个运算符的优先级和结合性;在编写程序的时候,建议多用括号来显式地表示运算顺序。

&& 和 || 是少数几个对操作数规定了计算顺序的运算符。它们首先计算出左侧操作数的值,然后若需要的话再计算出右侧操作数的值。例如,对于下面的表达式:

(x=5+3)>7 && !2 \|\| 8>4−!0

其计算步骤为:

① 计算 5+3,结果为 8;
② 计算(x=5+3),结果为 8;
③ 计算(x=5+3)>7,结果为 1;
④ 计算!2,结果为 0;
⑤ 计算(x=5+3)>7 && !2,即 1 && 0,结果为 0;

⑥ 计算!0,结果为1;

⑦ 计算4-!0,即4-1,结果为3;

⑧ 计算8>4-!0,即8>3,结果为1;

⑨ 计算(x=5+3)>7 && !2 || 8>4-!0,即0 || 1,结果为1。

逻辑表达式计算过程中,存在"短路"现象:如果根据 && 或者 || 运算符左侧操作数的值可以确定表达式或者子表达式的值,那么右侧操作数的值不会被计算。例如:

$$a \&\& b \&\& c$$

表达式的执行过程如图5.1(a)所示。也就是说,只有a为非0时,才需要判别b值;只有a和b都为非0的情况下,才需要判别c值。只要a为0,就不必判别b和c值(此时整个表达式已确定为0)。如果a为非0且b为0,则不必判别c值。

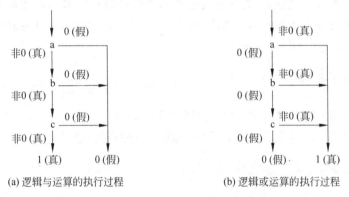

(a) 逻辑与运算的执行过程　　　　(b) 逻辑或运算的执行过程

图5.1　&& 和 || 运算符的短路现象

又如表达式

$$a || b || c$$

当a为0时,才判别b值;a和b均为0时才判别c值。要是a为非0就不必判断b和c值(此时整个表达式为1)。它的执行过程如图5.1(b)所示。

由于逻辑表达式的求解过程的这种特殊性,在运用时要倍加小心。例如,表达式

$$(a=1) \&\& (b=0) \&\& (c=2)$$

在计算时,首先计算表达式(a=1)的值为1,然后计算(b=0)的值为0,接下来计算(a=1) && (b=0)的值为0,根据短路现象,(c=2)不会被计算,因此变量c的值不会被改变。

对于如下一般形式的逻辑表达式:

$$a \&\& b || c || d || e \&\& f \&\& g || h || i$$

其中各个子表达式的计算顺序如下:

(a && b) || c || d || (e && f && g) || h || i
　　①
　　　②
　　　　　③　　　　　④
　　　　　　　　⑤
　　　　　　　　　⑥
　　　　　　　　　　⑦

计算过程中将按照①~⑦的顺序计算各个子表达式的值,直至表达式⑦计算出来,或者因为出现短路无须继续计算。

5.3 条件运算符和条件表达式

条件运算符?:是C语言中唯一的三目运算符,它可以构造出条件表达式。条件表达式的一般形式为:

```
表达式 1 ? 表达式 2 : 表达式 3
```

条件表达式的执行过程是,先计算表达式 1,若结果为非 0(真),则计算表达式 2,并且将表达式 2 的值作为整个条件表达式的值;否则计算表达式 3 的值,并且将表达式 3 的值作为整个条件表达式的值。例如,表达式

```
max=(a>b)?a:b
```

的执行结果就是将 a 和 b 两者中的较大值赋给变量 max。

条件表达式语句相当于简单的 if 语句。例如,条件表达式语句

```
max=a>b?a:b;
```

相当于如下 if 语句:

```
if (a>b) max=a;
else max=b;
```

条件表达式语句比等价的 if 语句更简洁、紧凑。但是,条件表达式语句并不能取代一般的 if 语句,只有当 if 语句中内嵌的语句为赋值语句,且两个分支都是给同一个变量赋值时才能代替 if 语句。另外,还要注意条件运算符的优先级。

5.4 C语句概述

在介绍 if 语句和 switch 语句之前,先了解一下 C 语句。语句是 C 程序的基本构成单元。C 程序中的语句分为 6 类,分别是表达式语句、声明语句、控制语句、函数调用语句、空语句和语句块(又称复合语句)。

1. 表达式语句

在任何表达式后面加上分号就可以构成一条表达式语句。最典型的表达式语句是由赋值表达式构成一个赋值语句,例如:

```
a=3;
```

非赋值表达式语句虽然也是合法的,但是实际意义不大,例如:

```
x+y;
```

是一语句,作用是完成 x+y 的操作,它是合法的,但是它没有实际意义。

2. 声明语句

在 C 程序中,一个名字(如变量名、函数名)在使用之前要先声明,以通知编译器关于变量和函数的类型信息。声明变量和函数的语句就是声明语句,例如:

```
int x, y;                    /*变量声明语句*/
int fun(int x);              /*函数声明语句*/
```

3. 控制语句

总体上说,C 程序按照主函数中语句的书写顺序执行,而控制语句可以改变这种执行顺序。控制语句有如下几种:

(1) 分支语句(也称选择语句):包括二分支 if…else 语句和多分支 switch 语句。

(2) 循环语句:包括 for 循环语句、while 循环语句以及 do…while 循环语句。

(3) 其他转向语句:包括 continue 结束本次循环语句、break 终止执行语句、goto 转向语句和 return 从函数返回语句等。

4. 函数调用语句

任何一个 C 程序都是从 main() 函数开始执行,在执行过程中,如果遇到函数调用语句,便暂时中断本函数的执行,流程转到被调函数,执行完被调函数或碰到 return 语句再返回到主调函数,继续执行。

函数调用语句由函数调用加一个分号构成,例如:

```
printf("Hello!\n");
```

5. 空语句

空语句是只有一个分号的语句,空语句不做任何事情。在有些场合,语法上需要一条语句,但是又不需要做任何事情,这时就可以用空语句。例如:

```
for (i=1; i*i+i<=100; i++) ;
```

在这个例子中,每次循环执行的语句是空语句,即什么也不做。这个例子当出现 i*i+i 大于 100 时会结束循环。

6. 复合语句

复合语句也称为块语句或者语句块,用{ }把一些语句包括起来后就成为复合语句。在有些场合,语法上需要一条语句,但是有多条语句需要执行,这个时候就可以用上复合语句。复合语句一般出现在选择和循环结构中。例如:

```
double s, sum;
int i;
for (sum=0, i=0; i<10; i++){
    printf("输入成绩:\n");
    scanf("%f", &s);
    sum +=s;
}
```

这一段代码要求输入 10 个成绩,并计算成绩之和。在代码中用到了复合语句,因为每次循环要执行多于一条的语句。

复合语句在语法上相当于一条语句,凡是可以出现一条语句的地方,都可以出现复合语句,因此复合语句可以嵌套。需要特别注意的是,复合语句的花括号外不再写分号。

本章主要介绍分支语句,在下一章将介绍循环语句。

5.5 if 语句

if 语句是用来判断所给定的条件表达式是否满足,并根据判断的结果来决定执行什么操作。if 语句有 3 种形式,如图 5.2 所示。

```
if (表达式)              if (表达式)              if (表达式1) 语句1
    语句                    语句1                  else if (表达式2) 语句2
                         else                     else if (表达式3) 语句3
                            语句2                    ⋮
                                                 else if (表达式m) 语句m
                                                 [else 语句m+1]

(a) 单分支if语句          (b) 双分支if语句           (c) 多分支if语句
```

图 5.2 if 分支语句的 3 种基本形式

1. 单分支 if 语句

单分支 if 语句是最简单的一种形式,它指定当表达式满足时应该做什么。它的执行过程是,当 if 后面的表达式的值为非零值(真)时,执行 if 后面的语句,否则不执行该语句。

2. 双分支 if 语句

双分支 if 语句既指定表达式满足时应该做什么,也指定当表达式不满足时的操作。该语句的执行过程是,计算 if 后面表达式的值,若结果为非零值(真),则执行 if 下的语句 1 而不执行语句 2;否则不执行语句 1 而执行语句 2。

例 5.1 输入三角形的 3 个边长 a、b、c,求出三角形的面积。

提示:用海伦公式 S=sqrt(h*(h−a)*(h−b)*(h−c)),其中 h 是半周长,sqrt 是求平方根的函数,在 math.h 中定义。

```
1   #include <stdio.h>
2   #include <math.h>
3   int main(){
```

```
4      double a, b, c;
5      double s, h;
6      printf("请输入 3 个数:\n");
7      scanf("%lf%lf%lf", &a, &b, &c);
8      if (a<=0 || b<=0 || c<=0){
9          printf("无效输入!\n");
10         return 0;
11     }
12     if (a+b>c && a+c>b && b+c>a){
13         h=(a+b+c)/2.0;
14         s=sqrt(h*(h-a)*(h-b)*(h-c));
15         printf("三角形面积: %f\n", s);
16     }
17     else
18         printf("无效输入!\n");
19     return 0;
20 }
```

运行结果如下：

```
请输入 3 个数:
3 4 5↙
三角形面积: 6.000000
```

3. 多分支 if 语句

如果要为条件表达式的多种情况分别指定处理语句,则可以用多分支结构。它对条件从上到下逐个判断,条件一旦满足就执行与之对应的语句,并跳过其他语句。如条件都不满足,则执行最后的语句。这实际上是利用嵌套的 if 语句来构造多路选择。

例 5.2 根据会员等级计算应付金额。

某商店实行会员制,为不同的会员设定了不同的折扣,普通会员打九折,银卡会员打八五折,金卡会员打八折;非会员不享受折扣。编写程序,根据用户输入的会员等级和所购商品总金额,输出应付金额。

```
1  #include <stdio.h>
2  int main(){
3      int c;
4      float pay, discount;
5      printf("输入客户等级:\n");
6      scanf("%d", &c);          /*普通、银卡、金卡会员分别输入 1、2、3,其他表示非会员*/
7      printf("输入商品总金额:\n");
8      scanf("%f", &pay);
9      if (c==1) discount=0.9;
```

```
10      else if (c==2) discount=0.85;
11      else if (c==3) discount=0.8;
12      else discount=1.0;
13      pay=pay * discount;
14      printf("应付金额: .2f\n", pay);
15      return 0;
16  }
```

运行情况如下:

输入客户等级:
1↵
输入商品总金额:
50↵
应付金额: 45.00

说明:

(1) 3种形式的if语句后面的语句都只能是一条语句,如多于一条,要用花括号{}将几条语句括起来成为一个复合语句。

(2) 不要误认为if…else形式是两个语句,它们都属于同一个if语句。else子句不能作为语句单独使用,它必须是if语句的一部分,与if配对使用。

4. if 语句的嵌套

在图5.2中,如果语句1、语句2等又是if语句,则形成了if语句的嵌套。

例 5.3 计算一元二次方程 $ax^2+bx+c=0$ 的根,其中a、b和c由用户输入。

```
1   #include<stdio.h>
2   #include<math.h>
3   int main(){
4       double a, b, c, x1, x2;
5       double delta;
6       printf("输入 3 个系数:\n");
7       scanf("%lf%lf%lf", &a, &b, &c);
8       if (a==0)                      /*非二次方程*/
9           if (b ==0)                 /*非一次方程*/
10              if (c ==0)
11                  printf("根是任意值!");
12              else
13                  printf("无根!");
14          else {                     /*一次方程*/
15              x1=-c / b;
16              printf("唯一根: %f", x1);
17          }
18      else {                         /*二次方程*/
```

```
19          delta=b*b-4*a*c;
20          if (delta>0){
21              x1=(-b+sqrt(delta))/(2 * a);
22              x2=(-b-sqrt(delta))/(2 * a);
23              printf("两个根: x1=%f, x2=%f", x1, x2);
24          }
25          else if (delta ==0){
26              x1=(-b)/(2 * a);
27              printf("一个根: x=%f", x1);
28          }
29          else
30              printf("无实根!");
31      }
32      return 0;
33  }
```

在例 5.3 中,存在多层 if 语句的嵌套。最外层的 if 语句(8~31 行)根据二次项系数是否为 0 分别用不同的方法来处理。如果二次项系数为 0,再用一个内嵌的 if 语句(9~17 行)判断是否为一次方程;如果不是一次方程,再判断有无解(10~13 行)。如果二次项系数不为 0,则判断 delta 是大于 0、等于 0 还是小于 0(20~30 行),在前两种情况下分别调用求根公式进行求解(20~28 行)。

当存在 if 语句的嵌套时,应特别注意 if 与 else 的配对关系。if 和 else 的配对规则如下:
(1) else 要和一个且只能和一个 if 配对,而 if 最多能和一个 else 配对。
(2) else 总是与它前面的离它最近的尚未配对的 if 配对。

假如有图 5.3 所示代码,根据配对规则,else 的配对情况如图 5.3 所示。可以看出,if 和 else 缩进的对齐并不意味着配对,如图 5.3(a)所示;反过来,在表示嵌套的 if 语句的时候,同一个层次的 if、else 要对齐,如图 5.3(b)所示。第三种写法将嵌套的 if 语句写成了平坦的多分支结构。在写代码的时候,要尽量避免写出图 5.3(a)这样的代码,而应写成图 5.3(b)或者图 5.3(c)的形式。

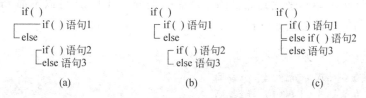

图 5.3 if-else 配对的例子

5.6 switch 语句

实际问题中常常需要用到多分支的选择。例如,学生成绩分类(90 分及以上为 A 等,

80~89 分为 B 等,70~79 分为 C 等……);人口统计分类(按年龄分为老、中、青、少、儿童);工资统计分类;银行存款分类等。这些多分支的问题都可以用多分支 if 语句或嵌套的 if 语句来处理,但如果分支较多,则 if 语句过长,程序冗长而且可读性降低。C 语言提供 switch 语句直接处理多分支选择。switch 语句是多分支选择语句,又称**开关语句**。

switch 语句的一般形式如下:

```
switch (表达式){
    case 常量表达式 1: 语句 1
    case 常量表达式 2: 语句 2
      ⋮
    case 常量表达式 n: 语句 n
    [default: 语句 n+1]
}
```

说明:

(1) switch 后面的表达式,可以是整型表达式或字符型表达式,也可以是枚举型数据。对其他类型,原来的 C 标准是不允许的,而新的 ANSI 标准允许上述表达式和 case 常量表达式为任何类型。

(2) default 是一个可选项,可以缺省。

(3) 当表达式的值与某一个 case 后面的常量表达式的值相等时,就从此 case 后面的语句开始执行。若所有的 case 中的常量表达式的值都没有与表达式的值匹配,则分两种情况,如果有 default 选项,就执行 default 后面的语句;如果缺少 default 选项,则不执行任何操作。

(4) 每一个 case 的常量表达式的值必须互不相同,否则就会出现互相矛盾的现象(对表达式的同一个值,有两种或多种执行方案)。

(5) 执行完一个 case 后面的语句后,流程控制转移到下一个 case 后面的语句继续执行。"case 常量表达式"只是起语句标号作用,并不是在该处进行条件判断。在执行 switch 语句时,根据 switch 后面表达式的值找到匹配的入口标号,从此标号开始执行下去,不再进行判断。如果在执行一个 case 分支后,要使流程跳出 switch 语句结构,即终止 switch 语句的执行,可以用一个 break 语句来达到此目的。最后一个分支 default 可以不加 break 语句。此时的 switch 语句的一般形式如下:

```
switch (表达式){
   case 常量表达式 1: 语句 1  break;
   case 常量表达式 2: 语句 2  break;
    ⋮
   case 常量表达式 n: 语句 n  break;
   [default: 语句 n+1]
}
```

在每一个 case 后面均允许包含一个以上执行语句,程序会自动顺序执行本 case 后面所有的执行语句。

（6）多个 case 可以共用一组执行语句，例如：

```
switch (表达式){
    case 常量表达式 1:
    case 常量表达式 2:
    case 常量表达式 3: 语句
     ⋮
}
```

例 5.4 用 switch 语句根据会员等级计算应付金额。具体描述见例 5.2。

```
1   #include <stdio.h>
2   int main(){
3       int c;
4       float pay, discount;
5       printf("输入客户等级:\n");
6       scanf("%d", &c);
7       printf("输入商品总金额:\n");
8       scanf("%f", &pay);
9       switch (c){
10          case 1: discount=0.9; break;
11          case 2: discount=0.85; break;
12          case 3: discount=0.8; break;
13          default: discount=1.0;
14      }
15      pay=pay * discount;
16      printf("You should pay:%.2f\n", pay);
17      return 0;
18  }
```

有时，使用 switch 语句比使用阶梯型 if 语句（即嵌套 if 语句）更为有效。它常用来编写菜单程序。

2. switch 语句的嵌套

switch 语句内又含有一个 switch 语句称为 switch 语句的嵌套。在嵌套的 switch 语句中，外层 switch 和内层 switch 包含相同的常量值时不会发生任何冲突。例如：

```
switch (x){
    case 1: switch (y){
            case 0: printf("divide by zero error");break;
            case 1: process(x, y);
        }
        break;
    case 2:
     ⋮
}
```

在嵌套的 switch 语句中,内层 switch 中的 break 语句对外层的 switch 语句没有影响。

5.7 应用举例

　　C 语言提供了丰富的运算符,在编写程序的过程中,如果能灵活地运用它们构造表达式,正确地表达要计算的问题,就会给程序设计带来事半功倍的效果。

　　在程序设计中可以应用关系表达式和逻辑表达式表达各种条件判断,以在某种数据集中挑选出符合设定条件要求的子集。根据问题的性质,设定的条件有时只是单个的简单条件,有时则是多个条件的组合。

1. 单条件判断式

单条件判断式用于只要一个表达式就可以描述清楚的问题。

例 5.5 对于整型变量 x,判断 x 是奇数还是偶数。

(1) x 为奇数的条件是：x％2!=0

(2) x 为偶数的条件是：x％2==0

例 5.6 判断一个点是在椭圆内、椭圆上还是椭圆外。

椭圆方程为：

$$\frac{x^2}{a^2} + \frac{y^2}{b^2} = 1$$

(1) 坐标(x1,y1)在椭圆内的条件是：(x1*x1)/(a*a)+(y1*y1)/(b*b)<1。

(2) 坐标(x1,y1)在椭圆外的条件是：(x1*x1)/(a*a)+(y1*y1)/(b*b)>1。

(3) 坐标(x1,y1)在椭圆上的条件是：(x1*x1)/(a*a)+(y1*y1)/(b*b)==1。

2. 组合条件判断式

很多情况下单个条件不能满足人们对问题的描述,人们需要同时满足多个条件的求解,这时就需要用逻辑运算符把多个条件组合起来,达到描述复杂问题的目的。

例如,给定一个年份 year,判断它是否闰年。闰年的条件是：能被 4 整除但不能被 100 整除,或者能被 400 整除,例如,1992、2000 年是闰年。

可以用一个逻辑表达式来表示闰年的判断条件：

　　　　year％4==0 && year％100!=0 || year％400==0

当 year 为某一正整数时,若上述表达式值为 1,则 year 为闰年,否则为非闰年。

对上式加上一个非运算符!,可得到判别非闰年的逻辑表达式：

　　　　!(year％4==0 && year％100!=0 || year％400==0)

若上述表达式值为 1,则 year 为非闰年,否则为闰年。

一个逻辑表达式的非运算可以进行等价变换,等价变换的一般形式为：

　　　　!(a_1 && a_2 && … && a_m || b_1 || b_2 || … || b_n)

等价于

　　　　!(a_1 && a_2 && … && a_m) && !b_1 && !b_2 && … && !b_n

等价于

$$(!a_1 || !a_2 || \cdots || !a_m) \ \&\& \ !b_1 \ \&\& \ !b_2 \ \&\& \ \cdots \ \&\& \ !b_n$$

因此,上述判断非闰年的逻辑表达式也可以等价变换为:

$$(!(year\%4==0) \ || \ !(year\%100!=0)) \ \&\& \ !(year\%400==0)$$

或

$$(year\%4!=0 \ || \ year\%100==0) \ \&\& \ year\%400!=0$$

例 5.7 3个大于0的数 a、b、c 能构成三角形3条边的逻辑表达式。

构成三角形3条边的条件是任意两边之和大于第三边。因此,a、b、c 能构成三角形3条边的条件是:

$$(a+b>c) \ \&\& \ (a+c>b) \ \&\& \ (b+c>a)$$

例 5.8* 对于3个整数 x、y、z,根据以下要求判断正整数的个数。

(1) 至少有一个正整数。
(2) 至少有两个正整数。
(3) 当且仅当有两个正整数。
(4) 都不为负数且至少有一个为正整数。

给定多个条件,要求至少有一个成立的表达式,实际上就是这多个条件的逻辑或表达式;给定多个条件,要求所有都成立的表达式,实际上就是这多个条件的逻辑与表达式。因此,各判断表达式分别为:

(1) 至少有一个正整数:

$$x>0 \ || \ y>0 \ || \ z>0$$

(2) 至少有两个正整数:

$$(x>0 \ \&\& \ y>0)|(x>0 \ \&\& \ z>0)||(y>0 \ \&\& \ z>0)$$

(3) 当且仅当有两个正整数:

$$(x>0 \ \&\& \ y>0 \ \&\& \ z<=0)||(x>0 \ \&\& \ z>0 \ \&\& \ y<=0)||$$
$$(y>0 \ \&\& \ z>0 \ \&\& \ x<=0)$$

或

$$(x>0 \ \&\& \ y>0 \ || \ x>0 \ \&\& \ z>0 \ || \ y>0 \ \&\& \ z>0) \ \&\& \ x*y*z<=0$$

(4) 都不为负数且至少一个为正整数:

$$x>=0 \ \&\& \ y>=0 \ \&\& \ z>=0 \ \&\& \ (x>0 \ || \ y>0 \ || \ z>0)$$

前面提到,C语言中表示一个条件的关系或逻辑表达式可以参与算术运算,在很多时候,这可以简化条件的书写。上述各条件还可以表达为:

(1) 至少有一个正整数:

$$(x>0)+(y>0)+(z>0)>=1$$

(2) 至少有两个正整数:

$$(x>0)+(y>0)+(z>0)>=2$$

(3) 当且仅当有两个正整数:

$$(x>0)+(y>0)+(z>0)==2$$

(4) 都不为负数且至少一个为正整数:

$$((x>=0)+(y>=0)+(z>=0)==3) \ \&\& \ (x+y+z>0)$$

例 5.9* 在美国 NBA 中,通过两个指标评价中锋球员:平均每场得分 p,平均每场篮板球数 r。根据以下评价标准写出表达式。

评价标准:

(1) p 和 r 都大于等于 20,则为"优秀";

(2) p 和 r 都大于等于 15 且至少有一个小于 20,或 p 大于等于 20 且 r 小于 15,或 r 大于等于 20 且 p 小于 15,则为"良好";

(3) p 和 r 都大于等于 10 且其中有一个小于 15 另一个小于 20,或 p 大于等于 15 小于 20 且 r 小于 10,或 r 大于等于 15 小于 20 且 p 小于 10,则为"合格";

(4) p 小于 10 且 r 小于 15,或 p 小于 15 且 r 小于 10,则为"平庸"。

分析:根据上述评价标准,可得到中锋的评价分类如图 5.4 所示。

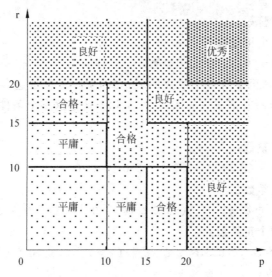

图 5.4 NBA 中锋的评价分类

那么,评价中锋球员的逻辑表达式分别为:

(1) 优秀中锋:

$$p>=20\ \&\&\ r>=20$$

(2) 良好中锋:

(p>=15 && r>=15) && (p<20 || r<20) || (p>=20 && r<15)
|| (r>=20 && p<15)

(3) 合格中锋:

(p>=10 && r>=10) && (p<15 && r<20 || r<15 && p<20) ||
(p>=15 && p<20 && r<10) || (r>=15 && r<20 && p<10)

(4) 平庸中锋:

(p<10 && r<15) || (p<15 && r<10)

注意,上述评价中锋球员的逻辑表达式是完备的、互斥的。也就是说,任意给定 p 和 r

的值,4个表达式有且仅有一个为真,即一个中锋属于且仅属于优秀、良好、合格和平庸4类中的某一类。对应于分支结构语句,可以用如下4个顺序结构的if语句表示:

```
if (p>=20 && r>=20)
    grade='A';
if ((p>=15 && r>=15) && (p<20 || r<20) || (p>=20 && r<15) || (r>=20 && p<15))
    grade='B';
if ((p>=10 && r>=10) && (p<15 && r<20 || r<15 && p<20) ||
    (p>=15 && p<20 && r<10) || (r>=15 && r<20 && p<10))
    grade='C';
if (p<10 && r<15 || p<15 && r<10)
    grade='D';
```

为了表达这种完备和互斥,逻辑表达式变得更复杂了。幸运的是,通过分支结构的嵌套或多分支 if 语句,可以使该问题的表达简化。例如,评价中锋球员的多分支 if 语句如下:

```
if (p>=20 && r>=20)
    grade='A';
else if (p>=15 && r>=15 || p>=20 || r>=20)      // else 之后蕴涵了 p<20 || r<20
    grade='B';
else if (p>=10 && r>=10 || p>=15 || r>=15)
    grade='C';
else grade='D';
```

3. 构造分支控制结构

例 5.10* 输入一个百分制成绩到变量 x,输出对应的等级。

具体等级有：A(对应于成绩大于等于 90 分)、B(对应于成绩大于等于 80 分且小于 90 分)、C(对应于成绩大于等于 70 分且小于 80 分)、D(对应于成绩大于等于 60 分且小于 70 分)或 E(对应于成绩小于 60 分)。

分析：该问题涉及对成绩变量 x 的判断,等级 A、B、C、D 和 E 分别对应于成绩变量 x 的取值范围如图 5.5 所示。

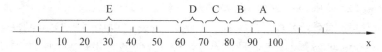

图 5.5　等级 A、B、C、D、E 分别对应于成绩变量 x 的取值范围

因此,该问题的分支控制结构可以选择嵌套结构,也可以选择多分支 if 结构,对应的控制结构程序片段如下。

嵌套 if 语句：   多分支 if 语句：

```
scanf("%d", &x);
if (x>100 || x<0)
    printf("Error.\n");
else {
    if (x>=80){
        if (x>=90) grade='A';
        else grade='B';
    }
    else {
        if (x>=60){
            if (x>=70) grade='C';
            else grade='D';
        }
        else grade='E';
    }
    printf("Grade: %c\n", grade);
}
```

```
scanf("%d", &x);
if (x>100 || x<0)
    printf("Error.\n");
else {
    if (x>=90) grade='A';
    else if (x>=80) grade='B';
    else if (x>=70) grade='C';
    else if (x>=60) grade='D';
    else grade='E';
    printf("Grade: %c\n", grade);
}
```

例 5.11* 某学生两门课程的成绩分别为 x、y，按如下分类输出学生成绩评定。

(1) 两门都优秀，则输出"优秀"。
(2) 两门都合格，则输出"合格"。
(3) 仅有一门不合格，则输出"较差"。
(4) 两门都不合格，则输出"很差"。

分析：该问题的分支控制结构可以选择 4 个分支结构的顺序排列，也可以选择多分支 if 语句，对应的控制结构程序片段如下。对于多个控制变量的情况，如果选择嵌套语句，则一般会比较复杂。

顺序排列的 if 语句：   多分支 if 语句：

```
if (x>100 || x<0 || y>100 || y<0)
    printf("Error.\n");
else {
    if (x>=90 && y>=90)
        printf("优秀.\n");
    if (x>=60 && y>=60 && (x<90 || y<90))
        printf("合格.\n");
    if (x<60 && y>=60 || x>=60 && y<60)
        printf("较差.\n");
    if (x<60 && y<60)
        printf("很差.\n");
}
```

```
if (x>100 || x<0 || y>100 || y<0)
    printf("Error.\n");
else {
    if (x>=90 && y>=90)
        printf("优秀.\n");
    else if (x>=60 && y>=60)
        printf("合格.\n");
    else if (x>=60 || y>=60)
        printf("较差.\n");
    else
        printf("很差.\n");
}
```

5.8 本章小结

当程序中需要进行选择、判断的时候，就要用到分支结构。分支结构有两个关键点：如何表示一个条件，以及如何表达分支。C语言中使用关系表达式和逻辑表达式来表示条件，它们分别是用关系运算符以及逻辑运算符连接起来的式子。

关系运算符用于值的比较。C语言中共包括6个关系运算符：C语言使用 == 和 != 来检测相等或者不相等，用>、<、>=、<= 表示大于、小于、大于或等于、小于或等于。而一个关系表达式是用关系运算符和操作数构成的表达式，例如，a>b，关系表达式一般表示简单的条件。

逻辑运算符作用在逻辑值上。逻辑运算符包括单目逻辑运算符!(逻辑非)和双目逻辑运算符 &&（逻辑与）、||（逻辑或）。当要表达的条件比较复杂时，常用逻辑运算符将关系表达式或其他表达式连接起来，形成逻辑表达式。例如，(a>b) && (b>c)。

从原理上来说，逻辑运算符的操作数和运算结果都应该是逻辑值。C语言没有提供逻辑值类型，但是可以灵活地将非逻辑值作为逻辑值处理，也可以将逻辑值作为非逻辑值处理。规则如下：

- 把非逻辑值当作逻辑值：任何非零值都被视为逻辑真，而零值则被视为逻辑假。
- 把逻辑值当作非逻辑值：逻辑真被视为数值1，逻辑假被视为数值0。

因此，C语言中可以将任何值（不一定是整型，可以是任意类型，如字符型、实型、指针类型等）作为逻辑运算的操作数，也可以将逻辑运算的结果进行算术运算。

&& 和 || 对操作数规定了运算顺序。它们首先计算出左侧操作数的值，若需要的话再计算出右侧操作数的值。

语句是C程序的基本构成单元。C程序中的语句分为6类，分别是表达式语句、声明语句、控制语句、函数调用语句、空语句和语句块（也称复合语句）。

- 表达式语句：在任何表达式后面加上分号就可以构成一条表达式语句。最典型的表达式语句是由赋值表达式构成一个赋值语句。
- 声明语句：声明变量和函数的语句就是声明语句。
- 控制语句：控制语句可以控制程序中语句的执行顺序。控制语句有以下几种：
  - 分支语句（又称选择语句）：包括二分支 if-else 语句和多分支 switch 语句。
  - 循环语句：包括 for 循环语句、while 循环语句以及 do-while 循环语句。
  - 其他转向语句：包括 continue 结束本次循环语句、break 终止执行语句、goto 转向语句和 return 从函数返回语句等。
- 函数调用语句：调用一个库函数或者自定义函数的语句。
- 空语句：空语句即只有一个分号的语句，空语句不做任何事情。
- 复合语句：也称为块语句或者语句块，用{ }把一些语句括起来后就成为复合语句。

表达分支的方法有3种：用 if 语句、用 switch 语句和用条件运算符。

(1) if 语句有 3 种形式：

单分支 if 语句　　　　　　双分支 if 语句　　　　　　多分支 if 语句

```
if (表达式)              if (表达式)              if (表达式1) 语句1
    语句                      语句1                else if (表达式2) 语句2
                         else                     else if (表达式3) 语句3
                             语句2                ⋮
                                                  else if (表达式m) 语句m
                                                  [else 语句m+1]
```

(2) switch 语句的一般形式如下：

```
switch (表达式){
    case 常量表达式1：语句1
    case 常量表达式2：语句2
    ⋮
    case 常量表达式n：语句n
    [default：语句n+1]
}
```

当表达式的值与某一个 case 后面的常量表达式的值相等时，就从此 case 后面的语句开始执行。执行完一个 case 后面的语句后，流程控制转移到下一个 case 后面的语句继续执行，除非 case 后面的语句中有 break 语句。"case 常量表达式"只是起语句标号作用，并不是在该处进行条件判断。若所有的 case 中的常量表达式的值都没有与表达式的值匹配，则分两种情况，如果有 default 选项，就执行 default 后面的语句；如果缺少 default 选项，则不执行任何操作。

(3) 条件运算符？：可以构造出条件表达式。条件表达式的一般形式为：

表达式 1？表达式 2：表达式 3

条件表达式的执行过程是，先计算表达式 1，若结果为非 0（真），则计算表达式 2，并且将表达式 2 的值作为整个条件表达式的值；否则计算表达式 3 的值，并且将表达式 3 的值作为整个条件表达式的值。

习题 5.1　写出下列表达式的值。

(1) 4＞9 || 3＜40　　　　　　　　(2) ！(5＞10)
(3) 'x'＞40　　　　　　　　　　　(4) 'x'＋'y'＞200
(5) !8＞5　　　　　　　　　　　　(6) 5 && 8!=(5 && 8)
(7) 1==6＞4　　　　　　　　　　　(8) (b=10) && (c=0)

习题 5.2　指出下列表达式的求值顺序,并计算表达式的值。对于逻辑表达式,还需指出是否存在短路现象,以及在哪一步短路。设变量 f、x、y 的初值分别为 3.6、−1、1.5。

(1) x>y || (f/10)　　　　　　　　(2) x>0 && y>0 || !x
(3) x++ || x>y || x+y　　　　　　(4) !0 || y && (a=x+2)

习题 5.3　请按要求写出表达式。

(1) 判断坐标为(x,y)的点是否在内径为 a、外径为 b、中心在原点 O 的圆环内的表达式。

(2) 判断一元二次方程 $ax^2+bx+c=0$ 有实根的表达式。

(3) 写出 i 大于 0 但小于 10 为"真"的表达式。

(4) 写出 a 和 b 的值都大于 0、小于 n 为"假"的表达式。

(5) 如图 5.6 所示,写出坐标系上阴影部分的点(x,y)所满足的 C 语言表达式。

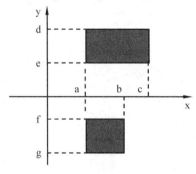

图 5.6　习题 5.3 图

习题 5.4　写出下列程序的运行结果。

(1)

```c
#include<stdio.h>
int main(){
    int x, a=1, b=1, c=1;
    x=(a=0)||(b=2)||(c=3);
    printf("x=%d, a=%d, b=%d, c=%d\n", x, a, b, c);
    return 0;
}
```

(2)

```c
#include<stdio.h>
int main(){
    int x, a=0, b=0, c=0, d=0;
    x=(a=1)||(b=2) && (c=3) && (d=4);
    printf("x=%d, a=%d, b=%d, c=%d, d=%d\n", x, a, b, c, d);
    return 0;
}
```

习题 5.5 程序阅读。

(1) 以下 _____ 为不正确语句,为什么?

① if (x>y);

② if (x==y) x+=y;

③ if (x!=y) scanf("%d", &x) else scanf("%d", &y);

④ if (x<y) { x++; y++;}

(2) 执行下面语句后,x、y、z、m 的值分别是多少?

```
int m=3, x=2, y=4, z=1;
m = (m<x)? m : x++;
m = (m<y)? m : y++;
m = (m<z)? m : z++;
```

(3) 阅读程序,回答问题。

```
#include<stdio.h>
int main(){
    int a, b, m=1, n=1;
    scanf("%d%d", &a, &b);
    if (a>0) m=m+n;
    if (a<b) n=2*m;
    else if (a==b) n=5;
    else n=m+n;
    printf("m=%d  n=%d\n", m, n);
    return 0;
}
```

问题:

① 当输入为:−1　−2↵,程序的运行结果是什么?

② 当输入为:1　0↵,程序的运行结果是什么?

③ 为了输出 n=4,变量 a 和 b 应具备什么条件?

(4) 请分析以下语句中对 w 的不同值域所进行的操作,把嵌套的 if 语句改写成不嵌套的 if 语句。

```
if (w<0) k=0;
else if (w<=100) k=1;
else k=0;
```

习题 5.6 判断从键盘输入字符 c 的种类。将字符分成 5 类:

(1) 控制字符(ASCII 码小于 32);

(2) 数字字符(ASCII 码在 48~57 之间);

(3) 大写字母(ASCII 码在 65~90 之间);

(4) 小写字母(ASCII 码在 97~122 之间);
(5) 其他字符。

请写出判断 5 种字符的表达式(要求给出的判断表达式完备、互斥,即任意输入字符 c,有且仅有一个判断表达式为真);最后写出判断字符种类的顺序、嵌套或多路分支结构程序,并画出流程图。

习题 5.7 编写程序。

(1) 有一函数:

$$y = \begin{cases} -3x+10 & \text{当 } x < -5 \\ x & \text{当 } -5 \leqslant x < 0 \\ 0 & \text{当 } x = 0 \\ 2x & \text{当 } 0 < x \leqslant 5 \\ 4x-10 & \text{当 } x > 5 \end{cases}$$

输入 x 的值,根据该函数计算 y 的值。

(2) 由键盘任意输入 3 个数,实现按降序输出此 3 个数。

(3) 输入 20 个学生的成绩,统计各分数段的人数。分数段为:90 及 90 分以上,80~89 分,70~79 分,60~69 分,60 分以下。

(4) 输入一行字符,分别统计其中包含的数字、字母和其他字符的个数。

(5) 对例 5.9 给出的评价中锋球员的标准,输入一个中锋球员的平均每场得分 p 和平均每场篮板球数 r,输出该中锋球员的评价结果。

(6) 对例 5.10 给出的评价学生等级的标准,输入一个百分制成绩 x,输出该同学的评价结果。

(7) 对例 5.11 给出的评价学生等级的标准,输入两个百分制成绩 x 和 y,输出该同学的评价结果。

(8) 输入 3 个点的坐标,判断它们是否在一条直线上。

习题 5.8 在美国 NBA 中,评价球员的实力通过两个指标:平均每场得分 p,平均每场篮板球数 r。下面是评价标准:

(1) $p \geqslant 20$ 且 $r \geqslant 15$,则为"最有价值球员"。

(2) $p \geqslant 15$ 且 $r \geqslant 10$,或 $p \geqslant 20$ 且 $r \geqslant 8$,或 $p \geqslant 12$ 且 $r \geqslant 15$,则为"优秀球员"(该条件是指在评完"最有价值球员"之后满足该条件为"优秀球员",下同)。

(3) $p \geqslant 8$ 且 $r \geqslant 5$,则为"合格球员"。

(4) $p \geqslant 8$ 且 $r < 5$,或 $p < 8$ 且 $r \geqslant 5$,则为"较差球员"。

(5) $p < 8$ 且 $r < 5$,则为"很差球员"。

试画出 NBA 球员分类评价图,并写出判断 5 种球员的表达式(要求给出的判断表达式完备、互斥,即任意给定 p 和 r 的值,有且仅有一个判断表达式为真);最后写出评价球员的顺序、嵌套或多路分支结构程序,并画出流程图。

习题 5.9 在我国 CBA 比赛中,评价球员有 3 项指标:平均每场得分 a、平均每场篮板次数 b、平均每场助攻次数 c。在一个赛季中,一个球员

(1) 如果 3 项指标都不小于 10,则为"最有价值球员"。

(2) 如果有两项指标不小于10,则为"全明星球员"。

(3) 如果只有一项指标不小于10,则为"明星球员"。

(4) 如果一项指标都没有达到10,则为"普通球员"。

请写出判断4种球员的表达式(要求给出的判断表达式完备、互斥,即任意给定a、b和c的值,有且仅有一个判断表达式为真);最后写出评价球员的顺序、嵌套或多路分支结构程序,并画出流程图。

习题5.10 在某次考试中,要考英语、数学两门课程(均为百分制),分别记其成绩为a和b,平均成绩为c。评价考生水平的标准如下:

(1) 优秀考生:两科成绩都不低于90分。

(2) 良好考生:两科成绩都不低于80分;或有一门低于80但不低于60,另一门高于80,且平均成绩不低于80分。(是否等价于:两科都及格且平均成绩不低于80分?)

(3) 中等考生:两科成绩都不低于70分;或有一门低于70但不低于60,另一门高于70,且平均成绩不低于70分。(是否等价于:两科都及格且平均成绩不低于70分?)

(4) 及格考生:两科成绩都不低于60分;或有一门低于60,另一门高于60,且平均成绩不低于60分。(是否等价于:平均成绩不低于60分?)

(5) 较差考生:两科都低于60分。

请写出判断5个等级考生的表达式(要求给出的判断表达式互斥,即任意给定a和b的值,不会出现一个以上的判断表达式为真);最后写出评价考生的顺序、嵌套或多路分支结构程序,并画出流程图。

请思考:该问题的设计是否完备?即是否存在不属于这5类的考生?如果完备,请画出考生分类评价图;如果不完备,请你设计一个完备的方案,并画出考生分类评价图。

第 6 章 循环结构与程序设计基本算法

学习目标

- 熟练掌握当型、直到型循环结构以及 while、for、do-while 循环结构控制语句，并掌握各种循环结构控制语句之间的差异及相互转化方法。
- 熟练掌握流程控制语句 break、continue 的作用和使用方法，了解语句标号的概念和作用以及流程控制语句 goto 的作用和使用方法。
- 深入理解穷举算法、迭代与递推算法的基本思想。
- 熟练掌握通过计数器变量控制循环实现的穷举、迭代与递推算法的程序设计方法。
- 熟练掌握通过状态变量控制循环实现的穷举、迭代与递推算法的程序设计方法。

循环是指重复执行一个程序段。几乎所有的实用程序都包含循环控制结构，例如，输入全校学生成绩、求若干个数之和、对字符串处理等。本章首先介绍循环控制结构，然后介绍以循环结构为核心的几个程序设计基本算法。

6.1 循环结构与控制语句

在第 2 章中已经介绍了两种最常用的循环结构：for 循环和 while 循环，本节将回顾这两种结构，并介绍其他的循环结构。

在 C 语言中可以用以下语句来实现循环：

(1) while 语句。
(2) do-while 语句。
(3) for 语句。
(4) goto 语句和 if 语句组合构成循环。

6.1.1 while 语句

while 语句用来实现"当型"循环结构。其一般形式如下：

```
while (表达式)
    语句
```

while 语句的执行过程是，首先计算表达式的值，当表达式的值为非零值(真)，执行 while

语句中的语句。然后再次计算表达式的值,重复上述过程,直到表达式的值为0(假)时,结束循环。其特点是:先判断表达式,后执行语句。这里的语句即为**循环体**,可以是空语句、单语句或复合语句。

下面的代码片段是 while 循环的一个例子:

```
sum=0;
i=1;
while (i<=100){
    sum +=i;
    i++;
}
```

需要注意:

(1) 循环体如果包含一个以上的语句,应该用花括号括起来,以复合语句的形式出现。如果不加花括号,则 while 语句的范围只到 while 后面的第一个分号处。

(2) 在循环体中应有使循环趋向于结束的语句。例如,在上面的代码片段中循环条件是 i<=100,因此在循环体中应该有使 i 增值以最终导致 i<=100 不成立的语句,如使用语句"i++;"来达到目的。如果无此语句,则 i 的值始终不改变,循环永不结束,成为死循环。

6.1.2 for 语句

C 语言中的 for 语句非常灵活,不仅可以用于循环次数已经确定的情况,而且可以用于循环次数不确定的只给出循环结束条件的情况。

1. for 语句一般形式

for 语句的一般形式为:

```
for (表达式 1; 表达式 2; 表达式 3)
    语句
```

for 语句的执行过程是,首先计算表达式 1,然后计算表达式 2 的值,若其值为非零值(真),则执行 for 语句中的语句(循环体),最后进行表达式 3 的运算。至此完成一次循环,然后再从计算表达式 2 的值开始下一次循环。如此下去,直到表达式 2 的值为 0(假)时,循环结束。它对应的流程图如图 6.1 所示。

从 for 语句的执行过程中可以看出,for 语句中的三个表达式的作用是不同的。表达式 1 用于进入循环之前给循环变量赋初值。表达式 2 用于表明循环条件,与 while 语句中的表达式的作用相同。表达式 3 用于循环一次后修改循环变量的值。因此 for 语句又常表示成如下形式:

```
for (循环变量赋初值; 循环条件; 修改循环变量)
    语句
```

for 语句中的表达式比较灵活,可以是任意有效的表达式。

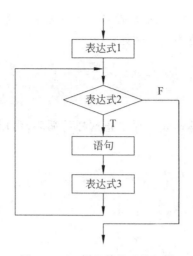

图 6.1 for 循环的处理流程图

(1) 逗号表达式形式：for 语句中的表达式 1 和表达式 3 使用逗号表达式，即包含一个以上的简单表达式，中间用逗号间隔。这实际上是存在两个或多个循环控制变量。例如：

```
for (s=0, i=0, j=100; i<=j; i++, j-- )
    s+=i+j;
```

本例中的表达式 1 和表达式 3 都是逗号表达式，分别包含 3 个和两个赋值表达式，存在两个循环控制变量。

(2) 其他表达式形式：for 语句中的表达式 1 可以是设置循环变量初值的赋值表达式，也可以是与循环变量无关的其他表达式；表达式 3 可以是修改循环变量的表达式，也可以是其他表达式。表达式 2 不一定非要是循环变量与某个目标值的比较，只要它的值非 0，就执行循环体。例如：

```
for (sum=0, i=0; i<100; sum=sum+i)
    i++;
```

2. for 语句其他形式

前面介绍了 for 语句的一般形式，实际应用中 C 语言的 for 语句很灵活，还有其他几种变化形式。

(1) 省略表达式形式：for 语句的表达式可以省略，其具体形式有如下几种。

① 省略表达式 1。若循环变量在 for 语句的前面就初始化了，则可以在 for 语句中省略表达式 1。这种情况是经常出现的。当省略表达式 1 时，其后的分号不能省略。例如：

```
i=1; sum=0;
for (; i<=100; i++)
    sum=sum+i;
```

② 省略表达式2或3个表达式都被省略。此时无循环终止条件,循环将无限地进行下去。也就是认为表达式2始终为真。例如:

```
i=1;
for (; ;) i++;
```

本例将无限地执行循环体语句。要中止这样的循环,可以在循环体中使用 break 语句(将在本章后面介绍)。例如:

```
for (; ;){
    ch=getchar();
    if (ch=='A') break;
}
printf("you typed an A");
```

这个循环将一直运行到输入了字符'A'。

③ 省略表达式3。此时应设法保证循环变量能得到修改,以使循环能正常结束。例如,在循环体中有使循环变量得到修改的语句。

```
for (sum=0, i=1; i<=100;){
    sum=sum+i;
    i++;
}
```

④ 表达式1和表达式3被省略。从图6.1中可见,省略了表达式1和表达式3的流程图完全等同于 while 语句的流程图。

(2) 空循环体形式: for 语句的循环体可以是空语句。这通常被用于程序执行时产生时间延迟。例如:

```
for (t=0; t<SOMEVALUE; t++) ;
```

其中,SOMEVALUE 一般取一个比较大的值,具体延迟时间取决于 CPU 执行指令的速度。

6.1.3　do-while 语句

do-while 语句用来实现"直到型"循环结构。其一般形式为:

```
do {
    语句
} while (条件表达式);
```

do-while 语句的执行过程是:首先执行语句即循环体,然后计算条件表达式的值。当条件表达式的值为非0("真")时,则再次执行语句循环体,再计算条件表达式的值。如此反复,直到条件表达式的值等于0("假")时为止,结束循环。流程图见图6.2(a)。特点是:先执行语句循环体,后判断循环条件表达式。

对于 do-while 循环,当循环体只有一个语句时,建议也加上大括号,以提高程序的可读性并避免与 while 语句混淆。

对同一个循环问题可以用"当型"循环,也可以用"直到型"循环,这两种循环在功能上是等价的。图 6.2(a)是"直到型"循环的流程图,将它改画成"当型"循环后的流程图如图 6.2(b)所示。它们唯一的区别就是"当型"while 循环可能一次都不会执行循环体语句,而"直到型"do-while 循环至少会执行一次循环体语句。

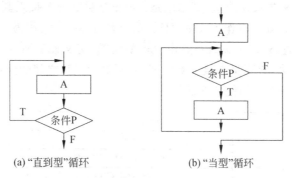

(a) "直到型"循环　　　　　　(b) "当型"循环

图 6.2　"直到型"循环和"当型"循环的等价性

例 6.1*　输入一个自然数,判断它是一个几位数,并要求逆序输出构成它的各位数字。

分析:对于一个整数 num,通过 num%10 可以分离出它的个位数,通过 num/10 可以去掉它的个位数,因此只要重复执行"printf("%d, ",num%10);""num=num/10;"两条语句,则可以按逆序产生构成它的各位数字。接下来就是要解决该循环需要重复执行多少次的问题了,由于每循环一次 num 减少一位长度,因此循环直到 num==0 结束即可,也就是循环条件为 num!=0。程序如下:

```
1   #include <stdio.h>
2   int main(){
3       int count=0,num;
4       printf("请输入一个自然数:");
5       scanf("%d", &num);
6       do {                      /*从低位向高位,每循环一次分离整数 num 中的一位数字*/
7           printf("%d, ", num%10);   /*输出从 num 中分离的个位数字*/
8           num=num/10;               /*从整数 num 中去掉个位数字*/
9           count++;                  /*统计从整数 num 中分离的数字个数*/
10      } while (num!=0);
11      printf("\n 它是一个%d 位数.\n", count);
12      return 0;
13  }
```

请读者思考:如果将 do-while 控制语句改为 while 控制语句会如何? 唯一的区别就是如果输入的是 0,将会如何?

为了控制输入一个正确的成绩(0~100),则可以通过 do-while 循环实现,程序段如下:

```
do {
    scanf("%d", &score);
} while (score<0 || score>100);        /* 如果成绩不正确,则继续循环 */
```

例 6.2* 用牛顿迭代法求方程 $2x^3-4x^2+3x-6=0$ 在 1.5 附近的解,要求误差小于 $1e-5$。

分析:该方法又称牛顿切线法,其思想是:先任意假定一个接近真实解的近似解 x_k,并求出 $f(x_k)$,再过 $(x_k,f(x_k))$ 点作 $f(x)$ 的切线,交 x 轴于 x_{k+1},它作为再一次的近似解;再由 x_{k+1} 求出 $f(x_{k+1})$,再过 $(x_{k+1},f(x_{k+1}))$ 点作 $f(x)$ 的切线,交 x 轴于 x_{k+2},再求出 $f(x_{k+2})$,再作切线……如此进行下去,直到足够接近真实解(或两次近似解之间的误差足够小)为止。

图 6.3 是用 NS 图表示的例 6.2 的算法。

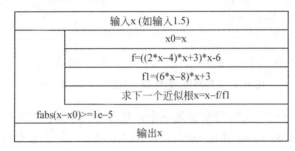

图 6.3　例 6.2 的 NS 图

程序如下:

```
1   #include <stdio.h>
2   #include <math.h>
3   int main(){
4       float x, x0, f, f1;
5       printf("请输入一个近似解:");
6       scanf("%f", &x);                    /* 输入初始近似解,作为迭代的始基 */
7       do {
8           x0=x;                           /* 临时保存上次迭代的结果(或迭代初值) */
9           f=((2*x-4)*x+3)*x-6;            /* 计算 f(x)的值 */
10          f1=(6*x-8)*x+3;                 /* 计算 f(x)求导的值 */
11          x=x-f/f1;                       /* 迭代公式,计算本次迭代的结果 */
12      } while (fabs(x-x0)>=1e-5);         /* 误差没有满足要求,继续迭代 */
13      printf("牛顿迭代法求得的方程近似解:%.4f\n", x);
14      return 0;
15  }
```

请读者将该程序改写为 while 结构表示。

6.1.4 循环嵌套

一个循环体内又包含另一个循环时,称为循环的嵌套。前一个循环称为外循环,后一个称为内循环。内循环中还可以再嵌套循环,这就是多层循环嵌套。循环嵌套的概念对各种语言都是一样的。

一般地,循环嵌套中应该注意以下几个问题。

(1) 内、外层循环的循环控制变量最好不要同名。如果同名,则循环控制变量在外层循环赋值后,进入内层循环又要被赋值。外层循环变量的值在内层被修改,这有可能违背了程序设计者的初衷(如果本来就是这个意图,则要小心控制,以防出错)。

(2) 内循环应完全处于外循环内,内、外循环不得交叉。如外循环中内嵌了两个以上并列的内循环,并列的内循环也应完全并列,不得交叉。

(3) 循环嵌套中,内、外层循环的循环执行次数有时是很重要的。为了提高程序执行的效率,常常把循环执行次数多的循环放入内层,而执行次数少的循环放在外层。

while 循环和 for 循环可以互相嵌套。因此 C 语言的循环嵌套的形式比较灵活,以下各种形式都是合乎规则的。

```
①                    ②                    ③                    ④
while (){             for (; ;){            for (; ;){            while () {
    …                     …                     …                     …
    while (){             for (; ;){            while (){             for (; ;){
        …                     …                     …                     …
    }                     }                     }                     }
    …                     …                     …                     …
}                     }                     }                     }
```

为了提高程序的可读性,书写和编辑程序时要养成良好的缩格习惯。建议采用如下两种程序缩格写作风格中的一种来书写和编辑程序:

```
int main() {                         int main()
    statement;                       {
    if (expr) {                          statement;
        while (expr) {                   if (expr)
            if (expr) {                  {
                statement;                   statement;
                statement;                   while (expr)
            }                                {
            statement;                           statement;
        }                                        if (expr)
    }                                            {
    else {                                           statement;
```

```
        statement;                              }
    }                                       }
    statement;                              }
    for (expr1; expr2; expr3) {             else
        statement;                          {
        while (expr) {                          for (expr1; expr2; expr3)
            statement;                          {
            statement;                              statement;
        }                                       }
    }                                           statement;
    statement;                              }
}
```

6.1.5 流程控制语句(break 语句、continue 语句和 goto 语句)

对于 while、for 和 do-while 循环,都是以某个表达式的值作为循环条件。当此表达式的值为 0 时,循环结束。除了这种正常结束循环的方式外,C 语言还提供了可以从循环中退出而结束循环的 break 语句和中止本次循环继续后续循环的 continue 语句。

1. break 语句

break 语句还可以用来从循环体内跳出,结束循环接着执行循环结构下面的语句。它的流程图如图 6.4 所示。break 语句的用法是,把它放在某个条件分支中。循环执行过程当中,当条件成立时执行 break 语句退出循环,从而结束循环过程。

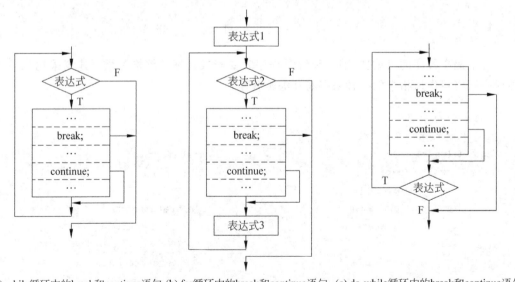

(a) while 循环中的 break 和 continue 语句 (b) for 循环中的 break 和 continue 语句 (c) do-while 循环中的 break 和 continue 语句

图 6.4 break 和 continue 语句流程图

例 6.3* 输入一个正整数,判断它是否为素数。要求使用 break 语句。

分析:对于一个正整数 m,可以采用试探法,判断每一个大于等于 2 且不大于 $\sqrt{m}$ 的自然数是否是 m 的一个因子,一旦找到了 m 的一个因子,则 m 就不是素数(不需要继续找剩下的因子了);如果 m 找不到任何一个因子,则 m 是素数。NS 图如图 6.5 所示。

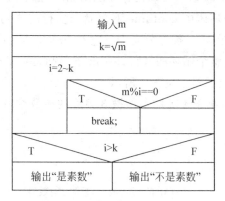

图 6.5 判断素数的 NS 图

程序如下:

```
1   #include <stdio.h>
2   #include <math.h>
3   int main(){
4       int m, k, i;
5       printf("请输入一个正整数: ");
6       scanf("%d", &m);              /*输入一个正整数*/
7       k=sqrt(m);
8       for (i=2; i<=k; i++){          /*穷举 m 的可能因子,何时循环结束?*/
9           if (m%i==0)                /*找到了整数 m 的一个因子 i*/
10              break;                 /*结束循环*/
11      }
12      if (i>k) printf("%d是素数!\n", m);  /*请问: i>k 表示什么?*/
13      else printf("%d不是素数!\n", m);
14      return 0;
15  }
```

使用 break 语句,控制输入一个正确的成绩可用如下循环实现:

```
while (1){                            /*表示无限循环,即死循环*/
    scanf("%d", &score);
    if (score>=0 && score<=100)       /*表示成绩输入正确*/
        break;                        /*结束循环*/
    else
        printf("成绩不正确,请重新输入!\n");
}
```

break 语句不能用于循环语句和 switch 语句之外的其他任何语句中,也不能用于由 goto 语句(本节后面介绍)和 if 语句构成的循环中。

2. continue 语句

在循环体中使用 continue 语句可以使程序退出循环,但它并不是结束整个循环过程,而是结束本次循环,即跳过循环体中 continue 下面尚未执行的语句之后继续下一次循环。通常也是把 continue 语句放在某个条件分支中。它和 break 语句的区别是:continue 语句只结束本次循环,而不是终止整个循环的执行;break 语句则是结束整个循环,不再进行循环条件判断。continue 语句的流程图如图 6.4 所示。

例 6.4 把大于 100 且小于 150 的不能被 3 整除的整数输出。

```
1   #include <stdio.h>
2   int main(){
3       int n, i=0;
4       printf("大于 100 且小于 150 的不能被 3 整除的整数有:\n");
5       for (n=101; n<150; n++){              /* 穷举 n 的所有可能取值 */
6           if (n%3==0) continue;             /* n 被 3 整除,结束本次循环 */
7           printf("%d, ", n);
8           i++;                              /* 统计不能被 3 整除的整数个数 */
9           if (i%10==0) printf("\n");        /* 控制一行输出 10 个结果 */
10      }
11      printf("\n");
12      return 0;
13  }
```

运行结果如下:

```
大于 100 且小于 150 的不能被 3 整除的整数有:
101, 103, 104, 106, 107, 109, 110, 112, 113, 115,
116, 118, 119, 121, 122, 124, 125, 127, 128, 130,
131, 133, 134, 136, 137, 139, 140, 142, 143, 145,
146, 148, 149,
```

当 n 能被 3 整除时,执行 continue 语句,结束本次循环(即跳过后面的输出处理语句),只有 n 不能被 3 整除才执行后面的输出处理语句。因此,本例中的 for 语句等价于:

```
for (n=101; n<150; n++){                  /* 穷举 n 的所有可能取值 */
    if (n%3!=0){
        printf("%d, ", n);
        i++;                              /* 统计不能被 3 整除的整数个数 */
        if (i%10==0) printf("\n");        /* 控制一行输出 10 个结果 */
    }
}
```

continue 语句不能用于循环语句之外的其他任何语句中,也不能用于由 goto 语句和 if 语句构成的循环中。

3. goto 语句与语句标号

goto 语句为无条件转向语句,它的一般形式为:

```
goto 语句标号;
…
语句标号: 语句
```

goto 语句的作用是:把程序执行的流程控制转移到语句标号指定的语句处。即执行 goto 语句后,程序转移到语句标号指定的语句处继续执行。

语句标号表明程序中的某个位置,在某个执行语句的前面,之间用冒号分隔。带标号的语句称为标号语句,标号语句仅对 goto 语句有意义。在其他任何场合遇到标号语句,该语句被执行时,标号无任何影响。如果执行 goto 语句时,指定的标号语句不存在,或存在一个以上的同名的语句标号的语句,则产生错误。

语句标号的命名规则与变量名相同,用标识符表示。即由字母、数字和下画线组成,其第一个字符必须为字母或下画线。

goto 语句的使用范围仅限于函数内部,即不容许在一个函数中使用 goto 语句把流程控制转移到该函数之外。

使用 goto 语句会使程序流程改变,造成程序的规律性、可读性差。因此,结构化程序设计方法不主张使用但也不是绝对禁止使用 goto 语句。一般来说,goto 语句常用作:

(1) 与 if 语句一起构成循环结构。

(2) 从循环体内跳转到循环体外。

由于在 C 语言中可以使用 break 语句和 continue 语句跳出本层循环和结束本次循环,goto 语句的使用机会已大大减少。当需要从多层嵌套循环的内层循环中跳到外层循环外时使用 goto 语句的效果很好。此时如不使用 goto 语句而用 break 语句的话,则只能逐层结束循环。

例 6.5   用 if 语句和 goto 语句构成循环来编写求 1~100 的自然数之和的程序。

```
1   #include <stdio.h>
2   int main(){
3       int i=1, sum=0;
4   loop: if (i<=100){
5           sum+=i;
6           i++;
7           goto loop;          /* 转向到语句标号为 loop 的语句继续执行,构成循环 */
8       }
9       printf("1~100 的自然数之和: %d\n", sum);
10      return 0;
11  }
```

本例利用 if 语句和 goto 语句构成"当型"循环结构,也可以用它们构成"直到型"循环结构,请读者自己完成。

6.2 控制循环的基本方法

循环中控制循环体的执行次数大致有以下方式:
(1) 通过计数器变量控制循环。
(2) 根据程序执行的状态控制循环。
(3) 循环过程中控制循环。

循环过程中控制循环,就是通过流程控制语句 break 和 continue 来实现,这在上一节已经介绍,这里不再重复。本节仅讨论前两种控制循环的办法。

6.2.1 通过计数器变量控制循环

有一些问题的求解,循环体需要循环多少次是事先明确知道的,只需要按要求控制循环次数即可。这类问题有很多,下面仅就典型的求和问题(包括求平均值问题、计数问题等)和输出图形问题展开讨论。

1. 求和问题

例 6.6*　求 $1+(1+2)+(1+2+3)+\cdots+(1+2+\cdots+100)$。

分析:这是一个求和问题,求 100 项之和,即 $\text{sum}=\sum\limits_{n=1}^{100}S_n$,其中 S_n 代表第 n 项的值,即 $S_n=(1+2+\cdots+n)$。对应的循环程序段如下:

```
sum=0;                    /*给求和累加器变量 sum 赋初值*/
for (n=1; n<=100; n++){   /*控制循环 100 次*/
    计算第 n 项的值 sn;
    sum+=sn;
}
```

计算第 n 项 S_n 的值又是一个求和问题,即 $S_n=\sum\limits_{k=1}^{n}k$,对应的循环程序段如下:

```
sn=0;                     /*给求和累加器变量 sn 赋初值*/
for (k=1; k<=n; k++)      /*控制循环 n 次*/
    sn+=k;
```

最后,将上述两个程序段组合起来得到如下程序:

```
1  #include <stdio.h>
2  int main(){
3      int n, k;           /*声明循环计数器变量*/
```

```
 4       long sum=0, sn;              /*声明两个求和累加器变量,并给sum赋初值*/
 5       for (n=1; n<=100; n++){      /*控制循环100次*/
 6           sn=0;                    /*给求和累加器变量sn赋初值*/
 7           for (k=1; k<=n; k++)     /*控制循环n次*/
 8               sn+=k;
 9           sum+=sn;
10       }
11       printf("总和=%ld\n", sum);
12       return 0;
13   }
```

进一步分析,第 n 项 S_n 的值实际上是在第 n－1 项 S_{n-1} 的基础上加 n 而计算得到,因此没有必要通过 $\sum_{k=1}^{n} k$ 来计算 S_n,而改为通过 $S_n = S_{n-1} + n$ 来计算,对应的程序如下:

```
 1   #include <stdio.h>
 2   int main(){
 3       int n;                       /*声明用于穷举的循环计数器变量*/
 4       long sum=0, sn=0;            /*声明两个累加器变量,注意sn赋初值的位置变化*/
 5       for (n=1; n<=100; n++){      /*控制循环100次,穷举累加次数*/
 6           sn+=n;                   /*注意:第n次循环中的sn是在上一次循环的基础上再加n*/
 7           sum+=sn;
 8       }
 9       printf("总和=%ld\n", sum);
10       return 0;
11   }
```

例 6.7* 数列求和:求分数序列 2/1,3/2,5/3,8/5,13/8,21/13,…前 20 项之和。

分析:这是一个求和问题,求 20 项之和,即 $sum = \sum_{n=1}^{20} a_n$,对应的循环程序段如下:

```
sum=0;                               /*给求和累加器变量sum赋初值*/
for (n=1; n<=20; n++){               /*控制循环20次*/
    计算第n项的值an;
    sum+=an;
}
```

在计算第 n 项 a_n 的值时,抓住分子与分母的变化规律,设 $a_n = x/y$,则 $a_{n+1} = (x+y)/x$。最后,可得到如下程序:

```
 1   #include <stdio.h>
 2   int main(){
 3       int n, t;
 4       float x=2, y=1, sum=0;       /*x代表分子,y代表分母,sum为累加器变量*/
```

```
5        for (n=1; n<=20; n++){       /*控制循环20次*/
6            sum+=x/y;
7            t=x;   x=x+y;   y=t;     /*产生下一次循环的x和y。t起什么作用?*/
8        }
9        printf("数列的前20项之和：%.2f\n", sum);
10       return 0;
11   }
```

2. 输出图形问题

考虑产生并输出如图 6.6 所示的各种图形的问题。

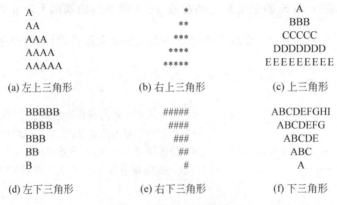

图 6.6　各种三角形图形

例 6.8* 产生并输出图 6.6(a)所示的左上三角形图形。

分析：左上三角形图形需要输出 N 行字符，因此可用如下循环结构实现：

```
for (i=1; i<=N; i++){              /*控制循环N次,穷举输出行数*/
    输出第i行字符;
}
```

对于第 i 行需要输出 i 个字符'A'，因此可用如下循环结构实现：

```
for (j=1; j<=i; j++)               /*控制循环i次,穷举输出字符个数*/
    putchar('A');
```

将上述两部分组合起来可得到程序如下：

```
1    #include <stdio.h>
2    #define N 5
3    int main(){
4        int i, j;
5        for (i=1; i<=N; i++){              /*控制循环N次,穷举输出行数*/
6            for (j=1; j<=i; j++)           /*控制循环i次,穷举输出字符个数*/
7                putchar('A');
```

```
 8        printf("\n");              /*控制换行*/
 9     }
10     return 0;
11 }
```

例 6.9* 产生并输出图 6.6(c)所示的上三角形图形。

分析：上三角形图形需要输出 N 行字符，因此外循环控制结构与例 6.8 相同。对于第 i 行需要输出 2*i−1 个字符。第 1 行输出字符'A'，那么第 i 行输出字符的 ASCII 码是'A'+i−1。因此可用如下循环结构实现：

```
for (j=1; j<=2*i-1; j++)             /*控制循环 2*i-1 次,穷举输出字符个数*/
    putchar('A'+i-1);
```

为了使输出的图形居中对齐，每一行前面需要输出一些空格。假设第 N 行左边输出 S 个空格，则第 N−1 行左边需要输出 S+1 个空格……第 i 行左边需要输出 S+N−i 个空格，可用如下循环结构实现：

```
for (j=1; j<=S+N-i; j++)             /*控制循环 S+N-i 次,穷举输出空格个数*/
    putchar('□');                    /*□表示空格*/
```

综上所述，可得到程序如下：

```
 1 #include <stdio.h>
 2 #define N 5
 3 #define S 30
 4 int main(){
 5     int i, j;
 6     for (i=1; i<=N; i++){          /*控制循环 N 次,穷举输出行数*/
 7         for (j=1; j<=S+N-i; j++)   /*循环 S+N-i 次,穷举输出空格个数*/
 8             putchar('□');          /*□表示空格*/
 9         for (j=1; j<=2*i-1; j++)   /*循环 2*i-1 次,穷举输出字符个数*/
10             putchar('A'+i-1);      /*第 i 行输出的字符为'A'+i-1*/
11         printf("\n");              /*控制换行*/
12     }
13     return 0;
14 }
```

例 6.10* 产生并输出图 6.6(f)所示的下三角形图形。

程序如下：

```
 1 #include <stdio.h>
 2 #define N 5
 3 #define S 30
 4 int main(){
```

```
5       int i, j;
6       for (i=1; i<=N; i++){              /*控制循环 N 次,穷举输出行数*/
7           for (j=1; j<=S+i-1; j++)       /*控制循环 S+i-1 次*/
8               putchar('□');              /*□表示空格*/
9           for (j=1; j<=2*(N+1-i)-1; j++) /*控制循环 2*(N+1-i)-1 次*/
10              putchar('A'+j-1);          /*该行输出的第 j 个字符为'A'+j-1*/
11          printf("\n");                  /*控制换行*/
12      }
13      return 0;
14  }
```

6.2.2 通过程序执行的状态控制循环

有一些问题的求解,循环体需要循环多少次是事先无法明确知道的,需要根据循环的状态决定是否还需要继续循环。这类问题有很多,下面仅就典型的最大公约数问题、字符串处理问题和输入正确性控制问题展开讨论。

1. 最大公约数问题

例 6.11[*] 输入两个正整数,用辗转相除法求出它们的最大公约数。

分析:辗转相除法的思想是:设两个正整数 m、n,求 m 除以 n 的余数 p,若 p==0,则 n(n 为本次运算的分母)为最大公约数;若 p!=0,则把原来的分母作为新的分子,余数 p 作为新的分母,继续进行递推计算……直到余数 p==0。

显然,辗转相除法到底要循环多少次是事先无法明确知道的,需要根据运算的状态(p==0)来结束循环,即继续循环的条件是 p!=0。

程序如下:

```
1   #include <stdio.h>
2   int main(){
3       int m, n, p=1;                     /*p 的初值只要是一个非 0 值即可*/
4       printf("请输入两个正整数:\n");
5       scanf("%d%d", &m, &n);
6       while (p!=0){                      /*继续递推的条件*/
7           p=m%n;
8           m=n;  n=p;                     /*为下一次递推作准备*/
9       }
10      printf("最大公约数:%d\n", m);      /*注意 p==0 时的分母 n 已被赋给了 m*/
11      return 0;
12  }
```

该问题也可以通过引入一个状态变量 loop 来控制循环,程序如下:

```
1   #include <stdio.h>
2   int main(){
```

```
3      int m, n, p, loop=1;            /*状态变量loop用来控制循环*/
4      printf("请输入两个正整数:\n");
5      scanf("%d%d", &m, &n);
6      while (loop){                   /*继续递推的条件*/
7          p=m%n;
8          if (p==0) loop=0;           /*要求结束循环*/
9          else
10             m=n, n=p;               /*为下一次递推作准备,"m=n, n=p"为逗号表达式*/
11     }
12     printf("最大公约数:%d\n", n);   /*注意:这里输出的是p==0时的分母n*/
13     return 0;
14 }
```

2. 字符串处理问题

在第 3 章已经讲过,字符串处理有以下典型循环控制结构。

(1) 基于 getchar 函数读入并处理一行字符

```
char c=getchar();
while (c!='\n'){                       /*读到回车符'\n',则结束循环*/
    /*处理字符 c 的语句*/
    c=getchar();
}
```

或者

```
char c;
while ((c=getchar())!='\n'){           /*读到回车符'\n',则结束循环*/
    /*处理字符 c 的语句*/
}
```

如果是控制读入并处理多行字符,则不能以是否读到回车符'\n'作为循环控制的条件,此时可将上述循环条件改为 c!＝EOF 或(c＝getchar())!＝EOF,而且这时用户要结束输入需要按 Ctrl＋C 或 Ctrl＋Z。其中,EOF 是 stdio.h 头文件中已定义的一个符号常量,其值为－1。

(2) 基于字符数组处理一个字符串

```
char str[81];
gets(str);
for (int i=0; str[i]!='\0'; i++){      /*读到字符串结束符'\0',则结束循环*/
    /*处理字符 str[i]的语句*/
}
```

例 6.12* 输入一行字符,统计其中有多少个单词,单词之间用空格符分隔开。

解法一：引进一个状态标志变量 lastchar 表示上一次处理字符的类型，1 代表空格，0 代表非空格（由于本题假设输入的一行字符中只有单词和空格，因此，0 也就是表示字母）。如果上一次处理的字符是空格，而本次处理的字符是字母，则该字母就是一个新单词的首字母。状态标志变量 lastchar 的赋值规则：如果遇到空格，则置 lastchar=1；如果遇到字母，则置 lastchar=0。置 lastchar 初值为 1（为什么？请读者思考）。

```
1   #include <stdio.h>
2   int main(){
3       char c;
4       int word=0, lastchar=1;
5       printf("请输入一行字符:\n");
6       while ((c=getchar())!='\n'){    /*循环输入并处理一行字符*/
7           if (c==' ')                  /*如果为空格*/
8               lastchar=1;              /*置标记变量为空格符状态*/
9           else {                       /*表示遇到非空格,即遇到字母*/
10              if (lastchar){           /*如果 lastchar=1,表示一个新单词的开始*/
11                  word++;              /*单词计数*/
12                  lastchar=0;          /*置标记变量为字母字符状态*/
13              }                        /*否则为单词的非首字母,不予处理*/
14          }
15      }
16      printf("该行字符中共有%d个单词.\n", word);
17      return 0;
18  }
```

如果在处理过程中需要识别出更多情况及其转换关系，则需要将状态标志变量设置为多个不同的状态值。例如，将一个英文字符串按如下要求进行规格化处理后输出：

(1) 英文字母、空格、标点符号之外的字符均作为非法字符去除。

(2) 遇到连续的空格只保留一个空格。

(3) 所有标点符号（假设只考虑 4 种标点符号．、，、！和？）均改为句号(.)，且连续的多个标点符号只保留一个。

(4) 每个单词首字母大写，其余字母小写。

请读者思考：解决该问题，状态标志变量 lastchar 应该如何设置？

解法二：如果使用字符数组来处理输入的字符串，则可通过循环控制语句 while (str[i]!='\0')来控制字符串的处理，即如果数组元素 str[i]是非'\0'，则按如下步骤继续循环处理：

① 如果数组元素 str[i]是空格' '，则通过循环来跳过连续的若干个空格（循环条件为 str[i]==' ',for 语句中的第一个 i++表示跳过该空格）。

② 否则（即数组元素 str[i]是非空格），表明是新单词的开始，则单词计数，并跳过该单词的所有字符（循环条件为 str[i]!=' ' && str[i]!='\0',for 语句中的第一个 i++表示跳过该字符），即直到再次遇到空格或'\0'（表示字符串处理完毕）。

程序如下：

```
 1    #include <stdio.h>
 2    int main(){
 3        char str[81];             /*用于存放输入的一行字符,即用字符数组处理字符串*/
 4        int i=0, word=0;          /*声明两个计数器变量并赋初值,word表示单词个数*/
 5        printf("请输入一行字符:\n");
 6        gets(str);                /*输入一行字符,将作为字符串存放在字符数组str中*/
 7        while (str[i]!='\0'){     /*通过循环来控制字符串的处理*/
 8            if (str[i]==' ')      /*如果为空格*/
 9                for (i++; str[i]==' '; i++) ;          /*跳过所有连续的空格*/
10            else {                /*表示遇到一个新单词*/
11                word++;           /*单词计数*/
12                /*跳过所有连续的非空格(即跳过一个单词),注意循环中的条件*/
13                for (i++; str[i]!=' ' && str[i]!='\0'; i++) ;
14            }
15        }
16        printf("该行字符中共有%d个单词.\n", word);
17        return 0;
18    }
```

运行情况如下：

```
请输入一行字符:
I   am    a   student↵
该行字符中共有4个单词.
```

对于该问题,请读者再提出其他的解题思路,并写出相应的程序。

3. 输入正确性控制

在编写输入程序时,通常需要对用户输入的值进行正确性控制。例如,如下程序实现了控制输入一个正确的月份值：

```
int month;
printf("请输入月份:\n");
do {                                    /*通过循环来控制输入一个正确的月份*/
    scanf("%d", &month);
} while (month<0 || month>12);
```

例 6.13* 输入20个学生的成绩,求平均成绩。要求控制成绩输入的正确性,即控制输入的成绩必须为0～100分。

分析：如果输入的成绩不是0～100分,则需要控制重新输入。控制输入一个正确的成绩可用如下循环实现：

```
    loop=1;                                  /*状态变量loop用来控制循环*/
    while (loop){                            /*通过循环来控制输入一个正确的成绩*/
        scanf("%d", &score);                 /*输入一个成绩*/
        if (score>=0 && score<=100)          /*表示成绩输入正确*/
            loop=0;                          /*要求结束循环*/
        else                                 /*表示成绩输入不正确,需要重新输入成绩*/
            printf("成绩不正确,请重新输入!\n");
    }
```

完整程序如下：

```
1   #include <stdio.h>
2   #define N 20
3   int main(){
4       int score, i, sum=0, loop;
5       for (i=1; i<=N; i++){                /*控制输入N个(正确)成绩*/
6           loop=1;                          /*控制变量loop的初始化能放在for循环之外吗?*/
7           printf("请输入第%d个成绩:\n", i);
8           while (loop){                    /*通过循环来控制输入一个正确的成绩*/
9               scanf("%d", &score);         /*输入一个成绩*/
10              if (score>=0 && score<=100)  /*表示成绩输入正确*/
11                  loop=0;                  /*要求结束循环*/
12              else                         /*表示成绩输入不正确,需要重新输入成绩*/
13                  printf("成绩不正确,请重新输入!\n");
14          }
15          sum+=score;                      /*计算N个(正确)成绩之和*/
16      }
17      printf("平均成绩:%.2f\n",(float)sum/N);
18      return 0;
19  }
```

如下程序是另外一种控制办法：

```
1   #include <stdio.h>
2   #define N 20
3   int main(){
4       int score, i=1, sum=0;
5       while (i<=N){                        /*循环控制语句仍然用for (i=1; i<=N; i++)会如何?*/
6           printf("请输入第%d个成绩:\n", i);
7           scanf("%d", &score);             /*输入一个成绩*/
8           if (score>=0 && score<=100){     /*表示成绩输入正确*/
9               sum+=score;                  /*计算N个(正确)成绩之和*/
10              i++;                         /*成绩输入正确才能计数*/
```

```
11          }
12          else                              /*表示成绩输入不正确,需要重新输入成绩*/
13              printf("成绩不正确,请重新输入!\n");
14      }
15      printf("平均成绩:%.2f\n",(float)sum/N);
16      return 0;
17  }
```

6.3 穷举算法

算法是程序的灵魂,计算机程序设计的实质是算法的设计。自从计算机广泛用于解决现实问题以来,人们积累了大量的算法,这些算法是前人思想的结晶,也是新算法产生的基础。学习和研究这些算法,对解决实际问题以及研究新的算法都是极为必要的。下面介绍几个最常用的算法思想:穷举、迭代和递推。

穷举法又称枚举法、试探法。有许多问题的解隐藏在多个可能之中。穷举就是对所有可能情形一一测试,从中找出符合条件的(一个或一组)解,当然,也可能得出无解的结论。穷举法是最直观、最"笨"的一种方法。它的基本思想是:分别列举出各种可能解,测试其是否满足条件,若是则输出之。

能用穷举法解决的问题,它们的可能解(或可能情况、可能状态)应该是可枚举的。因此,解结构一般为离散结构。枚举所有"可能解"是穷举法的关键。为了避免陷入重复试探,应确保枚举过的可能解在后面不被枚举。要做到这点,一般有两种方式:

(1) 按规则枚举,使得每次所做的枚举都与以前不同——如通过循环计数器变量实现穷举。

(2) 盲目枚举,但要随时检查当前的枚举是否重复。检查重复一般需要记下以前的所有枚举,这需要较大的存储空间。

穷举法的应用非常广泛,本节仅就典型的排列组合问题、因子分解问题展开讨论。

1. 排列组合问题

例 6.14[*] 有 0、1、2、3、4 共 5 个数字,能组成多少个互不相同且无重复数字的 3 位数?并输出所有这些 3 位数。

分析:可填在百位的数字是 1、2、3、4,可填在十位、个位的数字都是 0、1、2、3、4。组成所有的排列后再去掉不满足条件的排列。

程序如下:

```
1   #include <stdio.h>
2   int main(){
3       int i, j, k, count=0;              /*声明计数器变量,并给 count 赋初值*/
4       printf("找到的互不相同且无重复数字的 3 位数:\n");    /*输出提示信息*/
```

```
5       for (i=1; i<=4; i++)                    /*百位从 1~4 中枚举*/
6         for (j=0; j<=4; j++)                  /*十位从 0~4 中枚举*/
7           for (k=0; k<=4; k++)                /*个位从 0~4 中枚举*/
8             if (i!=j && i!=k && j!=k){        /*确保 i,j,k 3 位互不相同*/
9               printf("%d ", i*100+j*10+k);    /*输出该 3 位数*/
10              count++;                        /*统计产生的符合要求的 3 位数个数*/
11              if (count%5==0) printf("\n");   /*控制一行输出 5 个数*/
12            }
13      printf("\n3 位数总个数=%d\n", count);
14      return 0;
15    }
```

例 6.15* 编写一个程序,输出所有水仙花数,并统计共有多少个水仙花数。所谓水仙花数是指一个 3 位数,其各位数字立方和等于该数本身。例如,$153=1^3+5^3+3^3$。

分析:对于一个 3 位数,可填在百位的数字是 1、2、…、9,可填在十位、个位的数字都是 0、1、…、9。组成所有的排列后,再判断各位数的立方之和是否等于该数本身。

程序如下:

```
1    #include <stdio.h>
2    int main(){
3      int i, j, k, count=0;                    /*声明计数器变量*/
4      printf("找到的水仙花数有:\n");             /*输出提示信息*/
5      for (i=1; i<=9; i++)                     /*百位从 1~9 中枚举*/
6        for (j=0; j<=9; j++)                   /*十位从 0~9 中枚举*/
7          for (k=0; k<=9; k++)                 /*个位从 0~9 中枚举*/
8            if (i*i*i+j*j*j+k*k*k==i*100+j*10+k){  /*判断是否为水仙花数*/
9              printf("%d, ", i*100+j*10+k);    /*输出一个水仙花数*/
10             count++;                         /*统计水仙花数个数*/
11           }
12     printf("\n 水仙花个数=%d\n", count);       /*输出水仙花数个数*/
13     return 0;
14   }
```

另外一个思路就是直接通过一个变量循环产生所有的 3 位数,再分解该数的个位、十位和百位数,并判断各位数的立方之和是否等于该数本身。程序如下:

```
1    #include <stdio.h>
2    int main(){
3      int i, j, k, n, count=0;
4      printf("找到的水仙花数有:\n");              /*输出提示信息*/
5      for (n=100; i<1000; i++){                /*通过循环来枚举所有的 3 位数*/
6        i=n/100;  j=n/10%10;  k=n%10;          /*分解该数的百位、十位和个位*/
```

```
 7          if (i*i*i+j*j*j+k*k*k==n){      /*判断该数是否为水仙花数*/
 8              printf("%d, ", n);           /*输出一个水仙花数*/
 9              count++;                     /*统计水仙花数个数*/
10          }
11      }
12      printf("\n水仙花个数=%d\n", count);
13      return 0;
14 }
```

请读者比较一下这两个思路。

2. 因子分解问题

例 6.16* 找出 10 000 以内的自然数中的所有完数,并统计找到的完数个数。所谓完数,指它恰好等于除它本身之外的因子之和。例如,6=1+2+3,28=1+2+4+7+14。

分析:首先通过循环控制结构,实现对每一个 10 000 以内的自然数的处理,程序如下:

```
for (n=1; n<10000; n++){          /*穷举10000以内的每一个自然数*/
    求自然数 n 的所有因子之和(除它本身之外)s;
    if (s==n)                     /*判断自然数 n 是否为完数*/
        printf("%d, ", n);
}
```

因此,本题的关键是如何产生自然数 n 的所有因子。可以采用试探法,判断每一个比 n 小的自然数是否是 n 的一个因子(如果 n%i==0,则 i 是 n 的一个因子),并计算自然数 n 的所有因子之和,程序如下:

```
s=0;                              /*给求和累加器变量 s 赋初值*/
for (i=1; i<n; i++)               /*穷举 n 的所有可能因子(除它本身之外)*/
    if (n%i==0)                   /*判断 i 是否是 n 的一个因子*/
        s+=i;                     /*计算 n 的所有因子之和(除它本身之外)s*/
```

将上述两部分组合起来可得到完整的程序如下:

```
 1 #include <stdio.h>
 2 int main(){
 3     int n, i, s, count=0;
 4     printf("找到的完数有:\n");        /*输出提示信息*/
 5     for (n=1; n<10000; n++){         /*穷举10 000以内的每一个自然数*/
 6         s=0;                         /*给求和累加器变量 s 赋初值,注意赋初值的位置*/
 7         for (i=1; i<n; i++)          /*穷举 n 的所有可能因子(除它本身之外)*/
 8             if (n%i==0)              /*判断 i 是否是 n 的一个因子*/
 9                 s+=i;                /*计算 n 的所有因子之和(除它本身之外)s*/
10         if (s==n){                   /*判断自然数 n 是否为完数*/
```

```
11              printf("%d, ", n);              /*输出一个完数*/
12              count++;                        /*统计完数个数*/
13          }
14     }
15     printf("\n完数个数=%d\n", count);          /*输出完数个数*/
16     return 0;
17 }
```

对于一个自然数 n,它的因子是成对出现的,在小于或等于$\sqrt{n}$出现一个因子,则在大于$\sqrt{n}$必然也有一个对应的因子。注意,如果 $n=m^2$,则因子 m 不会成对出现。例如,n=36,因子有:1、2、3、4、6、9、12、18、36,则因子 $6=\sqrt{36}$不会成对出现。

因此,为了提高算法的性能,程序可改写为:

```
1  #include <stdio.h>
2  #include <math.h>
3  int main(){
4      int n, i, s, m, count=0;
5      printf("找到的完数有:\n");    /*输出提示信息*/
6      for (n=2; n<10000; n++){      /*1不是完数,为了方便穷举时直接排除它*/
7          s=1;                       /*由于1是任意一个自然数的因子,因此直接加进去*/
8          m=sqrt(n);
9          for (i=2; i<=m; i++)       /*从2~sqrt(n)中穷举n的所有可能因子*/
10             if (n%i==0)            /*判断i是否是n的一个因子*/
11                 s+=i+n/i;          /*将因子i及其对应的因子n/i加进去*/
12         if (n==m*m)
13             s-=m;                  /*此时,因子m加了2次,需减去1个重复加入的因子*/
14         if (s==n){                 /*判断自然数n是否为完数*/
15             printf("%d, ", n);     /*输出一个完数*/
16             count++;               /*统计完数个数*/
17         }
18     }
19     printf("\n完数个数=%d\n", count);           /*输出完数个数*/
20     return 0;
21 }
```

从以上例子可以看出,穷举法是一种很直观而且简单的求解策略,虽然穷举的过程繁琐且单调,但是正好可以发挥计算机运算速度快的特点。穷举法比较适合搜索空间比较小或者中等的问题,如果问题的搜索空间特别庞大,用穷举法可能要消耗大量时间。但是,对很多问题来说,穷举法是目前最好的办法,为这些问题找到一个更优的算法是很多研究人员一直努力的方向。

另外,需要注意的是,虽然穷举法很直观,但并不是不讲策略的蛮力搜索,通过观察问题的特点,减少穷举过程中的步数,仍然是有必要的,如例 6.16 的第二种解法。

6.4 迭代与递推算法

在许多问题中,新状态是在旧状态的基础上产生的。在算法设计时,状态用变量进行描述,描述新状态的变量的值可以用两种方法产生:

(1) 第一种方法是用一个变量既描述新状态又描述旧状态,变量的新值是在其旧值的基础上推出的。这种用新值不断代替旧值的过程称为**迭代**。

(2) 第二种方法是新状态用新的变量描述,而新变量的值是在旧变量的值的基础上推出来的。这种在旧变量的值的基础上推出新变量的值的过程称为**递推**。

迭代与递推在程序设计中,尤其是数值程序设计中,是两个重要的基础算法。

6.4.1 迭代

例 6.17* 求 1~10 的阶乘之和 $\sum_{n=1}^{10} n!$。

分析:这个题目要求 1~10 的阶乘之和,思路很简单,求出每个 n!,然后累加。累加的问题在前面已经介绍过,其一般形式如下:

```
sum=0;                    /*给累加器变量 sum 赋初值*/
for (n=1; n<=10; n++)     /*通过循环穷举 n 的所有可能取值*/
    sum=sum+ n! ;         /*迭代公式,累加求和*/
```

在求和过程中总是用新值 sum+ n! 来代替 sum 的旧值,这实际上就是迭代。

下面来看 n!应该如何计算。根据阶乘的定义知 n!等于 $1 \times 2 \times \cdots \times n$,因此简单地用一个循环就可以求出 n!,如果用 f 表示阶乘,那么有:

```
f=1;                      /*给累乘器变量 f 赋初值*/
for (k=1; k<=n; k++)      /*通过循环穷举 k 的所有可能取值*/
    f=f * k;              /*迭代公式,通过累乘计算 n!*/
```

其实这也是一个迭代。但是,进一步可以发现 n!与(n−1)!之间有着如下联系:

$$n! = (n-1)! \times n$$

因此,在求 n!的时候,可以利用已经求出来的(n−1)!的值,即

$$f_n = f_{n-1} \times n$$

最后得到如下程序:

```
1  #include <stdio.h>
2  int main(){
3      long sum=0, f=1;        /*声明累加器变量 sum 和累乘器变量 f,并赋初值*/
4      int n;                  /*声明计数器变量控制循环*/
```

```
5       for (n=1; n<=10; n++){          /*通过循环穷举 n 的所有可能取值*/
6           f=f*n;                       /*迭代公式,通过累乘计算 n!*/
7           sum=sum+f;                   /*迭代公式,累加求和*/
8       }
9       printf("1~10 的阶乘之和:%ld", sum);
10      return 0;
11  }
```

例 6.18* 用迭代法计算方程 $x^2=a$ 的解,即计算 $\sqrt{a}$ 的值。(不用库函数)

分析：先将方程转化为 $x=G(x)$ 的形式,如下

$$x = 1+(a-1)/(1+x) \qquad (1)$$

当 x 是准确解时,代入上式,则左右两边应该相等;若 x 是近似值,则左右两边不等,但若 x 的误差越小,则左右两边相差就越小。在求近似解时,当左右两边相差足够小时,就可以认为 x 是可接受的近似解。

将上式看成是一个恒等式,可以用 $1+(a-1)/(1+x)$ 代入上式右边的 x,得

$$x = 1+(a-1)/(1+(1+(a-1)/(1+x))) \qquad (2)$$

得到一个新的 x 值,这个步骤就是一次迭代。这个 x 值可以进一步地迭代。一般地说,根据式(1),可以构造一个迭代式：

$$x_n = 1+(a-1)/(1+x_{n-1}) \qquad (3)$$

根据迭代式(3),可以得到一个 x 的值的序列：$x_0, x_1, \cdots, x_{n-1}, x_n$。

上述 x 序列中,x_0 是初值,通过估计解的范围近似给出,这个序列中的每个值应该都比前面的值更接近 x 的精确值,而且相邻两个值之间的误差应该越来越小,当这个差距小到一定程度时,迭代过程便可以停止,最后得到的 x_n 便可以在某种程度上作为 x 的近似解(即误差是小于一个事先给定的足够小的值 PRECISION)。

显然,上述迭代过程到底要循环多少次是事先无法明确知道的,需要根据运算的状态($|x_n-x_{n-1}|<$PRECISION)来结束循环;即继续循环的条件是 $|x_n-x_{n-1}|\geqslant$PRECISION。

下面的程序实现了上述迭代过程,这里 x 的初值 x_0 设为 1。当然这个初值也可以设为其他的数,但是设为 1 是一个比较好的开始。

```
1   #include <stdio.h>
2   #include <math.h>
3   #define PRECISION 0.000001          /*定义误差范围符号常量*/
4   int main(){
5       float a, x=1.0, temp;            /*设置 x 的迭代初值为 1.0*/
6       int count=0;                     /*计数器变量 count 用来记录迭代的次数*/
7       printf("请输入一个非负数：");
8       scanf("%f", &a);
9       do {
10          temp=x;                      /*临时保存上次迭代的结果(或迭代初值)*/
11          x=1+(a-1)/(x+1);              /*迭代公式,计算本次迭代的结果*/
```

```
12          count++;                    /*迭代次数计数*/
13      } while(fabs(x-temp)>=PRECISION); /*继续迭代的条件*/
14      printf("\t方程的近似解:%f,    迭代次数:%d\n", x, count);
15      return 0;
16  }
```

程序的两次运行情况如下:

请输入一个整数:2↵
        方程的近似解:1.414214,   迭代次数:9
请输入一个整数:5↵
        方程的近似解:2.236068,   迭代次数:17

需要说明的是,迭代方式并不是唯一的。这里是利用式(1)进行迭代,事实上还可以用其他的式子进行迭代,读者还能想到其他的迭代方法吗?

这个例子具有一定的代表性。许多数值计算问题都能转化为求方程 F(x)=0 的实数解的问题。迭代的一般原则可以用一个数学模型来描述,假设需要求方程 F(x)=0 的解,先设 F(x)=G(x)−x,则方程 F(x)=0 可转化为 x=G(x),这样就产生了一个迭代算法的数学模型:

$$x_{n+1}=G(x_n)$$

从某一个数 x_0 出发,按此迭代模型,可求出一个序列:x_0, x_1, …, x_{n-1}, x_n。当 $|x_n-x_{n-1}|$ 小于一个特定值(误差许可值)时,x_n 就作为原方程 F(x)=0 的解的近似值。

迭代算法的关键在于确定迭代函数 G(x)。确定 G(x)时需要保证产生的迭代序列{x_n}能使两个相邻的迭代结果之间的差距越来越小,这样的序列称为收敛序列,只有这样才能使解的存在范围越来越小,从而为迭代求解创造条件。关于迭代的收敛性可以从数学上加以证明,这里略去。

在程序设计中,迭代是经常使用的一种算法。使用迭代算法时要注意以下 3 个问题:

(1) 迭代的初始值,如例 6.17 中 sum 的初值为 0,但是 f 的初值应为 1。

(2) 迭代公式,这是迭代关键,如果有几个迭代公式,要特别注意这些迭代的顺序。如例 6.17 中 f=f*n 和 sum+=f 的次序不能交换。

(3) 迭代终止条件。一般是用一个表达式或者计数器来判断迭代是否应该终止。

6.4.2 递推

递推法与迭代法的风格很相似,也是基于分步递增方式进行求解。

例 6.19*　Fibonacci 数列问题。

问题描述:Fibonacci 是中世纪意大利数学家,他在一本书中提出一个问题:假定一对新出生的兔子一个月后成熟,并且再过一个月开始每个月都生出一对小兔子。按此规律(新出生的兔子也是按此规律成熟并生育),在没有兔子死亡的情形下,一对初生的兔子,一年中可以繁殖成多少对兔子?

分析:如果用 F_1,F_2,…来表示各月兔子的数量(对数),则有:

$F_1=1$ （最初的一对兔子）
$F_2=1$ （1个月后，原来的兔子成熟）
$F_3=2$ （2个月后，原有1对兔子，有1对可以生育，生出1对兔子）
$F_4=3$ （3个月后，原有2对兔子，有1对可以生育，生出1对兔子）
$F_5=5$ （4个月后，原有3对兔子，有2对可以生育，生出2对兔子）
⋮
$F_n=F_{n-1}+F_{n-2}$ （n个月后，原有F_{n-1}对兔子，有F_{n-2}对可以生育，生出F_{n-2}对兔子）

可以这样理解：第n个月后的兔子数量F_n由两部分组成，第一部分是第n−1个月后的兔子数量F_{n-1}，第二部分是本月新出生的兔子数量F_{n-2}。因为一对兔子只有在2个月后才能开始生育，因此，第n个月后新出生的兔子应该是上上个月后的兔子（数量为F_{n-2}）生育的。这个式子实际上告诉我们一个递推关系，由于第1个月和第2个月的兔子数量可以很容易导出，因此整个数列就可以推出。用程序表示如下：

```
1  #include <stdio.h>
2  int main(){
3      int next, this, last, i;
4      last=1;   this=1;                         /*递推的始基*/
5      printf("一年中各月份的兔子对数:\n");
6      for (i=3; i<=12; i++){
7          next=this+last;                       /*递推公式,递推出下一个月的兔子对数*/
8          last=this;   this=next;               /*为下一次递推作准备*/
9          printf("%2d月份:%3d对,    ", i, next);                    /*输出结果*/
10         if ((i-2)%4==0)printf("\n");   /*控制一行输出4个结果*/
11     }
12     return 0;
13 }
```

运行结果如下：

```
一年中各月份的兔子对数:
 3月份:  2对,     4月份:  3对,     5月份:  5对,     6月份:  8对,
 7月份: 13对,     8月份: 21对,     9月份: 34对,    10月份: 55对,
11月份: 89对,    12月份:144对,
```

在该程序中，用last、this和next分别表示上个月、本月和下个月的兔子数量。

可以看出，递推解题和迭代解题是很相似的，递推是通过其他变量来演化，而迭代则是自身不断演化。因此，经常会将迭代、递推的概念进行混用，可统称为迭代/递推法。

递推法的运用也有3个关键点：

（1）寻找递推关系，这是最重要的问题，递推关系有解析和非解析两种。解析递推关系是指能用一般数学公式描述的关系，也称递推公式。例如，Fibonacci数列的递推关系就是解析的。非解析递推关系是指不能用一般数学公式描述的关系，这类关系的描述，也许本身就是一个过程。这类问题一般比较复杂，要结合其他的策略如分治法（参见第10章）来

解决。

(2) 递推关系必须有始基,即最小子解(针对初始规模的子解)的值,没有始基,递推计算就不能开始。例如,Fibonacci 数列的递推关系中,$F_1=1$、$F_2=1$ 就是始基。

(3) 递推计算,即根据递推关系进行递推计算,并设计递推计算的终止条件。递推计算可以有递归和非递归两种,递归计算是采用递归法,其形式是自顶向下(参见第 7 章,即从问题的目标出发,逐步从复杂问题回推到简单问题——始基,再通过反向的递推过程,最终求得问题);而非递归则是自底向上(即从简单问题——始基出发,逐步递推到目标问题,最终求得问题)。Fibonacci 数列的递推是非递归的。

例 6.20* 利用一维数组打印如图 6.7 所示的杨辉三角形。

分析:杨辉三角形具有的特点:只有下半三角形有确定的值;第一列和对角线上的元素值都是 1,其他元素值均是前一行同一列元素与前一行前一列元素之和。因此,如果杨辉三角形第 i−1 行(i>1)的结果已经产生并存放在一维数组 yf 的第 1 至 i−1 个元素 yf[1]~yf[i−1] 中,则第 i 行的杨辉三角形的值可以通过如下递推公式自右至左递推产生:

$$yf[i] = 1$$
$$yf[j] = yf[j] + yf[j-1] \quad (j = i-1, i-2, \cdots, 2)$$

它的计算过程如图 6.8 所示。

图 6.7 杨辉三角形

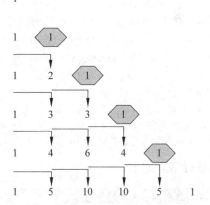

图 6.8 杨辉三角形的递推产生过程

程序如下:

```
1   #include<stdio.h>
2   #define N 6
3   int main(){
4       int yf[N+1], i, j;
5       yf[1]=1;                        /*生成第1行,递推的始基*/
6       printf("%5d\n", yf[1]);         /*输出第1行*/
7       for (i=2; i<=N; i++){
8           yf[i]=1;                    /*注意:自右至左生成第i行*/
9           for (j=i-1; j>=2; j--)      /*注意 i=2 时,该循环并不能进入*/
```

```
10          yf[j]=yf[j]+yf[j-1];
11       for (j=1; j<=i; j++)          /*自左至右输出第 i 行*/
12          printf("%5d", yf[j]);
13       printf("\n");                 /*输出换行符*/
14    }
15    return 0;
16  }
```

6.5 程序设计实例

本节介绍几个有代表性的程序实例。

例 6.21* 输出九九乘法表。

```
1  #include <stdio.h>
2  int main(){
3     int i, j;
4     printf("下三角形的九九乘法表如下:\n");
5     for (i=1; i<=9; i++){
6        printf("    ");              /*输出 4 个空格,使九九乘法表居屏幕中间*/
7        for (j=1; j<=i; j++)         /*输出第 i 行的九九乘法表*/
8           printf("%d*%d=%2d  ", i, j, i*j);
9        printf("\n");                /*换行*/
10    }
11    return 0;
12 }
```

运行结果如下：

```
下三角形的九九乘法表如下:
1*1= 1
2*1= 2   2*2= 4
3*1= 3   3*2= 6   3*3= 9
4*1= 4   4*2= 8   4*3=12   4*4=16
5*1= 5   5*2=10   5*3=15   5*4=20   5*5=25
6*1= 6   6*2=12   6*3=18   6*4=24   6*5=30   6*6=36
7*1= 7   7*2=14   7*3=21   7*4=28   7*5=35   7*6=42   7*7=49
8*1= 8   8*2=16   8*3=24   8*4=32   8*5=40   8*6=48   8*7=56   8*8=64
9*1= 9   9*2=18   9*3=27   9*4=36   9*5=45   9*6=54   9*7=63   9*8=72   9*9=81
```

例 6.22* 将一个不小于 2 的整数分解质因数。例如，输入 90，则输出：90＝2＊3＊3＊5。

分析：假设一个不小于 2 的整数 n，对从 2 开始的自然数 k，逐个试探它是否是整数 n 的一个因子,如果是,则输出该因子,并将 n/k 的结果赋给 n(即接下来只需要对整数 n 除以已经找到的因子之后的结果继续找因子)。如果 n 的值不是大于 1(即 n 的值为 1),则 n 的所有因子都找完了,因此需要结束循环。

请读者思考:该找因子的过程一定是找出 n 的所有质因子,为什么?在找因子的过程中,值得注意的是:如果已经找到 k 是 n 的一个因子,则 k 不能加 1,还需要对 n/k 的结果(即新的 n)继续判断 k 是否是它的因子。

```
1   #include <stdio.h>
2   int main(){
3       int n, k=2;
4       printf("请输入一个大于或等于 2 的整数:\n");
5       scanf("%d", &n);
6       printf("质因子分解结果为:%d=", n);
7       while (1){
8           if (n%k==0){                /*表示找到了整数 n 的一个因子 k*/
9               n/=k;                   /*从整数 n 中去掉已经找到的因子 k*/
10              if (n>1)                /*表示整数 n 的因子还没有找完*/
11                  printf("%d*", k);   /*输出一个找到的因子 k*/
12              else {                  /*表示整数 n 的所有因子都找完了*/
13                  printf("%d\n", k);  /*输出最后一个找到的因子 k*/
14                  break;              /*结束循环,即结束找因子的过程*/
15              }
16          }
17          else k++;                   /*如果 k 不是 n 的因子,则继续试探下一个自然数*/
18      }
19      return 0;
20  }
```

例 6.23* (选择排序)从键盘输入 10 个整数,对这 10 个数按降序排序后输出。

分析:选择法排序的基本思想是:第一遍排序,从 10 个数中找出最大数的位置(类似处理最值问题的打擂台方法),然后将该位置的数与第一个数互换,这样第一个数就排好了序;第二遍排序,从除第一个数以外的剩下的 9 个数中找出最大数(从全部 10 个数来说该数为第二大的数)的位置,然后将该位置的数与第二个数互换,这样前两个数就排好了序……第九遍排序,从除前 8 个数以外的剩下的两个数中找出最大数的位置,然后将该位置的数与第九个数互换,这样前 9 个数就排好了序。经过九遍排序,第十个数肯定是最小的,因此全部 10 个数都排好了序。选择法排序过程如图 6.9 所示。

根据选择法排序的基本思想写出程序如下。本程序声明数组 data 的长度为 11,元素 data[0]不用,10 个整数分别存放在元素 data[1],data[2],…,data[10]中。

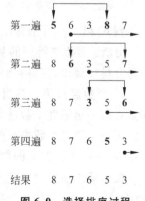

图 6.9 选择排序过程

```
1   #include <stdio.h>
2   #define N 10
3   int main(){
4       int data[N+1], i, j, post, t;
5       printf("请输入%d个整数:\n", N);
6       for (i=1; i<=N; i++)              /*输入 N 个整数*/
7           scanf("%d", &data[i]);
8       for (i=1; i<=N-1; i++){           /*对 N 个数共进行 N-1 遍排序*/
9           post=i;                       /*通过打擂台找出第 i 至第 N 个数中最大数所在位置 post*/
10          for (j=i+1; j<=N; j++)
11              if (data[j]>data[post])
12                  post=j;
13          if (post!=i){                 /*将第 i 个数与第 post 个数互换*/
14              t=data[i]; data[i]=data[post]; data[post]=t;
15          }
16      }
17      printf("降序排序后的结果为:\n");
18      for (i=1; i<=N; i++)              /*输出排序后的结果*/
19          printf("%d  ", data[i]);
20      printf("\n");
21      return 0;
22  }
```

运行情况如下:

请输入 10 个整数:
150 20 9 -5 26 -8 3 45 245 80↵
降序排序后的结果为:
245 150 80 45 26 20 9 3 -5 -8

例 6.24* （冒泡排序）从键盘输入 10 个整数，对这 10 个数按升序排序后输出。

分析：冒泡法排序的基本思想是：自左至右依次对相邻两个数进行比较，如果它们之间不符合排序要求，则将它们进行交换。一遍冒泡法排序的过程如图 6.10 所示。

10 个数经过第一遍冒泡法排序后，将最大的一个数沉到第十个位置；第二遍冒泡法排序是对第一至第九个数进行的，排序后将次大的数沉到第九个位置……第九遍冒泡法排序是对第一至第二个数进行的，排序后将倒数第二大的数沉到第二个位置。经过九遍冒泡法排序后，第一个位置上的数肯定是最小的，因此 10 个数全部排好了序。

根据冒泡法排序的基本思想写出程序如下。本程序声明数组 data 的长度为 11，元素 data[0] 不用，10 个整数分别存放在元素 data[1], data[2], …, data[10] 中。

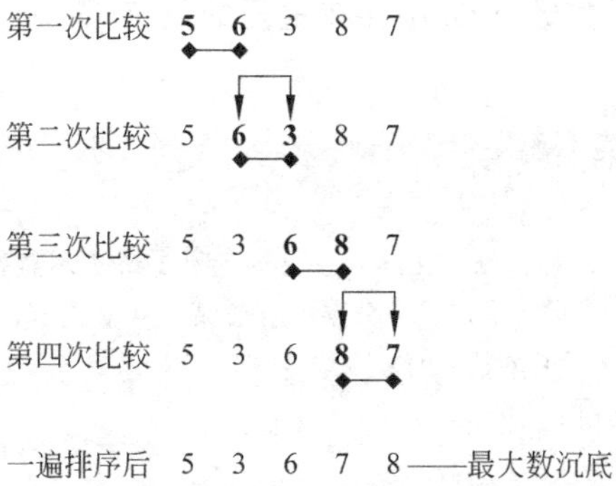

```
第一次比较  5 6 3 8 7

第二次比较  5 6 3 8 7

第三次比较  5 3 6 8 7

第四次比较  5 3 6 8 7

一遍排序后  5 3 6 7 8 ——最大数沉底
```

图 6.10 第一遍冒泡排序过程

```
1   #include <stdio.h>
2   #define N 10
3   int main(){
4       int data[N+1], i, j, t;
5       printf("请输入%d个整数:\n", N);
6       for (i=1; i<=N; i++)              /*输入N个整数*/
7           scanf("%d", &data[i]);
8       for (i=1; i<N; i++){              /*对N个数共进行N-1遍排序*/
9       /*第i遍排序:将第j(1≤j≤N-i)个数data[j]分别与其右边数比较*/
10          for (j=1; j<=N-i; j++)        /*第i遍排序后,data[N-i+1]排序到位*/
11              if (data[j]>data[j+1]){   /*升序排序:将较大的数调到右边*/
12                  t=data[j]; data[j]=data[j+1]; data[j+1]=t;
13              }
14      }
15      printf("升序排序后的结果为:\n");
16      for (i=1; i<=N; i++)              /*输出排序后的结果*/
17          printf("%d  ", data[i]);
18      printf("\n");
19      return 0;
20  }
```

运行情况如下：

请输入10个整数:
150 20 9 -5 26 -8 3 45 245 80 ↵
升序排序后的结果为:
-8 -5 3 9 20 26 45 80 150 245

例 6.25* 判断重复数字。

问题描述：输入一个不超过 9 位的无符号整数，判断该整数中是否存在重复的数字？

分析：首先通过循环控制结构将一个无符号整数 num 的各位数字进行分离，假设分离的结果保存在一个一维数组 digital[9]中；然后判断一维数组 digital[9]中是否存在取值相同的元素，如果存在，则表示整数 num 中存在重复的数字；否则，表示整数 num 中不存在重复的数字。程序如下：

```
1   #include <stdio.h>
2   int main(){
3       int i, j, loop=1, num, n, len=0;          /* len 表示整数 num 中包含的数字位数 */
4       int digital[9];                            /* 用来保存从整数 num 中分离出来的每一个数字 */
5       printf("请输入一个正整数：");
6       scanf("%d", &num);
7       n=num;
8       do {                                       /* 分离 n 中的每一位数字并保存到数组中，同时统计数字位数 */
9           digital[len]=n%10;                     /* 将分离的个位数 n%10 保存到数组中 */
10          n=n/10;                                /* 从整数 n 中去掉个位数 */
11          len++;                                 /* 统计整数 n 中包含的数字位数 */
12      } while (n!=0);
13      printf("%d是一个%d位整数.\n", num, len);    /* 输出整数 num 的位数 */
14      for (i=0; loop && i<len-1; i++)            /* 判断数组中是否有取值相同的元素 */
15          for (j=i+1; loop && j<len; j++)        /* 第 i 个元素与它右边元素比较 */
16              if (digital[i]==digital[j])        /* 找到了取值相同的元素 */
17                  loop=0;                        /* 要求结束循环 */
18      if (loop) printf("整数%d中没有重复的数字.\n", num);
19      else printf("整数%d中存在重复的数字.\n", num);
20      return 0;
21  }
```

显然，判断一维数组 digital 中是否存在取值相同的元素的算法太复杂。改进算法的思路：声明一维数组 count[10]，元素 count[i]（i＝0～9）用来统计数字 i 在整数 num 中出现的次数。

改进后的程序如下：

```
1   #include <stdio.h>
2   int main(){
3       int i, num, n;
4       int count[10]={0};     /* 元素 count[i](i=0～9)用来统计数字 i 出现的次数 */
5       printf("请输入一个正整数：");
6       scanf("%d", &num);
7       n=num;
8       do {                                   /* 分离 n 中的每一个数字位，并统计该数字出现的次数 */
9           count[n%10]++;     /* 统计数字 n%10 在整数 n 中出现的次数 */
10          n=n/10;            /* 从整数 n 中去掉个位数 */
11      } while (n!=0);
12      for (i=0; i<10; i++)   /* 通过循环枚举每一个数字 i(i=0～9) */
13          if (count[i]>1)    /* 数字 i(i=0～9)在整数 num 中出现的次数大于 1 */
14              break;         /* 要求结束循环 */
15      if (i<10)printf("整数%d中存在重复的数字.\n", num);
```

```
16    else printf("整数%d中没有重复的数字.\n", num);
17    return 0;
18 }
```

例6.26* 文本文件字符统计。

问题描述：编写一个程序统计每一种ASCII码的西文字符在source.c文件中分别使用了多少次。

分析：由于一个文本文件中会出现很多种ASCII码的西文字符,因此声明很多单个计数器变量分别用来统计每一种字符分别使用了多少次是非常麻烦的。但是,由于ASCII码的西文字符共有128个,ASCII码的取值范围是0~127,因此可声明一个整型数组count[128],元素count[i](i=0~127)用来统计ASCII码值为i的字符在source.c文件中出现的次数。

程序如下：

```
1  #include <stdio.h>
2  int main(){
3     char ch;
4     int i, count[128]={0};
5     /*元素count[i]用来统计ASCII码值为i的字符在给定文件中出现的次数*/
6     FILE * fp;
7     if ((fp=fopen("D:\\source.c", "r"))==NULL){    /*读方式打开文件*/
8        printf("无法打开文件.\n");
9        exit(0);
10    }
11    while ((ch=fgetc(fp))!=EOF)  /*通过循环读取文件中的每一个字符*/
12       count[ch]++;              /*统计ASCII码值为i的字符在文件中出现的次数*/
13    fclose(fp);                  /*关闭文件*/
14    for (i=0; i<128; i++){       /*通过循环枚举每一个ASCII码值为i的字符*/
15       printf("ASCII#%2x: %2d    ", i, count[i]);
16       if (i%4==3) printf("\n"); /*控制一行输出4种字符的统计结果*/
17    }
18    return 0;
19 }
```

如果需要将统计结果以格式化输出的方式保存到一个文本文件中,请读者自己去改写以上程序。

例6.27* 逻辑推理。

问题描述：某宿舍住有A、B、C、D、E共5位同学。期末考试结束,"C语言程序设计"课程的老师对他们说：你们5个同学囊括了全班的前5名。同学们说：那我们的具体名次是怎么样的啊? 老师说：你们猜吧。于是,大家就推测起来。

A说：E一定是第一；

B说：我可能是第二；

C 说：A 一定最差；

D 说：C 肯定不是最好；

E 说：D 会得第一。

老师说，你们说的有对有错，我再告诉你们：

(1) 你们的推测中只有考第一的同学和考第二的同学的推测是正确的；

(2) E 肯定不是第二名，也不是第三名。

请你编写一个 C 程序来帮这 5 个同学推出他们各自的名次。

分析：这是一个典型的数学推理问题，有的读者可能会从数学上推理出结果，但是用计算机怎么做呢？

这个问题的实质是，找出 5 个人的一种名次排列，使之满足题目中给定的条件。我们可以很容易地想到用穷举法来解决：一一列举 5 个人的所有可能排列，对每种排列，检查是否满足给定的约束条件。那么如何用计算机解决这个问题呢？

首先，要将这个问题用计算机描述出来，将问题和约束用计算机能够接受的形式表达出来。由于要找出 5 个人的名次排列，可以用 a、b、c、d 和 e 分别表示 A、B、C、D 和 E 5 个人的名次，他们的取值只能是 1、2、3、4、5，而且不能两两相同。下面考虑约束的表示方法。5 位同学的猜测可以表示为 5 个关系表达式：

A：e==1   B：b==2   C：a==5   D：c!=1   E：d==1

根据老师的话：

(1) 由于关系表达式为真则值为 1，为假则值为 0，因此"只有考第一和考第二的同学的推测是对的。"就相当于下面的表达式：

(e==1)+(b==2)+(a==5)+(c!=1)+(d==1)==2

(2) "E 肯定不是第二名，也不是第三名。"则相当于

e!=2 && e!=3

从表面上看，好像题中的约束就只有这些了。但是，考虑到 5 个人猜测里蕴含了一些条件，例如：

(1) 如果 A 的猜测是对的，则 E 为第一。可表达为：如果 a<=2（即 A 为前两名），则 e==1（即 A 的猜测正确）；反之，如果 e==1（即 A 的猜测正确），则 a<=2（即 A 为前两名）。换句话说，就是 a<=2 与 e==1 要么同时成立，要么同时不成立。

(2) 如果 B 的猜测是对的，则 b==2；如果 B 的猜测不正确，则 b>2。总之 b!=1。

(3) 如果 C 的猜测是对的，则 a==5。可表达为：如果 c<=2，则 a==5；反之，如果 a==5，则 c<=2。换句话说，就是 c<=2 与 a==5 要么同时成立，要么同时不成立。

(4) 如果 D 的猜测是对的，则 c!=1。可表达为：如果 d<=2，则 c!=1；反之，如果 c!=1，则 d<=2。换句话说，就是 d<=2 与 c!=1 要么同时成立，要么同时不成立。

(5) 如果 E 的猜测是对的，则 d==1。可表达为：如果 e<=2，则 d==1；反之，如果 d==1，则 e<=2。换句话说，就是 e<=2 与 d==1 要么同时成立，要么同时不成立。

在这些条件里涉及两个条件要么同时成立，要么同时不成立。如何表示这种关系呢？假设 X 和 Y 是两个关系表达式或者逻辑表达式，那么 X 和 Y 同时成立或者同时不成立可以这样表示：

$$(X \,\&\&\, Y) || (!X \,\&\&\, !Y)$$

或者

$$X == Y$$

相应地,不满足"X 和 Y 同时成立或者同时不成立"要求(即 X 和 Y 一个成立但另一个不成立)的条件可表达为:

$$X \,\&\&\, !Y || Y \,\&\&\, !X$$

或者

$$X != Y$$

到现在为止,我们已经把问题用计算机能够接受的形式描述了,下一步就是设计算法。正如前面分析,可以采用穷举法,那么如何穷举所有的可能解呢?一种选择是这样的:

```
1    for (a=1; a<=5; a++)                /*穷举学生A的可能排名*/
2      for (b=1; b<=5; b++)              /*穷举学生B的可能排名*/
3        for (c=1; c<=5; c++)            /*穷举学生C的可能排名*/
4          for (d=1; d<=5; d++)          /*穷举学生D的可能排名*/
5            for (e=1; e<=5; e++)        /*穷举学生E的可能排名*/
6              if (这组排名满足所有条件)    /*测试是否满足推理条件*/
7                printf("%d, %d, %d, %d, %d\n", a, b, c, d, e);
```

不难看出,这种方式穷举虽然可以找到解,但是要进行很多无用测试,因为没有考虑这5个变量各不相同的特点,为此可以改进为如下形式:

```
1    for (a=1; a<=5; a++){                /*穷举学生A的可能排名*/
2      for (b=1; b<=5; b++){              /*穷举学生B的可能排名*/
3        if (b==a) continue;              /*不同学生不可能排名相同*/
4        for (c=1; c<=5; c++){            /*穷举学生C的可能排名*/
5          if (c==b || c==a) continue;    /*不同学生不可能排名相同*/
6          for (d=1; d<=5; d++){          /*穷举学生D的可能排名*/
7            if (d==a || d==b || d==c) continue;
8            for (e=1; e<=5; e++){        /*穷举学生E的可能排名*/
9              if (e==a || e==b || e==c || e==d) continue;
10             if (这组排名满足所有条件)    /*测试是否满足推理条件*/
11               printf("%d, %d, %d, %d, %d\n", a, b, c, d, e);
12           }
13         }
14       }
15     }
16   }
```

这样可以减少测试的次数。再注意到,当 a、b、c 和 d 的值都确定后,e 的值也就唯一地确定了,因此,最内层的循环可以省去。因为 a+b+c+d+e 的值必为 15,于是最内层的循环可以用如下式子代替:

$$e = 15 - a - b - c - d;$$

再把约束条件补齐,同时为了减少循环,可以将约束条件尽可能地提前进行判断,这样得到

完整的程序:

```
1   #include <stdio.h>
2   int main(){
3     int a, b, c, d, e;
4     for (a=1; a<=5; a++){                              /*穷举学生A的可能排名*/
5       for (b=2; b<=5; b++){                            /*穷举B的可能排名(利用了B的猜测b!=1)*/
6         if (b==a) continue;                            /*不同学生不可能排名相同*/
7         for (c=1; c<=5; c++){                          /*穷举学生C的可能排名*/
8           if (c==b || c==a) continue;                  /*不同学生不可能排名相同*/
9           if (c<=2 && a!=5 || a==5 && c>2) continue;   /*C的猜测*/
10          for (d=1; d<=5; d++){                        /*穷举学生D的可能排名*/
11            if (d==a || d==b || d==c) continue;
12            if (d<=2 && c==1 || c!=1 && d>2) continue; /*D的猜测*/
13            e=15-a-b-c-d;                              /*计算学生E的排名*/
14            if (e==2 || e==3) continue;                /*老师的条件*/
15            if (a<=2 && e!=1 || e==1 && a>2) continue; /*A的猜测*/
16            if (e<=2 && d!=1 || d==1 && e>2) continue; /*E的猜测*/
17            if ((e==1)+(b==2)+(a==5)+(c!=1)+(d==1)==2) /*老师的条件*/
18              printf("A=%d, B=%d, C=%d, D=%d, E=%d\n", a, b, c, d, e);
19          }
20        }
21      }
22    }
23    return 0;
24  }
```

程序运行结果为:

A=5, B=2, C=1, D=3, E=4

把程序里的条件换一种形式表达,可以得到另一个程序:

```
1   #include <stdio.h>
2   int main(){
3     int a, b, c, d, e;
4     for (a=1; a<=5; a++){                        /*穷举学生A的可能排名*/
5       for (b=2; b<=5; b++){                      /*穷举B的可能排名(利用了B的猜测b!=1)*/
6         if (b==a)continue;                       /*不同学生不可能排名相同*/
7         for (c=1; c<=5; c++){                    /*穷举学生C的可能排名*/
8           if (c==b || c==a) continue;            /*不同学生不可能排名相同*/
9           if ((c<=2)!=(a==5)) continue;          /*C的猜测*/
10          for (d=1; d<=5; d++){                  /*穷举学生D的可能排名*/
11            if (d==a || d==b || d==c) continue;
12            if ((d<=2)!=(c!=1)) continue;        /*D的猜测*/
13            e=15-a-b-c-d;                        /*计算学生E的排名*/
14            if ((e!=2 && e!=3)                   /*老师的条件*/
```

```
15                  &&((a<=2)==(e==1))        /*A的猜测*/
16                  &&((e<=2)==(d==1)) &&     /*E的猜测*/
17                  &&((e==1)+(b==2)+(a==5)+(c!=1)+(d==1)==2))    /*老师的条件*/
18                    printf("A=%d, B=%d, C=%d, D=%d, E=%d\n", a,b,c,d,e);
19                }
20              }
21            }
22        }
23        return 0;
24    }
```

6.6 编程实践：程序计时

在程序设计中经常需要对程序计时。例如，某问题有两个算法，现在想比较这两个算法的效率。一种常见的做法是分别实现两个算法，然后对程序计时，比较运行时间。在C标准库中提供了几个函数来对代码运行进行计时。

(1) clock 函数

clock 函数返回从开启这个程序进程到调用 clock()函数之间的 CPU 时钟计时单元(clock tick)数。其返回值类型是 clock_t，为了能够转换为秒，在 time.h 文件中，还定义了一个常量 CLOCKS_PER_SEC，它用来表示一秒钟会有多少个时钟计时单元。

头文件：time.h

函数原型：clock_t clock(void)

用法示例：

```
clock_t start, end;
start=clock();
/*…需要计时的代码*/
end=clock();
printf("time=%f\n",(double) (end-start)/CLOCKS_PER_SEC);
```

这种方法可以精确到毫秒，适合一般场合的使用。

(2) time 和 difftime 函数

time 和 difftime 函数也可以用来计时，但它只能精确到秒。

头文件：time.h

函数原型：time_t time(time_t * timer)
　　　　　double difftime(time_t, time_t)

功能：返回以格林尼治时间(GMT)为标准，从 1970 年 1 月 1 日 00:00:00 到现在的此时此刻所经过的秒数。

用 difftime 函数可以计算两个 time_t 类型的时间的差值，可以用于计时。用 difftime (t2,t1)要比 t2-t1 更准确，因为 C 标准中并没有规定 time_t 的单位一定是秒，而 difftime

会根据机器进行转换,更可靠。

用法示例:

```
time_t start, end;
start = time(NULL);                          /* 或 time(&start); */
/* …需要计时的代码 */
end = time(NULL);                            /* 或 time(&end); */
printf("time=%d 秒\n", difftime(end, start));
```

这种方法可移植性最好,性能也很稳定,但精度太低,只能精确到秒,对于一般的事件计时还算够用,而对运算时间的计时就明显不够用了。

(3) gettimeofday 函数

这个函数是 Linux 系统专属函数,可以精确到微秒。

头文件:sys/time.h

函数原型:int gettimeofday(struct timeval * tv, struct timezone * tz)

说明:其参数 tv 是保存获取时间结果的类型,参数 tz 用于保存时区结果(若不使用则传入 NULL 即可)。

用法示例:

```
struct timeval start, end;
gettimeofday(&start, NULL);
/* …需要计时的代码 */
gettimeofday(&end, NULL);
long timeuse = 1000000 * (end.tv_sec-start.tv_sec)+end.tv_usec-start.tv_usec;
printf("time=%f 秒\n", timeuse/1000000.0);
```

注意,这个函数只能在 Linux 系统中使用。

6.7 本章小结

首先对 C 语言的控制语句进行小结,然后再对本章介绍的程序设计基本算法进行总结。

1. 控制语句

总体上说,C 程序按照函数中语句的书写顺序执行,控制语句可以改变这种执行顺序,使程序中语句的执行顺序与书写顺序不一致。由于已经在第 5 章中对分支语句进行了总结,因此下面仅对除分支语句之外的其他控制语句进行总结,这类语句有:

1) 循环语句

(1) 当型循环语句 while 的一般格式:

```
while (条件表达式)
    语句
```

(2) 当型循环语句 for 的一般格式：

```
for (表达式 1; 表达式 2; 表达式 3)
    语句
```

其中，表达式 1、表达式 2、表达式 3 都可以缺省，但它们之间的分隔符";"不能缺少。表达式 2 一般采用条件表达式，用于控制循环执行次数，若缺省表达式 2 则表示对循环次数没有限制。通常，表达式 1 用来对循环中使用的变量赋初值(如果有多个变量需要赋初值，可通过逗号表达式实现)，表达式 3 用来对循环变量进行更新(如果有多个变量需要更新，也是用逗号表达式实现)。

(3) 直到型循环语句 do-while 的一般格式：

```
do {
    语句
} while (条件表达式);
```

请读者去总结 3 种循环控制语句之间的相互转化关系。

在程序结构中，每一个分支结构语句或循环结构语句都是整体上作为一条语句(尽管 if-else 语句在 else 前、后的语句都分别有一个分号";"，但在程序结构中是将整个 if-else 语句看作一条语句)。

2) 其他转向语句

(1) continue 结束本次循环语句。continue 语句可用于循环结构语句中，此时通常都是将 continue 语句放在某个 if 条件分支结构中，当条件成立时执行 continue 语句结束本次循环(即跳过循环体中本次循环还没有执行的语句)；结束本次循环后，继续下一次循环条件的判断(但对于 for 循环语句，是先执行表达式 3，再进行下一次循环条件的判断)。

(2) break 终止执行语句。break 语句可用于循环结构语句中，此时通常都是将 break 语句放在某个 if 条件分支结构中，当条件成立时执行 break 语句结束循环；break 语句也可用于 switch 开关分支语句中，表示结束 switch 语句的执行。

(3) goto 转向语句的一般格式：

```
goto 语句标号
```

把程序执行的流程控制转移到语句标号指定的语句处，即执行 goto 语句后程序转移到语句标号指定的语句处继续执行，如下所示：

```
语句标号: 语句
```

使用 goto 语句会使程序流程改变，造成程序的规律性、可读性差。因此，结构化程序设计方法不主张使用但也不是绝对禁止使用 goto 语句。一般来说，goto 语句常用作：①与 if 语句一起构成循环结构；②从循环体内跳转到循环体外(如果要从多重嵌套循环结构中跳出，使用 goto 语句会比较方便)。

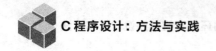

2. 基本算法

如何控制循环体的循环执行次数呢？典型地可分成如下几种情况以及它们的组合形式进行控制：

(1) 事先知道循环次数——通过计数器变量控制循环。

(2) 事先不知道循环次数——根据状态变量控制循环。

(3) 循环过程中控制循环——通过 break 和 continue 流程控制语句控制循环。

本章介绍了很基本且经典的穷举算法、迭代与递推算法。

1) 穷举法（又称枚举法、试探法）

有许多问题的解隐藏在多个可能之中。穷举就是对所有可能情形一一测试，从中找出符合条件的（一个或一组）解，当然，也可能得出无解的结论。

那么，如何控制穷举的实现呢？对于很多问题，需要穷举的次数是事先知道的，并可通过计数器变量控制循环来实现。例如，求和问题、最值问题、Fibonacci 数列问题、输出图形问题、数字排列问题、求因子问题等。

请读者去分析上述每一种问题的解决是如何转化为通过计数器变量控制循环来实现的，并从中归纳出穷举求解问题的一般规律。

2) 迭代与递推法

在许多问题中，新状态是在旧状态的基础上产生的。在算法设计时，状态用变量进行描述，描述新状态的变量的值可以用两种方法产生：

一种方法是用一个变量既描述新状态又描述旧状态，变量的新值是在其旧值的基础上推出的。这种用新值不断代替旧值的过程称为迭代。

另一种方法是新状态用新的变量描述，而新变量的值是在旧变量的值的基础上推出来的。这种在旧变量的值的基础上推出新变量的值的过程称为递推。

递推解题和迭代解题是很相似的，递推是通过其他变量来演化，而迭代则是自身不断演化。因此，经常会将迭代、递推的概念进行混用，可统称为迭代/递推法。

在程序设计中，使用迭代/递推法时要注意 3 个问题：

(1) 迭代/递推的初始值，通常是 1 个，有时还会出现多个。

(2) 迭代/递推公式，这是迭代/递推的关键，如果有几个迭代/递推公式，要特别注意这些迭代/递推的顺序。

(3) 迭代/递推终止条件。一是可通过计数器变量控制循环来实现迭代/递推的次数；二是通过一个条件表达式来表达迭代/递推的终止条件（见根据状态变量控制循环）。

请读者去寻找和归类适合迭代/递推法求解的问题，并对不同问题求解的思路进行总结，关键是寻找迭代/递推公式，从中归纳出迭代/递推法求解问题的一般规律。

3) 根据状态变量控制循环

有一些问题，适合采用穷举法或迭代/递推法进行求解，但循环体需要循环多少次（即需要穷举或迭代/递推多少次）是事先无法明确知道的，需要根据循环（即穷举或迭代/递推）的状态决定是否还需要继续循环。这类问题中典型的有：最大公约数问题、数值计算问题（如方程求解问题）、字符串处理问题、输入正确性控制问题等。

请读者去分析上述每一种问题的解决是如何寻找并表达穷举、迭代/递推算法的终止条件的(注意:循环条件正好与终止条件相反),并从中归纳出求解该类问题的一般规律。

习 题 6

习题6.1 程序阅读题。阅读以下程序,写出程序运行结果。

(1)

```c
#include <stdio.h>
int main(){
    int i=1;
    while (i<=15)
        if (++i%3!=2) continue;
        else printf("%d   ", i);
    printf("\n");
    return 0;
}
```

(2)

```c
#include <stdio.h>
int main(){
    char str[20]="azdwgtjqmn";
    int i, count=0;
    for (i=0; str[i]!='\0'; i++){
        str[i]+=4;
        if (str[i]>'z') str[i]-=26;
        count++;
    }
    printf("str[%d]=%s\n", count, str);
    return 0;
}
```

(3)

```c
#include <stdio.h>
int main(){
    char s1[]="computing", s2[]="computer";
    int i=0;
    while (s1[i]!='\0' && s2[i]!='\0' && s1[i]==s2[i])
        i++;
    printf("s1-s2=%d\n", s1[i]-s2[i]);
    return 0;
}
```

(4)
```c
#include <stdio.h>
int main(){
    int i, j, t;
    int a[11]={0, 8, 3, 20, -4, 15, -20, 6, 50, 24, 8};
    for (i=2; i<=10; i++)
        for (j=i; j>1; j--)
            if (a[j-1]>a[j]) {
                t=a[j];  a[j]=a[j-1];  a[j-1]=t;
            }
            else break;
    for (i=1; i<=10; i++)
        printf("%d, a[i]);
    return 0;
}
```

习题 6.2　程序填空题。阅读以下程序,并按题目要求在空白处填上适当内容。

(1) 输出如图 6.11 所示的图案(共 N 行,N 为奇数,此时 N=7)。

```
      A
     BBB
    CCCCC
   DDDDDDD
    EEEEE
     FFF
      G
```

图 6.11　习题 6.2 图形

```c
#include <stdio.h>
#define N 7                         /*图案共 N 行*/
#define L (80-N)/2                  /*整个图案距屏幕左边 L 列,使其居中*/
int main(){
    char c='A';
    int i, j, p;
    for (i=1; i<=N; i++,  ①  ){
        if (i<=(N+1)/2) p=  ②  ;
        else p=  ③  ;
        for (j=1; j<=L+  ④  ; j++)
            printf("□");
        for (j=1; j<=2*p-1; j++)
```

```
            printf("%c", c);
        printf("\n");
    }
    return 0;
}
```

(2) 输入20个整数,将它们按升序排序后输出。

```
#include <stdio.h>
#define N 20
int main(){
    int i, j, t, a[N+1];
    for (i=1;  ①  ; i++)
        scanf("%d", &a[i]);
    for (i=2;  ②  ; i++)
        for (j=i;  ③  ; j--)
            if (a[j]>=a[j-1]) break;
            else { t=a[j];  a[j]=a[j-1];  a[j-1]=t;}
    i=1;
    while (i<=N)
        printf("%d, ",  ④  );
    printf("\n");
    return 0;
}
```

(3) 输入两个字符串分别存放到字符数组 str1 和 str2 中,将 str2 中的字符串全部链接到 str1 中字符串的尾部,并将链接得到的更长的字符串存放在 str1 数组中(假设字符数组 str1 的长度足够大)。

```
#include <stdio.h>
int main(){
    char str1[81], str2[40];
    int i=0, j=0;
    gets(str1);   gets(str2);
    while (str1[i]!='\0')
         ①  ;
    while (  ②  ){
        str1[i]=str2[j];
         ③  ;
        j++;
    }
    str1[i]=  ④  ;
    puts(str1);
    return 0;
}
```

(4) 输入一个母字符串存放到字符数组 str 中,并输入一个起始位置 loc 和一个长度 len,实现从字符数组 str 中的母字符串的第 loc 位开始截取 len 个字符构成一个子字符串存放到字符数组 substr 中,并输出字符数组 substr 中的子字符串。如果母字符串中从 loc 位开始剩余的字符个数不足 len 个,则只截取母字符串中从 loc 位开始的剩余所有字符构成子字符串。

```
#include <stdio.h>
int main(){
    char str[81], substr[81];
    int k=0, n, loc, len;
    gets( ① );
    scanf("%d%d", &loc, &len);
    if (loc<1 || loc>strlen(str) || len<=0){
        substr[0]='\0';
    }
    else {
        for (n=loc-1;  ②  ;  ③  )
            substr[k]=str[n];
        substr[k]= ④ ;
    }
    printf("Sub string is %s, its length is %d\n", substr, k);
    return 0;
}
```

习题 6.3 画流程图(或 NS 图),并编写程序。

(1) 分别输出如图 6.12(a)和图 6.12(b)所示的图案。

```
1                AAAAA
22               BBBB
333              CCC
4444             DD
55555            E
 (a)             (b)
```

图 6.12 习题 6.3 图

(2) 猴子吃桃子问题。猴子第一天摘下若干个桃子,当即吃了一半,还不过瘾,又多吃了一个。第二天早上又将剩下的桃子吃掉一半,又多吃了一个。以后每天早上都吃掉了前一天剩下的一半零一个。到第 10 天早上想再吃时,见只剩下一个桃子了。求第一天共摘了多少个桃子。

如果每逢奇数天都吃剩下的一半,又多吃一个;每逢偶数天都吃剩下的一半,又多吃二个。到第 10 天早上想再吃时,见只剩下一个,再求第一天共摘了多少个桃子。

(3) 国际象棋的发明者、古印度的宰相在国王要奖励他时,要求国王在棋盘的第一格中放 1 粒麦子,第二格中放 2 粒麦子,第三格中放 4 粒麦子,以后每一格中放的麦粒数都是前一格的两倍,直至放满 64 格。如果这个奖励要兑现的话,他将得到多少立方米的麦子(1 立方米的麦子约等于 $1.42 * 10^8$ 粒)?

(4) 求 s=a+aa+aaa+⋯+aa⋯a 的值,其中 a 是一个数字。例如 2+22+222+2222+22222(此时共有 5 个数相加),从键盘输入 a 的值,以及几个数相加。

(5) 电视台点歌,收费标准为:前 10 分钟每分钟 1.5 元,10 分钟后每增加 1 分钟付 1 元,2 小时后不再付费,但 6 小时后又重新开始计算。计算点歌结束后的付费金额。

习题6.4 程序设计题。

(1) 求 abc+cba 等于给定值 n(n 的值从键盘输入)的所有 a、b、c 的组合。

(2) "百钱买百鸡"是我国古代的著名数学题。题目这样描述:3 文钱可以买 1 只公鸡,2 文钱可以买一只母鸡,1 文钱可以买 3 只小鸡。用 100 文钱买 100 只鸡,那么各有公鸡、母鸡、小鸡多少只?请用 C 语言编写程序求解该题。

(3) 判断不定方程 $5x^2+7y^2=23$ 有无整数解。

(4) 将 1~9 共 9 个数分成 3 组,分别组成 3 个 3 位数,且使这 3 个 3 位数构成 1:2:3 的比例,试求出所有满足条件的 3 个 3 位数。例如,3 个 3 位数 192、384、576 满足以上条件。

(5) 找赛手:两个羽毛球队进行比赛,各出 3 人。甲队为 A、B、C 3 人,乙队为 X、Y、Z 3 人。已抽签决定比赛名单,有人向队员打听比赛名单,A 说他不和 X 比,C 说他不和 X、Z 比,请编写一个程序找出 3 队赛手的名单。

(6) 输出 2~1000 之间的所有同构数,所谓同构数是指它出现在它的平方数的右端。例如,5、6、25 的平方分别等于 25、36、625,所以 5、6 和 25 都是同构数。

(7) Armstrong 数具有如下特征:一个 n 位数等于其各位数的 n 次方之和。例如:
$$153=1^3+5^3+3^3 \qquad 1634=1^4+6^4+3^4+4^4$$
找出 2、3、4、5 位的所有 Armstrong 数。

第 7 章 函数与结构化程序设计

学习目标

- 认识函数在 C 程序中的作用和重要性。
- 了解 C 语言函数的特点。
- 掌握 C 语言函数定义的一般形式和函数调用的语法规则。
- 能准确书写函数定义、函数声明、函数原型等语句,能辨别各自的功能作用。
- 了解系统函数和自定义函数的异与同。
- 理解函数参数的值传递机制。
- 认识递归算法的机理,能灵活地应用递归算法解决实际问题。
- 理解主函数 main 的特殊性和对程序执行过程的控制作用。
- 了解结构化程序的基本构成和程序结构化的优点。
- 初步掌握程序的函数分解思路和技术。

函数是构成 C 程序的主体,一个 C 语言的程序是由若干个函数组成的。本章将进一步介绍函数的基本知识,以及如何用函数构建结构化 C 程序。

7.1 函数

在第 2 章中简略介绍了函数的基本概念,从应用的角度了解了函数调用的基本方法,也知道 C 程序是由函数构成的。本章要从 C 语言程序结构和程序设计理论的角度,深入探讨 C 语言中函数的语法规则、功能和设计方法。

7.1.1 为什么要使用函数

程序设计为什么需要使用函数呢?我们通过下面的例子加以了解。

例 7.1 求组合数。现有 n 个不同编号的球,从中任意选择 k 个,问共有多少种不同的选择?

分析:这个问题是数学中的经典问题,称为组合问题。在数学上,这个结果可以表示为 n 和 k 的函数,称为组合函数,在数学上常记为 C_n^k,用函数表示为 C(n, k)。C(n, k)有多种求法,这里介绍一种比较直观的求法。我们知道,关于 C(n, k)存在以下等式:

$$C_n^k = \frac{n!}{k! \times (n-k)!}$$

前面已经知道 n!的求法,因此根据上述等式可以求出 C(n, k)。程序如下:

第 7 章 函数与结构化程序设计

```
1   #include <stdio.h>
2   int main(){
3       int n, k, i;
4       long s1=1, s2=1, s3=1;
5       printf("输入 n 和 k 的值:\n");
6       scanf("%d%d", &n, &k);
7       /*计算 n!*/
8       for (i=1; i<=n; i++)
9           s1=s1 * i;
10      /*计算 k!*/
11      for (i=1; i<=k; i++)
12          s2=s2 * i;
13      /*计算(n-k)!*/
14      for (i=1; i<=n-k; i++)
15          s3=s3 * i;
16      printf("C(%d, %d)=%ld\n", n, k, s1/(s2 * s3));
17      return 0;
18  }
```

这个程序可以正确地输出 C(n, k)的值。这是一个正确但并不够好的程序。注意深色背景部分所示的代码,可以看出,这 3 段代码非常类似,差别仅在于循环终止条件,从功能上看,均为计算阶乘,只是分别计算 n、k 和 n−k 的阶乘而已。也就是说,这 3 段代码存在较大的重复。为了减少重复,可以设计一个计算阶乘的函数。

```
1   long factorial(int n){
2       int i;
3       long s=1;
4       for (i=1; i<=n; i++)
5           s=s * i;
6       return s;
7   }
```

如何编写一个函数将在下面介绍。有了这个函数之后,便可以在原来的程序中直接调用这个函数来计算阶乘,例如:

```
1   #include <stdio.h>
2   int main(){
3       int n, k;
4       long c;
5       printf("输入 n 和 k 的值:\n");
6       scanf("%d%d", &n, &k);
7       c=factorial(n)/(factorial(k) * factorial(n-k));
8       printf("C(%d, %d)=%ld\n", n, k, c);
```

```
 9      return 0;
10  }
```

这时程序便简洁得多,而且思路非常清晰,可读性很好。这个程序还可以更进一步地改进。考虑到 C(n, k) 的计算是一个比较常见的问题,在以后写程序时可能还会遇到,因此,可以把计算 C(n, k) 的过程进一步定义为一个函数,例如:

```
long combination(int n, int k){
    return factorial(n)/(factorial(k) * factorial(n-k));
}
```

这样,原程序可以进一步修改如下:

```
1   #include <stdio.h>
2   int main(){
3       int n, k;
4       printf("输入 n 和 k 的值:\n");
5       scanf("%d%d", &n, &k);
6       printf("C(%d, %d)=%ld\n", n, k, combination(n, k));
7       return 0;
8   }
```

这里的 combination 函数还可以供以后的程序调用,而不用重复编写计算 C(n, k) 的代码。

通过上面例子,应该对为什么要使用函数有了初步的感性认识。进一步,函数的本质到底是什么呢?函数的本质是一种抽象机制,是将解决某一问题的相对独立的一个计算过程(即算法)封装起来;通俗地说,C 语言函数就是实现某一算法的相对独立的 C 语言程序段。如上述例子中,factorial 函数就是用 C 语言实现计算阶乘算法的一个函数实例。

一般地说,一个 C 程序是由若干个函数组成的。也就是说,C 程序结构的基本组成部分是函数。由函数构成程序的优点有很多:

(1) 提高程序设计的效率。从函数实现和使用机制可知,一个常用的算法,一旦完成了较为繁琐的函数定义与实现,就可以在程序中多次被调用,且函数的调用只需一条语句或一个表达式即可完成,如上例中的表达式 factorial(n) 即计算 n!,这样大大提高了程序设计的效率。

(2) 降低程序的规模。由于函数调用是将一条语句或一个表达式来代替一段代码,因此可以降低程序规模,函数调用次数越多,程序的规模就减少得越多。

(3) 提高程序的可读性,使程序更容易理解。使用了函数后,程序就不是简单的原始代码堆砌,而是根据其功能划分到若干函数中,每个函数分别实现一部分功能,程序结构化了,整个程序的思路变得更清晰,从而有助于把握住程序的重点。

(4) 减小程序修改的复杂性。函数调用通过函数名将函数的细节隐藏起来了,函数名和参数相当于函数的接口,如果函数所实现的功能发生了变化,只需要修改函数的定义即可,函数的接口可以保持不变,从而不会影响到调用函数的程序。这一特性在程序的维护中起到了事半功倍的效果。

(5) 实现软件复用。复用就是重复使用。一方面,我们面临的问题越来越复杂,编写的程序越来越庞大;另一方面,程序所实现的功能中有很多是重复的。函数一旦定义,就可以供很多人多次调用,因此函数是一种有效的软件复用手段。例如,计算 x 的平方根是经常要用到的一个计算过程,因此,大多数的 C 语言编译系统都提供了计算平方根函数 sqrt,也就是说编译系统开发者已经编写好了 sqrt 函数。在程序中任何地方只要写入 sqrt(x),就能完成 x 平方根的计算,而不需要再重复编写计算 x 平方根算法的代码,实现了一人编写多人复用的目的,大大减轻了程序员的劳动强度。

7.1.2 函数定义

C 语言函数实现机制分为两步:第一步是函数定义;第二步是调用函数。所谓的函数定义就是用 C 语言表达解决某一问题的算法,即用 C 语言编写一段实现特定算法的程序代码;调用函数就是执行函数定义时已事先编制好的程序代码。通俗地讲,函数调用即函数的使用,而函数的定义则是明确函数的细节,即函数实现什么功能,如何实现这些功能。由上分析可知,先有函数定义,才能调用函数。当然,函数一次定义完成后可以被多人多次调用。

从函数定义(编写函数代码)的对象来分,C 语言函数分为:标准库函数和自定义函数两大类。标准库函数是 C 语言标准的一部分,各个 C 编译系统都要提供标准库函数的定义或实现,其中包括了一些最常用的通用函数(如数学函数等)。标准库函数直接调用即可。另一方面,在应用开发中标准函数库中提供的函数往往不能满足需求,这时开发人员要定义自己需要的函数(编写函数代码),再调用。这类自己定义的函数称为自定义函数。

尽管有标准库函数和自定义函数之分,这只体现它们的函数定义者不同,但它们使用的定义函数的语法规则是一样的。

1. C 语言函数定义的一般形式

C 语言函数定义的一般形式如下:

```
函数类型  函数名(形参列表)        ------函数说明部分
{
    函数体语句
    return 表达式;                ------函数体部分
}
```

为了解析函数的定义语法,列举一个函数定义实例。

例 7.2* 编写函数,判断正整数 m 是否是素数。

```
1    int prime(int m){              /*函数说明部分*/
2        int i, n, flag=1;
3        if (m==1)                  /*m不是素数*/
4            return 0;
```

```
 5      n=sqrt(m);
 6      for (i=2; i<=n; i++){
 7          if (m%i==0){              /* m不是素数 */
 8              flag=0;
 9              break;
10          }
11      }
12      return flag;                  /* flag=1 表示 m 是素数, flag=0 表示 m 不是素数 */
13 }
```

构成函数功能部分的元素含义说明如下:

(1) 函数名。一个区别不同功能函数的标识符(符合 C 语言标识符命名规则),一般函数的命名要能反映函数的功能(如函数名 prime),以增强程序的可读性。

(2) 函数类型。即函数返回值类型,也就是函数最后结果的数据类型。如上例定义的函数 prime()的结果是 1 或 0,都是 int 型数据。

(3) 参数列表。由一对()括起来的变量(称为形参变量)。如 int prime(int m)中的 m 即为形参变量。参数列表可以是若干个形参变量组成,变量之间用逗号分隔,当然,也可以没有形参变量。形参变量的作用是接受函数调用者传递给函数体运算所需的数据(实参)。

(4) 函数体。由若干条 C 语句组成,以实现某一算法完成函数特定功能的计算任务。编制函数体时假设形参变量已有数据,通过对形参变量的数据加工运算得到函数的运算结果(函数值)。

(5) "return 表达式;"语句。表示函数调用结束,返回到主调函数,并带回一个函数值(即表达式的值)到主调函数。如上例语句 return flag;中的 flag 就是所定义函数 prime()的函数值。

2. 函数定义形式的几种特例

(1) 无参函数:无形参变量的函数。其一般形式是以下两种形式之一:

```
类型标识符   函数名()
{
    函数体语句
    return 表达式;
}
```

或者

```
类型标识符   函数名(void)
{
    函数体语句
    return 表达式;
}
```

下面是两个例子:

```
void print_star1(){                    void print_star2(void){
    printf("**********\n");                printf("**********\n");
    return;                                return;
}                                      }
```

其中,void 类型的用途主要是:
① 用于函数返回值类型。如果函数没有返回值,那么应声明为 void 类型。
② 用于函数参数,表示函数无参数。
③ void * 可声明一个变量或者参数,表示可以接受任意类型的指针值。
其中,第③点将在后面章节中讲解。

严格地讲,函数参数是 void 还是为空是有区别的。对于上述例子中的函数 print_star1 和 print_star2 来说,都可以这样调用:

```
print_star1();         /*但语句 print_star1(10);可以通过编译,虽然这没有意义*/
print_star2();         /*但语句 print_star2(10);不能通过编译*/
```

但是,如果调用 print_star1 函数时传递了参数,编译系统也不会报错;反之,如果调用 print_star2 函数时传递了参数,则会报错。

因此,如果若函数不接受任何参数,最好指明参数为 void。

再如,库函数 getchar()也是个无参函数,可以按照如下方式来调用它:

```
c=gerchar();
```

该语句调用 getchar 函数从标准输入缓冲区中获取一个字符,并赋给字符变量 c。
(2) 省略了函数类型(返回值类型)的函数。例如:

```
1  print_star(){                           /*等价于 int print_star()*/
2      printf("**********\n");
3      return 1;
4  }
```

需要注意的是,C89 标准规定,如果一个函数没有指定函数类型,那么默认该函数类型为 int。因此,省略了函数类型的函数与 void 型函数是不等价的。

为了使代码更清晰,一般建议不要省略函数类型,如果函数没有返回值,应该用 void。
(3) 空函数:没有函数体语句的函数。例如:

```
1  void dummy(){
2
3  }
```

空函数一般在调试程序时使用。在程序设计过程中,若构成程序的若干个函数有的编写完成了,还有函数没有编写,则通常把这些没有编写完成的函数快速设置为空函数后,就可对已编写完成的函数进行功能调试。

3. return 语句

函数的返回值是通过函数中的 return 语句实现的。return 语句有以下 3 种形式:

```
return (表达式);
return 表达式;
return;
```

return 语句有两个作用:一方面,它中断本函数的执行,转移到主调函数中去执行相应的语句;另一方面,如果 return 语句后面跟了一个表达式,那么该表达式的值会作为函数的返回值。若 return 语句后面没有跟表达式,则 return 语句仅起结束函数的执行流程的作用,不起返回值的作用。通过 return 语句最多只能返回一个确定的值。

一个函数中也可以有多个 return 语句,每个 return 语句对应一种函数退出条件,第一次执行到的 return 语句中断函数的执行。如果一个函数中没有 return 语句,则遇到函数体的右花括号时函数自动执行结束。

根据结构化程序规范化的要求:为了降低程序的复杂性,一个程序块仅有一个入口和一个出口。一个函数就是一个程序功能块,也必须要满足一个入口和一个出口的要求。因此,虽然一个函数中可以用若干个 return 语句,但最好只用一个 return 语句,以保证函数(程序块)仅有一个出口。

函数返回值的类型由函数定义时指定的函数类型决定,而不是由 return 语句后面的表达式值的类型决定。return 语句后面的表达式的类型一般应该同函数的类型相一致,但如果不一致,则自动进行类型转换,不同类型之间的自动转换与变量赋值时的转换原则相同。例如:

```
int fun(float x, float y){
    return (x * y);
}
```

其中,表达式 x * y 的类型是浮点型,但函数 fun 返回值的类型是整型,此时自动将浮点型数据转换为整型数据。如果 return 后面表达式的类型不能自动转换到函数类型,则会报错。

4. 主函数 main

到目前为止,我们所见的程序中都有一个名为 main 的函数(常称为主函数)。主函数的定义有很多方式:

形式 1:

```
int main(){                    /* 或者 int main(void) { */
    ...
```

第 7 章 函数与结构化程序设计

```
    return 0;
}
```

形式 2：

```
int main(int argc, char * argv[]){        /*带参数形式*/
    …
    return 0;
}
```

形式 3：

```
main(){                                    /*无参数形式*/
    …
}
```

形式 4：

```
void main(){                               /*无参数形式*/
    …
}
```

在 C99 标准中，只有前面两种定义方式是正确的，其中第一种是无参形式，第二种是带参形式。关于 main 函数的参数，将在后面章节讲解。第三种形式省略了函数返回值类型，前面提到过，这时函数返回值类型为 int；另外，第三种形式省略了 return 语句，编译器会自动在 main 函数末尾加上 return 0;语句，所以这种形式和第一种形式是等价的。第四种形式常见于较旧的 C 程序，有些编译器允许这种形式，但是没有任何标准接受它，因此应该避免使用。

第三种形式中编译器自动在 main 函数末尾加上语句"return 0;"的做法不具有普遍性，在大多数编译器中，只有对 main 函数才会这样处理，对于其他函数则不会。因此，"return 表达式;"尽量不要省略。

在本书的章节中，我们将统一采用形式 1 或者形式 2，也建议读者在编写程序时采用这两种形式。

main 函数是 C 语言中最为特殊的函数。该函数的特殊之处在于：

① 每个 C 程序都必须有且只能有一个 main 函数，而且它的定义形式不是任意的。

② 虽然 C 程序是由若干个函数组成，但 C 程序从 main 函数开始执行，当 main 函数结束时整个程序也就执行终止。

③ main 函数中可以调用其他函数，但是 main 函数不能被其他函数调用。

我们知道，return 语句的作用是返回一个值给主调函数，但是 main 函数不能被其他函数调用，那其中的 return 语句又有什么意义呢？main 中的 return 语句用于返回值给操作系统，操作系统通过 main 函数返回的值来确定程序是否成功执行完毕。返回零(0)值表明程序成功执行完毕,返回非零值表明有错误出现。

总之,C 程序是由若干个函数组成的,函数是 C 程序的基本组成单位,一个 C 程序至少包含一个函数,即主函数(main 函数)。

7.1.3 函数调用

函数调用即函数的使用,实际上就是调用一个已定义好的函数,以完成程序运行过程中的某一特定功能。函数调用的前提条件是该函数已经存在,或者说函数已经定义好了。函数调用的语法很简单,只要编写一个函数调用表达式即可,其表达式的一般形式为:

```
函数名(实际参数列表)
```

其中,实际参数列表是零个或多个实际参数(简称**实参**)构成的列表,实参之间用逗号分隔。每个实参都是一个表达式。

例如,C 语句:

```
p=prime(x);                            /* prime 函数定义见例 7.2 */
```

中的表达式 prime(x)就是函数调用表达式,它的功能是调用函数 prime 判断整型数据 x 是否是素数,这里的 x 就是一个实参。

又如 C 语句:

```
return factorial(n)/(factorial(k)*factorial(n-k));     /* 见例 7.1 */
```

其中,函数调用表达式 factorial(n)用来求 n 的阶乘,factorial(n−k)用来求 n−k 的阶乘,这里 n、k 和 n−k 都是实参。

再如 C 语句:

```
r=sqrt(100);                           /* sqrt(x)为标准函数,功能是求 x 平方根 */
```

调用库函数 sqrt 计算 100 的平方根。

1. 函数调用过程

下面通过一个数学计算的案例来帮助我们进一步理解函数定义和函数调用(执行函数)的逻辑过程。

例如,求一个外半径为 x,内半径为 y 的圆环的面积。其过程如下:

计算公式:$S(x, y) = \pi x^2 - \pi y^2$ ——相当于 C 语言的函数定义

计算步骤:$S(20,10) = 3.14 \times 20^2 - 3.14 \times 10^2$
$= 3.14 \times 400 - 3.14 \times 100$
$= 1256 - 314$
$= 942$

——相当于 C 语言的函数调用

函数的调用过程如下:

① 计算机通过函数名找到调用函数代码在内存中的位置。
② 计算实参表达式(实参)的值,并把实参的值赋给对应的形参变量。
③ 逐条执行函数体语句。
④ 执行 return 语句后返回到主调函数。

假定整型变量已赋值(x=96),则函数调用语句"p=prime(x+13);"的功能是调用函数 prime(函数定义见例 7.2)判断 x+13 是否是素数,其函数调用过程是:
① 计算机通过函数名 prime 找到定义函数的程序代码在内存中的位置。
② 计算 m+13 的值为 109,并赋给函数 prime 的形参变量 m。
③ 逐条执行 prime 函数体的语句(执行语句时,形参变量 m 已有确定值:m=109)。
④ 执行 return 语句后返回到主调函数。

2. 函数调用的位置

函数调用在程序中可能出现的位置有:
① 函数调用语句。即在函数调用表达式后加上分号";"形成函数调用语句。例如:

```
printf("%d", n);
```

② 函数作为操作数出现在表达式中,这时要求函数返回一个确定的值以参加表达式的运算。例如:

```
if (prime(m+13)==1)                    /* prime(m+13)==1 为关系表达式 */
    printf("It's a prime.");
```

③ 函数调用作为另一个函数的实参。例如:

```
m=max(max(a, b), max(c, d));
```

max(a,b)和 max(c,d)分别是一次函数调用,它们的值作为 max 另一次调用的实参。如果函数 max 的功能是返回两个数中较大的一个,则 m 的值是 a、b、c、d 4 个数中最大的。
④ 出现在 return 语句中。例如"return prime(m);"返回函数调用 prime(m)的值。

函数可以被调用,那么是谁调用函数呢?答案是函数。我们称调用其他函数的函数为**主调函数**,被调用的函数为**被调函数**。例如,在前面的例子中,函数 combination 3 次调用了函数 factorial,而主函数又调用了函数 combination。main 函数可以调用其他函数,但其他函数不能调用 main 函数。除 main 函数以外的其他函数可以互相调用。

所有的函数都是平行的。首先表现在定义函数时每一个函数都是一个独立的程序段,在位置安排上它们是互相独立的,一个函数并不从属于另一个函数,即函数不能嵌套定义(不允许在一个函数的定义中嵌套再定义另一个函数);其次表现在函数调用时除 main 函数外它们都是可以互相调用的。

3. 函数调用需注意的几个问题

调用函数时应该清楚如下几个问题:
(1) 所调用的函数在哪里?是标准库函数还是自定义函数?这些决定了调用函数时的

函数声明(后面章节介绍函数声明语句)方式不同。如果是标准库函数则是用预处理命令 #include 加载被调用函数的函数声明所在的头文件。例如,调用平方根函数 sqrt 的程序结构如下:

```
#include <math.h>            /*头文件 math.h 包含了 sgtr 的函数声明语句*/
…
r=sgtr(100);
…
```

假如没有 include 命令,程序编译链接时系统会显示没有 sqrt 函数原型的错误信息,不能完成程序的编译链接工作。

(2) 正确引用函数名。计算机是根据函数名去寻找该函数的程序段,再运行函数程序段完成函数功能。例如,计算机根据函数名 sqrt 在编译系统提供的标准函数库中找到程序代码段,并运行。如果函数名输入错误,则系统会找不到函数,或者找到不正确的函数。

(3) 函数值的类型与程序功能要求一致。

(4) 实参与形参变量的个数和数据类型要求一致。

编写函数体代码时是在假设形参变量已赋值的基础上进行的,把形参变量当作具体的数据进行运算操作。也就是说,函数定义时形参变量并没有具体值,要调用函数(运行函数程序段)必须先把参加运算的数据传递给函数,即把参加运算的数据(实参)赋给形参变量。

7.1.4 函数原型与函数声明

在一个函数(主调函数)中调用另一个函数(被调函数)需要具备哪些条件呢?

首先被调用的函数必须是已经存在的函数,它可以是库函数,也可以是用户自定义函数。但光有这一点还不够,一般还需要在主调函数中对被调用函数进行声明。

我们知道,变量在使用之前要先声明。变量声明的作用是告诉编译系统这个变量的类型,这样,当后面用到这个变量时,编译系统就可以进行类型检查。同样,函数调用之前,也必须对被调用函数进行声明。那么什么是函数的声明呢? 函数的声明和函数的定义不是一回事。"定义"是指对函数功能的确立,包括指定函数名、函数类型、形参及其类型、函数体等,也就是说,函数的定义主要是明确函数是做什么及怎样做;而函数的"声明"则是把函数名、函数类型以及每个形参的类型、形参的顺序通知编译系统,以便对该声明语句之后的函数调用表达式使用的正确性进行检查。为此,函数声明语句应该放在包含函数调用表达式的语句之前。总之,函数调用所必须遵循的法则是:先声明后调用。

如果使用用户自定义函数,而且主调函数与被调用函数在同一个源文件中,一般应该在主调函数中对被调用函数进行声明,即向编译系统声明将要调用此函数,并将有关信息通知编译系统。至于库函数的声明方法,我们在后面说明。

既然函数声明只是为了编译系统检查,那么函数被调用时编译系统要检查什么呢? 首先,会检查函数名是否正确;其次,会检查实参的数目和类型是否和形参相同;再次,会检查函数是否用在合适的场合,而这主要涉及函数的返回值类型。声明函数时只需要将函数的函数名、函数值的类型以及函数所要求的每个参数的类型、形参的顺序告诉编译系统即可。

因此,函数声明的形式如下:

> 类型标识符　函数名(形参类型1,形参类型2,…);

其中,形参类型1、形参类型2、…分别是形参变量1、形参变量2、…的数据类型。

例7.3*　输入一个整数,判断它是否是素数。

```
1   #include <stdio.h>
2   #include <math.h>
3   int main(){
4       int m;
5       int prime(int);              /*对被调用函数prime进行声明,函数定义见例7.2*/
6       printf("输入m的值:\n");
7       scanf("%d", &m);
8       if (prime(m))
9           printf("m=%d是素数\n",m);
10      else
11          printf("m=%d不是素数\n",m);
12      return 0;
13  }
```

其中,函数prime已经在例7.2中定义,此处不再重复。

从程序中可以看到,函数声明与函数定义中的函数头部分基本上是相同的,区别仅在于函数头中还包含了形参变量名。实际上,函数声明还有另外一种形式:

> 类型标识符　函数名(形参类型1　形参变量1,形参类型2　形参变量2,…);

这种形式实际上就是直接照搬了函数定义中的函数说明部分。例如,上例中的第5行处的函数声明语句也可以写为:

> int prime(int m);

但在这种形式中,编译系统并不检查形参变量名,因此形参变量名不要求与函数定义中的形参变量名相同。

在C语言中,以上的函数声明称为**函数原型**,函数原型的作用主要是在程序的编译阶段对调用函数表达式的合法性进行检查。这里,"原型"一词意味着对函数的调用必须与函数的定义在形式上一致。

有些情况下,可以不对被调用函数进行声明。C语言规定,在以下两种情况下,主调函数中可以不对被调函数进行声明。

(1) 如果被调用函数的定义出现在主调函数之前,可以不必进行声明。因为编译系统已经知道了函数原型,可以对函数调用语句进行正确性检查。

(2) 如果在函数的外部(主调函数之前)已进行了函数声明,或在文件的开头用♯include语句加载了函数原型所在的头文件,则在主调函数中不必对所调用的函数再作声

明。例如:

```
float value(float, float);        /*在所有函数之前进行函数声明(称为全局声明)*/
int max(int, int);
int main(){
    float x1, x2, y;
    ...
    y=value(x1, x2);              /*main函数中不必对value函数进行声明*/
    ...
    return 0;
}
float value(float x, float y){    /*定义函数value*/
    float a;
    ...
    a=max(x, y);                  /*value函数中不必对max函数进行声明*/
    ...
}
int max(int x, int y){            /*定义函数max*/
    ...
}
```

例7.4* 编写一个程序,实现一步算术运算(只考虑+、-、*、/4种运算符)。

分析:算术运算的形式都是"left op right"的形式,其中left和right是数字,op是运算符。因此只要依次提取这些信息即可。

```
1   #include <stdio.h>
2   #include <stdlib.h>
3   double evaluate(double, char, double);        /*函数声明*/
4   int main(){
5       double left, right, result;
6       char op;
7       printf("请输入一个算术表达式:\n");
8       scanf("%lf", &left);
9       op=getchar();
10      scanf("%lf", &right);
11      result=evaluate(left, op, right);
12      printf("结果:%lf\n", result);
13      return 0;
14  }
15  double evaluate(double left, char op, double right){
16      double result;
```

```
17     switch (op){
18         case '+': result=left+right;  break;
19         case '-': result=left-right;  break;
20         case '*': result=left*right;  break;
21         case '/': if (right!=0){
22                      result=left/right; break;
23                  }
24                  else    {           /*除数为0*/
25                      printf("非法运算数!");
26                      exit(1);
27                  }
28     }
29     return result;
30 }
```

这里,主函数负责读入和输出数据,而 evaluate 函数负责计算。该程序的输出为:

```
请输入一个算术表达式:
8/5↵
结果:1.600000
```

关于该程序的几点说明如下:
① 在程序中第 3 行的函数声明语句放在函数外部,位于调用函数语句之前。
② 程序中调用了标准库函数 exit,它的功能是使程序直接退出,结束整个程序的运行;此外还有 printf 和 scanf 函数。标准库函数的调用与自定义函数一样都要遵循"先声明后调用"的基本规则。每个标准库函数都对应一个头文件,头文件中包含有函数的声明语句。第 1 行中的头文件 stdio.h 中含有函数 scanf 和 printf 的声明语句,第 2 行中的头文件 stdlib.h 中含有函数 exit 的声明语句。

7.1.5 函数的执行

程序的执行是沿着 main 函数的主线进行的,但是遇到函数调用时,程序的执行流程会暂时偏离 main 函数,而转到被调用函数去执行,当被调用函数执行完毕后,又返回到 main 函数,继续执行剩下的代码。比较复杂的情况是,被调用函数也可能会调用其他函数,这时,程序的执行流程会稍微复杂一些,下面以第 7.1.1 节求组合数的例子为例,说明嵌套调用的执行流程。

首先给出完整的求组合数的程序:

```
1 #include<stdio.h>
2 long factorial(int);
3 long combination(int, int);
4 int main(){
```

```
 5      int n, k;
 6      printf("输入 n 和 k 的值:\n");
 7      scanf("%d%d", &n, &k);
 8      printf("C(%d, %d)=%ld\n", n, k, combination(n, k));
 9      return 0;
10  }
11  long factorial(int n){
12      int i;
13      long s=1;
14      for (i=1; i<=n; i++)
15          s=s * i;
16      return s;
17  }
18  long combination(int n, int k){
19      return factorial(n)/(factorial(k) * factorial(n-k));
20  }
```

在这个程序中,main 函数调用了 combination 函数,而 combination 函数又 3 次调用了 factorial 函数,因而存在两级(层)调用。整个程序的执行流程如图 7.1 所示。

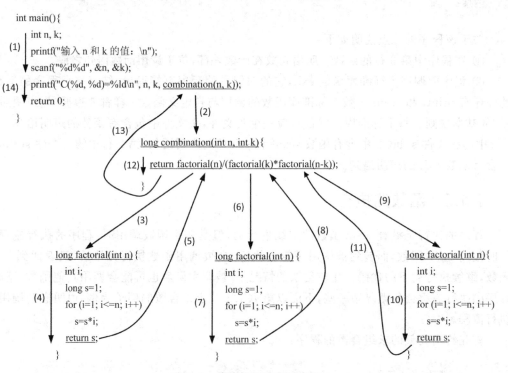

图 7.1 嵌套调用流程示意图

具体的程序执行流程说明如下:
(1) 程序从 main 函数开始执行。

(2) 程序执行到函数调用 combination(n，k)，将该函数调用的实际参数传递给 combination 函数的形参变量，程序转到 combination 函数执行。

(3) combination 函数的函数体中只有一条语句，执行该语句，遇到函数调用 factorial(n)，程序将实际参数传递给形参变量，并第一次转到 factorial 函数执行。

(4) 依次执行 factorial 函数中的各条语句，直到遇到 return 语句结束 factorial 函数的执行。

(5) 将函数返回值返回，并作为函数调用表达式 factorial(n) 的结果，程序执行流程转到 combination 函数中继续执行。

(6) 遇到函数调用 factorial(k)，程序流程第二次转到 factorial 函数执行，注意此时形参变量具有不同的值。

(7) 同第(4)步，执行 factorial 函数直至结束。

(8) 求出了函数调用 factorial(k) 的值后，继续执行 combination 函数中剩下的表达式。

(9) 遇到函数调用 factorial(n−k)，程序流程第三次转到 factorial 函数执行。同理，此时的形参变量接收到实际参数的值。

(10) 同第(4)步，执行 factorial 函数直至结束。

(11) 将函数 factorial 的返回值返回，程序流程返回到 combination 函数中。

(12) 计算 return 语句中的表达式的值。

(13) combination 函数执行结束，将返回值作为函数调用 combination(n，k) 的结果，程序流程回到 main 函数。

(14) 执行 main 函数中剩下的语句，遇到最后的花括号结束 main 函数的执行，整个程序也随之执行结束。

从上述过程可以看出，每次遇到函数调用，程序都会自动转到被调用函数中执行，在执行被调用函数之前，先要将实际参数的值传递给形参变量。被调用函数执行完毕后，转回到主调函数，被调用函数的返回值作为函数调用的计算结果，并继续执行主调函数中函数调用表达式之后的代码。不管是 main 函数调用其他函数(库函数，或者自定义函数)，还是自定义函数调用其他函数，遇到函数调用时，程序执行流程都如上所述。由于被调用函数的执行流程嵌套在主调函数中，因此一个函数(通常是自定义函数)调用另一个函数通常又称为嵌套调用。

关于上述分析，有两点需要注意：

(1) 遇到 scanf 和 printf 等语句，也是函数调用，因此程序执行流程也会转到相应的函数中去执行，由于 scanf 和 printf 是库函数，只要正确地在程序头部包含了相应的头文件，编译系统便会自动地转到相应的函数中执行，用户不需要知道这些函数是如何定义的，也不需要知道这些函数实际存放在哪里。

(2) 程序在执行时，执行的是经编译链接后产生的目标文件，也即二进制文件，而不是直接执行源文件，上述例子仅仅是程序执行流程的示意。

7.1.6 主调函数与被调函数之间的数据传递

在调用函数时，大多数情况下，主调函数都需要将有关数据传递给被调用函数。这就是前面提到的有参函数。在定义函数时指定的用来接收从主调函数传递过来的值的变量称为形参变量,简称形参;在主调函数的调用函数表达式中,函数名后面圆括号中的每一个表达式为一个实际参数,简称实参。

总之,主调函数通过将实参表达式的值赋给被调用函数的形参变量来完成从主调函数到被调函数的数据传送。被调函数通过 return 语句将被调函数运算的结果数据回传给主调函数。

例 7.5 形参与实参。

```
1   #include <stdio.h>
2   float value(float x, float y)  {      /*形参为浮点型变量x、y*/
3       return x * y;                      /*返回函数值x*y*/
4   }
5   int main()  {
6       float weight, price, je;
7       printf("请输入毛重量和单价: ");
8       scanf("%f", &weight, &price);
9       je=value(weight-0.5, price);       /*实参分别为weight-0.5和price*/
10      printf("金额=%.2f元\n", je);
11      return 0;
12  }
```

运行结果如下:

```
请输入毛重量和单价: 5.9  5.2↵
金额=28.08元
```

例 7.5 通过函数调用时的参数传递,使两个函数中的数据发生联系,如图 7.2 所示。

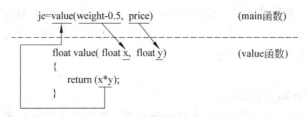

图 7.2 主调函数与被调函数之间的数据传递关系

关于形参与实参的说明:

(1) 实参是表达式,可以是常量、变量、函数值等任意类型的表达式的特殊形式。例如:

$$value(weight-0.5, price);$$

上述语句是先计算 weight－0.5 的值 5.4、price 的值 5.2,然后分别赋给形参变量 x 和 y(主调函数传送到被调函数)。这种将实参值赋给形参的数据传递方式称为"值传递"。被调用函数 value 运行结束后,得到计算 x*y 的结果 28.08,最后通过语句"return x*y;"回传给主调函数 main。

(2) 形参变量的存储空间是在函数被调用时才分配的。调用开始,系统为形参变量开辟一个临时存储区,然后将各实参之值传递给形参变量,这时形参变量就得到了实参的值。当函数调用结束返回时,为形参变量所开辟的临时存储区也被释放。详细解析见第9章。

(3) "值传递"的特点是:即使实参是变量,函数中对形参变量的操作也不会影响到主调函数中的实参变量,因为形参变量和实参变量是完全独立的。也就是说,在执行一个被调用函数时,形参变量的值如果发生改变,并不会改变主调函数中实参变量的值。除了"值传递",在某些语言中,实参到形参的数据传递还可以是"地址传递",即将实参的地址传递给形参,使形参变量共享实参变量的存储单元。

例 7.6* 函数的值传递。

```
1   #include<stdio.h>
2   void sort(int x, int y){
3       int z;
4       printf("第二次输出:x=%d, y=%d\n", x, y);
5       if (x>y){
6           z=x; x=y; y=z;
7       }
8       printf("第三次输出:x=%d, y=%d\n", x, y);
9   }
10  int main(){
11      int a, b;
12      scanf("%d%d", &a, &b);
13      printf("第一次输出:a=%d, b=%d\n", a, b);
14      sort(a, b);
15      printf("第四次输出:a=%d, b=%d\n", a, b);
16      return 0;
17  }
```

运行结果如下:

```
8   5↙
第一次输出:a=8, b=5
第二次输出:x=8, y=5
第三次输出:x=5, y=8
第四次输出:a=8, b=5
```

该程序在运行过程中,各变量的存储单元分配及其取值的变化过程如图7.3所示。

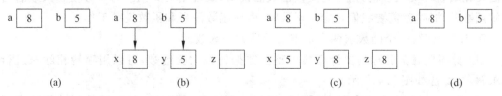

图 7.3 例 7.6 执行时的值传递过程示意图

在主函数中声明了变量 a 和 b 并输入值,在函数 sort 未被调用时,函数 sort 中声明的变量 z 及形参变量 x、y 并不占内存中的存储单元,见图 7.3(a);主函数调用函数 sort,给形参变量 x 和 y 分配存储单元,并将实参表达式的值传递给形参变量,同时给函数 sort 中的变量 z 分配存储单元,见图 7.3(b);函数 sort 执行 if 语句后,各变量的取值情况见图 7.3(c);被调函数 sort 调用结束后,形参变量 x、y 及变量 z 所占用的存储单元被释放,实参变量 a、b 的存储单元仍保留并维持原值,见图 7.3(d)。函数 sort 中声明的变量 z 及形参变量 x、y 只能在函数 sort 内使用,在函数 sort 被调用期间才会被分配存储空间。

(4) 实参表达式值的数据类型必须与形参变量的类型一致或者相容。函数调用时要把实参的值赋给形参变量,因此是实参值的数据类型要么与形参一致,要么能被自动转换为形参的数据类型,总而言之,实参表达式的值要能被赋给形参变量。

(5) 实参的个数必须与形参变量的个数相同。实参值赋给形参变量是按函数定义时形参变量与函数调用时实参表达式的先后顺序一一对应赋值的。

(6) 如果函数定义中形参为 void,那么函数调用时不能传递任何实参。

7.1.7 函数设计的思路

C 程序是由若干个函数组成的,函数是组成 C 程序的基本构件,因此,函数的设计是程序设计的关键。设计一个函数的思路与步骤如下:

(1) 确定函数的功能,设计求解问题算法。首先要对问题进行详尽分析,以确定函数的具体功能,即确定函数计算所要得到的最终结果是什么?通过怎样的操作流程得到这个结果,即确定算法。

(2) 给函数取一个好的名称。好的函数名应该能够让读者"见名识义",以提高程序的可读性。例如,在编写阶乘函数时,用 factorial 作为函数名就比用 f 或者 fact 作为函数名更好。

(3) 确定函数类型。根据函数计算所要得到的结果,确定函数的类型。

(4) 确定函数形参变量。根据已设计的算法和函数最终结果,确定函数形参变量的个数和类型。弄清楚算法对什么数据(形参变量)进行计算才能得到所期望的结果。

(5) 根据设计的操作流程(算法)编写函数体。

(6) 增加注释和函数说明。函数定义后,为了方便函数维护者、函数调用者的理解,需要增加较详细的注释和说明。因为要正确地调用函数,必须先了解函数的相关信息,如函数的名称、函数所要求提供的参数、函数的功能以及函数返回值的类型。其中,函数的名称、参数和返回值的类型都可以通过函数定义中的函数头(或者函数原型)来了解。函数的功能不容易直接获取,一般通过以下方式来了解:一是阅读函数定义,从而理解函数的功能,这种方法要花费程序员很多精力;二是阅读函数的说明,或者相关文档。为了方便别人或者自己了解函数的功能,就需要我们在定义函数时,做好函数注释和函数说明工作。

例 7.7 编写一个函数求两个正整数的最大公约数。

(1) 分析问题的目标是要计算两个整型数据的最大公约数,可以用辗转相除法进行计算求解,其算法如图 7.4 所示。

(2) 取一个能"见名识义"的函数名,以提高程序的可读性。根据函数的功能确定函数名为 greatest_common_divisor,也可以用常见的缩写 gcd。但是不建议用拼音缩写(如 zdgys)。

(3) 确定函数的类型。函数的计算结果是最大公约数,因此,函数 greatest_common_divisor 的类型为 int 型。

(4) 确定函数的形参变量。根据问题的要求和算法,要得到最大公约数,必须要输入两个 int 型的数据。因此,函数 greatest_common_divisor 的形参为两个 int 型的变量。此时,可以给出函数的说明部分为: int greatest_common_divisor(int m, int n)。

(5) 根据 NS 图写出函数体。

(6) 增加注释和函数说明。例如,在函数前面增加函数说明,以便对函数的功能和调用有一个清晰的了解。

(7) 最后完成的函数如下所示。

图 7.4 辗转相除法的 NS 图

```
1   /*函数的说明:
2   *1.函数的功能是计算两个正整数的最大公约数。
3   *2.调用函数时需要两个 int 类型的实参。
4   *3.函数的返回值为 int 型数据,且是大于 0 的正整数。
5   *4.如果函数的返回值小于或等于 0,说明输入的实参有误,不是正整数。
6   */
7   int greatest_common_divisor(int m, int n){
8       int r, t;
9       if (m<n) {                        /*通过比较交换操作,使得 m>=n*/
10          t=m, m=n, n=t;
11      }
12      if (n>0){                         /*否则输入数据错误,非正整数*/
13          while ((r=m%n)!=0){           /*通过循环求两数的余数,直到余数为 0*/
14              m=n,n=r;
15          }
16      }
17      return n;
18  }
```

例 7.8* 写一个函数,在给定的整数范围内产生一个随机数。

(1) 分析问题。这个问题要随机地产生整数,为此,需要有一个随机数产生器。真正的随机数是无法通过计算机程序生成的,因为真正的随机过程是无法模拟的。因此,在计算机中,一直用伪随机数来代替随机数。伪随机数并不是真正的随机数,但是能够很好地模拟随机数的一些特征(如很难预测它们的数值)。

由于随机数在计算机中应用很普遍,因此很多程序设计语言或者函数库都提供了产生(伪)随机数的方法。在 C 语言中,通过 rand 函数来产生随机数。rand 函数产生一个介于 0~RAND_MAX(即 32767)之间的数(更准确地说是[0, RAND_MAX]之间的数),其中

RAND_MAX是一个已经预定义的常量,这个范围不是我们想要的。因此,需要定义一个新的随机数产生函数,它利用rand函数来产生任意指定的两个整数之间的随机数。

给定两个数low和high,要产生[low, high]之间的一个随机数,方法如下:
① 用表达式rand()%(high-low+1)产生一个[0, high-low]之间的整数。
② 用low+rand()%(high-low+1)产生一个[low, high]之间的整数。
(2) 确定函数名为random_int。
(3) 确定函数的类型,这里应该是int类型。
(4) 确定函数的形参变量。本例中的随机数产生函数要产生两个整数之间的一个随机数,因此形参为两个int型变量。
(5) 写出函数体。
(6) 增加注释和函数说明。完成后的函数如下所示。

```
1   /*本函数产生并返回两个整数之间的一个随机整数
2    * low和high分别表示整数区间的下限和上限
3    *返回值是[low, high]之间的一个随机整数
4    */
5   int random_int(int low, int high){
6       int k=rand()%(high-low+1);
7       return (low+k);
8   }
```

为了测试random_int函数是否满足需求,可以编写一个简单的主函数来测试:

```
1   int main(){
2       int x, i;
3       for (i=1; i<=6; i++)   {            /*依次产生6个随机数*/
4           x=random_int(1, 6);
5           printf("产生的随机数是%d!\n", x);
6       }
7       return 0;
8   }
```

为了检查所产生的整数的随机性,我们依次产生1~6之间的6个随机数。在作者的测试中,这6个数分别是1、4、2、5、4、3,表面上看,这个序列似乎不是随机的,因为6没有出现,但这是正常的,因为即使是真正的随机数也不能保证在6次产生中刚好每个数产生一次(考虑掷骰子),如果产生的随机数足够多,可以看到,这6个数出现的几率是均等的。

但是,如果再次运行该程序,会发现下次产生的6个数仍然是1、4、2、5、4、3。实际上,每次重复运行都会产生完全相同的序列。这显然是不合理的,因为随机数序列应该是没有规律的。要改变这种情况,需要用srand函数来设置"种子"值。

要知道为什么会出现这种情形,需要了解rand函数的一些机理。我们无须知道rand函数是如何实现的,只需要知道C语言中的rand函数通过记录最近生成的数产生伪随机数。

例如,在作者运行时,用 rand 函数产生的前几个数是 41、18467、6334……,第一次产生的数 41 作为第二次产生随机数的基础或者说输入,第二次产生的数 18467 则作为产生第三个随机数的输入……。但问题是第一次产生随机数的时候,输入是什么呢?这个启动随机数产生过程的初始值称为种子。默认情况下,函数库将种子设为一个常量,因此,多次启动随机数产生过程总是产生同一序列值,为了改变这个序列值,需要选取不同的种子值,而且这个种子值最好每次都是不同的。在 C 函数库中,用来设定种子值的函数是 srand。通常的选取种子值的方法是用系统时钟作为种子值,因为系统时钟总是在不停地变化,因此可以保证每次设定的种子值都是不同的。获取内部系统时钟可以用 time 函数,然后将它的返回值转换为整数后作为种子值。

新的测试程序如下:

```
1   #include <stdio.h>
2   #include <stdlib.h>
3   #include <time.h>
4   int random_int(int, int);
5   int main(){
6       int low, high, x;
7       char c;
8       printf("输入两个数:\n");
9       scanf("%d%d", &low, &high);
10      srand((unsigned)time(NULL));      /*设定种子值*/
11      printf("开始抽签按 Y(y),结束按 N(n): ");
12      while (1){
13          c=getchar();                  /*读到除 Y、N、y、n 之外的字符,则继续循环*/
14          if (c=='N' || c=='n')
15              break;
16          else if (c=='Y' || c=='y'){
17              x=random_int(low, high);
18              printf("你抽中的是%d!\n", x);
19              printf("继续抽签按 Y(y),结束按 N(n): ");
20          }
21      }
22      return 0;
23  }
```

读者可以去测试每次产生的随机数序列是否会重复。

可否把调用 srand 函数的语句放在 random_int 中,这样每次调用 random_int 都会改变种子值?一般用法是在产生一个随机系列之前设置一次种子值,这样每次运行产生的随机系列就不同了,因此不需要在产生每个随机数的时候设置种子。

7.2 递归调用与递归算法

在函数调用中有一种特殊的调用,就是函数调用自身,这种调用称为递归调用。递归有直接递归和间接递归。

(1) 直接递归:函数在执行过程中调用本身。一个例子如图 7.5(a)所示。

(2) 间接递归:函数在执行过程中调用其他函数再经过这些函数调用本身,如图 7.5(b)所示。

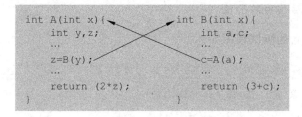

(a) 直接递归　　　　　　　　　　　　(b) 间接递归

图 7.5　直接递归和间接递归的例子

本节介绍递归调用及其应用。

7.2.1 递归调用的执行过程

从原理上来说,函数调用自身并没有特别之处,只是主调函数和被调函数相同而已。我们以下面的程序为例来详细说明递归调用的过程。

例 7.9　用递归调用求 n!的值。

```
1   #include <stdio.h>
2   int f(int n){
3       int value;
4       if (n==1 || n==0)
5           value=1;
6       else
7           value=n * f(n-1);
8       printf("n=%d,  %d!=%d\n",n,n,value);   /*用来跟踪递推的过程*/
9       return value;
10  }
11  int main(){
12      int fact, n=4;
13      fact=f(n);
14      printf("%d!=%d\n", n, fact);
15      return 0;
16  }
```

运行结果如下：

```
n=1,    1!=1
n=2,    2!=2
n=3,    3!=6
n=4,    4!=24
4!=24
```

上述程序的运行过程如下：

(1) 在主函数 main 中，要计算 4!就要调用函数 f(4)，即被调函数 f(n)的形参 n=4。

(2) 由于 f(4)等于 4×f(3)，因此在函数 f(4)中需要递归调用函数 f(3)，即被调函数 f(n)的形参 n=3。

(3) 由于 f(3)等于 3×f(2)，因此在函数 f(3)中需要再次递归调用函数 f(2)，即被调函数 f(n)的形参 n=2。

(4) 由于 f(2)等于 2×f(1)，因此在函数 f(2)中需要再次递归调用函数 f(1)，即被调函数 f(n)的形参 n=1。

(5) 由于函数 f(1)的值可以直接求出，因此结束函数 f(n)的递归调用(它是递归调用的最后一层)，即结束函数 f(1)的执行，并将函数 f(1)的值返回到上层递归调用函数 f(2)(即函数 f(1)的主调函数)中。

(6) 在函数 f(2)中代入被调函数 f(1)返回的值，算出 2×f(1)的值，即求得函数 f(2)的值，结束函数 f(2)的执行，并将函数 f(2)的值返回到上层递归调用函数 f(3)(即函数 f(2)的主调函数)中。

(7) 在函数 f(3)中代入被调函数 f(2)返回的值，算出 3×f(2)的值，即求得函数 f(3)的值，结束函数 f(3)的执行，并将函数 f(3)的值返回到上层递归调用函数 f(4)(即函数 f(3)的主调函数)中。

(8) 在函数 f(4)中代入被调函数 f(3)返回的值，算出 4×f(3)的值，即求得函数 f(4)的值，结束函数 f(4)的执行，并将函数 f(4)的值返回到主调函数(即主函数)中。

通过上述分析可以看出，递归函数的执行过程明显地分为两个阶段：第一阶段是由未知逐步推得已知的过程，称为"调用"或者"回推"过程，如本例中从 f(4)逐步推到 f(1)的这个过程；第二个阶段是由已知逐步推得最后结果的过程，称为"回代"或者"递推"过程，也就是将已知值一步步的代入，直至求出最终结果，如本例中根据 f(1)的值求出 f(4)的值就是这个过程。这两个阶段的示意图如图 7.6 所示。

由上例分析可以看出：递归调用的原理并不复杂，但是过程比较复杂，尤其是在函数调用结束返回的时候，要特别注意是返回到哪一层。

分析以下程序的运行结果和运行过程，以测试自己是否了解了递归函数的调用过程。

```
1   #include <stdio.h>
2   int main() {
3       void pdigitA(int), pdigitB(int);
4       int n=567;
```

```
5       pdigitA(n);
6       printf("\n");
7       pdigitB(n);
8       return 0;
9   }
10  void pdigitA(int n)  {
11      if (n>=10)
12          pdigitA(n/10);
13      printf("%d, ", n%10);
14  }
15  void pdigitB(int n) {
16      printf("%d, ", n%10);
17      if (n>=10)
18          pdigitB(n/10);
19  }
```

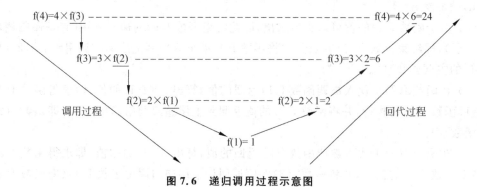

图 7.6 递归调用过程示意图

7.2.2 递归算法

递归调用可以解决一些比较复杂的问题。在含有递归调用的程序中,表面上看没有什么特别,但是一旦触发递归调用就会导致反复执行递归函数,因此本质上意味着循环。然而又与常规的循环结构不同,通过递归调用更容易理解问题的本质。

递归可用来解决可归纳描述的问题,或者说可分解为结构自相似的问题。所谓结构自相似,是指构成问题的部分与问题本身在结构上相似。这类问题的特点是,整个问题的解决,可以分为两个部分,第一个部分是一些特殊(基础)情况,有直接解法,即始基;第二部分与原问题相似,可用类似的方法解决(即递归),但比原问题的规模要小。由于第二部分比整个问题的规模要小,所以每次递归第二部分规模都在缩小,如果最终缩小为第一部分的情况,则可以结束递归。因此,第一部分和第二部分都是必不可少的,否则,程序便无法用递归解决。

这类问题在数学中很常见。回顾前面,我们用迭代的方法求过阶乘,阶乘的定义为:

$$f(n) = n! = \begin{cases} 1 & \text{当 } n = 0 \\ n \times f(n-1) & \text{当 } n > 0 \end{cases}$$

在该式中,n=0 对应于第一部分,可以直接计算,n>0 对应于第二部分,它与原问题相似,只是规模要小。

我们还求过 Fibonacci 数列,该数列的定义也可以写成:

$$F(n) = \begin{cases} 1 & \text{当 } n = 1, 2 \\ F(n-1) + F(n-2) & \text{当 } n > 2 \end{cases}$$

也有很多非数值计算问题具有这种特征。例如,要求出一个数据序列中的最大者,假设数据都存放在数组 a 的 N 个元素 a[0],a[1],…,a[N-1]中,那么最大值满足如下式子:

$$\max_{0 \cdots n}(a) = \begin{cases} a[0] & \text{当 } n = 0 \\ \max(a[n], \max_{0 \cdots n-1}(a)) & \text{当 } 0 < n < N \end{cases}$$

其中,$\max_{0 \cdots n-1}(a)$ 表示数组元素 a[0]~a[n-1]中的最大值;$\max_{0 \cdots n}(a)$ 表示数组元素 a[0]~a[n]中的最大值,它相当于求 a[n]与 $\max_{0 \cdots n-1}(a)$ 之间的最大值。这个式子告诉我们,这个最大值可以这样求:

(1) 如果 n=0,则 a[0]就是最大值。

(2) 如果 0<n<N,则先求出 a[0]~a[n-1]的最大值,然后将其与 a[n]进行比较,较大者即为 a[0]~a[n]中的最大值。

在计算机程序中,这类迭代或递推问题可以通过递归函数(程序)解决。用递归函数解决迭代或递推问题时,将整个递归问题描述为一个以问题规模为参数的函数,在函数中,用分支语句分别实现递归的两部分。对第二部分的"按类似方法解决",主要通过设置不同的参数来调用递归函数实现,而且这个参数规模上要有所减少。

例 7.10[*] 用递归算法计算 Fibonachi 数列。

```
1  long Fibo(int n){                /*参数 n 表示计算数列第 n 项的值*/
2      long value;
3      if (n==1 || n==2)            /*第一部分,直接求出*/
4          value=1;
5      else
6          value=Fibo(n-1)+Fibo(n-2);  /*第二部分,实参 n-1 和 n-2 递归调用*/
7      return value;
8  }
```

例 7.11[*] 用递归算法求一维数组中的最大值。

```
1  int array_max(int a[], int n){   /*参数 n 表示求数组 a 前 n 项中的最大值*/
2      int value;
3      if (n==0) value=a[0];        /*第一部分,直接求出*/
4      else {
5          value=array_max(a, n-1); /*递归调用,实参 n-1 表示问题规模*/
6          if (a[n]>value)
7              value=a[n];
8      }
```

```
 9        return value;
10    }
```

递归是一种概念性、思想性的技术,没有一定的规程,要很好地掌握它就需要良好的抽象能力和较多的训练。下面就递归程序设计归纳出3个要点:

(1) 划分问题,寻找递归。许多问题并没有明显的递归解法,这就需要观察问题,寻找递归方案。在观察问题的时候,始终注意问题是否可以分为两种情况处理:一种是比较特殊的,往往是某些值处于临界状态,可以直接解决;另一种可按与原问题的解法类似的方式进行。

(2) 设计函数,确定参数。如果问题可以用递归的方式解决,那么一定要用函数(子程序)的方式。函数的参数尤为重要,它决定着递归的实现。函数的参数中应该至少有一种反映问题规模的参数,依据该参数,才能将问题分解为第一种情况和第二种情况,而且递归函数调用自身的时候,该参数要根据子问题的规模进行相应调整。

(3) 设置边界,控制递归。递归调用本质上是循环,因此必须设置好递归的条件,否则递归无法结束。由于第一种情况是不用继续递归,因此第一种情况就相当于循环结束的控制条件。为此,递归函数的调用要确保能够在某一次到达第一种情况。

7.2.3 Hanoi 塔问题

Hanoi 塔(汉诺塔)问题是一个非常著名的问题。设有 A、B、C 共 3 根塔座,在塔座 A 上堆叠 64 个金盘,每个盘大小不同,只允许小盘在大盘之上,最底层的盘最大,如图 7.7 所示。现在要求将 A 上的盘全都移到 C 上,在移动的过程中要遵循以下原则:每次只能移动一个盘;圆盘可以插在 A、B 和 C 任一个塔座上;在任何时刻,大盘不能放在小盘的上面。

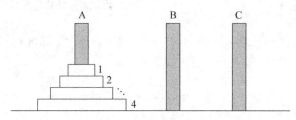

图 7.7 Hanoi 塔问题的初始状态

分析:如何实现移动圆盘呢?如果只有一个圆盘,问题比较简单,只要将该圆盘从塔座 A 直接移到 C 上即可;如果有 2 个圆盘,需要用塔座 B 作辅助塔,先将小圆盘移到 B 塔上去,然后将大圆盘移到 C 塔上去,再将小圆盘从 B 塔移到 C 塔;现在考虑有 n 个圆盘,这时,如果能设法将最上面的 n-1 个圆盘从塔座 A 移到塔座 B,则可先将最底层的那个圆盘从塔座 A 移到塔座 C,然后再将那塔座 B 上的 n-1 个圆盘移到塔座 C 上。而如何将 n-1 个圆盘从一个塔座移到另一个塔座是一个和原问题相似的问题,只是问题的规模小 1,因此可以用同样的方法来求解。

容易看出,这个问题可以用递归来解决,因为它符合递归问题的典型特征。为了编程方便,给每个圆盘一个编号,位于最上面的圆盘的编号为 1,其余编号依次为 2,3,…,n。

根据上述分析,求解 Hanoi 塔(汉诺塔)问题的递归算法如下:

```
1   /*把n个圆盘从塔A移到C上,借助塔B*/
2   void hanoi(int n, char a, char b, char c){
3       if (n>0) {                          /*n<=0时,没有圆盘可移,因而充当终止条件*/
4           /*将塔A上的n-1个圆盘移到B,借助塔C*/
5           hanoi(n-1, a, c, b);
6           /*将n号圆盘从塔座A移到C,显示移动结果*/
7           printf("Move disc: %d from %c to %c\n", n, a, c);
8           /*将塔B上的n-1个圆盘移到C,借助A*/
9           hanoi(n-1, b, a, c);
10      }
11  }
```

例如,若盘子的数量为3,则该程序的输出为:

```
Move disc: 1 from A to C
Move disc: 2 from A to B
Move disc: 1 from C to B
Move disc: 3 from A to C
Move disc: 1 from B to A
Move disc: 2 from B to C
Move disc: 1 from A to C
```

请读者补充 main 函数,写出完整的程序并运行。

当 n=3 时,调用与返回的情形如图 7.8 所示。为了方便,将该函数简写为:

```
h(n, a, b, c){
    h(n-1, a, c, b);
    move n: a→c;
    h(n-1, b, a, c);
}
```

由于递归算法结构清晰,可读性强,而且容易用数学归纳法来证明算法的正确性,因此它为设计算法、调试程序带来了很大方便。然而递归算法的运行效率低,无论是耗费的时间还是占用的内存空间都比非递归算法多。有些递归算法能很容易地转化为非递归算法,如前面介绍的求阶乘的算法;然而,有些递归算法则很难直接转化为非递归算法,这需要对问题的本质有更为深刻的认识,而且往往需要其他数据结构(如栈)的支持。

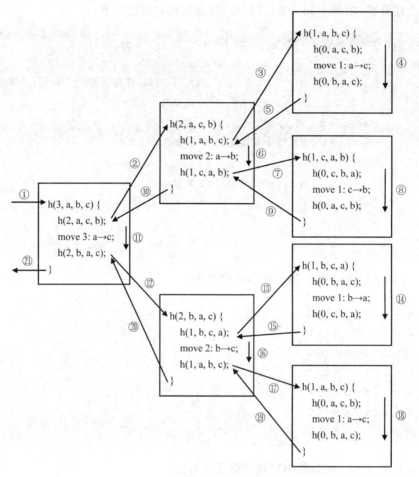

图 7.8 Hanoi 塔问题的函数递归调用过程示例

程序的函数分解

前面已经介绍了如何用函数来编程,函数编程带来的好处,以及含有多个函数的程序执行流程,现在需要探讨的问题是:面对一个问题,构造哪些函数来解决这个问题?

1969 年,Wirth 提出采用"自顶向下、逐步求精、分而治之"的原则进行大型程序的设计。其基本思想是:从欲求解的原问题出发,运用科学抽象的方法,把它分解成若干相对独立的小问题,依次细化,直至各个小问题获得解决为止。这一思想对于程序设计产生了深远的影响,并成为程序设计中的一项基本技术。

在前面的章节中所介绍的例子都比较简单,程序本身不太复杂,所以程序代码主要包含在 main 函数中,另外辅以少数简单函数。初学者也喜欢将所有代码都放在 main 函数中,因为这样简单直接。对于一个较大或较复杂的问题,就不宜把所有内容都放在一个函数中,这样程序的结构杂乱,且不易理解。对于这样的问题,我们建议采取逐步求精、分而治之的思想,将整个程序分解为若干功能。实际上,任何复杂问题都可以认为是若干功能的组合和调用形成的。一个函数实现了一个相对比较独立而完整的功能。如果每个功能都比较简单就直接实现,否则继续分解,直到可以直接实现为止。

也就是说,程序可以分解为由若干函数构成,但是如何分解程序,什么样的程序片段适合作为函数,没有统一的答案和明确的方法。对于一个实际问题,采取什么处理技术,这与程序设计者对应用系统解决问题的理解、技术经验、知识结构有关。下面几点是一些经验之谈。

第一,在功能上相对比较独立的、实现了比较完整功能的程序片段可以作为函数。例如,前面的例子将求组合数的程序片段封装在函数 combination 中,便是出于这样的考虑。将这样的程序片段封装为函数,符合结构化程序设计和模块化程序设计的思想,有利于理清程序的结构,提高程序的可读性。

第二,可能多次使用的程序片段、功能上重复的程序片段可以作为函数。比如在前面的例子中将求阶乘的程序片段抽象为一个函数 factorial,这个函数就可以多次使用,而且还有可能给其他程序使用,从而实现了复用的目的。

第三,公用的算法。有些算法对于不同的应用系统都可能用到,例如,数学函数 sqrt(x)、sin(x)、cos(x) 等。大多数的 C 语言编译系统都设计了大量的大众公用算法函数——标准库函数,以供用户调用。程序设计人员通过编写调用函数表达式就可以调用库函数,而不必知道函数体的算法流程,为此大大减轻了程序员的劳动强度,提高了开发应用程序的效率。

第四,不宜在一个函数中包含太长、太复杂的代码。因为,函数中的代码太多、太复杂就容易出错,可靠性就不能保障。根据程序设计的经验,较长的程序代码中总是有一些程序片段可以抽象为函数调用。

下面通过一个完整的实例来介绍程序的函数分解的思路与过程。

例 7.12* 编写一个程序,输入年份和月份,输出这一月的日历(如图 7.9 所示)。

下面试着分析这一问题,并给出程序分解的方案。

该问题比较复杂。为了清晰起见,主函数中主要接受用户的输入,将程序的主体功能放在函数 print_calendar 中,它需要两个分别表示年份和月份的参数,该函数根据这两个参数输出日历,无须返回函数值,为此,函数原型为:void print_calendar(int year, int month)。

下面把注意力集中在分析函数 print_calendar 的算法上。一个日历可以分两部分输出,其中,日历头部比较简单,输出当前年份、月份以及"日 一 二 三 四 五 六",这部分可以直接输出;日历主体是关键,相对比较复杂。因此,可以设计两个函数 print_header 和 print_body,分别输出日历头部和日历主体。函数 print_header 的算法比较简单,为节省篇幅这里就不详细阐述了,函数原型可设计为 void print_header(int year, int month)。

图 7.9 日历表

下面重点分析 print_body 函数的算法。要输出某年某月的日历,需要知道:①该月份第一天为星期几;②该月份的天数。知道这两个信息,便可以输出日历。为此,函数的原型设计为 void print_body(int firstday, int days)。

接下来，可以设计两个函数分别获取这两方面的信息。首先，用函数 weekday 来获取某年某月第一天为星期几，函数 weekday 可以只带两个参数：年份和月份，但是为了更一般化，可以带 3 个参数：年、月和日，这样函数 weekday 就可以求出任一给定日期对应为星期几，这更有用一些。为此，函数原型可设计为 int weekday(int year, int month, int day)。其次，用函数 days_in_month 获取某年某月的天数，它带两个参数：年份和月份，函数原型为 int days_in_month(int year, int month)。

继续对函数 weekday 进行分析，要求任一给定日期对应为星期几，需要有一个参照日，并已知该参照日对应为星期几。这样就可以先求出给定日期和参照日之间相隔的天数，然后对该相隔天数用 7 取模，就可换算成给定日期为星期几。一个常用的参照日是 1900 年 1 月 1 日，对应星期一。如果用 0~6 分别对应周日、周一、周二、周三、周四、周五和周六，那么 1900 年 1 月 1 日对应于值 1（即周一）。为了方便计算，本程序以 1900 年 1 月 0 日（即 1899 年 12 月 31 日）为参照日，它对应于值 0（即周日），这也是经常采用的方法。然后计算当前参数给出的日期和 1900 年 1 月 0 日之间的相隔天数，并对 7 取模，结果便是所求的工作日。在此过程中，也需要用到函数 days_in_month 求出某年某月的天数。

函数 days_in_month 求某年某月的天数，经常被调用；在该函数的实现过程中，需要判断当前年份是否为闰年，这一判断经常用到，因此可再将它抽出来作为一个函数 leapyear，这种类型的函数相当于一个谓词，因此常称为谓词函数，典型的谓词函数还有判断素数的函数等。对于闰年，leapyear 的值为 1，否则为 0，所以函数原型为 int leapyear(int year)。

分析到了这一步之后，可以看到整个程序可以分解为若干个函数，而每个函数已经足够简单，可以直接实现。因此程序的分解到此为止，最后整个程序如下：

```
1   #include <stdio.h>
2   /*对函数的声明，建议对所有的函数都进行声明*/
3   void print_calendar(int, int);        /*输出给定年月的日历表的控制函数*/
4   void print_header(int, int);          /*输出给定年月的日历表头部的函数*/
5   void print_body(int, int);            /*输出给定年月的日历表主体部分的函数*/
6   int weekday(int, int, int);           /*求给定日期对应星期几的函数*/
7   int days_in_month(int, int);          /*求给定年月的天数的函数*/
8   int leapyear(int);                    /*判断给定年份是否为闰年的函数*/
9   int main() {
10      int year, month;
11      printf("请输入年份和月份：");
12      scanf("%d%d", &year, &month);
13      print_calendar(year, month);
14      return 0;
15  }
16  /*根据给定的年份和月份输出日历表的控制函数*/
17  void print_calendar(int year, int month){
18      int firstday, days;
19      firstday=weekday(year, month, 1);
20      days=days_in_month(year, month);
21      print_header(year, month);
```

```
22        print_body(firstday, days);
23    }
24    /*求给定年月日对应于星期几,0～6分别表示周日～周六*/
25    int weekday(int year, int month, int day)   {
26        int days=0, i;
27        for (i=1900; i<year; i++){
28            days+=365;
29            if (leapyear(i))    days+=1;
30            days=days%7;
31        }
32        for (i=1; i<month; i++){
33            days+=days_in_month(year, i);
34            days=days%7;
35        }
36        days=(days+day)%7;
37        return days;
38    }
39    /*求给定年月的天数*/
40    int days_in_month(int year, int month){
41        int day;
42        switch (month){
43            case 1: case 3: case 5: case 7: case 8: case 10: case 12:
44                day=31; break;
45            case 4: case 6: case 9: case 11:
46                day=30; break;
47            case 2: if (leapyear(year)) day=29;
48                    else  day=28;
49        }
50         return day;
51    }
52    /*输出给定年月的日历表的头部*/
53    void print_header(int year, int month){
54        printf("\t%4d年%2d月\n\n", year, month);
55        printf("日 一 二 三 四 五 六\n");
56    }
57    /*输出给定年月的日历表的主体部分*/
58    void print_body(int firstday, int days)   {
59        int i, weekday;
60        for (i=0; i<firstday; i++)   printf("   ");       /*循环一次输出3个空格*/
61        weekday=firstday;
62        for (i=1; i<=days; i++){
63            printf("%2d ", i);           /*%d之后有一个空格*/
64            weekday+=1;
65            if (weekday%7==0)
```

```
66            printf("\n");
67        }
68    }
69    /*判断给定年份是否为闰年*/
70    int leapyear(int year){
71        return (year%4==0 && year%100!=0 || year%400==0);
72    }
```

编译运行该程序,输入年份和月份:

```
2015 6↵
```

可得到如图7.9所示的输出结果。

在这个例子中,我们定义并实现了很多关于日期和时间的函数。这些函数不仅可以用于本例,也可以用于其他程序中。为了实现函数的复用,程序员往往把那些需要复用的函数独立出来,存放在一个或者若干个文件中,这样以后再次调用这些函数时,就不用重复定义,可以直接通过#include命令来包含这些文件,然后直接调用即可。

在这个程序中,print_calendar、weekday、days_in_month、leapyear等函数也可以被其他程序调用,为此把这几个函数的声明及其实现(即函数源代码)独立出来。C程序的源代码可能存在于两种文件中:头文件(.h文件)或者C文件(.c文件)。一般来说,头文件中存放的是常量、变量和函数等的声明,而C文件中存放的是函数的具体实现。把声明和实现分开,是与程序设计中"信息隐藏"的原则对应的。"信息隐藏"是软件设计中的一条基本原则,其思想是把那些容易变化的设计隐藏起来,而只给用户提供一个很少变化的接口。比如,函数的实现可能会变化,但是函数的接口一般很少变化,因此把函数的接口与函数的实现细节分开有很多好处,如把变化减到最小,避免重构整个应用程序等。

读者如果细心的话,可以发现不管哪种C编译系统,其中库函数的接口与实现一定都是分开的。读者可以在所使用的C编译系统的目录下,找到一个目录,其中包含了很多.h文件(这个目录一般是inlude目录)。打开其中一个.h文件,如stdio.h文件,可以发现,其中定义了很多函数,如常用的printf和scanf等,但是该文件中并不包含这些函数的实现。而且事实上我们一般是找不到这些函数对应的实现源代码的,也就是说,库的设计者们把这些函数的实现细节对用户隐藏起来了。当我们在程序中用#include <stdio.h>命令时,实际上是告诉编译系统把stdio.h头文件包含进来,由于该头文件中包含了printf等输入输出函数的声明,因此在我们的程序中可以直接调用这些函数,这里,我们只需要知道库或者函数的接口,不需要知道其细节。

以上解释的是为什么要把声明和实现分开。现在可以构造自己的一个库,这个库包含了一些日历相关的功能。初始时,这个库仅包含print_calendar、weekday、days_in_month、leapyear、print_header和print_body 6个函数,其中对用户有价值的是print_calendar、weekday、days_in_month、leapyear 4个函数,另外两个函数是辅助函数。仿照标准库的构造方式和"信息隐藏"原理,把相关代码组织在两个文件中,其中calendar.h中存放的是库的接口,即声明,而calendar.c中存放的是函数的实现。两个文件的内容分别如下。

(1) 头文件 calendar.h：

```
1  #include <stdio.h>
2  void print_calendar(int, int);      /*输出给定年月的日历表的控制函数*/
3  void print_header(int, int);        /*输出给定年月的日历表头部的函数*/
4  void print_body(int, int);          /*输出给定年月的日历表主体部分的函数*/
5  int weekday(int, int, int);         /*求给定日期对应星期几的函数*/
6  int days_in_month(int, int);        /*求给定年月的天数的函数*/
7  int leapyear(int);                  /*判断给定年份是否为闰年的函数*/
```

(2) 源代码文件 calendar.c：

```
1  #include "calendar.h"
2  /*根据给定的年份和月份输出日历表的控制函数*/
3  void print_calendar(int year, int month){
4      …                               /*具体的程序代码前面已经给出,这里不再重复*/
5  }
6  /*求给定年月日对应于星期几,0～6分别表示周日～周六*/
7  int weekday(int year, int month, int day)  {
8      …                               /*具体的程序代码前面已经给出,这里不再重复*/
9  }
10 /*求给定年月的天数*/
11 int days_in_month(int year, int month){
12     …                               /*具体的程序代码前面已经给出,这里不再重复*/
13 }
14 /*输出给定年月的日历表的头部*/
15 void print_header(int year, int month)  {
16     …                               /*具体的程序代码前面已经给出,这里不再重复*/
17 }
18 /*输出给定年月的日历表的主体部分*/
19 void print_body(int firstday, int days)  {
20     …                               /*具体的程序代码前面已经给出,这里不再重复*/
21 }
22 /*判断给定年份是否为闰年*/
23 int leapyear(int year){
24     …                               /*具体的程序代码前面已经给出,这里不再重复*/
25 }
```

注意,在 calendar.c 中要包含 #include "calendar.h" 命令,它告诉编译器把 calendar.h 包含进来,如果没有该命令,calendar.c 就无法编译。

现在包含 main 函数的文件就很简单,它只包含 main 一个函数,其内容如下：

```
1  #include "calendar.h"
2  int main()  {
```

```
3       int year, month;
4       printf("请输入年份和月份：");
5       scanf("%d%d", &year, &month);
6       print_calendar(year, month);
7       return 0;
8   }
```

注意，在该文件中，不用再包含 stdio.h，因为 calendar.h 中已经包含了该头文件。此外，当下次还要调用 calendar.h 中的某个函数时，只需用同样的方法：包含 calendar.h，然后直接调用该函数即可。

那么到底头文件中可以包含哪些代码？不能包含哪些代码？C 语言的语法没有强行的规定。根据经验的总结，以下内容放在头文件中比较合适。

(1) 包含指令(源文件嵌入)。例如：

```
#include <stdio.h>
#include "calendar.h"
```

(2) 函数声明。例如：

```
int weekday(int, int, int);
```

(3) 类型声明。例如：

```
enum BOOLEAN {false, true};
```

(4) 宏(符号常量)定义。例如：

```
#define PI 3.14159
```

(5) 具有外部链接的全局变量声明。例如：

```
int m[20];
```

而对于函数的定义、具有内部链接的全局变量声明等代码不宜包含在头文件中。

例 7.13* 编写一个程序，计算用户输入的一个表达式的值，该表达式中只有＋、－运算符。

对于这个问题，可以在例 7.4 的基础上加以改进，使得可以完成多步计算。对只有＋、－运算符的表达式，可以简单地从左至右依次扫描，每当读入一步计算式(一个运算符和左右两个操作数)之后，便计算这一步运算的结果，该结果作为下一步运算的左操作数，然后继续读取下一个运算符和它的右操作数，并计算这一步运算的结果，然后依次继续处理，直到表达式计算完毕。

对应这一思路的程序如下所示：

```
 1  #include <stdio.h>
 2  #include <stdlib.h>
 3  /*函数声明*/
 4  double evaluate(double, char, double);
 5  int main(){
 6      double left, right, result;
 7      char op;
 8      printf("输入四则运算表达式:\n");
 9      scanf("%lf", &left);              /* left 是左操作数 */
10      while (1){
11          op=getchar();                 /* op 是运算符 */
12          if (op=='\n')  break;         /* 按回车结束 */
13          scanf("%lf", &right);         /* right 是右操作数 */
14          left=evaluate(left, op, right);
15          /*计算 left op right 的结果(如 5+3),并赋给 left */
16      }
17      printf("计算结果:%lf\n", left);
18      return 0;
19  }
```

例7.14* 输入一个不含括号的四则运算表达式,输出计算结果。

分析:本题是例7.13的延伸,要考虑+、-、*、/ 4 种运算符,它的思路稍微复杂一些,我们先梳理一下算法。

与例7.13相比,本题的区别在于4种运算符具有两种不同的优先级:+和-具有一样的优先级,而*和/具有相同的优先级。在例7.13中,每次读到了一步计算式,就可以立即计算出这一步计算式的运算结果;但是现在不能在每次读入一步后立即计算这一步的结果,因为下一步的运算符可能具有更高的优先级。不过,我们发现,因为只有两种优先级,所以每次读了两步计算式之后,一定可以计算出其中一步计算式的结果。例如,读了6+3*9之后,不管后面是什么运算符,3*9一定可以计算出来;而读取6+3+9之后,不管后面是什么,6+3一定可以计算出来。依次读取并计算,最后一步的计算结果即为表达式的值。

根据以上思路,可以写出算法的伪代码(也可以画出流程图)如下:

```
value1 ← 读取一个操作数
op1 ← 读取一个操作符
value2 ← 读取下一个操作数
op2 ← 读取下一个操作符
while (op2 不是结束符){
    value3 ← 读取下一个操作数
    if (op2 优先级高于 op1)
        value2 ← 计算 value2 op2 value3
    else {
        value1 ← 计算 value1 op1 value2
```

```
        op1 ← op2
        value2 ← value3
    }
    op2 ← 读取下一个操作符
}
result ← value1 op1 value2
输出 result
```

下面把这个思路转换成程序。对于这种稍微复杂的程序,要秉持"自顶向下、逐步求精"的原则。为此,首先把程序的框架或主干写出来,其中需要进一步描述的地方暂时用函数代替。主干部分完成之后,再去实现这些函数(求精)。程序的主干部分如下:

```c
1   int main()  {
2       double value1, value2, value3, result;
3       char op1, op2;
4       printf("输入四则运算表达式:\n");
5       value1=get_operand();                    /* value1 是左操作数 */
6       op1=get_operator();                      /* op1 是当前步的操作符 */
7       if (op1=='\n')           /* 如果只有一个操作数,表达式的值即为该操作数 */
8           result=value1;
9       else {
10          value2=get_operand();                /* value2 是右操作数 */
11          while ((op2=get_operator())!='\n'){  /* op2 是下一步的操作符 */
12              value3=get_operand();            /* value3 是下一步的右操作数 */
13              if (prior(op2, op1)>0)
14                  /* 如果 op2 优先级高于 op1, 则计算 value2 op2 value3 的值 */
15                  value2=evaluate(value2, value3op1, value3);
16              else {
17                  /* 如果 op2 优先级不高于 op1, 则计算 value1 op1 value2 的值。 */
18                  value1=evaluate(value1, op1, value2);
19                  op1=op2;                     /* 置下一步成为当前步 */
20                  value2=value3;
21              }
22          }
23          result=evaluate(value1, op1, value2); /* 当前步的结果即为最终结果 */
24      }
25      printf("结果为:%f\n", result);
26      return 0;
27  }
```

下一步,将上述代码中未实现的 get_operand()、get_operator()、prior()和 evaluate()函数实现。evaluate 函数在例 7.13 中已经实现,因此忽略。其他函数的实现如下:

```
1   /*读取一个操作数并返回*/
2   double get_operand(){
3       double val;
4       scanf("%lf", &val);
5       return val;
6   }
7   /*读取一个操作符并返回*/
8   char get_operator(){
9       char c=getchar();
10      return c;
11  }
12  /*函数prior比较两个运算符op1和op2的优先级
13   *如果op1优先级高于op2,则返回1
14   *如果op1优先级低于op2,则返回-1
15   *如果op1优先级等于op2,则返回0*/
16  int prior(char op1, char op2)  {
17      int flag;
18      if (op1=='*' || op1=='/')
19          if (op2=='+' || op2=='-')    flag=1;
20          else                          flag=0;
21      else                              /*此时op1=='+'或op1=='-'*/
22          if (op2=='+' || op2=='-')    flag=0;
23          else                          flag=-1;
24      return flag;
25  }
```

在本例中,get_operand()、get_operator()等函数比较简单,也可以直接嵌入到主程序中。但是,保留下来也有好处。在上面的程序中,表达式中间不能有空格。考虑一下,如果允许表达式首尾、中间有空格,要怎么改进?例如,下面的表达式:

$$6 + 3 * 9 - 8 / 4$$

这时,主程序不需要做任何修改,只需要修改函数 get_operator() 的实现即可。请读者自行完成。

C 程序结构

本节总结 C 程序的构成。一个完整的 C 程序有如下基本组成部分:编译预处理命令、全局声明、main 函数和用户自定义函数。下面分别说明。

7.4.1 编译预处理命令

编译预处理命令为编译系统提供了预编译功能。所谓的预编译功能,是指编译器在对源程序正式编译前,可以根据预处理指令先做一些特殊的处理工作,然后将预处理结果与源程序一起进行编译。

C语言提供的编译预处理功能主要有3种：文件包含、宏定义、条件编译。这3种功能分别以3条编译预处理命令♯include、♯define、♯if来实现。编译预处理指令不属于C语言的语法范畴，因此为了和C语句区别开来，预处理指令一律以符号♯开头，以"回车"结束，每条预处理指令必须独占一行。

1. 文件包含命令

文件包含预处理，就是在源文件中通过♯include命令指示编译器将另一段源文件包含到本文件中来。

例如，源文件f1.c中有一句♯include "f2.h"编译预处理命令，如图7.10(a)所示。编译预处理后文件f1.c的完整结构如图7.10(c)所示。编译时先将f2.h(图7.10(b))的内容复制嵌入到f1.c中来，即进行"包含"预处理，然后对完整的f1.c(图7.10(c))进行编译，得到相应的目标代码。

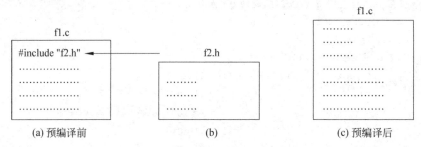

图7.10　文件包含编译预处理命令

文件包含指令有两种使用方式。

第一种形式，用尖括号括起被包含源文件的名称，格式如下：

```
#include <文件名>
```

第二种形式，用双引号括起被包含源文件的名称，格式如下：

```
#include "文件名"
```

文件名按操作系统的要求定义，可以包括路径信息。例如：

```
#include <math.h>
#include "xyz.h"
#include "c:\mydir\head2.h"
```

♯include＜文件名＞方式常用来包含标准库文件(如stdio.h)或者系统头文件(如windows.h)。这些头文件一般存储在系统指定的目录中，如在作者的Windows 7系统中安装了Visual Studio 2015后，头文件stdio.h在以下目录中：

C:\Program Files(x86)\Windows Kits\10\Include\10.0.10150.0\ucrt\

当C编译器识别出这条♯include＜文件名＞命令后，它去搜索相应的系统目录以寻找这些头文件。

♯include "文件名"方式常用来包含程序员自己建立的头文件、源程序或者其他开发者创建的头文件、源程序。当编译器识别出这条♯include "文件名"命令后,它先搜索当前文件所在的目录,以及当前开发环境所指定的目录,如果没有找到就再去搜索相应的系统子目录(如果"文件名"中已指定路径信息,则在指定目录中搜索)。

2. 宏定义与宏替换

C语言中的宏可以实现字符串替换。宏定义的简单形式是不带参数的宏定义,即符号常量定义,而带参数的宏定义则是它的复杂形式。

1) 不带参数的宏定义

不带参数的宏定义常用来定义符号常量。C语言提供符号常量定义的预处理手段,指定一个有物理含义的名称(标识符)来代表一个具体常量(可以把它视为一个可替换的正文字串)。不带参数的宏定义的一般形式为:

```
#define 标识符 具体常量
```

这种方法使得用户能以一个简单易记的常量名称代替一个较长而难记的具体常量,人们把这个标识符(名称)称为"宏名",预处理时用具体的常量替换宏名,这个过程称为"宏展开"。例如:

```
#define PI 3.14159
```

它的作用是指定名称 PI 对应常数 3.14159,程序中原先需要使用 3.14159 而其含义又为圆周率 π 的地方都可以改用 PI。这样一来,凡是程序中出现 PI 的地方,经预处理后都会被替换成 3.14159。

可以看出,宏定义除了易记之外,还有易改的特点。当程序中多处使用 3.14159 作为 π 值参与运算时,一旦觉得精度不够,只需要将♯define PI 3.14159改成要求的精度,例如♯define PI 3.1415926。这样预处理时,程序语句中凡是写 PI 之处全都被替换成 3.1415926 进行编译。

注意,因为宏定义不是C语句,不必在行尾加分号。而为了与变量名区别,人们常常习惯用大写字母表示宏名。又由于宏展开时只进行简单的置换,不进行语法检查(语法错误放在编译过程中检查),所以要注意替换的正确性,特别是在连续逐级层层替换时尤其要小心。例如:

```
#define ONE 1
#define TWO ONE+ONE
```

当程序语句中有 x=TWO 时,则被替换成 x=ONE+ONE,即 x=1+1。而当语句中有 x=3*TWO 时,则被替换成 x=3*ONE+ONE,即 x=3*1+1。替换结果与语句 x=3*TWO 的本意不符。因此,常常将♯define中的替换字串表达式用括号括起来形成一个整体,连括号一块参与替换。如果上例改成:

```
#define TWO (ONE+ONE)
```

则 x=3*TWO 被替换成 x=3*(ONE+ONE) 即 x=3*(1+1),替换结果与语句本意相符。

通常,#define 命令写在文件开头、函数之前,作为文件的一部分,此时宏定义的作用域为该文件的整个范围。也可以把宏定义安排在程序中函数定义之外的其他位置上,此时宏定义的作用域为该文件中从宏定义开始的整个范围。注意,在使用符号常量之前一定要先定义。另外,还可以用 #undef 命令提前终止宏定义的作用域。例如:

```
#define PI 3.14159              /* PI 开始有效 */
int main(){
    …
}
#undef PI                       /* PI 开始无效 */
int fun(){
    …
}
```

2) 带参数的宏定义

#define 还可以定义带参数的宏,其一般形式为:

```
#define 宏名(参数表) 替换字串
```

在尾部的替换字串中一般都含有宏名括号里所指定的参数,它不仅进行简单的常量字串替换,还要进行参数替换。在预处理时,编译器将程序中的实际参数代替宏中有关的形式参数。例如,定义一个三角形周长的带参宏 L 为 3 边 a、b、c 之和:

```
#define L(a, b, c) (a+b+c)
```

其定义中的替换字串还不是最终的量,必须根据程序语句中实际使用宏名 L 时所带的具体参数 a、b、c 的值来确定替换字串的内容,假如程序中有下面的宏引用:

```
perimeter=L(5, 7, 9);
```

则宏展开时被替换成了:

```
perimeter=(5+7+9);
```

这里,我们按习惯将替换正文的表达式 a+b+c 用括号括起来形成一个整体(a+b+c),那么在替换时就可以避免结果与原意不符的情况。假如宏定义为:

```
#define L(a, b, c) a+b+c
```

而程序中的宏引用为 x=6*L(5,7,9),则宏展开时被替换成了 x=6*5+7+9,与原

意不符。但是即使用括号将表达式括起来形成整体,有时仍然会带来副作用。例如:

```
#define Y(a, b) (a * b)
```

在使用 Y(100−21, 5)时,它就会被替换成(100−21 * 5),这显然也是与原意不符的。因此,使用宏时要特别小心。从参数替换角度看,宏与函数相似,都要用实际参数代替形式参数,但本质上两者还是不同的。宏展开在预处理时进行,函数则在程序执行调用时才起作用;带参宏定义只进行简单的字符串替换,而没有函数那样的参数运算,既不进行值的传递,也没有"返回值"的概念。

尽管宏简单易用,但是现在大部分程序员都一致认为:尽量不要使用宏。这是因为,一方面,宏是无类型的,在编译时替换,不方便调试;另一方面,宏会带来意想不到的副作用。而且,宏所带来的好处用其他方法也可以达到:

(1) 在需要定义符号常量的时候,用 const 变量来代替。例如,可以声明 const 变量 PI:

```
const float PI=3.14;
```

这里 PI 是 const 变量,它的值不会改变,而且它是有类型的,在调试时是可见的,比定义一个符号常量 PI 要好得多。

(2) 在需要定义带参宏的时候,用 inline 函数(内联函数)来代替。inline 是 C 语言中新加入的一个关键词。它用于修饰函数。例如:

```
inline double fahr(double t){
    return (9.0 * t)/5.0+32.0;
}
```

定义了一个 inline 函数。inline 函数的特点是,它的执行速度几乎和带参数的宏定义一样快,且保留了函数的所有优点,例如无副作用、支持调试等。但是,并非所有的参数都适合定义为 inline 函数,只有一些比较简单的函数才适合。不管怎样,inline 函数是带参数的宏定义的最好替代品。

3. 条件编译命令

C 语言属于计算机高级语言,原理上高级语言的源程序与系统无关,然而,对于不同的系统,C 语言的源程序还是存在着微小差别的。在用 C 语言编写程序时,为了提高其应用范围,或者说为了提高它的可移植性,C 语言的源程序中的一小部分内容需要针对不同的系统编写不同的代码,使之在给定的系统中选择其中有效的代码进行编译。条件编译预处理指令就是提供这方面功能的预处理指令。

1) #ifdef 和 #ifndef

条件编译预处理命令 #ifdef 是一种特殊形式的条件编译预处理命令,它是通过测试标识符(宏名或常量)是否被定义来决定编译对象。其格式如下:

格式一：

```
#ifdef 标识符
    语句组 1
#else
    语句组 2
#endif
```

格式二：

```
#ifdef 标识符
    语句组 1
#endif
```

格式三：

```
#ifndef 标识符
    语句组 1
#else
    语句组 2
#endif
```

格式一中的 ifdef 意思为 if defined，其作用是：如果定义了该标识符就将语句组 1 编译成相应目标代码，否则将语句组 2 编译成相应目标代码。

格式二是格式一的变形。

格式三中的 #ifndef，意思为 if not defined，其作用是：如果被测标识符没被定义就将语句组 1 编译成相应目标代码，否则将语句组 2 编译成相应目标代码。

条件编译有时能够帮助解决程序的可移植问题，提高通用性；同时，也便于程序的调试工作。另外一个常见的用法是防止重复包含头文件。考虑以下情形：现有 3 个文件 source.c、header.h 和 common.h，如下所示，source.c 中包含了 header.h 和 common.h 两个头文件，而 header.h 中也包含了 common.h。这时，source.c 中便会包含 common.h 两次，也就是重复包含。重复包含不仅让最终编译的文件 source.c 变长，而且会导致错误。在这个例子中，最后编译的 source.c 文件中会出现两次 max 函数的定义，显然是无法通过编译的。

source.c	header.h	common.h

`#include "common.h"`
`#include "header.h"`
...
	`#include <stdlib.h>`
	`#include "common.h"`
	...
		`#define PI 3.14`
		`int max(int a, int b) {`
		　　...
		`}`

要防止重复编译，只需要在 common.h 文件中加入一些预处理指令，加入后如下：

第7章 函数与结构化程序设计

```
#ifndef COMMON_H                        /*加入的预处理指令*/
#define COMMON_H                        /*加入的预处理指令*/
#define PI 3.14
int max(int a, int b){
    ...
}
#endif                                  /*加入的预处理指令*/
```

这样就可以防止重复包含了。事实上,如果你打开标准库函数所在的头文件,就会发现这些文件中都有类似的预处理指令。

2) #if

这种形式的条件编译命令,含义直观而明确。有两种格式,分别为:

格式一:

```
#if 逻辑条件表达式
    语句组 1
#else
    语句组 2
#endif
```

格式二:

```
#if 逻辑条件表达式
    语句组 1
#endif
```

条件编译中的逻辑条件表达式是在编译时求其逻辑值的,因此条件中只能使用已定义的宏名或常量,而不能使用语句中的变量(因为变量是在最后的目标程序运行中才获得其值)。

例 7.15* 使用条件编译方法,在不同的系统中正确地调用进程/线程挂起函数。

说明:在 Windows 中,使用 Sleep 函数将一个程序挂起一定时间,该函数在头文件 windows.h 中被声明,此时单位为毫秒;在 Linux 中,则使用 sleep 函数,它在头文件 unistd.h 中被声明,此时单位为秒。如果程序要跨平台使用的话,可以使用条件编译,使得在不同的系统中包含不同的头文件,并按照正确的单位调用。如下所示:

```
1  #include <stdio.h>
2  #if defined(_WIN32)
3      #include <windows.h>
4  #else
5      #include <unistd.h>
6  #endif
7  int main(){
```

```
8        int i;
9        for (i=0; i<100; i++){
10           printf("%-4d", i);
11           #if defined(_WIN32)
12              Sleep(1000);
13           #else
14              sleep(1);
15           #endif
16           printf("\b\b\b\b");
17       }
18       return 0;
19   }
```

该程序在 VC 编译器中可以成功编译运行。VC 编译器都定义了 WIN32 宏,所以在编译的时候,会包含 windows.h 头文件(第 3 行),并执行"Sleep(1000);"语句(第 12 行)。这里"#if defined(_WIN32)"其实等价于"#ifdef _WIN32"。

7.4.2 全局声明

在函数体外的函数声明、变量声明等语句称为全局声明。全局声明告诉编译程序:所声明的函数、变量可在本文件从声明处之后的所有函数中使用。

在本书前面章节的例子中,变量声明都是在某个函数内部,这样的变量称为局部变量。局部变量的使用有一个限制:只能在声明它的函数内部使用。如果把变量声明放在函数外部,这样的变量就称为全局变量,全局变量在它的声明之后的所有函数中都可以使用。

例如,如下代码中,变量 a、b 在函数 main、f1 和 f2 中都可以使用,而变量 x、y 只能在函数 f1 和 f2 中使用。函数的声明也可以放在函数外部作为全局声明,如关于函数 f2 的声明。

```
int a, b;                    /*声明全局变量 a 和 b*/
int f2(int, float);          /*全局声明函数 f2 的原型*/
int main() {
    void f1(int);   /*局部声明函数 f1 的原型*/
    ...
    在本函数中可调用函数 f1
}
float x, y;        /*声明全局变量 x 和 y*/
void f1(int u){
    ...
}
int f2(int v, float w){    /*定义函数 f2*/
    ...
}
```

全局变量 a 和 b 的作用域

在此范围内可调用函数 f2

全局变量 x 和 y 的作用域

7.4.3 函数

C 程序的主体是函数。C 程序中有一个名为 main 的特殊函数,常称为主函数。程序的执行始于 main 函数,顺着 main 函数中的语句执行,一个结构良好的程序结束于 main 函数。对于一些小程序,所有语句都可以放在这个 main 函数中。但对于复杂的、大型的程序,常常是把一些完成特定功能的语句放在 main 之外的用户自定义函数中。

用户自定义函数就是由用户设计的完成特定功能的独立程序块。它由函数说明和函数体两部分组成,函数体又由声明语句部分和执行语句部分组成。

除了 main 函数之外,其他自定义函数在地位上都是平等的,也就是说,它们是独立的,可以相互调用。一个 C 程序是由若干个(至少一个)函数组成,每一个函数实现特定的功能,通过函数的组合和互相调用完成系统的总功能。C 语言的函数提供了实现"自上而下"的模块化、结构化编程方法。图 7.11 是一个程序中函数调用关系的示意图。C 程序的运行是从 main 函数开始,main 函数可以调用其他函数,其他每个函数也可以调用函数,形成多层函数调用。C 语言对于函数调用的层数没有限制,但是不宜太深。

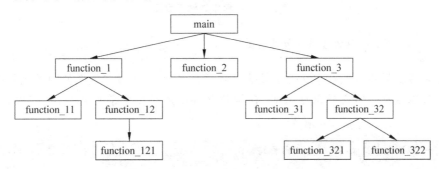

图 7.11 一个程序中函数调用关系的示意图

7.4.4 C 程序的逻辑与物理构成

一个典型的 C 程序结构如图 7.12 所示。

从逻辑的角度看,一个 C 程序是由若干个函数构成;但是从物理文件的角度来看,一个 C 程序的内容可以组织在一个或多个源文件中。源代码所在的文件称为源文件。每个 C 源文件可以由预处理命令、全局声明和若干个函数等部分组成。源文件可以独立编译。注意,C 语言中程序、函数和源文件三者之间的关系:一个 C 程序,在逻辑上由若干个函数构成,在物理上可组织在若干个源文件中;一个源文件可以包含一个或多个函数定义,但也可能只是包含一些预处理命令、变量声明或函数声明。一个函数的定义只能存在于一个源文件中,而函数的定义和声明不一定在同一个源文件中。

根据函数与文件的不同关系,还可以区分内部函数和外部函数。

一个函数如果只能被本文件中其他函数所调用,不能被其他文件中的函数所调用,则称它为内部函数。定义内部函数时,在函数名和函数类型之前加 static,格式如下:

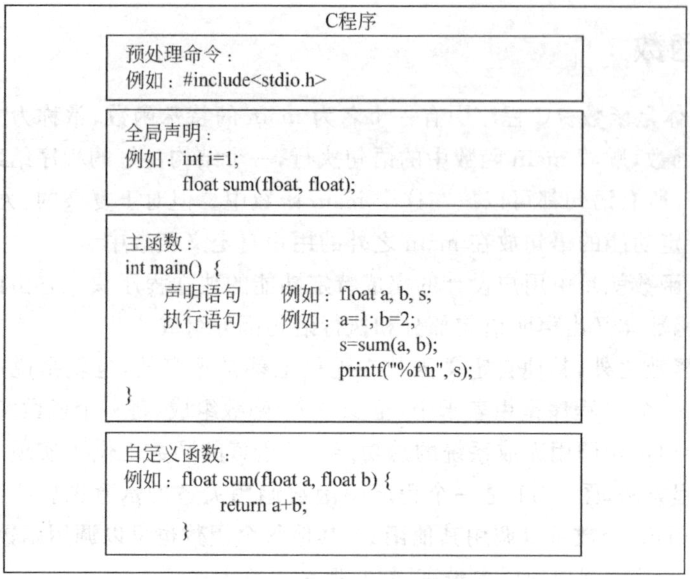

```
┌─────────────────────────────────────────────┐
│                   C程序                       │
│  ┌───────────────────────────────────────┐  │
│  │ 预处理命令：                              │  │
│  │ 例如：#include<stdio.h>                 │  │
│  └───────────────────────────────────────┘  │
│  ┌───────────────────────────────────────┐  │
│  │ 全局声明：                                │  │
│  │ 例如：int i=1;                           │  │
│  │      float sum(float, float);           │  │
│  └───────────────────────────────────────┘  │
│  ┌───────────────────────────────────────┐  │
│  │ 主函数：                                  │  │
│  │ int main() {                             │  │
│  │     声明语句      例如：float a, b, s;    │  │
│  │     执行语句      例如：a=1; b=2;         │  │
│  │                        s=sum(a, b);      │  │
│  │                        printf("%f\n", s);│  │
│  │ }                                        │  │
│  └───────────────────────────────────────┘  │
│  ┌───────────────────────────────────────┐  │
│  │ 自定义函数：                              │  │
│  │ 例如：float sum(float a, float b) {      │  │
│  │           return a+b;                    │  │
│  │       }                                  │  │
│  └───────────────────────────────────────┘  │
└─────────────────────────────────────────────┘
```

图 7.12　C 程序结构示意图

```
static 类型标识符 函数名(形式参数列表)
```

一个函数如果不仅能被本文件中其他函数所调用，而且能被其他文件中的函数所调用，则称它为外部函数。定义外部函数时，在函数名和函数类型之前加 extern（或缺省），格式如下：

```
extern 类型标识符 函数名(形式参数列表)
```

或

```
类型标识符 函数名(形式参数列表)
```

在需要调用外部函数的文件中，一般要用 extern 声明所用的函数是外部函数，举例如下。

文件 file1.c 的内容如下：

```
int main(){
    extern int max(int, int);         /*声明函数 max 是外部函数*/
    extern float find(float);         /*此语句有问题*/
    ...
}
```

文件 file2.c 的内容如下：

```
static float find(float p){           /*函数 find 是内部函数*/
    ...
}
```

文件 file3.c 的内容如下：

```
int max(int x, int y){              /*函数 max 是外部函数*/
    ...
}
```

一个典型的程序如图 7.13 所示。该程序中包含 3 个函数，并在主函数中调用函数 funA 和函数 funB，主函数在文件 program.c 中；而函数 funA 的声明在文件 module1.h 中，函数 funA 的定义在文件 module1.c 中，函数 funB 的声明和定义分别在文件 module2.h 和 module2.c 中。

```
                          program.c
module1.h              #include "module1.h"              module2.h
                       #include "module2.h"
#include <stdio.h>     int main(){                       #include <stdio.h>
void funA();               funA();                       void funB();
                           funB();
                           return 0;
                       }
module1.c                                                module2.c

#include "module1.h"                                     #include "module2.h"
void funA(){                                             void funB(){
    ...                                                      ...
}                                                        }
```

图 7.13　一个典型的 C 程序组织示意图

在实际编写程序时，一个程序中应该构造多少个函数、构造什么函数、如何构造函数以及如何组织文件等都是需要考虑的问题，这些将在后面章节中进一步讨论。

7.5　编程实践：软件测试

初学者写程序的时候对于程序的要求很简单：①能编译通过；②对于特定数据能产生正确结果。满足这两个要求后，他们就认为这个程序没有问题了。在实际的软件开发中，这样的要求太低了。为了确保软件的质量，软件开发者会对软件进行详细的测试。软件测试并不是简单地输入几组数据，然后检查运行结果。如何科学而有效地进行测试，其中有很多问题值得深究。如今，软件测试已经成为软件开发中的重要一环，由于其专业性，往往有专门的人员（软件测试员）从事这项工作。

软件测试是伴随着软件的产生而产生的。早期的软件开发过程中软件规模都很小、复杂程度低，软件开发的过程混乱无序、相当随意，测试的含义比较狭窄，开发人员将测试等同于"调试"，目的是纠正软件中已经知道的故障，常常由开发人员自己完成这部分的工作。对测试的投入极少，测试介入也晚，常常是等到形成代码、产品已经基本完成时才进行测试。到了 20 世纪 80 年代初期，软件和 IT 行业进入大发展阶段，软件趋向大型化、高复杂度，软件的质量越来越重要。这个时候,一些软件测试的基础理论和实用技术开始形成。进入20世纪90年代,软件行业开始迅猛发展,软件的规模变得非常大,在一些大型软件开发过程中,测试活动需要花费大量的时间和成本,而当时测试的手段几乎完全都是手工测试,测试的效率非常低;并且随着软件复杂度的提高,出现了很多通过手工方式无法完成测试的情况,尽管在一些大型软件的开发过程中,人们尝试编写了一些小程序来辅助测试,但是这还是不能满足大多数软件项目的统一需要。于是,很多测试实践者开始尝试开发商业的测试工具来支持测试,辅助测试人员完成某一类型或某一领域内的测试工作,因而测试工具逐渐盛行起来。

软件测试过程按照4个步骤进行:单元测试、集成测试、确认测试和系统测试。

(1) 单元测试:集中对用源代码实现的每一个程序单元进行测试,检查各个程序模块是否正确地实现了规定的功能。

(2) 集成测试:把已测试过的模块组装起来,主要对与设计相关的软件体系结构的构造进行测试。

(3) 确认测试:检查已实现的软件是否满足了需求规格说明中确定了的各种需求,以及软件配置是否完全、正确。

(4) 系统测试:将已经经过确认的软件纳入实际运行环境中,与其他系统成分组合在一起进行测试。

这里简单地介绍单元测试。单元测试(unit testing),是指对软件中的最小可测试单元进行检查和验证。在C语言中,要进行测试的单元一般是函数。要进行充分的单元测试,应专门编写测试代码,并与产品代码隔离。在C语言中,要为每个函数(很简单的除外)建立测试函数。单元测试一般由程序员自己来完成。

下面通过一个例子来说明如何进行简单的单元测试。假定程序员编写了一个计算最大公约数的函数gcd,其函数原型如下:

```
int gcd(int, int)
```

该函数有两个int类型的参数,函数返回这两个参数的最大公约数。当函数参数为无效值的时候,函数返回值为-1。

首先要设计若干测试用例,对于这个函数,我们设计以下测试用例:

- gcd(72, 24)是否等于24,gcd(24, 72)是否等于24。
- gcd(72, 1)是否等于1,gcd(1, 72)是否等于1。
- gcd(72,72)是否等于72。
- gcd(72,25)是否等于1,gcd(25, 72)是否等于1。
- gcd(72,-1)是否等于-1,gcd(-1, 72)是否等于-1。
- gcd(72,0)是否等于-1,gcd(0, 72)是否等于-1。

然后,可以设计以下测试函数:

```
void gcd_test() {
    assert(gcd(72, 24)==24);
```

```
    assert(gcd(24, 72)==24);
    assert(gcd(72, 1)==1);
    assert(gcd(1, 72)==1);
    assert(gcd(72, 72)==72);
    assert(gcd(72, 25)==1);
    assert(gcd(25, 72)==1);
    assert(gcd(72, -1)==-1);
    assert(gcd(-1, 72)==-1);
    assert(gcd(72, 0)==-1);
    assert(gcd(0, 72)==-1);
}
```

其中,assert 函数的原型是:

```
void assert(int expression);
```

它在头文件 assert.h 中被声明。assert 的作用是计算表达式 expression,如果其值为假(即为 0),那么它先打印一条出错信息,然后终止程序运行。如果出现问题,会出现类似于下面的提示信息:

```
Assertion failed: gcd(-1, 72)==-1, file D:\My Documents\CodeBlock Projects\test\
main.c, line 28

This application has requested the Runtime to terminate it in an unusual way.
Please contact the application's support team for more information.
```

通过该提示信息,就可以知道是哪一个测试用例没有通过测试,哪一行出现问题,从而对代码进行修正。

7.6 本章小结

1. C 语言的函数

C 语言函数实现机制分为两步:第一步是函数定义;第二步是调用函数。所谓的函数定义就是用 C 语言表达解决某一问题的算法,即用 C 语言编写一段实现特定算法的程序代码;调用函数就是执行函数定义时已事先编制好的程序代码。

(1) 函数的定义

函数定义的一般形式为:

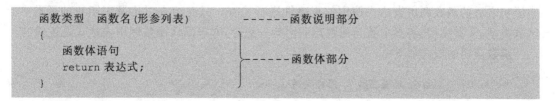

(2) 函数的几种特例

① 无参函数：无形参变量的函数。其一般形式如下：

```
类型标识符  函数名()                    /*或者  类型标识符  函数名(void)*/
{
    函数体语句
    return 表达式；
}
```

② 空函数：没有函数体语句的函数。其一般形式如下：

```
类型标识符  函数名()
{
}
```

③ 主函数 main

在每个程序中都必须有且仅有一个名为 main 的函数，main 函数称为主函数。它的一般结构如下所示：

```
int main(){
    …
}
```

(3) C 语言函数的特点

① 函数与函数在程序中的位置是相互平等的。也就是说，函数是单独定义的，不可以在函数中定义函数。

② 子函数之间可以相互调用，且可以嵌套调用，即函数 A 可以调用函数 B，函数 B 又可以调用函数 C。

③ 主函数 main 的特殊性在于它可以调用其他函数，而其他函数不可以调用主函数 main；程序从 main 函数开始执行，也在 main 函数中结束程序的运行。

(4) 函数的调用

函数调用的语法很简单，只要编写一个函数调用表达式即可，其表达式的一般形式为：

```
函数名(实际参数列表)
```

其中，实际参数列表中的实参个数和数据类型与定义函数时的形参一致即可。

(5) 函数原型与函数声明

函数的声明是把函数名、函数类型以及形参的类型、个数等通知编译系统，以便对该声明语句之后的函数调用表达式使用的正确性进行检查。只有检查对比调用函数的函数名、函数类型、实参类型、实参个数与函数声明语句一致时，方可确认函数调用表达式是正确的。

函数声明的形式如下：

```
类型标识符  函数名(形参类型1,形参类型2,…)；
```

其中,形参类型1、形参类型2等分别是形参1、形参2等的数据类型。

(6) C标准库函数的调用

C语言的函数分为两类:一类是用户自己定义的,称为自定义函数;另一类是系统提供的,称为C标准库函数,简称为C库函数。

C库函数的调用方法与自定义函数一样,也是要先声明、后调用。C库函数的声明语句放在系统的"头文件"(文件扩展名为.h)中。为此,要调用C库函数,只要在函数调用表达式的源程序文件的头部用预处理命令♯include把相应的头文件包括进去即可。

2. 程序中的函数调用

C程序是由函数构成。更准确地说,一个完整的C程序有如下基本组成部分:预处理命令、全局说明、main()函数和用户自定义函数。

整个程序从main函数开始执行,main函数调用其他函数,其他函数还可再调用其他函数,最终还是要返回到main函数。也就是说,程序从main函数开始执行,最后还是到main函数结束。

3. 递归算法

递归调用是函数调用中的一种特殊的调用方式,而递归调用有时能起到事半功倍的功效。

递归是一种描述和解决问题的基本方法,用来解决可归纳描述的问题,或者说可分解为结构自相似的问题。因此,编写递归函数时都要包括两部分:第一个部分是一些特殊(基础)情况,有直接解法,即始基;第二部分与原问题相似,可用类似的方法解决(即递归),但比原问题的规模要小。由于第二部分比整个问题的规模要小,所以每次递归第二部分规模都在缩小,如果最终缩小为第一部分的情况,则可以结束递归。

4. 内部函数与外部函数

(1) 内部函数

一个函数如果只能被本文件中其他函数所调用,不能被其他文件中的函数所调用,则称它为内部函数。定义内部函数时,在函数名和函数类型之前加static。一般形式为:

> static 类型标识符 函数名(形式参数列表)

(2) 外部函数

一个函数如果不仅能被本文件中其他函数所调用,而且能被其他文件中的函数所调用,则称它为外部函数。定义外部函数时,在函数名和函数类型之前加extern或缺省,一般形式为:

> extern 类型标识符 函数名(形式参数列表)

或

> 类型标识符 函数名(形式参数列表)

习题 7.1 选择题。

(1) 一个 C 语言程序是由(　　)组成的。
　　A) 主程序　　　　B) 子程序　　　　C) 函数　　　　D) 过程

(2) 一个 C 语言程序总是从(　　)开始执行。
　　A) 主过程　　　　B) 主函数　　　　C) 子程序　　　　D) 主程序

(3) C 语言中函数返回值的类型是由(　　)决定的。
　　A) return 语句中的表达式类型　　　　B) 调用该函数的主调函数类型
　　C) 调用函数时临时　　　　　　　　　D) 定义函数时所指定的函数类型

习题 7.2 指出程序的输出结果。

(1)

```
#include <stdio.h>
void fun(int x, int y, int z){
    z=2*x+5*y;
}
int main(){
    int m=50;
    fun(5, 2, m);
    printf("m=%d\n", m);
    return 0;
}
```

(2)

```
#include <stdio.h>
int main() {
    int w=2, k, f(int);
    for (k=0; k<3; k++){
        w=f(w);
        printf("w=%d\n", w);
    }
    return 0;
}
int f(int x){
    int y;
    y=++x;
    y+=x;
    return(y);
}
```

(3)
```
#include <stdio.h>
int main(){
    float max(float, float);
    float a=3.8, b=3.7, c=2.4, maxnum;
    maxnum=max(a, max(b, c));
    printf("Max number is %.2f\n", maxnum);
    return 0;
}
float max(float x, float y){
    float z;
    z=(x>y) ? x : y;
    return(z);
}
```

习题 7.3　指出如下函数的功能，并编写一个主函数来调用如下函数，从而构成一个完整的 C 程序进行上机调试。

```
float fun1(float x, float y, float z){
    float max;
    if (x>y) max=x;
    else max=y;
    if (z>max) max=z;
    return max;
}
```

习题 7.4　如下函数 fun2 的作用是判断某成绩是否为有效成绩（有效成绩是指 0～100 分之间的成绩）。请编写一个完整的 C 程序，该程序由 main 主函数和 fun2 函数组成，要求是：①主函数实现：输入 20 个有效成绩，求它们的平均成绩；②主函数中要求调用 fun2 函数来判断输入的成绩是否为有效成绩，对于无效成绩要求重新输入。

```
int fun2(float x){
    int t;
    if (x>=0 && x<=100) t=1;
    else t=0;
    return t;
}
```

习题 7.5　编写函数。

(1) 编写一个函数 fun(float x，float a，float b，float c)，求二阶多项式 ax^2+bx+c 的值。

(2) 编写一个函数 prn_pict(int m, int n)，输出 m 行 n 列的图形，图形的第一行由 n 个字符 A 组成，图形的第二行由 n 个字符 B 组成，依次类推。

习题 7.6 编写两个函数,分别求两个正整数的最大公约数和最小公倍数;编写一个主函数调用这两个函数并输出结果,两个正整数在主函数中输入。

习题 7.7 编写一个函数 int nearest_fibo(int x),计算 Fibonacci 数列中值与 x 最接近的那一项的值。例如,nearest_fibo(2)返回 2,nearest_fibo(9)返回 8。

习题 7.8 本章中的四则运算表达式的计算还有很多可改进之处。改进例 7.14,允许在操作数或者操作符之前或者之后输入一个或多个空格。

习题 7.9 编写一个程序,检查输入的简单四则运算表达式是否正确。对于不正确的表达式,需要输出首先遇到的是操作符不匹配还是操作数不匹配,例如:1   2+3 是由于操作符不匹配,1+ * 2 是由于操作数不匹配,1+2 * 是由于操作数不匹配等。

习题 7.10 编写一个程序,输入一个人的出生年月日和当前日期,计算出他的年龄(周岁)和距离下一次生日的天数。

习题 7.11 用本章中的伪随机数产生器模拟掷骰子,并计算出每一面出现的概率。

提示:骰子有 6 面,点值分别是 1~6。用伪随机数产生器随机产生 1~6 之间的整数。要统计每一面出现的概率,可以用频率值来代替,即产生一个较大数量的随机数(如 10 000 个等),然后统计其中每一面出现的次数,这样就可以得到频率。

习题 7.12 编写程序,测量习题 7.11 中程序产生这些随机数所需要的时间,并且输出(可能要产生较大数量的随机数)。

习题 7.13 在很多 C 编译系统中生成或构建以及执行项目的时候,可以在 Debug 和 Release 两种配置下执行。Debug 通常称为调试版本,它包含调试信息,并且不进行任何优化,便于程序员调试程序。Release 称为发布版本,它往往是进行了各种优化,使得程序在代码大小和运行速度上都是最优的,以便用户很好地使用。在 Release 模式下,编译器预定义了 NDEBUG 宏,而 Debug 模式下没有,因此判断是否定义了 NDEBUG 宏就可以区分两种模式。编写一个程序,其中用到了判断素数的函数 prime(int x),如果判断的数是一个不合理的数,如负数或者 0,那么在 Debug 模式下,会输出错误信息,然后返回 0;而在 Release 模式下,直接返回 0。

习题 7.14 编写函数,求一个正整数的最大素数因子。

习题 7.15 编写判断水仙花数的函数。所谓水仙花数是指一个 3 位数,其各位数字立方和等于该数本身。例如,$153=1^3+5^3+3^3$。

习题 7.16 编写判断完数的函数。所谓完数是指一个数恰好等于除它本身外的因子之和。例如,$6=1+2+3$(6 的因子是 1、2、3)。

习题 7.17 为了计算整数的幂,通常的做法是反复执行乘法,下面是一种快速算法:

```
POWER_INTEGER(x, n)
    pow← 1
    while (n>0)
        if (n % 2 = 1)
            pow← pow * x
        x← x * x
        n← n / 2
    return pow
```

编写一个函数,实现这种算法,并验证该算法的正确性。

习题 7.18 整数的幂也可以递归来求,写出用递归函数求幂的程序。

习题 7.19 编写递归程序,计算两个数的最大公因数。

习题 7.20 编写递归函数 digit(n, j),它返回整数 n 从右边开始的第 j 位数字。例如:

```
digit(25364, 4)=5
digit(25634, 3)=6
```

习题 7.21 修改 Hanoi 塔问题的程序,每次移动之后,输出每个塔座的状态,即每个塔座上有哪些圆盘。圆盘从 1 开始编号。

第 8 章 指针与数组

学习目标

- 理解并掌握指针的概念和指针访问存储单元的机制,以及指针的两个属性(地址值属性和访问数据类型属性)的含义。
- 熟练掌握指针变量的声明、赋值和初始化方法,以及有关指针的基本运算。
- 熟练掌握一维数组的声明、引用和初始化方法,并理解一维数据元素的存储机制。
- 熟练掌握二维数组的声明、引用和初始化方法,并理解构造元素的概念和二维数据元素的存储机制。
- 深刻理解数组指针和数组元素指针的概念,熟练掌握通过指针(变量)存取一维数组元素和二维数据元素的方法。
- 深刻理解二维数组的行指针概念,熟练掌握指向一维数组的指针变量(行指针变量)的声明、赋值和初始化方法;熟练掌握通过行指针(变量)访问二维数组元素的方法。
- 熟练掌握分别通过字符数组、指向字符的指针变量处理字符串的方法,并理解它们之间的相同和不同之处;掌握常用字符串处理函数。
- 深刻理解指针作为函数参数的概念、作用和传递机制,熟练掌握变量的指针、一维数组名(或指向数组元素的指针)、二维数组名(或指向二维数组构造元素的行指针)作为函数实参的使用方法,以及相对应的形参变量的声明和使用方法。
- 理解函数返回指针值的概念和作用,掌握返回指针和行指针值的函数设计方法。
- 理解指针数组的概念,掌握指针数组的声明、引用、初始化及基本应用方法;了解指针数组作 main 函数形参的使用方法;了解行指针数组的概念,掌握行指针数组的声明、引用和初始化方法。
- 具有较强的运用数组、指针等概念和方法分析和解决典型实际应用问题的基本能力。

  C 语言的数据类型包括基本类型、构造类型和指针类型等。迄今为止,我们使用的整型、浮点型和字符型都是基本类型,数组属于构造数据类型。本章将介绍指针类型。首先,介绍指针的概念和指针访问存储单元的机制、指针变量的声明与初始化、有关指针的基本运算等;其次,讨论数组的指针,介绍如何通过指针(变量)访问一维数组元素,二维数组的声明、引用及初始化,如何通过指针(变量)访问二维数组元素,以及指向一维数组的指针变量

(即行指针变量)的概念和使用方法;接下来,介绍通过字符指针处理字符串的方法以及常用的字符串处理函数;介绍指针作为函数参数的使用方法,包括变量的指针、一维数组的指针和二维数组的指针作为函数参数;介绍返回指针的函数;最后,介绍指针数组。在第 13 章中还将对指针作进一步的讨论。

指针具有在程序运行时获得变量地址(即该变量所分配内存存储单元的地址),并对该地址所对应存储单元进行操作的能力。与通过变量直接访问为该变量所分配的存储单元的数据存取技术相比较,指针用途广泛,用法灵活。

每一个学习和使用 C 语言的人,都应当深入地学习和掌握指针技术,因为在程序设计中正确和灵活地使用指针更能真正体现 C 语言的优势。

8.1 指针与指针变量

本章在讨论指针与指针变量时,必然会涉及各种类型的数据在内存中分配存储单元大小的问题,由于在不同的计算机平台和编译系统中,给各种类型的数据所分配存储单元的大小是不尽相同的。因此,为简单起见,本章假设 C 程序开发环境是基于 Win32 平台的 Visual Studio,在该环境下,一个 short 型、int 型数据的长度分别为 2B、4B;一个 float 型、double 型数据的长度分别为 4B、8B。

8.1.1 指针的概念

1. 什么是指针

什么是指针? 为了回答这个问题,首先需要了解数据在计算机内存中是如何存储的。计算机的内存是由若干个连续的字节组成,为了访问方便,每一个字节给一个编号,这个编号就是常说的"地址",如图 8.1 的右边列所示(用十六进制数表示)。在 32 位计算机中,用 32 位(即 4B)二进制数来表示一个地址。

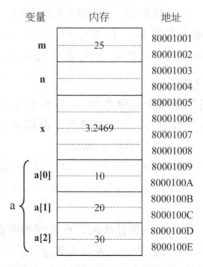

图 8.1 变量的内存存储单元

为了存储一个数据，需要根据该数据的类型在内存中分配一个由若干个字节组成的存储单元，其中第一个字节的编号就是存储单元的"地址"。计算机的工作原理之一就是通过"地址"来访问存储器中的数据。

下面举例说明如何通过变量、数组等在内存中存放数据。例如：

```
short m=25, n;
float x=3.2469;
short a[3]={10, 20, 30};
```

对照变量 m、n、x 和 a 所分配存储单元的情形来了解 C 语言是如何应用变量来访问存储单元中的数据的。变量有两个属性：

(1) **地址**属性。它是指分配给该变量存放数据的内存存储单元的地址，计算机通过它找到操作数在内存中的位置，从某种意义上来看，变量名（标识符）其实是地址的符号化（通过映射表实现）。如图 8.1 中的变量名 m、n 分别被映射到地址 80001001 和 80001003；变量 x 被映射到地址 80001005；数组元素 a[1]被映射到地址 8000100B。

(2) **数据类型**属性。它是指变量的数据类型，即该变量所对应内存存储单元的数据类型，用来指明该存储单元占据的字节数量、数据的存储机制和所能进行的操作。例如，变量 m、n 均为 short 型，对应的存储单元分别占据 2 个字节，以补码的方式存储数据，能进行＋、－、*、/、%等操作；而变量 f 为 float 型，对应的存储单元占据 4 个字节，采用科学计数法的机制存储数据，能进行＋、－、*、/等操作，但不能进行%操作。

说明：一维数组名 a 是一个构造类型的变量，即一维数组变量，但是并不能直接访问该构造类型的变量 a，因为它并不能代表一个具体的数据（在 C 语言中，数组名 a 是一个指针常量，它指向数组的第 0 个元素，见本章 8.2.1 节）；数组元素 a[i]（0≤i＜3）才是一个可以直接访问的变量。

C 语言通过变量访问所对应内存存储单元数据的机制是：通过变量名（最终被映射为地址）找到数据所在存储器中的位置，然后根据数据类型属性存取相应的数据。

现在可以回答什么是指针了。**指针**是一种数据类型，是 C 语言提供的另一种访问内存存储单元数据的手段。与其他数据类型一样，指针类型也有常量和变量的概念，分别称为指针常量和指针变量。通常将指针类型的数据（指针常量、指针变量的值）简称为指针。

2. 指针访问存储单元的机制

前面已经讨论过，要访问某个内存存储单元，一要知道该存储单元的地址，二要知道该存储单元的数据类型。**指针**是专门用来间接访问内存存储单元的数据类型，因此指针类型的数据必须具有地址值和访问数据类型这两个属性。

(1) **地址值**属性：即指针类型数据的值是一个地址，用来指出要访问内存存储单元的地址。例如，变量 m 的指针为 &m，它的值是 80001001；变量 x 的指针为 &x，它的值是 80001005。

(2) **访问数据类型**属性：指通过该指针所能正确访问的数据类型。例如，利用指针 &m 可以正确存取 short 型的数据；利用指针 &x 可以正确存取 float 型的数据。

C 语言指针访问存储单元的机制是：通过指针的值找到操作数所在存储单元的地址，根据指针的访问数据类型属性存取相应的数据。

C 语言存取数据的方式有两种：一是通过标识符（如变量名、数组元素名、函数名等）进行访问，即标识符是内存存储单元的符号表示。例如，语句 n=m+5；表示读取变量 m 所对应的存储单元的内容，并将它加 5 的结果写到变量 n 所对应的存储单元中。二是通过指针进行访问，例如 C 语言可以通过变量 m 的指针 &m（地址值为 80001001，访问数据类型为 short）来访问变量 m 所对应的存储单元的值。

这两种方式的区别就像是老师在教室上课时需要某位学生来回答问题，老师可以直接通过花名册点"张三"（学生姓名）来回答问题，也可以指定第 2 排第 5 座（地址）的学生来回答问题，还可以指定第 2 排第 5 座学生旁边的（指针计算，当前指针加 1）学生来回答问题。注意，每次坐在第 2 排第 5 座的学生可能是不一样的。

8.1.2 指针变量的声明与初始化

指针是一种数据类型，与其他数据类型一样也有常量和变量。

1．指针变量的声明

声明指针变量的一般形式为：

```
类型标识符 *变量标识符
```

其中，类型标识符可以是任何有效的 C 语言数据类型，用来规定指针变量可以访问的数据类型，变量标识符表示指针变量名。例如：

```
int *i_pointer;          // i_pointer 是用来指向 int 型存储单元的指针变量
float *f_p1, *f_p2;      // f_p1 及 f_p2 均是用来指向 float 型存储单元的指针变量
```

说明：

（1）在声明指针变量时，变量名前面的符号 * 仅表示所声明的变量是指针变量[①]，它不是变量名的构成部分，也不是运算符。指针变量的类型是指针类型，变量 i_pointer 的类型是 int *，变量 f_p1 和 f_p2 的类型是 float *。

（2）分配给指针变量的存储空间是用来存放一个地址（指针的值属性）。因此，无论什么类型的指针变量，它们所分配存储单元的长度都是相同的。例如，在 32 位计算机中，由于一个地址需要用 32 位二进制数来表示，因此指针变量都是分配 4 个字节的存储单元。

（3）对于上面用 float * 声明的指针变量 f_p1、f_p2，并不是指 f_p1、f_p2 的取值是 float 型，而是规定指针变量可以访问的数据类型。也就是说，可以通过 f_p1、f_p2 访问 float 类型的存储单元中的数据。

2．指针变量的赋值与初始化

指针变量声明后可以对它进行赋值；指针变量赋值后，指针变量就指向一个确定的内存

[①] 严格地说，应该是：语句"int *i_pointer;"匿名定义了一个指针数据类型"int *"（简称为指针类型），并声明了该指针类型的变量 i_pointer；语句"float *f_p1, *f_p2;"匿名定义了一个指针类型"float *"，并声明了该指针类型的变量 f_p1 和 f_p2。可参见 11.9.3 节"类型名重新定义 typedef"。

存储单元。例如：

```
short m=25, *i_p;
 i_p=&m;                    // 使指针变量 i_p 指向变量 m(即变量 m 所分配存储单元)
float x=3.2469, *f_p1, *f_p2;
 f_p1=&x;                   // 使指针变量 f_p1 指向变量 x(即变量 x 所分配存储单元)
 f_p2=(float *)0x8000100D;  // 使 f_p2 指向地址 8000100D 开始的 float 型存储单元
```

如图 8.2 所示，假设 short 型变量 m、float 型变量 x 所分配存储单元的地址分别为 80001001、80001003；指针变量 i_p、f_p1 和 f_p2 所分配存储单元的地址分别为 80002050、80002054 和 80002058。

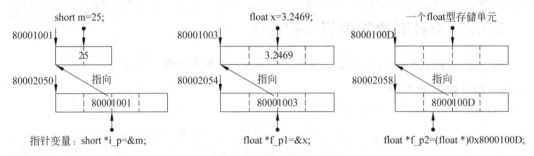

图 8.2 指针变量及其指向的存储单元

赋值后，指针变量 i_p 的值就是 80001001，即变量 m 所分配的 short 型存储单元的地址；指针变量 f_p1 的值就是 80001003，即变量 x 所分配的 float 型存储单元的地址。将变量 m 的指针赋给指针变量 i_p 后，称指针变量 i_p"指向"变量 m；同理，将变量 x 的指针赋给指针变量 f_p1 后，称指针变量 f_p1"指向"变量 x。

对于指针变量 f_p2，首先将地址常量 0x8000100D 强制转换为 float * 类型，然后赋给指针变量 f_p2，这样指针变量 f_p2 就指向了一个从地址 8000100D 开始的 float 型存储单元。

指针变量声明后，没有给它赋值并不等于它没有指向一个存储单元，只能说它没有指向一个我们所期望的存储单元(因为指针变量所分配存储单元的内容是随机的)。为了确保一个指针变量不指向任何一个存储单元(或变量)，可以给它赋空地址。例如：

```
 i_p=NULL;       // 或者用 i_p=0;,NULL 在头文件 stdio.h 中定义,其值为 0
```

给指针变量的赋值也可以在声明指针变量时进行，即指针变量的初始化。例如：

```
short *i_p=&m;              // 用 short 型变量 m 的指针初始化 short *型指针变量 i_p
float *f_p1=&x, *f_p2;      // 用变量 x 的指针初始化指针变量 f_p1,f_p2 未初始化
```

系统执行上述语句同时完成两方面的功能，一是给指针变量 i_p、f_p1 和 f_p2 分配存储单元，二是将变量 m 的指针值赋给指针变量 i_p，变量 x 的指针值赋给指针变量 f_p1，使得指针变量 i_p、f_p1 分别指向变量 m、x。

- 请注意指针变量 i_p 的指针(80002050，即 &i_p)与指针变量 i_p 的值(80001001，它

也是指针,是另一个变量 m 的指针,即 &m)之间的区别。
- 指针的值代表它所指向的存储单元,系统规定只有当指针的值为 NULL 时,指针才不指向任何存储单元,也就是说值为 NULL 时指针才不能访问任何存储单元。

8.1.3 指针的基本运算

指针可以进行多种运算。例如,变量的取指针运算 &,指针的间接访问运算 *,指针与整型数据的加、减运算,指针变量的自增、自减运算,指针的比较运算。

1. 取指针运算

取指针运算符为 &,它是单目运算符,具有右结合性。取指针运算表达式的形式:

```
& 操作数
```

其中,操作数为变量,结果是运算符 & 右边操作数的指针。例如,表达式 &m、&x 的值分别为变量 m、变量 x 的指针。

2. 间接访问运算

间接访问运算符为 *,它是单目运算符,具有右结合性。间接访问运算表达式的形式:

```
* 操作数
```

其中,操作数为指针,结果是运算符 * 右边操作数所指向的存储单元(变量)的内容。该表达式是利用指针间接访问存储单元的一般形式。例如:

```
int k=25, * p;                    // 声明 int 型指针变量 p
p=&k;                             // 使指针变量 p 指向变量 k
```

将变量 k 的指针(地址)值赋给指针变量 p 之后,指针变量 p 就指向变量 k(如图 8.3 所示),此时,* p 与变量 k 访问同一个存储单元。

图 8.3 指针赋值示意图

例 8.1 变量的间接访问示例。

```
1  #include <stdio.h>
2  int main(){
3      int a=10, b, * i_p1, * i_p2;
4      i_p1=&a;                          // 将变量 a 的指针赋给指针变量 i_p1
5      i_p2=&b;                          // 将变量 b 的指针赋给指针变量 i_p2
6      * i_p2= * i_p1+5;                 // 等价于 b=a+5;
7      printf("%d, %d\n", a, b);
8      printf("%d, %d\n", * i_p1, * i_p2);   // 输出变量 i_p1 和 i_p2 指向的值
```

```
9       printf("%x, %x\n", i_p1, i_p2);   // 输出变量 i_p1 和 i_p2 的值
10      printf("%x, %x\n", &i_p1, &i_p2); // 输出变量 i_p1 和 i_p2 的地址
11      return 0;
12  }
```

运行结果如下：

```
10, 15
10, 15
eafeac, eafea0
eafe94, eafe88
```

请读者对运行的输出结果进行观察，以便更好地理解指针变量的值（即所指向变量的指针）、指针变量所指向存储单元（变量）的值以及指针变量的指针等概念的区别。

- 请注意区分指针变量声明中符号 * 的含义（仅仅说明所声明的变量是指针变量）与指针变量间接访问运算符 *（如语句"*i_p2＝*i_p1＋5;"中的符号 *）的区别。
- 如果已经执行了"i_p1＝&a;"语句，则 &*i_p1 与 &a 等价。这是因为 & 与 * 运算符的优先级相同，但按自右而左的方向结合，因此 &*i_p1 等价于 &(*i_p1)，而 *i_p1 等价于 a，所以 &*i_p1 等价于 &a。
- *&a 等价于 a，*&i_p1 等价于 i_p1。因为 &a 代表 a 的指针，而运算符 * 是指访问其右边指针所指向的变量（即变量 a），因此 *&a 与 a 等价。同理，*&i_p1 等价于 i_p1。但 &*a 是非法的，这是因为变量 a 的值不是指针，因此 *a 运算是非法的。

例 8.2 通过指针将两个变量 a 和 b 按升序输出。

```
1   #include <stdio.h>
2   int main(){
3       int a, b, *p1, *p2, *p;
4       printf("请输入 2 个整数：");
5       scanf("%d%d", &a, &b);
6       p1=&a;                              // 将变量 a 的指针赋给指针变量 p1
7       p2=&b;                              // 将变量 b 的指针赋给指针变量 p2
8       if (a>b){
9           p=p1;  p1=p2;  p2=p;            // 通过变量 p 将变量 p1 与 p2 的值互换
10      }
11      printf("原来的顺序为：");
12      printf("%d, %d\n", a, b);
13      printf("升序排序后为：");
14      printf("%d, %d\n", *p1, *p2);
15      return 0;
16  }
```

运行结果如下:

```
请输入2个整数:15  8↵
原来的顺序为:15,8
升序排序后为:8,15
```

说明:

① 当输入 a=15,b=8 时,由于 a>b,将 p1 与 p2 交换。交换前与交换后的情况如图 8.4 所示。注意,图 8.4(b)中,仅仅是交换了指针变量 p1 和 p2 的值,即 p1 和 p2 交换了所指向的变量,而并没有交换变量 a 和 b 的值。

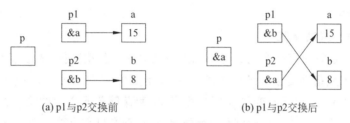

(a) p1与p2交换前　　　　　　(b) p1与p2交换后

图 8.4　改变指针变量所指向的存储单元

② 给指针变量赋值时,除了将某个变量的指针赋给指针变量外,还可以直接将以十进制或十六进制形式给出的地址常量赋给指针变量,但要求地址常量是合法的内存地址。例如:

```
i_p=(int *)7865493;        // 将整数 7865493 强制转换为指针后赋给指针变量 i_p
f_p=(float *)0x4000ffd5;   // 将整数 0x4000ffd5 强制转换为指针后赋给指针变量 f_p
```

这里使用强制类型转换的目的是使得赋值表达式的右边指针表达式的类型与左边指针变量的类型一致,如果类型不一致,编译时将出错。值得注意的是,如果给出的整数所表示的地址不在用户内存数据区内,将可能破坏系统的正常运行,务必慎用。

例 8.3　验证指针的地址值属性和访问数据类型属性。

```
 1  #include<stdio.h>
 2  int main(){
 3      int a=10, *i_p;
 4      float x=2.7, *f_p;
 5      i_p=(int *)&x;              // 将 float 型指针强制类型转换后赋给 int 型指针变量
 6      f_p=(float *)&a;            // 将 int 型指针强制类型转换后赋给 float 型指针变量
 7      printf("i_p=%x, &x=%x\n", i_p, &x);    // 输出指针 i_p 和 &x 的地址值
 8      printf("f_p=%x, &a=%x\n", f_p, &a);    // 输出指针 f_p 和 &a 的地址值
 9      printf("x=%f, a=%d\n", *i_p, *f_p);    // 输出指针变量所指向存储单元的值
10      return 0;
11  }
```

运行结果如下:

```
i_p=96fbf8, &x=96fbf8
f_p=96fc10, &a=96fc10
x=0.000000, a=919863296
```

请读者注意观察输出的结果,深刻理解指针的地址值属性和访问数据类型属性的含义。

该程序运行后输出的指针变量i_p和指针&x的地址值相同,指针变量f_p和指针&a的地址值也相同,但是并不能得到"x=2.700000,a=10"的结果。这是因为i_p的访问数据类型属性是int型,而它指向float型的变量x,*i_p会将一个float的数据按int型的数据来处理,因此只能得到一个错误的结果。同理分析,可知*f_p也是只能得到一个错误的结果。

3. 指针的加、减法运算

指针的加、减运算是指一个指针可以加上或减去一个整型数据,来改变它所指向的存储单元。如float *型指针变量p已指向某一float型变量x(即float x, *p=&x;),i、j为整型数据,则表达式p+i为指向变量x所分配float型存储单元之后的第i个float型存储单元的指针;而表达式p−j为指向变量x所分配float型存储单元之前的第j个float型存储单元的指针。这是一种通过计算来确定存取单元的数据访问方式,是用标识符方式存取数据所不能做到的,是指针存取数据灵活性的体现。

注意:变量x所分配float型存储单元之后的第i个float型存储单元、之前的第j个float型存储单元是否是你的程序所掌控的、有意义的存储单元?

指针是一种数据类型,它有自己的一组操作,指针的加、减运算操作不同于整数数据类型的加、减运算操作。下面以图8.5来说明指针加、减运算操作的规则。图8.5是进行下列语句操作后的结果。

```
int a[5]={10, 20, 30, 40, 50}, *p;
p=&a[0];                              // p指向a[0]    (语句1)
```

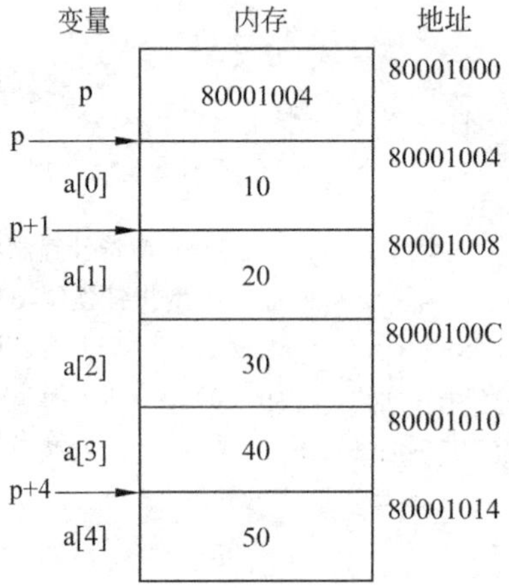

变量	内存	地址
		80001000
p	80001004	
a[0]	10	80001004
a[1]	20	80001008
a[2]	30	8000100C
a[3]	40	80001010
a[4]	50	80001014

图 8.5 变量的内存存储单元

语句1中的&a[0]是数组元素a[0]的指针,它的值属性是80001004H,访问数据类型属性是int型。执行完语句1(p=&a[0];)后,指针变量p的值属性是80001004H,访问数据类型属性是int型。也就是说,&a[0]或p都指向数组元素a[0],可以通过&a[0]或p间接访问a[0]。假设执行如下两条语句:

```
p=p+1;                          // 等价于 p=&a[0]+1    (语句2)
p=p+3;                          // 等价于 p=&a[0]+4    (语句3)
```

当执行语句2(p=p+1;)后,p的值属性为80001008,访问数据类型属性还是int型,它指向下一个int型的存储单元(即一维数组a的元素a[1]),而不是当前值(80001004)加1(80001004+1),这就是指针数据类型的加、减运算操作与整型数据类型的加、减运算操作的区别,它是以指针的数据类型属性所包含的字节数为步长的,即"指针加1"的含义是使指针指向下一个该"指针数据类型属性"的存储单元。

同样,执行语句3(p=p+3;)后,p的值属性为80001014,访问数据类型属性还是int型,它指向(p当前指向a[1])之后的第3个int型存储单元(即一维数组a的元素a[4])。

总之,指针加(如p+n)、减(如p-n)运算操作是使指针指向当前指针所指向存储单元的之后第n个、之前第n个存储单元。加、减后的指针所访问存储单元的数据类型属性不变,而指针的值属性与它的访问数据类型属性有关,它等于

$$p+n×访问数据类型所占字节数$$

由于数组中的元素是连续存储的,因此指针的加、减运算特别适合于对数组所有元素进行逐个扫描的操作。

例如,下面的代码演示了用指针变量求一维数组的和。

```
int a[5]={10, 20, 30, 40, 50}, *p=&a[0], n, sum=0;
for (n=0; n<5; n++)
    sum+= *(p+n);
```

请读者将它改写为一个完整的C程序上机运行。

4. 自增、自减运算

指针变量也可以进行自增自减运算。以图8.5为例:

```
int a[5]={10, 20, 30, 40, 50}, *p=&a[0];
p++;                        // 执行后,p的值为80001008
(p+2)++;                    // 非法语句,自增、自减运算的操作数只能是左值表达式
```

同样,指针的自增、自减运算特别适合于对数组所有元素进行逐个扫描的操作。下面的代码演示了用指针变量的自增、自减运算对一维数组进行处理。

```
int a[5]={10, 20, 30, 40, 50}, b[5]={20, 40, 30, 50, 10};
int *p=&a[0], *q=&b[4], count=0, n;
for (n=0; n<5; n++){
    if (*p== *q)
```

```
        count++;
    p++;   q--;                              // 指针变量的自增、自减运算
}
```

请读者说出上述程序段的功能,并将它改写为一个完整的 C 程序上机运行。

5. 指针的比较运算

在一个关系表达式中,允许将两个指针进行比较,它是按指针的值属性大小进行比较。下面的例子演示了用指针的自增、自减及比较运算对一维数组进行处理。

```
int t, a[5]={10, 20, 30, 40, 50}, *p=&a[0], *q=&a[4];
while (p<q){
    t=*p;   *p=*q;   *q=t;
    p++;   q--;                              // 指针变量的自增、自减运算
}
```

请读者说出上述程序段的功能,并将它改写为一个完整的 C 程序上机运行。

8.2 数组的指针

前面已经介绍了一维数组的基本概念。声明一个包含 10 个元素的 int 型一维数组 a,实际上系统为数组 a 分配了一片连续的存储单元,共包含 10 个 int 型存储单元,分别用来存储数组 a 的 10 个元素 a[0],a[1],…,a[9],也就是说,数组 a 的 10 元素在内存中是相邻存储的。因此,如果知道了这片连续存储单元的首地址(即数组元素 a[0]的指针),则通过指针变量的自增运算或指针的加法运算,可以方便地访问该数组的每一个元素。换句话说,C 语言对数组元素的访问本质上是通过指针的方式来实现的。

8.2.1 一维数组的指针

1. 数组名是一个指针常量

C 的编译系统是把数组名作为指向数组首个元素的指针常量来处理的。例如,当在程序中声明一个一维数组时,例如:

```
int a[10];
```

C 编译系统将为数组 a 的所有元素在内存中分配一片连续的空间。同时,C 编译系统把数组名 a 作为一个指针常量来处理,即指针常量 a 的值属性为这片连续空间的起始地址,也就是第 0 个数组元素 a[0]的指针(&a[0]);它的访问数据类型属性是 int。

2. 运用指针存取数组元素

数组的每一个元素对应一个存储单元,因此,每一个数组元素都有一个指针,数组名 a 仅是数组第 0 个元素 a[0]的指针 &a[0]。根据数组的性质(每一个数组元素的类型都相

同)、数组元素的存储结构(所有数组元素的存储单元被分配在一片连续的内存中)以及指针的算术运算规则可知,a+i就是数组第i个元素a[i]的指针&a[i](0≤i<N,N为数组的长度),如图8.6所示。

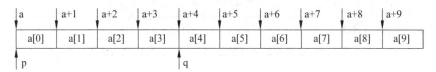

图8.6　一维数组的指针

int型数组的每一个数组元素均相当于一个int型变量,因此int *型变量(即int型指针变量)可以指向int型数组的任何一个元素。对于float型数组,则应声明float型指针变量来指向它的元素。执行如下3条语句后指针变量p和q的指向如图8.6所示。

```
int a[10], *p, *q;
p=a;
q=&a[4];
```

介绍了数组元素的指针和指向数组元素的指针变量之后,就可以通过数组元素的指针或指向数组元素的指针变量来引用数组元素。如果指针变量p的初值为a或&a[0],则有:

(1) a+i和p+i均为数组元素a[i]的指针,即它们均指向元素a[i],因此,*(a+i)和*(p+i)均代表a[i]。实际上,C语言在编译时,对数组元素a[i]就是处理成*(a+i)的。对于a[i],首先计算数组名(第0个数组元素的指针)加上i的结果,即得到a[i]的指针;然后通过该指针按间接访问的方式访问它所指向的存储单元,即*(a+i)。也就是说,[ ]实际上是变址运算符,它首先计算a[i]的指针a+i,然后访问该指针所指向的存储单元(即数组元素a[i])。

(2) 指向数组元素的指针变量也可以带下标使用。例如,p[i]与*(p+i)等价。

综上所述,对数组元素的引用有两种方法:

① 下标法,如a[i]或p[i]形式。

C语言把数组元素当作运算符[ ]的表达式来处理。对于表达式a[i]和p[i],由于a和p都是相同类型的指针,因此,a[i]和p[i]有相同类型的值(即数组元素);当p=a时,a[i]和p[i]的值是同一数组元素。

② 指针法,如*(a+i)或*(p+i)形式。

3. 程序设计举例

例8.4* 编写程序将一个数插入到升序数组中,使得插入后该数组仍是升序。

分析:假设数组a[N]中已经存放了N-1个有序的数,待插入的数为num,如图8.7所示。本题的解题思路可分为3个步骤:①找到num这个数应该插入的位置loc(loc的含义是数组下标,即a[loc]是num应该插入的位置);②将数组a中下标大于等于loc的所有元素都往右移1位;③将num插入到a[loc]中,即执行语句"a[loc]=num;"。

对于第①步,既可以在数组中从左往右找,也可以在数组中从右往左找;对于第②步,由

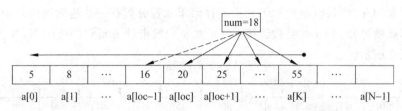

图8.7 在有序的一维数组中从右往左查找插入位置

于要逐个元素往右移位,因此最好采用从右往左的方式进行处理。

请读者思考:从左往右找、从右往左找时的循环结束条件分别是什么?

程序如下:

```
1   #include <stdio.h>
2   #define N 10
3   int main(){
4       int i, m, a[N]={5, 8, 12, 15, 16, 20, 25, 36, 55}, *p=a+N-2;
5       printf("请输入一个待插入的整数:");
6       scanf("%d", &m);
7       while (p>=a)            // 反向扫描 a[0]～a[N-2]中已经存放的 N-1 个升序数据
8           if (*p>m){
9               *(p+1)=*p;      // 把比待插入数 m 大的数据往右移动 1 位
10              p--;            // 指针变量自减运算
11          }
12          else break;         // 反向扫描找到了第一个不比待插入数 m 大的位置
13      *(p+1)=m;               // 在结束循环的位置之右插入该数 m
14      printf("在升序数组中插入%d 之后的结果为:\n", m);
15      for (i=0; i<N; i++)
16          printf("%d  ", a[i]);
17      printf("\n");
18      return 0;
19  }
```

例 8.5* 从字符串中提取整数。

假设输入的字符串中有数字和非数字字符(如"a123x456　17960?302tab5876"),编写程序找出字符串中所有由连续的数字字符组成的整数(如 123、456、17960、302、5876),并统计共找到多少个整数。

```
1   #include <stdio.h>
2   int main(){
3       char str[81], *p=str;
4       int num, count=0;
5       printf("请输入一个包含多段数字的字符串:\n");
6       gets(str);
```

```
 7        printf("从该字符串中找到的整数有:\n");
 8        while (*p){                                    // 即 *p!='\0'
 9            if (*p>='0' && *p<='9'){                   // 遇到数字字符
10                for (num=0; *p>='0' && *p<='9'; p++)   // 处理连续数字字符
11                    num=num*10+(*p-'0');               // *p-'0'表示将数字字符*p转为数字
12                count++;
13                printf("No %d: %d  ", count, num);
14            }
15            else                                       // 遇到非数字字符
16                while (*p!='\0' && (*p<'0' || *p>'9')) // 跳过所有非数字
17                    p++;
18        }
19        printf("\n共找到%d个整数.\n", count);
20        return 0;
21   }
```

例 8.6* 固定格式的文本文件读取。

问题描述：如果一个文本文件(假设文件名为 score.txt,并存放在 C:盘根目录下)中包含学生高考入学成绩信息(如下所示)，其中，每个学生的信息中有考号、姓名以及数学、语文、英语和综合课程的成绩，每个属性的值之间用分号(;)分隔。请编写程序从该文本文件中读出所有学生的高考入学成绩信息，并在屏幕上以表格形式显示读出的学生成绩表信息(要求增加总分一列)；同时要求统计学生人数，并找出最高总分。假设每个学生的考号、姓名不会为空，成绩可能为空(表示缺考)，但成绩为空时分隔各门成绩之间的分号不能少。

```
172200100; Lin Daihua; 128; 116; 82; 275; 172200112; Zhao Leifang; 132; 108; ; 287;
171100258; Chen Xiaohao;116;123;85;274; 185300567; Zhang Li;136; ; 91; 256;
...
```

分析：根据描述，每个学生由 6 个属性构成：学号、姓名和 4 门课程成绩。在文件中，每个属性值都以分号结束，因此可以循环地从文件中读取每个属性；对于每个属性，再判断它是学号、姓名还是成绩，并作相应处理。程序思路可以描述如下：

```
循环读取属性值：
    令当前属性值为 str
    令当前属性值为第 order 个属性值
    如果 order%6 为 0 或者 1
        str 为学生学号或者姓名
    如果 order%6 为 2~5
        str 为学生成绩
        如果 order%6 为 5
            说明一个学生的信息已经读完
```

确定了上述思路和框架后,下面再来明确细节。有以下细节需要考虑:

(1) 如何读取一个属性值,以及循环条件是什么?

(2) 读到了学号、姓名以及成绩之后,分别要做什么处理?

对于第(1)个问题,因为每个属性都是以分号结束,因此只需要从文本文件中读取直到读到分号为止,在分号之前读到的内容就是属性值;另外,如果读不到分号了,则说明已经没有更多的属性了,因此循环可以结束。为此,设计一个函数 read_attribute,它试图从文本文件中读取一个属性值,如果读取成功,将属性值保存在一个字符串中供后续处理,并返回整数 1;如果读取失败,则返回整数 0。根据 read_attribute 函数的返回值,可以确定是否继续循环。

对于第(2)个问题,学号、姓名和成绩要进行不同的处理。学号和姓名可以直接输出读取到的字符串,而成绩要将由数字字符构成的字符串转换为数值之后再求和。因此,首先要能知道当前读到的属性是第几个属性,这可以根据属性的序号来判断。

根据上述分析,程序代码如下。

```
1   #include <stdio.h>
2   #include <stdlib.h>
3   FILE * fp;                                  // 全局文件指针变量,对应学生信息文本文件
4   int read_attribute(char *);                 // 全局函数声明,该函数的形参为字符指针类型
5   int main() {
6       char attr[30];                          // 用来保存当前读到的一个属性值
7       float sum, score, maxsum;
8       int order=0;                            // 属性的序号,即当前读到的是第几个属性值
9       if ((fp=fopen("d:\\scores.txt", "r"))==NULL) {
10          printf("无法打开文件! \n");
11          exit(0);
12      }
13      sum=0.0, maxsum=0.0;
14      while (read_attribute(attr)) {          // 循环条件是属性值读取成功
15          if (order%6<=1)                     // 前两个属性,即学号和姓名
16              printf("%- 16s", attr);
17          else if (order%6<=5) {              // 后 4 个属性,即成绩
18              score=atof(attr);               // atof 是库函数,将字符串转换为浮点数
19              sum+=score;
20              printf("%4.1f  ", score);
21              if (order%6==5) {               // 第 6 个属性,即读完了一个学生的所有属性
22                  printf("%4.1f\n", sum);
23                  if (sum>maxsum) maxsum=sum;
24                  sum=0.0;                    // 将 sum 清零,为下一个学生作准备
25              }
26          }
27          order++;
28      }
```

```
29      printf("共有%d个学生;最高总分是%4.1f.\n", order/6, maxsum);
30      return 0;
31   }
32   /*读取一个以分号结束的属性值,并以字符串的形式存放到 p 指向的字符串中
33    *若读取失败(未读到分号),则返回 0;否则返回 1 */
34   int read_attribute(char * p) {
35      char ch=fgetc(fp);
36      while (ch==' ' || ch=='\t' ||ch=='\n')      // 跳过前导空白符
37         ch=fgetc(fp);
38      while (ch!=EOF && ch!=';') {               // 读取一个属性值
39         * p++=ch;
40         ch=fgetc(fp);
41      }
42      * p='\0';                                  // 确保字符串是以'\0'结束
43      if (ch==EOF) return 0;
44      else return 1;
45   }
```

有关指针类型的数据作为函数参数,详见 8.4 节。读者还有其他的思路吗?

4. 数组的越界问题

由于 C 语言是用指针来处理数组的,而对指针的指向空间没有限制,因此在使用数组时,指针或指针变量可以指向数组元素以外的存储单元,并且可以对该存储单元进行存取操作。例如,a+10 或 p+10 指向数组起始地址之后的第 11 个单元(数组 a 仅有 10 个元素),*(a+10)或 *(p+10)或 a[10]或 p[10]就是对该存储单元进行存取。对于这一点,C 编译程序并不认为非法。对于数组的使用,要求程序设计人员自己掌握数组的大小,防止出界,否则有可能导致严重的后果。

8.2.2 二维数组

1. 二维数组的声明

二维数组的一般声明形式是:

类型标识符　数组名[长度 1][长度 2]

例如:

float a[3][4];

表示数组名为 a,有 12 个数组元素(3 行×4 列),所有元素的共同数据类型为 float[1]。数组 a

---

[1] 严格地说,应该是匿名定义了一个二维数组数据类型(简称二维数组类型)float [3][4],并声明了该二维数组类型的变量 a。由于数组是构造数据类型,因此需要用户定义自己需要的数组类型,再声明该数组类型的变量。可参见 11.9.3 节"类型名重新定义 typedef"。

的12个元素分别为 a[0][0]、a[0][1]、a[0][2]、a[0][3]、a[1][0]、a[1][1]、a[1][2]、a[1][3]、a[2][0]、a[2][1]、a[2][2]、a[2][3]。注意,二维数组的声明不能写成:

```
float a[3, 4];                    // 错误的二维数组声明形式
```

在 C 语言中,二维数组的第一个下标表示行,第二个下标表示列。二维数组能够在逻辑上视为一个由若干行(每一行看成是一个**构造元素**)组成的一维数组,其每个**构造元素**本身又是一个由实际元素组成的一维数组。例如,二维数组 a 可以逻辑上看成是一个由 3 个**构造元素** a[0]、a[1]、a[2]组成的一维数组,每个构造元素 a[i](i=0,1,2)又是一个由 4 个实际元素 a[i][0]、a[i][1]、a[i][2]、a[i][3]组成的一维数组,此时构造元素 a[i]是一维数组的数组名,如图 8.8 所示。

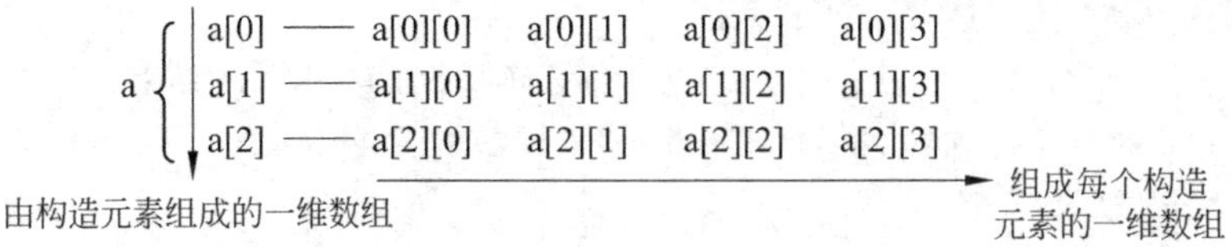

图 8.8 二维数组的逻辑结构

从物理结构上看,二维数组的所有元素在内存中分配在一片连续的存储空间中,在这片连续的空间中,二维数组的元素是以"行-列"形式排列存储的,即先顺序存放第 0 行的各元素,再存放第 1 行的各元素,依次类推,如图 8.9 所示。这种存储安排使得逻辑上的二维空间很好地映射到了物理存储实体的一维线性空间上,也使得二维数组元素可以用一维数组的访问方法来进行操作,具体方法将在下节中讲述。

图 8.9 二维数组的物理结构

对二维数组来说,整个数组所占字节大小可由下式计算出:
总字节=类型长度×数组长度1×数组长度2

C 语言中不仅可以使用二维数组,还可以使用多维数组。如三维数组的声明形式是:

类型标识符 数组名[长度 1][长度 2][长度 3]

例如:

```
float a[3][4][5];
```

对于三维数组来说,它的元素是以"面-行-列"形式排列存储的,即先顺序存放第 0 面的各元素,再存放第 1 面的各元素,以此类推;在第 i 面中,又是先顺序存放第 0 行的各元素,再存放第 1 行的各元素,以此类推。

2. 二维数组的引用

与一维数组一样,二维数组变量也不能整体访问,只能引用它的数组元素。二维数组元素的引用形式为:

```
数组名[下标1][下标2]
```

其中,**下标 1** 和**下标 2** 均可以是整型的常量、变量或表达式,下标 1 的取值范围是 0~**长度 1**－1,下标 2 的取值范围是 0~**长度 2**－1。

例 8.7　二维数组的引用和求和。

```
1   #include <stdio.h>
2   int main(){
3       int sum=0, i, j, a[3][4];
4       printf("请输入 12 个整数:\n");    // 输入数组 a 各元素的值
5       for (i=0; i<3; i++)              // 对 3 行循环处理
6           for (j=0; j<4; j++)          // 对 4 列循环处理
7               scanf("%d", &a[i][j]);
8       for (i=0; i<3; i++)              // 求数组 a 各元素的和
9           for (j=0; j<4; j++)
10              sum +=a[i][j];
11      printf("数组 a:\n");
12      for (i=0; i<3; i++){             // 输出数组 a 各元素的值
13          for (j=0; j<4; j++)
14              printf("a[%d, %d]=%2d  ", i, j, a[i][j]);
15          printf("\n");                // 输出换行符
16      }
17      printf(" ***数组所有元素的和=%d ***\n", sum);
18      return 0;
19  }
```

运行结果如下:

```
请输入 12 个整数:
5  6  7  8  11  12  13  14  26  27  28  29↙
数组 a:
a[0, 0]= 5   a[0, 1]= 6   a[0, 2]= 7   a[0, 3]= 8
a[1, 0]=11   a[1, 1]=12   a[1, 2]=13   a[1, 3]=14
a[2, 0]=26   a[2, 1]=27   a[2, 2]=28   a[2, 3]=29
*** 数组所有元素的和=186 ***
```

3. 二维数组的初始化

同一维数组一样,二维数组在声明的同时,也可以对数组元素进行初始化。具体形式如下。

(1) 按行给二维数组的元素初始化。例如:

```
int a[3][4]={{5, 6, 7, 8}, {11, 12, 13, 14}, {26, 27, 28, 29}};
```

这种初始化的方法比较直观,外花括号中的第 n 对内花括号中的各初值分别赋给数组第 n 行的各元素。

(2) 按二维数组元素在存储空间的排列顺序对二维数组各元素初始化。例如:

```
int a[3][4]={5, 6, 7, 8, 11, 12, 13, 14, 26, 27, 28, 29};
```

(3) 对二维数组的部分元素初始化。例如:

```
int a[3][4]={{1}, {2, 3}, {4, 5, 6}};
```

它的作用是对二维数组的如下元素进行了赋值:a[0][0]=1,a[1][0]=2,a[1][1]=3,a[2][0]=4、a[2][1]=5、a[2][2]=6。除上述元素之外的元素自动赋初值为 0。初始化之后的二维数组为:

$$\begin{bmatrix} 1 & 0 & 0 & 0 \\ 2 & 3 & 0 & 0 \\ 4 & 5 & 6 & 0 \end{bmatrix}$$

(4) 如果对二维数组的全部元素赋初值,则在声明数组时可以不指定第一个数组长度,但第二个数组长度不能省。例如:

```
int a[ ][4]={5, 6, 7, 8, 11, 12, 13, 14, 26, 27, 28, 29};
```

等价于

```
int a[3][4]={5, 6, 7, 8, 11, 12, 13, 14, 26, 27, 28, 29};
```

系统会自动根据提供的初值总个数分配存储空间,一共 12 个初值,每行 4 个,可确定为 3 行。

如果采用按行给二维数组元素初始化的方法,则只要给定初值的组数就可以缺省第一个数组长度。例如:

```
int a[ ][4]={{1}, {2, 3}, {4, 5, 6}};
```

等价于

```
int a[3][4]={{1}, {2, 3}, {4, 5, 6}};
```

4. 程序设计举例

例 8.8 利用二维数组打印杨辉三角形。

```
1
1   1
1   2   1
1   3   3   1
1   4   6   4   1
1   5   10  10  5   1
```

分析：杨辉三角形的特点是：只有下半三角形有确定的值；第一列和对角线上的元素值都是 1，其他元素值均是前一行同一列元素与前一行前一列元素之和。程序如下：

```
1   #include <stdio.h>
2   #define N 6
3   int main(){
4       int a[N][N], i, j;
5       for (i=0; i<N; i++)          // 产生杨辉三角形各行的第 0 列和对角线列的值
6           a[i][0]=a[i][i]=1;
7       for (i=2; i<N; i++)          // 控制杨辉三角形第 i 行
8           for (j=1; j<i; j++)      // 控制杨辉三角形第 j 列
9               a[i][j]=a[i-1][j-1]+a[i-1][j];   // 计算第 i 行第 j 列的值
10      printf("杨辉三角形如下:\n");
11      for (i=0; i<N; i++){         // 输出杨辉三角形
12          for (j=0; j<=i; j++)
13              printf("%5d", a[i][j]);
14          printf("\n");            // 输出换行符
15      }
16      return 0;
17  }
```

例 8.9 某公司销售 5 种商品，每种商品某年 4 个季度的销售额已知，要求求出每种商品 4 个季度的合计销售额以及每个季度 5 种商品的总销售额。

假设声明数组 sales[6][5]，其中，第 i 行(i=1, 2, …, 5)的第 1~4 列分别用于存放第 i 种商品的 4 个季度的销售额；第 j 列(j=1, 2, 3, 4)的第 1~5 行分别用于存放 5 种商品第 j 季度的销售额；第 0 列的第 1~5 行分别用于存放 5 种商品 4 个季度的合计销售额；第 0 行的第 1~4 列分别用于存放第 1~4 季度 5 种商品的总销售额；第 0 行的第 0 列用于存放 5 种商品 4 个季度的总销售额。程序如下：

```
1   #include <stdio.h>
2   int main(){
3       int sum, total, i, j;
4       int sales[6][5]={{0},
5                        {0, 90, 85, 87, 93},
6                        {0, 84, 78, 96, 88},
7                        {0, 64, 95, 87, 72},
8                        {0, 96, 60, 94, 92},
9                        {0, 84, 86, 82, 88}};
10      for (i=1; i<=5; i++){            // 5 种商品循环处理
11          sum=0;
12          for (j=1; j<=4; j++)         // 求第 i 种商品 4 个季度的合计销售额
13              sum+=sales[i][j];
14          sales[i][0]=sum;             // 将第 i 种商品的合计销售额保存到第 i 行第 0 列
```

```
15      }
16      for (j=0; j<=4; j++){                    // 4个季度循环处理
17          total=0;
18          for (i=1; i<=5; i++)                 // 求第 j 季度 5 种商品的总销售额
19              total+=sales[i][j];
20          sales[0][j]=total;                   // 将第 j 季度的总销售额保存到第 0 行第 j 列
21      }
22      printf("序号\t一季度   二季度   三季度   四季度   年合计\n");
23      for (i=1; i<=5; i++){                    // 5 种商品循环处理
24          printf("%2d\t", i);                  // 输出第 i 种商品的序号
25          for (j=1; j<=4; j++)                 // 4 个季度循环处理
26              printf("%4d\t", sales[i][j]);    // 输出第 i 种商品第 j 季度的销售额
27          printf("%5d\n", sales[i][0]);        // 输出第 i 种商品全年的合计销售额
28      }
29      printf("汇总\t");
30      for (j=1; j<=4; j++)                     // 4 个季度循环处理
31          printf("%4d\t", sales[0][j]);        // 输出第 j 季度 5 种商品的总销售额
32      printf("%5d\n", sales[0][0]);            // 输出 5 种商品全年的总销售额
33      return 0;
34  }
```

运行结果如下：

序号	一季度	二季度	三季度	四季度	年合计
1	90	85	87	93	355
2	84	78	96	88	346
3	64	95	87	72	318
4	96	60	94	92	342
5	84	86	82	88	340
汇总	418	404	446	433	1701

8.2.3 二维数组的元素指针和行指针

1. 二维数组的元素指针

访问数据类型属性与二维数组元素类型相同的指针称为二维数组元素指针。在程序中声明一个二维数组时，例如：

```
int a[3][4];
```

C 编译系统将为数组 a 的所有元素在内存中分配一片连续的空间，数组名 a 代表这片连续空间的起始地址，它是构造元素 a[0] 的指针。二维数组的元素是以"行—列"形式排列存储的，即先顺序存放第 0 行的各元素，再接着存放第 1 行的各元素，依次类推，如图 8.10 所示。

二维数组的每一个元素 a[i][j] 都有一个指针，它就是 &a[i][j]。int 型二维数组的每

一个元素均相当于一个 int 型变量,因此 int * 型变量(即 int 型指针变量)可以指向 int 型二维数组的任何一个元素。对于 float 型数组,则应声明 float * 型指针变量来指向它的元素。执行如下语句后指针变量 p 和 q 的指向如图 8.10 所示。

```
int *p, *q;
p=&a[0][0];
q=&a[2][3];
```

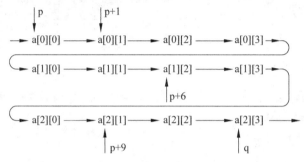

图 8.10　二维数组的元素指针

假设二维数组的大小为 M×N,且指针变量 p 指向 a[0][0],根据二维数组元素的存储结构和指针的算术运算规则可知:p＋k 指向二维数组元素 a[k/N][k%N],其中 0≤k＜M×N;反之,二维数组元素 a[i][j]的指针是 p+i×N+j,其中 0≤i＜M,0≤j＜N。如图 8.10 所示,二维数组的大小为 3×4(即 M=3,N=4),p+9 指向 a[2][1],元素 a[1][2]的指针是 p+6。

有了二维数组的元素指针,就可以通过二维数组元素的指针或指向二维数组元素的指针变量来间接引用二维数组元素。如果指针变量 p 的初值为 &a[0][0],二维数组的大小为 M×N,则:

(1) *(p+k)与 a[k/N][k%N]等价,a[i][j]与 *(p+i*N+j)等价。

(2) 指向二维数组元素的指针变量也可以带下标使用,如 p[k]与 *(p+k)等价。

综上所述,对二维数组元素的引用有两种方法(假如已进行了 p=&a[0][0]操作):

① 下标法。如 a[i][j]或 p[k]形式(记住:C 语言把 p[k]当作运算符[ ]的表达式处理)。

② 指针法。如 *(p+i*N+j)或 *(p+k)形式。

由此可知,通过指向二维数组元素的指针变量 p,可将大小为 M 行 N 列的二维数组转化为大小为 M×N 的一维数组处理,这正好符合二维数组的物理存储结构。

(3) 指针变量 p 可以进行自增、自减运算,如 *p++或 *(p++)代表先对指针变量 p 所指向的二维数组元素进行引用,然后使指针变量 p 指向二维数组的下一个元素。在使用指针变量时,一定要注意指针变量的当前值,即指针变量的当前指向。

例 8.10　通过二维数组的元素指针间接访问二维数组的元素。

```
1   #include <stdio.h>
```

```
 2   int main(){
 3       int a[3][4]={{1, 2, 3, 4}, {8, 7, 6, 5}, {4, 1, 9, 6}};
 4       int i, j, k, *p=&a[0][0];           // p为指向二维数组元素的指针变量
 5       printf("输出二维数组：\n");
 6       while (p<=&a[2][3]){                // 通过元素指针变量的自增来扫描数组各元素
 7           printf("%3d", *p++);
 8           if ((p-&a[0][0])%4==0) printf("\n");    // 控制换行
 9       }
10       return 0;
11   }
```

上面的代码中，第6～9行可以替换为：

```
for (k=0; k<3*4; k++){              // 通过一个下标来控制对数组各元素的扫描
    printf("%3d", p[k]);
    if ((k+1)%4==0) printf("\n");   // 控制换行
}
```

也可以替换为以下形式：

```
for (i=0; i<3; i++){                // 通过两个下标来控制对数组各元素的扫描
    for (j=0; j<4; j++)
        printf("%3d", *(p+i*4+j));  // 或输出 p[i*4+j]
    printf("\n");                   // 换行
}
```

2. 二维数组的行指针

什么是数组？数组是具有相同类型数据组成的有序集合。因此，根据二维数组的物理存储结构可以把二维数组看成是由所有二维数组元素组成的有序序列。例如：

```
int a[3][4];
int *p=&a[0][0];
```

数组a[3][4]可以看成是由3×4＝12个int型数据构成的一维数组，可以通过p[j]引用数组元素。同时，根据数组的声明，又可以把数组a[3][4]看成是由3个数据元素构成的一维数组(a[0]、a[1]、a[2])，其数据类型为包含4个int型数据的一维数组类型。

因此可以说，数组a由元素a[i](i=0，1，2)构成，而a[i]又是由a[i][0]、a[i][1]、a[i][2]、a[i][3]所组成，如图8.11所示。

一般情形，假设二维数组a的大小为M×N。一方面，将数组名a看成是由构造元素a[0]、a[1]、…、a[M−1]组成的一维数组的起始地址，即构造元素a[0]的指针。根据一维数组元素指针的运算规则，a+i则是构造元素a[i]的指针(即&a[i])。这也意味着a+i(0≤i<M)在内存中跳过了二维数组的i行，习惯称这种指针为二维数组的"行指针"。根据一维

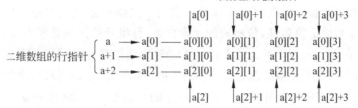

图 8.11　二维数组的行指针与元素指针

数组元素的引用方法可知：*(a+i)与a[i](0≤i<M)等价,a+i 与 &a[i]等价。同时,习惯把 a[i][j]称为二维数组的数组元素,因此,&a[i][j]就应称为二维数组的元素指针。

另一方面,a[i](0≤i<M)又可以看成是由元素 a[i][0]、a[i][1]、a[i][2]、…、a[i][N-1]组成的一维数组的数组名,因此 a[i]也是指针,它指向元素 a[i][0],即 a[i]与 &a[i][0]等价。根据数组元素的指针运算规则可知：a[i]+j(0≤j<N)指向 a[i][j],即 a[i]+j(0≤j<N)是元素 a[i][j]的指针。也就是说,*(a[i]+j)与 a[i][j]等价,又因为 *(a+i)与 a[i]等价,从而 *(*(a+i)+j)与 a[i][j]也等价。根据二维数组的存储结构可知：a[0]+k(0≤k<M×N)是指向 a[k/N][k%N]的指针,即 *(a[0]+k)与 a[k/N][k%N]等价。

二维数组名 a 可以理解为二维数组第 0 行的指针——行指针,即构造元素 a[0]的指针,而 a[0]是实际元素 a[0][0]的指针。对于大小为 M×N 的 int 型二维数组,行指针所指向的存储单元(一维数组单元)包括 sizeof(int)×N 个字节,而元素指针所指向的存储单元却只包括 sizeof(int)个字节。注意,行指针 a(元素 a[0]的指针 &a[0])与元素指针 a[0](元素 a[0][0]的指针 &a[0][0])的地址值属性相同,但是它们的访问数据类型属性却不同,使用时要加以区别。

例 8.11　分析行指针和元素指针的地址值属性的含义。

```
1   #include <stdio.h>
2   int main(){
3     int i, a[3][4];
4     for (i=0; i<3; i++){
5       printf("a+%d=%x, &a[%d]=%x,   ", i, a+i, i, &a[i]);     // 行指针的地址值
6       printf("*(a+%d)=%x, a[%d]=%x,", i, *(a+i), i, a[i]);
7                                                                // 元素指针的地址值
8       printf("a[%d]+1=%x\n", i, a[i]+1);        // 元素指针+1 运算后地址值
9     }
10    return 0;
11  }
```

运行结果如下：

```
a+0=4ffa7c, &a[0]=4ffa7c,   *(a+0)=4ffa7c, a[0]=4ffa7c, a[0]+1=4ffa80
a+1=4ffa8c, &a[1]=4ffa8c,   *(a+1)=4ffa8c, a[1]=4ffa8c, a[1]+1=4ffa90
a+2=4ffa9c, &a[2]=4ffa9c,   *(a+2)=4ffa9c, a[2]=4ffa9c, a[2]+1=4ffaa0
```

请读者注意观察输出的结果,深刻理解二维数组的元素指针、行指针的各种表示方式以及指针的地址值属性和访问数据类型属性的含义。二维数组的元素指针的值、行指针的值都只是反映指针的地址值属性,值相同的元素指针、行指针的访问数据类型属性并不相同。

显然,a+i、&a[i]、*(a+i)、a[i]、&a[i][0]的输出结果都相同,这是因为二维数组第i行的起始地址与第i行第0列元素的起始地址相同。但它们的含义(访问数据类型属性)却不相同,a+i、&a[i]是二维数组的行指针(如a+0与a+1的值相差4个int型数据——即二维数组一行所占的字节数),而*(a+i)、a[i]、&a[i][0]是二维数组的元素指针(如a[i]与a[i]+1的值相差1个int型数据——即1个数组元素所占字节数),使用时务必注意它们的区别。

从前面的叙述可知:a+i与&a[i]等价,它们都是二维数组第i行的行指针;*(a+i)、a[i]与&a[i][0]等价,它们都是二维数组第i行第0列元素a[i][0]的指针,即元素指针;对二维数组的行指针进行间接访问运算(即*运算),则得到该行第0个元素的元素指针;对二维数组的元素指针进行间接访问运算则得到该元素的值,如表8.1所示。

表8.1 二维数组的行指针、元素指针、元素之间的关系(假设二维数组为a[M][N])

类别	含义	表示形式
行指针	第0行的指针,即一维数组a[0]的指针	&a[0], a
	第i行的指针,即一维数组a[i]的指针(0≤i<M)	&a[i], a+i
元素指针	元素a[0][0]的指针	&a[0][0], a[0], *a
	元素a[i][0]的指针(0≤i<M)	&a[i][0], a[i], *(a+i), a[0]+i*N
	元素a[i][j]的指针(0≤i<M, 0≤j<N)	&a[i][j], a[i]+j, *(a+i)+j, a[0]+i*N+j
	第k个元素a[k/N][k%N]的指针(0≤k<M×N)	&a[k/N][k%N], a[k/N]+k%N, a[0]+k
元素	元素a[i][j](0≤i<M, 0≤j<N)	a[i][j], *(a[i]+j), *(*(a+i)+j), (*(a+i))[j], *(a[0]+i*N+j)
	第k个元素a[k/N][k%N](0≤k<M×N)	a[k/N][k%N], *(a[k/N]+k%N), *(a[0]+k)

对于大小为M×N的int型二维数组a,行指针在进行算术运算时,每增加(减小)1,它的值就增加(减小)sizeof(int)×N个字节,其中N为二维数组一行中的元素个数,sizeof(int)为一个int型数组元素所占字节数。

8.2.4 指向一维数组的指针变量(行指针变量)

对于二维数组:

```
int a[M][N];
```

其数组名a是一个行指针常量,它的值属性为数组的起始地址值;它的访问数据类型属性是一个包含N个int型数据的一维数组。同样,C语言中也可以声明与指针常量a相同类型的指针变量,把这种指针变量称为行指针变量。它的声明方法如下:

类型标识符（*变量标识符）[指向的数组长度]

例如，如下语句分别声明了行指针变量 p 和 f_p：

```
int (*p)[5];
float (*f_p)[6];
```

其中，行指针变量 p 是用来指向一个包含 5 个 int 型元素的一维数组的指针变量，p+1 的值比 p 的值增加了 sizeof(int)×5 个字节；行指针变量 f_p 是用来指向一个包含 6 个 float 型元素的一维数组的指针变量，f_p+1 的值比 f_p 的值增加了 sizeof(float)×6 个字节。

注意，*p 及 *f_p 两侧的括号不可缺少，如果写成：

```
int *p[5];
float *f_p[6];
```

因为方括号[ ]的运算优先级高，首先 p[5]、f_p[6] 是数组，然后再与 * 结合，因此，声明的 p、f_p 都是指针类型的数组（将在本章 8.6 节介绍）。

可以将一个大小为 M×N 的二维数组的行指针赋给一个指向包含 N 个元素的一维数组的指针变量。例如，赋值语句"p=a+2;"执行后，p 就指向了二维数组 a 的第 2 行。

如果指向包含 N 个元素的一维数组的行指针变量 p 的初值为 a，二维数组 a 的大小为 M×N，则通过二维数组的行指针或行指针变量 p 引用二维数组元素的方法是：

(1) p+i 指向数组的第 i 行，是行指针，而 *(p+i) 转化为元素指针，它指向元素 a[i][0]，因此，*(*(p+i)+j) 与 a[i][j] 等价。

(2) 行指针变量也可以带下标使用，如 p[i][j] 与 *(*(p+i)+j) 等价。

综上所述，对二维数组元素的引用有 3 种方法：

① 下标法。例如，a[i][j] 或 p[i][j] 形式。

② 指针法。例如，*(*(a+i)+j) 或 *(*(p+i)+j) 形式。

③ 下标指针混合法。例如，*(a[i]+j)、*(p[i]+j)、(*(a+i))[j]、(*(p+i))[j]、*(a[0]+i*N+j) 或 (*a)[i*N+j] 等形式。

例 8.12 通过行指针变量间接访问二维数组的元素。

```
1   #include<stdio.h>
2   int main(){
3       int a[3][4]={1, 2, 3, 4, 8, 7, 6, 5, 4, 1, 9, 6};
4       int i, j, (*p)[4]=a;
5       printf("输出 1: \n");              // 第一次输出
6       while (p<a+3){                     // 通过行指针变量的自增来扫描数组各行
7           for (j=0; j<4; j++)
8               printf("%3d", *(*p+j));
9           p++;
10          printf("\n");                  // 换行
```

```
11      }
12      p=a;                            // 注意行指针变量 p 的指向
13      printf("输出 2:\n");            // 第二次输出
14      for (i=0; i<3; i++){            // 通过 2 个下标来控制对数组各元素的扫描
15          for (j=0; j<4; j++)
16              printf("%3d", * (* (p+i)+j));    // 或输出 p[i][j]
17          printf("\n");               // 换行
18      }
19      return 0;
20  }
```

在上述代码中,6～11 行的代码和 14～18 行的代码输出内容是完全相同的。

8.3　字符指针与字符串

字符串是文本处理中的重要操作对象,第 3 章介绍了字符串的概念以及如何利用字符数组处理字符串。本节首先介绍一些常用的字符串处理函数;然后介绍如何通过指向字符的指针变量来处理字符串。

8.3.1　字符串处理函数

为了方便对字符串的处理,C 函数库中专门提供了一些用于处理字符串的函数,它们的头文件是 string.h。下面介绍几种常用的字符串处理函数。

1. 求字符串长度

一般格式：

strlen(字符指针)

功能：计算字符串长度的函数(字符串长度不包括'\0'在内)。例如：

char str[20]="Very good!";
printf("%d", strlen(str));

输出结果既不是 20,也不是 11,而是 10。

2. 字符串连接

一般格式：

strcat(字符数组 1, 字符串常量或字符数组 2)

功能：把字符串常量或字符数组 2 中的字符串连接到字符数组 1 中包含的字符串的后面,连接结果存放在字符数组 1 中。如果函数调用成功,函数返回的值是字符数组 1 的起始地址。例如：

```
char str1[18]="Today is ", str2[]="Sunday.";
strcat(str1, str2);
puts(str1);                              // 输出 Today is Sunday.
```

连接前后字符数组中的存储情况如图 8.12 所示。

图 8.12　字符串链接前后的内存存储形式

字符数组 1 的长度必须足够大，以便容纳连接后的新字符串。确保数组长度不被突破是程序员的责任。

3. 字符串复制
一般格式：

strcpy(字符数组 1, 字符串常量或字符数组 2)

功能：将字符串常量或字符数组 2 中的字符串复制到字符数组 1 中去。如果函数调用成功，函数返回的值是字符数组 1 的起始地址。例如：

```
char str1[20], str2[]="Sunday.";
strcpy(str1, str2);
puts(str1);                              // 输出 Sunday.
strcpy(str2, "Monday.");
puts(str2);                              // 输出 Monday.
```

说明：

（1）字符数组 1 的长度必须足够大，以便容纳被复制的字符串。复制时连同字符串结束符'\0'一起复制到字符数组 1 中。

（2）不能通过赋值语句将一个字符串常量或字符数组中的字符串直接赋给一个字符数组。如下面第二、第三条语句的用法是错误的：

```
char str1[20], str2[]="Sunday";
str1=str2;                               /*错误*/
str1="Monday";                           /*错误*/
```

赋值语句只能将一个字符赋给一个字符型变量或字符数组元素。要实现字符串的直接赋值只能用 strcpy 函数处理。

（3）使用 strncpy 函数可以实现将字符串常量或字符数组 2 中字符串的前若干个字符

复制到字符数组1中去。例如：

```
strncpy(str1, "Sunday", 3);
```

第三个参数的作用是指定将字符串常量"Sunday"中的前3个字符复制到字符数组str1中去，但是不会自动加上一个结束符'\0'。

4. 字符串比较

一般格式：

```
strcmp(字符串常量或字符数组1, 字符串常量或字符数组2)
```

功能：对两个字符串进行比较。字符串比较的规则是：对两个字符串自左至右逐个字符相比（按ASCII码值大小比较），直到出现不同的字符或遇到'\0'为止。如果全部字符相同（要求字符串长度相等），则认为两个字符串相等，函数的返回值为0；如果出现不相同的字符（若一个字符串的所有字符已全部比较完毕，则取'\0'参加比较），则以第一个不相同的字符的比较结果为准，若两个字符串第一个不相同字符的ASCII码值之差大于0，则函数值返回正数，否则函数值返回负数。

① 如果字符串1＝字符串2，函数值为0。
② 如果字符串1＞字符串2，函数值为正数。
③ 如果字符串1＜字符串2，函数值为负数。

例8.13* 3个字符串排序。

```
1   #include <stdio.h>
2   #include <string.h>                          // string.h为字符串处理函数的头文件
3   int main(){
4       char str1[20], str2[20], str3[20], temp[20];
5       printf("请输入3个字符串(每个字符串均以回车符结束):\n");
6       gets(str1);    gets(str2);    gets(str3);
7       if (strcmp(str1, str2)>0){               // 比较并交换str1和str2
8           strcpy(temp, str1);  strcpy(str1, str2);  strcpy(str2, temp);
9       }
10      if (strcmp(str2, str3)>0){               // 比较并交换str2和str3
11          strcpy(temp, str2);  strcpy(str2, str3);  strcpy(str3, temp);
12      }
13      if (strcmp(str1, str2)>0){               // 比较并交换str1和str2
14          strcpy(temp, str1);  strcpy(str1, str2);  strcpy(str2, temp);
15      }
16      printf("排序后:\n");
17      puts(str1);    puts(str2);    puts(str3);
18      return 0;
19  }
```

运行结果如下：

```
请输入 3 个字符串(均以回车符结束):
child↵
children↵
chief↵
排序后:
chief
child
children
```

注意:

(1) 两个字符串的比较不能用关系运算符进行。

(2) 当 str1>str2 时,strcmp(str1, str2)的返回值不一定是 1,strcmp(str2, str1)的返回值也不一定是−1,C 标准中只是说这两种情况分别为正数和负数。因此,第 7 行不能写成:

$$\text{if (strcmp(str1, str2)== 1)}$$

C 标准库中还有更多的字符串处理函数,读者需要处理字符串时可以先查询标准库函数中是否有对应函数。

8.3.2 指向字符的指针变量处理字符串

C 语言中只有字符串常量的概念,没有字符串变量的概念。类似于其他高级语言的字符串变量的功能,C 语言是通过字符数组来实现的。

也可以不声明字符数组,而声明一个指向字符的指针变量,并将字符串的起始地址赋给指针变量,通过该指针变量也可以实现字符串的操作。

考虑下面的程序片段:

```
1   char * str;
2   char * str1="python";
3   char str2[]="java";
4   int i=0;
5   while (str1[i])            // 输出指针变量 str1 所指向字符串中的每一个字符
6       printf("%c", * (str1+i++));
7   * str1='P';                // 错误,str1 指向的内存是只读的
8   * str2='J';                // 无误,str2 指向的内存可以读写
9   str1 +=1;                  // 无误,str1 的值可以更新
10  str2 +=1;                  // 错误,str2 是指针常量,不可以更新它的值
11  str1="C#";                 // 无误,改变 str1 的值,让它指向另一个字符串
12  str2="C#";                 // 错误,可以使用 strcpy(str2, "C#");
13  str=str1; puts(str);       // 无误,str 与 str1 指向相同的字符串,并输出该字符串
14  str=str2; puts(str);       // 无误,str 指向 str2[0],输出 * str 开始的字符串
```

对于第 2 行的语句,C 编译系统把字符串常量"python"存放在内存的只读区中的一片

连续的存储空间,同时声明了指针变量 str1,并把该连续存储空间首地址值赋予 str1。也就是说,str1 指向字符串的第一个字符(即'p')。

对于第 3 行的语句并不陌生,它声明了一个字符型数组 str2,并且对数组初始化,字符串"java"存放在这个数组里。str2 是一个指针常量(char * 型),指向数组元素 str2[0](即'j')。

从表面上看,str1 和 str2 都是字符指针,但是它们有明显差别:

(1) str1 指向只读区,因此,不可以改变 str1 所指向的字符串的内容。所以第 7 行的语句有误。str2 数组在自由存储区分配内存,可以任意读写 str2 中任意元素的值。

(2) str1 是一个指针变量,可以指向任意的字符。第 9、11 行改变该指针变量的值,让它指向其他字符,都是合法操作;str2 是一个指针常量,因此,不可以改变它的值,所以第 10、12 行是不对的。

用字符数组处理字符串时,要想将字符串直接赋给字符数组,只能通过初始化的方式实现,否则就只能通过字符串赋值函数 strcpy 进行赋值,或将字符串常量的各个字符逐个赋给字符数组的各个元素。而使用指向字符的指针变量时,随时可以将一个字符串常量赋给一个指针变量(本质上是让一个指针变量指向某个给定的字符串常量)。例如:

```
char str[30]="School of Computer Science";
```

就不能写成:

```
char str[30];
str="School of Computer Science";         // 该语句有问题
```

但在用指向字符的指针变量处理字符串时,要想将字符串的指针直接赋给指向字符的指针变量,则可以用初始化的方式来实现,也可以用赋值的方式来实现。例如:

```
char * p="School of Computer Science";
```

等价于

```
char * p;
p="School of Computer Science";           // 将字符串的指针赋给指针变量 p
```

例 8.14 请找出如下程序的错误所在,并加以改正。

```
1   /*每输入一行字符后将它输出,直到输入的一行字符为"end"则结束 */
2   #include <stdio.h>
3   #include <string.h>              // string.h 为字符串处理函数的头文件
4   int main(){
5       char i=1, * p, s[80];
6       p=s;                          // 给指针变量 p 赋初值,使 p 指向字符数组 s
7       do {
```

```
8          printf("请输入第%d个字符串(输入 end 表示结束):\n", i);
9          gets(s);   i++;
10         while (*p)
11             printf("%c", *p++);
12         printf("\n");
13     } while (strcmp(s, "end"));        // 如果输入的字符串是"end"则结束循环
14     return 0;
15 }
```

错误在于：仅仅只有一次将字符串 s 的指针赋给指针变量 p。第一次循环时，p 指向 s 的第一个字符，逐个字符输出后，p 的指向已发生变化；而第二次循环时，p 将从第一次循环后的位置继续后移，因为程序并没有重新给 p 赋字符串 s 的指针。第一次循环后，p 的指向可能是尚未使用的内存存储单元的位置，也可能是另一个字符串已占用的存储单元位置，也可能是程序代码存储单元位置，甚至可能是系统代码存储单元位置。程序设计人员务必要避免这样的情况发生。

8.4 指针作为函数参数

函数的参数不仅可以是整型、浮点型、字符型等数据，还可以是指针。指针作为函数参数时，同样要求实参表达式与形参变量的类型和个数都必须一致。

一般而言，如果实参表达式是 TYPE * 型，即 TYPE 类型的指针，则形参变量 p 的声明形式为 TYPE * p。

具体来说，如果实参表达式是基本数据类型 TYPE（TYPE 为 int、float、char 等）的指针，即 TYPE * 型，例如 TYPE 型变量的指针、TYPE 型一维数组的元素指针、TYPE 型二维数组的元素指针等，则形参变量 p 的声明形式为 TYPE * p。如果实参表达式是构造数据类型的指针，则形参变量为指向相应构造数据类型的指针变量，例如，实参为指向由 N 个 int 型数据组成的一维数组的指针（int 型行指针），即 int (*)[N]型，则形参变量 p 的声明形式为 int (*p)[N]。

8.4.1 变量的指针作为函数参数

用指针作为函数的参数时，实参是指针表达式（指针、指针变量或指针表达式），形参是指针变量，它的作用是将实参指针表达式的值传送给形参指针变量。这样，形参指针变量所指向的存储单元与实参指针表达式所指向的存储单元相同，因此，在被调函数中，通过形参指针变量能够间接访问（读或写）实参指针表达式所指向的存储单元。被调函数调用结束后，虽然形参指针变量所分配的存储单元将被释放，但通过形参指针变量对实参指针表达式所指向存储单元的修改并不会释放。也就是说，通过使用指针作函数参数，可以间接地实现在被调函数中对主调函数中的变量值进行修改。

例 8.15 用指针作为函数参数，将两个变量排序。

```
1  #include <stdio.h>
2  int main(){
3      int a, b;
4      void sort(int *, int *);
5      printf("请输入两个整数：");
6      scanf("%d%d", &a, &b);
7      sort(&a, &b);                       // 变量的指针作为函数的实参
8      printf("升序排序的结果：%d, %d\n", a, b);
9      return 0;
10 }
11 void sort(int *p1, int *p2){
12     int c;
13     if (*p1> *p2){
14         // 通过变量c将指针变量p1与p2所指向存储单元中的值互换
15         c=*p1;  *p1=*p2;  *p2=c;
16     }
17 }
```

运行结果如下：

请输入两个整数：15 8 ↙
升序排序的结果：8, 15

说明：

（1）在被调函数 sort 中，第 15 行语句的作用是通过变量 c 将指针变量 p1 和 p2 所指向的存储单元中的值互换，从而实现了在被调函数中改变主调函数中的变量的值，如图 8.13 所示。

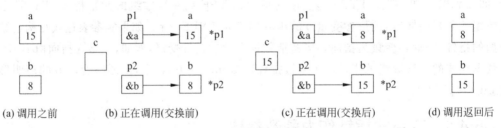

图 8.13 指针作为函数参数

请读者仔细分析如下程序，看是否能实现上述功能。

① 函数 main 不变，将函数 sort 改写为：

```
11 void sort(int *p1, int *p2){
12     int *p;
13     if (*p1> *p2){
14         p=p1;  p1=p2;  p2=p;         // 将指针变量p1与p2的值互换
15     }
16 }
```

② 将函数 main 及 sort 改写为：

```
1   #include <stdio.h>
2   int main(){
3       int a, b;
4       void sort(int, int);
5       printf("请输入两个整数：");
6       scanf("%d%d", &a, &b);
7       sort(a, b);
8       printf("升序排序的结果：%d, %d\n", a, b);
9       return 0;
10  }
11  void sort(int x, int y){
12      int c;
13      if (x>y){
14          c=x;  x=y;  y=c;
15      }
16  }
```

③ 函数 main 不变，将函数 sort 改写为：

```
11  void sort(int *p1, int *p2){
12      int *p;
13      if (*p1>*p2){              // 将指针变量 p1 与 p2 所指向存储单元中的值互换
14          *p=*p1;  *p1=*p2;  *p2=*p;
15      }
16  }
```

④ 函数 sort 不变，将函数 main 改写为：

```
2   int main(){
3       int a, b, *pointer1=&a, *pointer2=&b;
4       void sort(int *, int *);
5       printf("请输入两个整数：");
6       scanf("%d%d", &a, &b);
7       sort(pointer1, pointer2);           // 指针变量作为函数的实参
8       printf("升序排序的结果：%d, %d\n", a, b);
9       return 0;
10  }
```

对于情形①，函数 sort 中仅仅是将指针变量 p1 与 p2 的值互换，也就是仅仅是将指针变量 p1 与 p2 的指向换了，并没有改变变量 a 与 b 所对应存储单元的值，因此不能实现相应的功能。对于情形②，函数 sort 中是将变量 x 与 y 的值互换，并没有将变量 a 与 b 的值互换，函数 sort 调用结束后变量 x 和 y 全部释放，因此也不能实现相应的功能。对于情形③，指针

变量 p 并没有明确指向哪个变量,因此语句"*p=*p1;"有问题。对于情形④,仅仅是将变量的指针换成了指针变量,因此能实现相应的功能。

(2) 指针作为函数参数时,通过形参指针变量可以直接修改实参指针所指向存储单元(或实参变量)的内容,一方面增加了程序设计的灵活性,另一方面也增加了函数之间的关联度,破坏了函数的独立性。这种关联是可以在函数定义时进行限制的,即限制通过形参指针变量直接修改实参指针所指向存储单元(或实参变量)的内容。这种限制是利用限定词 const 来实现的。例如,有如下的函数定义:

```
float fun(const float * x, const float * y){
    …
}
```

则在函数 fun 中,通过形参指针变量 x、y 可以访问它们所指向存储单元(或实参变量)的内容,但不允许修改它们所指向的存储单元(或实参变量)的内容。

(3) 请注意区分:以指针变量作为函数参数时,实参到形参传递的虽然是地址,但这并不是使形参变量共享实参变量的存储单元,即并不是"地址传递",而是传递实参变量的值(因为指针变量的值就是地址),形参指针变量是需要另外分配存储单元的,即还是"值传递"。用指针作为函数的参数,也要求实参与形参的类型一致。

8.4.2 一维数组的指针作为函数参数

用一维数组名、一维数组的元素指针或已经被赋该指针值的指针变量作为函数的实参时,函数的形参用指针变量或一维数组(这仅仅是形式上的,其本质上是指针变量)。

如果实参是一维数组名 a(它就是元素 a[0]的指针)或一维数组第 0 个元素 a[0]的指针,则形参变量接受实参传过来的指针值之后,形参变量也指向 a[0]元素。

例 8.16* 将两个升序数组归并成一个新的升序数组。

分析:假设 M、N 分别代表数组 x、y 的长度,i、j、k 分别代表数组 x、y、z 的下标。置 i=0、j=0、k=0,则将两个已经有序的数组 x 和 y 归并成一个有序的数组 z 的基本思想是:

(1) 比较 x[i]和 y[j],如果 x[i]较小,则将 x[i]放入 z[k],并将 i 增 1;否则,将 y[j]放入 z[k],并将 j 增 1。

(2) k 增 1。

(3) 如果 i<M 且 j<N,则返回第(1)步,否则往下进行第(4)步。

(4) 如果 i<M,则将数组 x 中的剩余元素全部复制到数组 z 中;如果 j<N,则将数组 y 中的剩余元素全部复制到数组 z 中。

程序如下:

```
1   #include <stdio.h>
2   #define M 10
3   #define N 8
4   void merge_sort(int * x, int lenx, int * y, int leny, int * z){
5       int i=0, j=0, k=0;
```

```
6       while (i<lenx && j<leny)
7           if (x[i]<y[j]) z[k++]=x[i++];
8           else z[k++]=y[j++];
9       while (i<lenx)                    // 复制剩下的元素
10          z[k++]=x[i++];
11      while (j<leny)                    // 复制剩下的元素
12          z[k++]=y[j++];
13  }
14  int main(){
15      int a[M]={0, 1, 3, 8, 8, 25, 30, 36, 40, 50};
16      int b[N]={-5, -1, 2, 5, 25, 32, 35, 38}, i, c[M+N];
17      printf("原始的有序数组 a: \n\t");
18      for (i=0; i<M; i++)
19          printf("%d, ", a[i]);
20      printf("\n 原始的有序数组 b: \n\t");
21      for (i=0; i<N; i++)
22          printf("%d, ", b[i]);
23      merge_sort(a, M, b, N, c);
24      printf("\n 归并得到的有序数组 c: \n\t");
25      for (i=0; i<M+N; i++)
26          printf("%d, ", c[i]);
27      printf("\n");
28      return 0;
29  }
```

运行结果如下：

原始的有序数组 a:
  0, 1, 3, 8, 8, 25, 30, 36, 40, 50,
原始的有序数组 b:
  -5, -1, 2, 5, 25, 32, 35, 38,
归并得到的有序数组 c:
  -5, -1, 0, 1, 2, 3, 5, 8, 8, 25, 25, 30, 32, 35, 36, 38, 40, 50,

注意：如果实参是指针、指针变量或一维数组名，则形参是指针变量或一维数组（本质上还是指针变量），这时实参到形参变量传递的不是普通值，更不可能是整个数组，而是指针值（如果实参是一维数组名，则传给形参的是数组第 0 个元素的指针），还是值传递。

例 8.17＊ 编写一函数实现 strcmp()函数的功能。

```
1   int stringcmp(char * s1, char * s2){
2       while (* s1 || * s2)           // 若 s1 和 s2 都比较完毕（遇'\0'），则结束循环
3           if (* s1- * s2)             // 判断字符串 s1 和 s2 对应字符是否不同
4               break;                  // 若不同，则结束循环
5           else {
```

```
6              s1++;   s2++;           // 若相同,则分别使指针变量指向字符串的下一字符
7         }
8         return (*s1-*s2);
9   }
```

例 8.18* 字符串匹配。

问题描述:设主串数组名为 S,子串数组名为 T,现在要找出子串 T 在主串 S 中第一次出现的位置。

分析:字符串匹配的基本思想是:从主串 S 的第一个字符起与子串 T 的第一个字符比较,若相等,则继续逐个比较后续字符,否则从主串的下一个字符起再重新和子串的字符比较。以此类推,直到子串 T 中的每个字符依次和主串 S 中的一个连续的字符序列相等,则匹配成功,否则匹配失败。

例如,假设主串和子串分别为 S="ababcabcacbab" 和 T="abcac",则匹配过程如下:
(1)第 1 趟从主串的第 1 个字符起与子串比较,匹配过程如下,匹配不成功。

a	b	a	b	c	a	b	c	a	c	b	a	b
a	b	c										

(2)第 2 趟从主串的第 2 个字符起与子串比较,匹配过程如下,匹配不成功。

a	b	a	b	c	a	b	c	a	c	b	a	b
	a											

(3)第 3 趟从主串的第 3 个字符起与子串比较,匹配过程如下,匹配不成功。

a	b	a	b	c	a	b	c	a	c	b	a	b
		a	b	c	a	c						

(4)同理,第 4、第 5 趟匹配都不成功。第 6 趟从主串的第 6 个字符起与子串比较,匹配过程如下,匹配成功,返回位置 6。

a	b	a	b	c	a	b	c	a	c	b	a	b
					a	b	c	a	c			

字符串匹配的函数如下:

```
1   int index(char *s, char *t, int start) {
2       //s 为主串,t 为子串,start 为起始匹配位置
3       int i=start, j=0, m=strlen(s), n=strlen(t);
4       if (start<0 || n==0 || start+n>m)     // 起始匹配位置 start 允许从 0 开始
5           return -1;                         // 匹配不成功,返回-1
6       while (i<m && j<n)
```

```
7            if (s[i]==t[j]) {i++;   j++;}     // 继续匹配
8            else {i=i-j+1;  j=0;}             // 从主串的下一个字符开始重新匹配
9        if (j>=n) return (i-n);               // 匹配成功,返回子串在主串中的起始位置
10       else return -1;                       // 匹配不成功,返回-1
11   }
```

请读者编写一个主函数,要求在主函数中输入主串、子串的内容以及子串在主串中的起始匹配位置,然后调用 index 函数,最后输出 index 函数的返回结果(即子串在主串中第一次出现的位置),并上机调试运行。

C 标准库中有一个字符串匹配函数 strstr,它在 string.h 头文件中被声明,其原型为:

```
char * strstr(char * str, char * substr)
```

该函数返回字符串 str 中第一次出现子串 substr 的地址;如果没有检索到子串,则返回 NULL。

8.4.3 二维数组的指针作为函数参数

二维数组的指针有元素指针和行指针两种。如果用二维数组的元素指针作为函数实参,则形参的使用与前面讨论的变量的指针作为函数参数或一维数组的指针作为函数参数完全相同。

用二维数组名、二维数组的行指针或已经被赋该指针值的指针变量作为函数的实参时,函数的形参变量声明为指向一维数组的指针变量或二维数组(这仅仅是形式上的,其本质上是指向一维数组的指针变量)。

例 8.19* 有 4 个学生,每个学生有 3 门课程的成绩,每门课程的学分不一样。计算每一个学生的加权平均成绩。

分析:假设 4 个学生 3 门课程的成绩存放在一个二维数组 scores[4][3]中,3 门课程的学分存放在一维数组 credit[3]中,存储结果如图 8.14 所示。

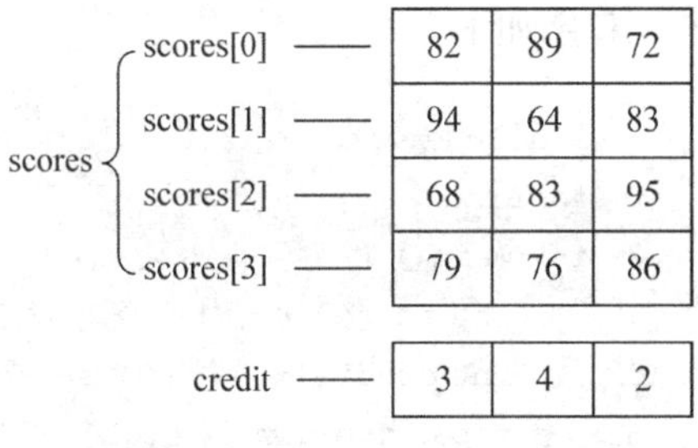

首先,二维数组名 scores 可以逻辑上看成是由 4 个构造元素 scores[0]、scores[1]、scores[2]、scores[3]构成的一维数组;其次,每个构造元素 scores[i](i=0,…,3)又是由 3 个实际元素 scores[i][0]、scores[i][1]、scores[i][2]构成的一维数组,构造元素 scores[i]为该一维数组的数组名。

scores				
	scores[0] ——	82	89	72
	scores[1] ——	94	64	83
	scores[2] ——	68	83	95
	scores[3] ——	79	76	86

credit ——	3	4	2

图 8.14 例 8.19 的存储结果

那么,第 i 个学生的加权平均成绩为:

$$(\sum_{j=0}^{2} \text{scores}[i][j] * \text{credit}[j])/\sum_{j=0}^{2}\text{credit}[j]$$

关键问题是:一个学生的成绩是二维数组 scores 的一行,如何将一行成绩传递给计算加权平均成绩的函数 aver 呢?

方法一：将第 i 个学生的成绩看成是数组名为 scores[i] 的一维数组，将该数组名 scores[i]（即指向第 i 个学生第 0 门成绩 scores[i][0] 的指针）作为实参传递给 aver 函数，此时形参变量声明为 int * 型指针变量或 int 型一维数组（这只是形式上的，本质上还是 int * 型指针变量）。程序如下：

```
1   #include <stdio.h>
2   #define N 3                              //N门课程
3   int main(){
4       int scores[4][N]={{82,98,72}, {94,64,83}, {68,83,95}, {79,76,86}};
5       int credit[N]={3, 4, 2}, i;
6       float aver(int *, int *), p;
7       for (i=0; i<4; i++){                 // i 控制行(学生)
8           p=aver(scores[i], credit);       // 实参为一维数组名
9           printf("第%d个学生的加权平均成绩为:%.2f\n", i+1, p);
10      }
11      return 0;
12  }
13  float aver(int x[], int y[]){            // 形参变量声明等价于:int * x, int * y
14      int n, sum1=0, sum2=0;
15      for (n=0; n<N; n++){                 // n 控制 N 门课程
16          sum1+=x[n] * y[n];
17          sum2+=y[n];
18      }
19      return((float)sum1/sum2);            // 返回该学生的加权平均成绩
20  }
```

方法二：将指向第 i 个学生成绩（即第 i 行成绩）的行指针 scores＋i 作为实参传递给 aver 函数，此时形参变量声明为 int (*)[N] 型指针变量（即指向由 N 个元素构成的一维数组的指针变量，简称行指针变量）或 int 型二维数组（这只是形式上的，本质上还是行指针变量）。程序如下：

```
1   #include <stdio.h>
2   #define N 3                              //N门课程
3   int main() {
4       int scores[4][N]={{82,98,72}, {94,64,83}, {68,83,95}, {79,76,86}};
5       int credit[N]={3, 4, 2}, i;
6       float aver(int ( * )[N], int * ), p;
7       for (i=0; i<4; i++) {                // i 控制行(学生)
8           p=aver(scores+i, credit);        // 实参:行指针(二维数组名),元素指针(一维数组名)
9           printf("第%d个学生的加权平均成绩为:%.2f\n", i+1, p);
10      }
11      return 0;
12  }
```

```
13    float aver(int (*x)[N], int *y) {
14        // 形参变量声明等价于:int x[][N], int y[]
15        int n, sum1=0, sum2=0;
16        for (n=0; n<N; n++) {              // n控制N门课程
17            sum1+=(*(*x+n))*(*(y+n));      // 或  sum1+=(*x)[n]*y[n];
18            sum2+=*(y+n);                  // 或  sum2+=y[n];
19        }
20        return ((float)sum1/sum2);         // 返回该学生的加权平均成绩
21    }
```

方法三：将二维数组名 scores 作为实参(行指针)传递给 aver 函数，此时形参变量还是声明为 int(*)[N]型指针变量；在 aver 函数中计算每一个学生的加权平均成绩并输出。程序如下：

```
1    #include<stdio.h>
2    #define N 3                            // N门课程
3    int main(){
4        int scores[4][N]={{82,98,72}, {94,64,83}, {68,83,95}, {79,76,86}};
5        int credit[N]={3, 4, 2};
6        void aver(int(*)[N], int *);
7        aver(scores, credit);              // 实参:二维数组名scores,一维数组名credit
8        return 0;
9    }
10   void aver(int (*x)[N], int *y){
11       // 形参变量声明等价于:int x[][N], int y[]
12       int i, j;
13       float sum1, sum2=0;
14       for (i=0; i<N; i++)
15           sum2+=y[i];
16       for (i=0; i<4; i++){               // i控制行(学生)
17           sum1=0;
18           for (j=0; j<N; j++)            // j控制列(课程)
19               sum1+=x[i][j]*y[j];
20           printf("第%d个学生的加权平均成绩为：%.2f\n", i+1, sum1/sum2);
21       }
22   }
```

8.5 返回指针的函数

一个函数不仅可以带回一个整型值、字符值、浮点型值等，也可以带回一个指针型的值。这种返回指针的函数的一般定义形式如下：

```
类型标识符 *函数名(形参列表)
{
    ...
}
```

例8.20 返回指针的函数。

```
1   #include <stdio.h>
2   int main(){
3       int a[10]={60, 30, 27, 54, 59, 92, 47, 76, 82, 18}, * max(int * ), * p;
4       p=max(a);
5       printf("最大值=%d\n", * p);
6       return 0;
7   }
8   int * max(int * p){          // 定义返回int *型指针值的函数
9       int i, * q=p;
10      for (i=1; i<10; i++)     // 指针变量q指向数组a中的最大值元素
11          if (*(p+i)> * q) q=p+i;
12      return q;                // 将指向数组a中最大值元素的指针返回
13  }
```

执行结果如下：

最大值=92

函数max的功能是查找实参传过来的一维数组a中最大值的元素，并将指向该最大值元素的指针返回给主调函数，即返回一个指向int型存储单元的指针，如图8.15所示。

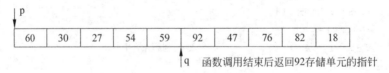

图8.15 返回指针的函数

注意：函数所返回的指针必须是指向尚未释放的存储单元的指针，如声明全局变量所分配的存储单元，或主调函数中声明变量所分配的存储单元，或动态存储分配函数所分配的存储单元(参见9.4.3节)等。

如果函数所返回的指针是指向本函数中声明变量所分配的存储单元，则可能得不到正确的结果。例如，如果将例8.20中的max函数修改为如下形式，则main函数中的输出结果可能不正确，这是因为返回指针所指向的m变量在函数返回后被释放了。

```
8   int * max(int * p){          // 定义返回int *型指针值的函数
9       int i, m= * p;
10      for (i=1; i<10; i++)     // 数组a中的最大值赋给变量m
```

```
11          if (*(p+i)>m) m=*(p+i);
12    return &m;                    // 将存放了数组 a 中最大值的变量 m 的指针返回
13  }
```

例 8.21* 在一个字符串中找出某一字符的函数。

在 C 标准库中有一个字符串函数 strchr，它的功能是在一个字符串中找出一个字符第一次出现的位置(指针)或者 NULL(如果找不到)。该函数可以这样实现：

```
1  char * strchr(char * s, char c){
2    while (*s && *s !=c)
3      ++s;
4    if (*s) return s;
5    return NULL;
6  }
```

指针数组

8.6.1 指针数组的概念及其应用

1. 指针数组的概念

指针数组是指每一个数组元素均用来存储一个指针值的数组，即指针数组中的每一个元素都是指针变量。指针数组的声明形式为：

类型标识符　＊数组名[数组长度]

例如，语句：

int * p[5];

声明了一个指针数组，数组名为 p，共有 5 个元素，每个元素都是一个可以指向 int 型存储单元(或变量)的指针变量。

说明：

(1) 注意指针数组与指向一维数组的指针变量的声明在形式上的区别。C 语言的语句(包括声明语句、操作语句)都是按照 C 表达式的规则书写的。对比如下语句：

int * p[10];   /* (语句 1) */
int (* p)[10];   /* (语句 2) */

在语句 1 中，由于运算符[]的优先级高于 *，因此，p 先与[10]结合，形成数组 p[10]，然后 p[10]再与 * 结合，* 表示此数组的类型是指针型，再与 int 结合，表示指针的访问数据类型为 int。即指针数组的每一个元素(均为指针变量)的共同数据类型是 int *；对于语句 2，它是行指针变量的声明语句。因此,语句 1 中的 p 是数组名,而语句 2 中的 p 是行指针变量。

(2) 指针数组的初始化问题举例:

```
int a[4][5];
```

声明了二维数组 a,我们知道,a[i](0≤i<4)均是指针,它指向二维数组元素 a[i][0]。因此,可以用 a[0]、a[1]、…、a[3]来初始化指针数组 p,语句如下:

```
int * p[4]={a[0], a[1], a[2], a[3]};
```

这样,指针数组 p 的第 i 个元素 p[i](它与 *(p+i)等价)就指向二维数组 a 的第 i 行的第 0 个元素 a[i][0],p[i]+j 则指向 a[i][j],因此,a[i][j]与 *(p[i]+j)与 *(*(p+i)+j)等价。如图 8.16 所示。注意,p[i]并不是指向二维数组 a 的第 i 行,而是指向第 i 行的第 0 个元素 a[i][0]。也就是说,p[i]仅是一个元素指针,而指向二维数组第 i 行的是一个行指针。

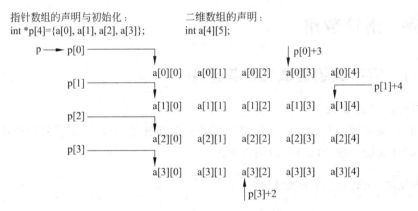

图 8.16 指针数组的声明与初始化

2. 指针数组的应用

用指针数组处理指向若干个字符串的问题,它将使字符串的处理更加方便灵活。

例如,资料室有若干本书,每本书都有一个书名(可看成是一个字符串),可以采用二维字符数组来处理该资料室的图书资料管理。声明二维字符数组并初始化如下:

```
char c[4][40]={"The C Programming Language",
              "Database Design",
              "Database System Implementation",
              "Software Engineering"};
```

其存储形式如图 8.17 所示。利用二维数组来处理的缺点是每一本书的书名所占字节数(即二维数组的列数)相等。但实际上每一本书的书名(字符串)的长度是不相等的,二维数组的列数必须按最大字符串的长度来准备,造成许多内存单元的浪费。不仅浪费内存单元,而且在诸如字符串的排序等问题的处理上也较慢,因为它要将整个字符串的内容进行交换。

上述问题如果采用指针数组来处理，许多问题可以得到缓解。首先可以声明一个字符指针数组 book，然后让指针数组的每一个元素（均为指针变量）分别指向一个字符串常量，如图 8.18 所示。

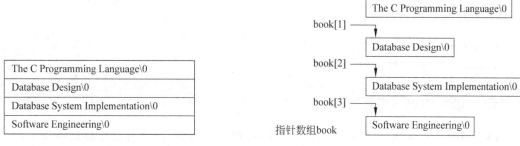

图 8.17　利用二维数组处理字符串　　　　图 8.18　利用指针数组处理字符串

例 8.22* 对所有图书按字母顺序由小到大排序输出书名。

```
1   #include <stdio.h>
2   #include <string.h>
3   void sort(char *p[], int), prn(char *p[], int);      // 声明函数原型
4   int main(){
5       char *book[]={"The C Programming Language",
6                     "Database Design",
7                     "Database System Implementation",
8                     "Software Engineering"};
9       sort(book, 4);                   // 实参 book 是指针数组名
10      prn(book, 4);
11      return 0;
12  }
13  /*按升序对指针数组 p 所指向的若干字符串排序*/
14  void sort(char *p[], int n){
15      int i, j, minpost;
16      char *t;
17      for (i=0; i<n-1; i++){           // 用选择法对若干个字符串进行升序排序
18          minpost=i;
19          for (j=i+1; j<n; j++)
20              if (strcmp(p[j], p[minpost])<0)    // 比较两个字符串的大小
21                  minpost=j;
22          if (minpost!=i){             // 交换指针数组元素的指向
23              t=p[i];  p[i]=p[minpost];  p[minpost]=t;
24          }
25      }
26  }
27  void prn(char *p[], int n){
```

```
28      int i;
29      for (i=0; i<n; i++)
30          printf("%s\n", p[i]);
31  }
```

运行结果如下：

```
Database Design
Database System Implementation
Software Engineering
The C Programming Language
```

排序函数 sort 实现字符串序列的升序排序，排序过程中，并没有真正移动字符串的存储，仅仅是通过交换指向字符串的指针来实现排序，最后按指针数组 book 中数组元素的顺序得到的字符串（即指针数组元素所指向的字符串）序列就是升序排序的。

8.6.2 指针数组作 main 函数的形参

在以前的程序中，主函数 main() 都是不带参数的。这是一般用户程序的特点。但在有些情况下，当程序开始执行时，希望通过命令行将某些参数传递给程序，以控制程序的执行，这时 main 函数就需要带参数，以便来接受命令行的参数。

当我们编写了一个程序，并完成了编译链接（生成或者构建）之后，就可以执行这个程序。执行的方法有以下几种：

(1) 在集成开发环境（IDE）中直接执行。不管是在 Visual Studio 中，还是 Code::Blocks 中，都可以直接单击一个按钮来执行程序。

(2) 找到可执行文件后双击执行。在 Windows 系统中，完成编译链接后，会产生一个 .exe 文件，可以在项目（工程）目录下（或者一个子目录下）找到这个文件，它默认文件名与项目（工程）名相同。双击该文件即可运行。

(3) 在命令行下执行。假定产生的可执行文件名为 example123.exe，所在目录为 d:\work\example123\，那么在命令行输入 d:\work\example123\example123.exe 即可执行该程序。

例如，在 Windows 系统中，在命令行下可以执行一个命令 COPY，用于复制文件，其格式为：

```
COPY  源目录或文件  目标目录或文件
```

例如，COPY C:\autoexec.bat D:\autoexec.bak 表示将 C:\autoexec.bat 文件复制到 D:\autoexec.bak 文件中。这里，COPY 是命令（即可执行文件的文件名），后面的两个文件名是命令行参数。可以自己编写一个程序实现这个命令。程序的原理很简单，就是逐字符地复制第一个文件的内容并写入到第二个文件中。问题是，如何使得我们的程序可以像

COPY 命令那样被调用呢？这就要求程序能够接收命令行参数，这是通过 main 函数的参数来实现的。

不同于一般的函数，带参数的 main 函数的格式是固定的，其原型为以下两种形式之一：

```
int main(int argc, char *argv[])
int main(int argc, char **argv)
```

不难看出，这两种形式是完全等价的。对于普通的函数，当它被调用的时候，实参的值会传给形参，那么 main 函数如何被调用呢？暂且可以简单地这样理解：当执行一个程序的时候，操作系统调用 main 函数；当以带参数的形式来执行一个命令的时候，操作系统会将输入的信息作为实参传给 main 函数的形参。

main 函数的形参中，argc 接收的值是命令行参数的数目；argv 是指向 char 型的指针数组，它的数组元素分别是指向命令行各参数字符串的指针。例如，假设有一个程序实现了 COPY 命令的功能，那么当执行以下命令的时候：

COPY C:\autoexec.bat D:\autoexec.bak

main 函数的形参中，argc 会获得整数值 3，而 argv[0]指向"COPY"，argv[1]指向"C:\autoexec.bat"，argv[2]指向"D:\autoexec.bak"。

例 8.23* 编写一个程序用于文件复制，其中源文件名和目的文件名通过 main 函数参数指定。

```
1   #include<stdio.h>
2   int main(int argc, char * argv[]) {
3       FILE * fp1, * fp2;
4       int ch;
5       if (argc!=3){
6           printf("使用方法：CP 源文件名 目标文件名");
7           exit(0);
8       }
9       fp1=fopen(argv[1], "r");        // argv[1]是源文件名
10      fp2=fopen(argv[2], "w");        // argv[2]是目的文件名
11      if (fp1 ==NULL || fp2 ==NULL){
12          fprintf(stderr, "无法打开文件!\n");
13          exit(0);
14      }
15      while ((ch=fgetc(fp1))!=EOF){    // 逐字符地复制
16          fputc(ch, fp2);
17      }
18      fclose(fp1);
19      fclose(fp2);
20      return 0;
21  }
```

假设该 C 程序的可执行文件名为 CP.exe，希望将 C:\scores.c 文件（假设 C 盘根目录

下有 scores.c 文件)中的内容复制到 C:\scores.cpp 文件中,则应该这样执行:

```
CP C:\scores.c C:\scores.cpp ↵
```

此时,main 函数的形参指针数组的指向情况如图 8.19 所示。

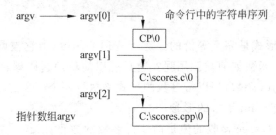

图 8.19 main 函数的形参指针数组的指向

8.6.3 行指针数组

前面已经讨论了指针变量、指向一维数组的指针和指针数组等概念。行指针数组是指每一个数组元素都是存储行指针(即指向一维数组的指针)的数组,即指针数组中的每一个元素都是行指针变量。行指针数组的声明形式为:

```
类型标识符  (*数组名[指针数组长度])[指向的数组长度]
```

例如,语句:

```
int (*p[4])[6];
```

声明了一个行指针数组,数组名为 p,共有 4 个元素,每个元素都是一个可以指向包含 6 个 int 型元素的一维数组的指针变量,即行指针变量。

行指针数组的初始化问题举例。对于如下语句:

```
int a[4][6];
```

声明的二维数组,我们知道,a+i(0≤i<4)是行指针,它指向二维数组的第 i 行(包含 6 个元素),即指向一个包含 6 个元素的一维数组,因此可以用 a,a+1,a+2,a+3 来初始化行指针数组 p,语句如下:

```
int(*p[4])[6]={a, a+1, a+2, a+3};
```

这样,行指针数组 p 的第 i 个元素 p[i]就指向二维数组 a 的第 i 行,即行指针数组元素 p[i]中存储的是一个行指针。根据行指针的特点可知,*p[i]是指向二维数组 a 的第 i 行第 0 列的元素指针,它指向 a[i][0]元素,因此 *p[i]+j 指向 a[i][j],即 a[i][j]与 *(*p[i]+j)等价。

例 8.24* 某班有 4 个学生,学 5 门课程,每个学生 5 门课程的成绩及总分已给出,要求将他们的成绩按总分由高到低排序后输出。

声明二维数组 score[4][7]来存放 4 个学生的成绩信息,第 0 列用来存放学生序号,第 1~5 列分别用来存放 5 门课程的成绩,第 6 列用来存放总分。声明行指针数组 p[4],并将 p[i]赋值为 score+i,即让 p[i]指向二维数组 score 的第 i 行,如图 8.20 所示。

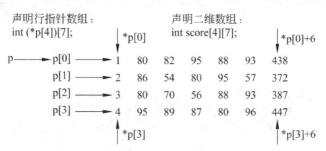

图 8.20 行指针数组的声明与赋值

程序如下:

```
1   #include <stdio.h>
2   int main(){
3       int score[4][7]={{1, 80, 82, 95, 88, 93, 438},
4                       {2, 86, 54, 80, 95, 57, 372},
5                       {3, 80, 70, 56, 88, 93, 387},
6                       {4, 95, 89, 87, 80, 96, 447}}, i, j, (*p[4])[7];
7       void sort(int (*p[])[7], int);    //声明被调用函数的原型
8       for (i=0; i<4; i++)
9           p[i]=score+i;                 // 令 p[i]指向二维数组 score 的第 i 行
10      sort(p, 4);                       // 实参 p 是行指针数组名
11      printf("序号\t语文\t数学\t物理\t化学\t生物\t总分\n");
12      for (i=0; i<4; i++){              // 输出排序后的成绩表
13          for (j=0; j<7; j++)
14              printf("%3d\t", *(*(p[i])+j));
15          printf("\n");
16      }
17      return 0;
18  }
19  /* 对行指针数组 p 所指向的学生成绩表排序 */
20  void sort(int (*p[])[7],int n)
21      int i, j, post,(*t)[7];
22      for (i=0; i<n-1; i++){            // 用选择法对学生成绩表按总分降序排序
23          post=i;
24          for (j=i+1; j<n; j++)
25              if (*(*p[j]+6)>*(*p[post]+6))    // 比较两个学生总分的大小
```

```
26              post=j;
27          if (post!=i){                      // 交换指针数组元素的指向
28              t=p[i];  p[i]=p[post];  p[post]=t;
29          }
30      }
31  }
```

运行结果如下：

序号	语文	数学	物理	化学	生物	总分
4	95	89	87	80	96	447
1	80	82	95	88	93	438
3	80	70	56	88	93	387
2	86	54	80	95	57	372

其中，排序函数 sort 实现对学生成绩表按总分的降序排序，排序过程中，并没有真正移动学生成绩表的存储，仅仅是通过交换指向学生成绩的行指针来实现排序，最后按行指针数组 p 中数组元素的顺序得到的学生成绩（即行指针数组元素所指向的学生成绩行）表就是按总分降序排序的。

8.7 编程实践：实用字符串处理

字符串处理是程序设计中经常遇到的任务，除了书中介绍的 strlen、strcat、strcpy 和 strcmp 等函数之外，在 C 标准库中还提供了很多其他函数，下面介绍几个比较实用的函数。

1. sscanf 函数

sscanf 函数的原型为：

```
sscanf(字符指针, 格式化字符串, 地址列表)
```

sscanf 函数与 scanf 函数的区别在于，前者从一个字符串中获取输入，而后者从 stdin 流中获取输入。因此，sscanf 函数经常用于从一个字符串中提取子字符串（简称为子串）。与 scanf 函数一样，sscanf 具有返回值，它的返回值是从字符串中成功提取到的子串的长度。下面举几个例子。

（1）将字符串转换为整数。例如，如下语句实现从一个字符串中读取由数字字符组成的子串，并存到一个整型变量中，相当于将其中的数字子串转换为整数。

```
int d;
sscanf("123456□", "%d", &d);           // □表示空格
printf("d=%d\n", d);                   /* 输出 d=123456 */
```

(2) 读取指定字符集中的子串。例如,如下语句实现从一个字符串中读取包含 1~9 和小写字母(即 a~z)的子串,即遇到第一个非数字且非小写字母的字符时停止。

```
char buf[100];
sscanf("a1b2c3□8H8", "%[1-9a-z]", buf);
printf("%s\n", buf);                   /* 输出 a1b2c3 */
```

其中,"%[1-9a-z]"可以匹配任何由 1~9 和 a~z 构成的子串。

(3) 读取到指定字符集为止的子串。例如,如下语句实现从一个字符串中读取遇到大写字母为止的子串,即遇到第一个大写字母时停止。

```
char buf[100];
sscanf("abc□123□DEF", "%[^A-Z]", buf);
printf("%s\n", buf);                   /* 输出 abc□123□ */
```

其中,"%[^A-Z]"可以匹配任何不是由 A~Z 构成的子串。

(4) 读取跳过指定字符集的字符串。例如,如下语句实现从一个字符串中读取跳过所有非大写字母的子串,即从第一个大写字母开始读取。

```
char buf[100];
sscanf("abc□123□DEF□456", "%*[^A-Z]%s", buf);
printf("%s\n", buf);                   /* 输出 DEF */
```

其中,利用"%[^A-Z]"可以匹配"abc□123□"子串,而"%*[^A-Z]"则表示跳过该子串,因此后面的"%s"试图与"DEF□456"匹配,因为"%s"遇到空格符结束匹配,所以匹配的子串是"DEF"。

利用上面这些规则可以实现一些较为复杂的子字符串提取。考虑下面这个更加实际的例子。有一个文件(假设文件名为 scores.txt)中的内容如下所示,其中每一行包含学生姓名和入学成绩,中间用逗号分开。要求读取每个学生的姓名和成绩,并输出。

```
Liu Min, 540
Wang Zhi, 530
Li Qing, 480
Zhong Xia, 550
Zhang Xiao, 490
```

关键代码如下:

```
char name[20], line[100];
int score;
FILE * fp=fopen("D:\\Work\\scores.txt", "rt");
//每循环一次从 fp 指向的文件中读取一行字符(最多读 99 个字符,遇回车符会结束)
while( fgets(line, 100, fp)!=NULL) {
    sscanf(line, "%[^,],%d", name, &score);
```

```
        printf("name=%s\tscore=%d\n", name, score);
    }
    fclose(fp);
```

请读者自己上机运行并理解其中 sscanf 函数的用法。

scanf 函数中的格式化字符串与 sscanf 函数具有相同的用法，因此上面这些用法也可以用于 scanf 函数中。

2. sprintf 函数

sprintf 函数的原型为：

```
sprintf(字符指针,格式化字符串,表达式列表)
```

sprintf 跟 printf 在用法上几乎一样，只是输出的目的地不同而已，前者输出到字符串中，后者则直接输出到 stdout 中。sprintf 具有返回值，它的返回值是输出的字符的数量。

sprintf 可以用来生成格式化的字符串，看下面的代码：

```
char buffer[50];
int a=5, b=3;
sprintf(buffer, "%d + %d  is  %d", a, b, a+b);
```

上面的代码片段运行后，buffer 数组中的内容是"5 ＋ 3 is 8"。如果用其他方法，如用 strcpy 或 strcat，来根据 a 和 b 的值产生这个字符串，应该怎么写？请读者自己编写代码，并进行比较。

3. memcpy 函数

在 C 语言中，不能将一个数组直接赋值给另一个数组，要将一个数组的元素复制到另一个数组，常规做法是用循环，逐个元素复制过去。memcpy 函数提供了另外一种方法，可以一次性地将一个数组中的所有元素复制过去。其原型是：

```
void * memcpy(void * dest, const void * source, size_t n)
```

它从源 source 中复制 n 个字节到目标 dest 中，并返回 dest 的指针。

例如，如下语句将数组 source 中的所有内容复制到 backup 数组中。

```
int source[10]={5, 8, 6, 14, 22, 12, 7, 10, 25, 30}, backup[10];
memcpy(backup, source, 10 * sizeof(int));// backup 数组的内容和 source 一样
```

用 memcpy 来复制数组元素要注意两点：

（1）复制的字节数不能超过目标数组的长度；

（2）源数组和目标数组的数据类型必须相同。这是因为 memcpy 只是将内存内容原封不动地复制过去，如果目标数组与源数组的数据类型不同，那么它们对内存内容的解读当然会不同。

4. memset 函数

memset 函数的原型是：

```
void *memset(void *ptr, int c, size_t n)
```

它的作用是将 ptr 指向的内存空间中的前 n 个字节的值都置为 c。

例如：

```
int num[100]={0};                    // 数组元素初始化为 0
num[100]=0;                          // 错误
memset(num, 0, 100*sizeof(int));     // 数组元素全部赋值为 0
```

可以看到，用 memset 函数可以快速地将整型数组 num 的所有元素的值都置为 0。但是要注意，memset 是以字节为单位赋值，而不是以数组元素为单位，因此对于多字节数据类型而言，要特别小心。例如：

```
memset(num, 1, 100*sizeof(int));     // 请思考：数组元素赋值为多少？
```

5. strcspn、strspn 和 strpbrk 函数

这 3 个函数都涉及从一个字符串中找另一个字符串中字符构成的子串。它们的原型如下：

函 数 原 型	说　　明
size_t strcspn(const char *str1,const char *str2)	从字符串 str1 中找出第一个完全由字符串 str2 中的字符构成的子串，并返回该子串之前的字符的个数
size_t strspn(const char *str1,const char *str2)	从字符串 str1 开头开始找出完全由字符串 str2 中的字符构成的子串，并返回该子串的长度
char *strpbrk(const char *str1,const char *str2)	找出字符串 str2 中的任意字符在字符串 str1 中第一次出现的位置，并返回该位置的指针或者空指针

例如

```
char *str1="stringcmp function was defined", *str2="aoutcad";
char *vowels="aeiou",*p;
printf("str1 中第一个元音的位置：%d\n", strcspn(str1, vowels)+1);
printf("str2 中第一个元音的位置：%d\n", strcspn(str2, vowels)+1);
printf("str1 开头最长的元音字母串长度：%d\n", strspn(str1, vowels));
printf("str2 开头最长的元音字母串长度：%d\n", strspn(str2, vowels));
p=strpbrk(str1, str2);
if (p!=NULL)
    printf("str1 中第一次出现的 str2 中的字符是：%c\n", *p);
else
    printf("str1 和 str2 中没有相同的字符\n");
```

运行后,输出信息为:

```
str1 中第一个元音的位置:4
str2 中第一个元音的位置:1
str1 开头最长的元音字母串长度:0
str2 开头最长的元音字母串长度:3
str1 中第一次出现的 str2 中的字符是:t
```

6. strchr、strrchr、strstr 函数

这 3 个函数都涉及到在一个字符串中查找另一个字符串或字符。它们的原型如下:

函 数 原 型	说　明
char *strchr(const char *str,int c)	查找字符 c 在字符串 str 中首次出现的位置,并返回该位置的指针或者空指针
char *strrchr(const char *str,int c)	查找字符 c 在字符串 str 中最后一次出现的位置,并返回该位置的指针或者空指针
char *strstr(const char *str1,const char *str2);	查找字符串 str2 在字符串 str1 中首次出现的位置,并返回该位置的指针或者空指针

例如:

```
char str1[50], * str2="163.com", c='@', * p1, * p2;
gets(str1);
p1=strchr(str1, c);
p2=strstr(str1, str2);
if (p1!=NULL && p2!=NULL && * (p2+strlen(str2))=='\0')
    printf("%s 是 163 邮箱!", str1);
else
    printf("%s 不是 163 邮箱!", str1);
```

如果输入的是:

```
www.163.com↵
```

那么 p1 为 NULL,p2 指向字符'1',最终输出"www.163.com 不是 163 邮箱!"。
而如果输入的是:

```
example@vip.163.com↵
```

那么 p1 指向字符'@',p2 指向字符'1',最终输出"example@vip.163.com 是 163 邮箱!"。

8.8　本章小结

1. 数组的声明、引用和初始化

数组是由具有相同数据类型的数据组成的有序集合。这个有序集合中的每一个数据称为数组的元素,数组元素用共同的名字(数组名)和下标(d 维数组有 d 个下标)唯一标识访问,下标用方括号[ ]括起来。每一个数组元素均可以作为一个独立变量使用。

1) 数组的声明

一维数组的一般声明形式是:

类型标识符　数组名[长度1]

二维数组的一般声明形式是:

类型标识符　数组名[长度1][长度2]

其中,**类型标识符**用来声明所有数组元素的共同数据类型,**长度 i** 用来声明该数组第 i 维的长度。对于一维数组,共有**长度 1** 个数组元素;对于二维数组,共有**长度 1**×**长度 2** 个数组元素,其中的**长度 1** 可理解为行数、**长度 2** 可理解为列数。**长度**只允许使用整型常量或整型常量表达式,不能使用变量(即不能实现程序执行时动态声明数组的长度),也不能为浮点数。

2) 数组的引用

数组名 a 只是一批具有相同数据类型数据的总称(其实它是该批数据所分配连续存储空间的起始地址),并不能直接引用(存取)整个数组 a,只能分别引用该数组中的每一个元素。对于一维数组,元素有 a[i](i=0,1,…,**长度 1**−1);对于二维数组,元素有 b[i][j](i=0,1,…,**长度 1**−1;j=0,1,…,**长度 2**−1)。注意,数组的下标是从 0 开始取值的,C 语言并不对下标的越界使用(即数组的越界存取)进行检测,由程序员自己负责。

假设语句"int a[N], b[M][N];"(M、N 为符号常量)已经声明了一维数组 a 和二维数组 b,通过下标变量的自增或自减运算很容易实现对一维数组、二维数组的全部(或部分)元素按自左至右或自右至左、自上而下或自下而上的方式进行逐个扫描的操作。

典型的循环控制结构如下:

```
/* 访问一维数组的循环控制结构 */
for (sum=0, i=0; i<N; i++) sum+=a[i];        // 自左至右扫描数组 a 中所有元素
for (sum=0, i=N-1; i>=0; i--) sum+=a[i];     // 自右至左扫描数组 a 中所有元素
for (sum=0, i=4; i<N; i++) sum+=a[i];        // 扫描数组 a 中 a[4]~a[N-1]元素
for (sum=0, i=7; i>=2; i--) sum+=a[i];       // 扫描数组 a 中 a[7]~a[2]元素
/* 访问二维数组的循环控制结构: */
for (total=0, i=0; i<M; i++){                // 自上而下控制数组 b 的所有 M 行
    for (sum=0, j=0; j<N; j++)               // 自左至右控制数组 b 的第 i 行中的 N 列
        sum+=b[i][j];                        // 求数组 b 的第 i 行中的所有 N 列之和 sum
    printf("Row#%d, %d\n", i+1, sum);        // 输出 i+1(表示行号)和 N 个元素之和
    total+=sum;             // 求数组 b 的所有 N 行之和(即二维数组 b 的所有元素之和)total
}
for (total=0, i=0; i<M; i++){                // 自上而下控制数组 b 的所有 M 行
    for (sum=0, j=i; j<N; j++)               // 自左至右控制数组 b 的第 i 行对角线右边的元素
        sum+=b[i][j];                // 求数组 b 的第 i 行中对角线右边元素(含对角线)之和 sum
```

```
            printf("Row#%d, %d\n", i+1, sum);      // 输出 i+1(表示行号)和 sum
            total+=sum;                             // 求数组 b 中对角线右上方(含对角线)的所有元素之和 total
        }
        for (total=0, j=0; j<N; j++){               // 自左至右控制数组 b 的所有 N 列
            for (sum=0, i=0; i<M; i++)              // 自上而下控制数组 b 的第 j 列中的 M 行
                sum+=b[i][j];                       // 求数组 b 的第 j 列中的所有 M 行之和 sum
            printf("Col#%d, %d\n", j+1, sum);       // 输出 j+1(表示列号)和 M 个元素之和
            total+=sum;                             // 求数组 b 的所有 M 列之和(即二维数组 b 的所有元素之和)total
        }
        for (total=0, j=0; j<N; j++){               // 自左至右控制数组 b 的所有 N 列
            for (sum=0, i=M-1; i>=j; i--)           // 自下而上控制数组 b 的第 j 列对角线下方元素
                sum+=b[i][j];                       // 求数组 b 的第 j 列中对角线下方元素(含对角线)之和 sum
            printf("Col#%d, %d\n", j+1, sum);       // 输出 j+1(表示列号)和 sum
            total+=sum;                             // 求数组 b 中对角线左下方(含对角线)的所有元素之和 total
        }
```

3) 数组的初始化

数组初始化与一般变量初始化类似,声明时各元素取值的表达式按顺序写在一对花括号里,表达式间用逗号分隔。对于二维数组,为了更清晰地表明哪些初始化值对应数组哪一行(即按行给二维数组元素初始化),可以采用两层花括号形式,其中内层花括号用来分隔属于不同行的初始化值(即将同一行的若干个初始化值用花括号括起来)。一维字符数组可以直接用字符串常量进行初始化(初始化字符的个数为字符串中的字符个数+1,因为字符串中有一个字符串结束标志符'\0'),二维字符数组可以直接用若干个字符串常量进行初始化。

对于一维数组,如果声明数组时规定了数组长度,且花括号中给出的初始化值的个数小于数组长度,则后面不足部分的所有数组元素都自动赋初值 0(数值型数组)或'\0'(字符型数组);如果声明数组时缺省了数组长度,则花括号中给出的初始化值的个数就是数组的长度。

对于二维数组,只能缺省第一维的长度(即行数),不能缺省第二维的长度(即列数)。

如果声明二维数组时缺省了数组的第一维长度,且采用按行给二维数组元素初始化,则内层花括号的组数就是默认的第一维数组长度;如果不是按行初始化,系统会根据提供的初始化值总个数自动计算第一维数组长度(因为 C 语言中二维数组的元素是以"行-列"形式排列存储的)。

如果声明二维数组时规定了数组的第一维长度,并采用按行给二维数组元素初始化,且内层花括号的组数小于第一维数组长度,则后面不足的所有行中的每一个元素都自动赋初值 0(数值型数组)或'\0'(字符型数组)。

如果采用按行给二维数组元素初始化,且内层花括号中给定初始化值的个数小于二维数组的第二维长度(即列数),则该行中后面不足部分的所有数组元素都自动赋初值 0(数值型数组)或'\0'(字符型数组)。

2. 指针与指针变量

1) 指针的概念与指针访问存储单元的机制

指针是一种数据类型,是 C 语言提供的另一种访问存储单元数据的手段。要访问某个

存储单元,一要知道该存储单元的地址,二要知道该存储单元的数据类型。因此,指针类型的数据必须具有**地址值**和**访问数据类型**两个属性。

(1) 地址值属性。指针类型数据的值是一个地址,用来指出要访问内存存储单元的地址。例如,float 型变量 x 的指针为 &x,它的值是分配给变量 x 存放值的存储单元的地址(即该存储单元所包含多个字节中第一个字节的编号)。

(2) 访问数据类型属性。指通过该指针所能正确访问的数据类型。例如,利用指针 &x 可以正确存取变量 x 所对应存储单元中存放的一个 float 型值。

C 语言指针访问存储单元的机制是:通过指针的值找到操作数所在存储单元的地址,根据指针的访问数据类型属性存取相应的数据。

2) 指针变量的声明、赋值与初始化

声明指针变量的一般形式为:

类型标识符 *变量标识符

其中,类型标识符可以是任何有效的 C 语言数据类型,用来规定指针变量可以访问的数据类型;*表示所声明的变量是指针变量,变量标识符表示指针变量名。

一般情况下,指针变量的初始化(或赋值)是将变量的地址(如 &x)赋给指针变量(如 float x, *p=&x;),使指针变量 p 指向一个变量 x,从而为指针变量 p 间接地访问变量 x 所分配的存储单元奠定基础;也可以直接将一个指针变量赋给另一个指针变量。

在给指针变量初始化(或赋值)时,一定要注意数据类型的一致性,否则是不可能实现通过指针变量间接访问所指向存储单元的初衷的。例如,只能将 float 型变量的指针赋给 float * 型的指针变量,不能将 int 型变量的指针赋给 float * 型的指针变量。这是指针的访问数据类型属性所要求的。

3) 指针的基本运算

指针可以进行多种运算。例如,变量的取指针运算 &,指针的间接访问运算 *,指针与整型数据的加、减运算,指针变量的自增、自减运算,指针的比较运算。

假设 p 是一个指针值(常量或变量)、n 是一个整型值(常量或变量),则指针加(如 p+n)、减(如 p-n)运算操作是使指针指向当前指针所指向存储单元的之后第 n 个、之前第 n 个存储单元。加、减后的指针所访问存储单元的数据类型属性不变,而指针的值属性与它的访问数据类型属性有关,它等于

p+n×访问数据类型所占字节数

由于数组中的元素是连续存储的,因此指针的加、减运算或自增、自减运算特别适合于对数组所有元素进行逐个扫描的操作。

3. 数组的指针及其应用

C 编译系统把数组名作为一个指针常量看待,它是指向数组首个元素的指针。

1) 通过元素指针存取一维数组元素

假设通过语句"int a[N], *p=a;"(N 为符号常量)已经声明了一维数组 a 和指针变量 p,并使指针变量 p 指向了一维数组 a(即指向数组 a 的第 0 个元素 a[0]),则 a[i]、p[i] 和

(a+i)、(p+i)都是访问一维数组 a 的第 i 个元素,前者称为下标法,后者称为指针法。

典型的循环控制结构如下:

```
for (sum=0, p=a; p<a+N; p++) sum+= * p;      // 通过指针自增扫描数组 a 中 N 个元素
for (sum=0, p=a+N-1; p>=a; p--) sum+= * p;   // 指针自减扫描数组 a 中 N 个元素
for (sum=0, p=a+2; p<a+7; p++) sum+= * p;    // 指针自增扫描数组 a[2]~a[6]元素
for (sum=0, p=a, i=0; i<N; i++) sum+=p[i];   // 下标自增扫描数组 a 中 N 个元素
for (sum=0, p=a, i=N-1; i>=0; i--) sum+=p[i]; // 下标自减扫描数组 a 中 N 个元素 */
```

2) 通过元素指针存取二维数组元素

假设通过语句"int b[M][N], *q=&b[0][0];"(M、N 为符号常量)已经声明了二维数组 b 和指针变量 q,并使指针变量 q 指向了二维数组 b 的首元素(即指向二维数组 b 的第 0 行第 0 列元素 b[0][0]),则 q[k]或 *(q+k)都是访问二维数组 b 的第 k 个元素,即数组 b 的第 k/N 行第 k%N 列元素 b[k/N][k%N];反之二维数组元素 b[i][j]可通过 q[i*N+j] 或 *(q+i*N+j)进行存取。换句话说,根据二维数组的存储特点,通过指针变量 q 将二维数组 b 看作一个一维数组(共有 M×N 个元素)进行存取。

典型的循环控制结构如下:

```
total=0, sum=0, q=&b[0][0], k=0;    // 将 b[0][0]元素的指针赋给指针变量 q
while (q<=&b[M-1][N-1]){            // 通过元素指针自增扫描二维数组 b 的 M*N 个元素
    sum+= * q++;                    // 将二维数组 b 中第 k 个元素(即元素 b[k/N][k%N])加到 sum 中
    k++;                            // k 只是用来判断是否处理完二维数组 b 的一行
    if (k%N==0){                    // 如果二维数组 b 的一行处理完毕      (语句 1)
        printf("Row#%d, %d\n", i+1, sum);  // 输出 i+1(表示行号)和 N 个元素之和
        total+=sum;                 // 求数组 b 的所有 N 行之和 total
        sum=0;                      // 为处理下一行作准备
    }
}
total=0, sum=0, q=b[0], k=0;        // 将 b[0][0]元素的指针赋给指针变量 q
for (k=0; k<M*N; k++){              // 通过下标自增扫描二维数组 b 的所有 M*N 个元素
    sum+=q[k];                      // 将二维数组 b 中第 k 个元素(即元素 b[k/N][k%N])加到 sum 中
    if ((k+1)%N==0){                // 如果二维数组 b 的一行处理完毕,注意与语句 1 的差别
        printf("Row#%d, %d\n", i+1, sum);  // 输出 i+1(表示行号)和 N 个元素之和
        total+=sum;                 // 求数组 b 的所有 N 行之和 total
        sum=0;                      // 为处理下一行作准备
    }
}
for (total=0, q=b[0], i=0; i<M; i++){       // 通过下标自增控制数组 b 的 M 行
    for (sum=0, j=0; j<N; j++)              // 通过下标自增控制数组 b 中第 i 行的 N 个元素
        sum+=q[i*N+j];                      // 求数组 b 中第 i 行的 N 个元素之和 sum
    printf("Row#%d, %d\n", i+1, sum);       // 输出 i+1(表示行号)和 N 个元素之和
    total+=sum;                             // 求数组 b 的所有 N 行之和 total
```

```
    }
    for (total=0, q=b[0], i=0; i<M; i++){    // 通过下标自增控制数组 b 的 M 行
        for (sum=0, j=0; j<N; j++)           // 通过下标自增控制数组 b 中第 i 行的 N 个元素
            sum+=*q++;                       // 求数组 b 中第 i 行的 N 个元素之和 sum,并使指针变量 q 自增
        printf("Row#%d, %d\n", i+1, sum);    // 输出 i+1(表示行号)和 N 个元素之和
        total+=sum;                          // 求数组 b 的所有 N 行之和 total
    }
```

3) 二维数组的行指针与指向一维数组的指针变量(即行指针变量)

假设通过语句"int b[M][N];"(M、N 为符号常量)已经声明了二维数组 b,根据二维数组的存储特点,可以把二维数组 b 看成是由 M 个构造元素 b[0], b[1], …, b[M−1]组成的一维数组,构造元素的数据类型为:包含 N 个 int 型数据的一维数组。因此,可以说二维数组 b 是由构造元素 b[i](i=0, 1, …, M−1)组成的一维数组,而构造元素 b[i]又是由 b[i][0],b[i][1], …, b[i][N−1]所组成的一维数组,即将二维数组理解为由一维数组组成的一维数组。

构造元素 b[i]的指针 &b[i](i=0, 1, …, M−1)称为二维数组的行指针,它指向构造元素 b[i];由于构造元素 b[i]本身又是一个一维数组,因此也可以称指向一维数组的指针为行指针。

由于二维数组 b 看成是由 M 个构造元素 b[0], b[1], …, b[M−1]组成的一维数组,因此数组名 b 是行指针常量,它的含义是指向构造元素 b[0]的指针,即 b 与 &b[0]等价;同样,b+i 也是行指针,它的含义是指向构造元素 b[i]的指针,即 b+i 与 &b[i]等价。

注意,行指针 b+i(即 &b[i])不是指向一维数组 b[i]的首个元素 b[i][0],它是指向整个一维数组 b[i](即二维数组的第 i 行)。由于行指针 b+i(即 &b[i])的值属性表达的是第 i 个构造元素 b[i](即二维数组 b 的第 i 行)的地址,而元素指针 b[i](即 &b[i][0])的值属性表达的是二维数组 b 的第 i 行的首个元素 b[i][0]的地址,显然这两个地址值是相同的,因此行指针 b+i(即 &b[i])与元素指针 b[i](即 &b[i][0])的值属性相同,但它们的访问数据类型属性是不同的。

由于 b[i]与*(b+i)等价,所以*(b[i]+j)与*(*(b+i)+j)等价;又由于 b[i][j]与*(b[i]+j)等价(即将 b[i]看成是一维数组名),因此 b[i][j]与*(*(b+i)+j)等价。

指向一维数组的指针变量(简称为行指针变量)的一般声明形式为:

类型标识符 (*变量标识符)[指向的一维数组长度]

4) 通过行指针存取二维数组元素

假设通过语句 int b[M][N],(*p)[N]=b;(M、N 为符号常量)已经声明了二维数组 b 和指向包含 N 个元素的一维数组的指针变量(简称为行指针变量)p,并使行指针变量 p 指向二维数组 b 的首个构造元素(即第 0 行),则 b[i][j]、p[i][j]和*(*(b+i)+j)、*(*(p+i)+j)都是访问二维数组 b 的第 i 行第 j 列元素,前者称为下标法,后者称为指针法。

典型的循环控制结构如下:

```
for (total=0, p=b; p<b+M; p++){     // 通过行指针自增控制数组 b 的 M 行
    for (sum=0, j=0; j<N; j++)      // 下标自增扫描数组 b 中 p 所指向行的 N 个元素
        sum+=(*p)[j];               // 求数组 b 中 p 所指向行中的所有 N 列之和 sum
    printf("Row#%d, %d\n", i+1, sum); // 输出 i+1(表示行号)和 N 个元素之和
    total+=sum;                     // 求数组 b 的所有 N 行之和 total
}
for (total=0, p=b; p<b+M; p++){     // 通过行指针自增控制数组 b 的 M 行
    for (sum=0, q=*p; q<*p+N; q++)  // 元素指针自增扫描 p 所指向行的 N 个元素
        sum+=*q;                    // 求数组 b 中 p 所指向行中的所有 N 列之和 sum
    printf("Row#%d, %d\n", i+1, sum); // 输出 i+1(表示行号)和 N 个元素之和
    total+=sum;                     // 求数组 b 的所有 N 行之和 total
}
for (total=0, p=b, i=0; i<M; i++){  // 通过下标自增控制数组 b 的 M 行
    for (sum=0, j=0; j<N; j++)      // 下标自增扫描数组 b 中第 i 行的 N 个元素
        sum+=p[i][j];               // 求数组 b 中第 i 行中的所有 N 列之和 sum
    printf("Row#%d, %d\n", i+1, sum); // 输出 i+1(表示行号)和 N 个元素之和
    total+=sum;                     // 求数组 b 的所有 N 行之和 total
}
for (total=0, p=b, j=0; j<N; j++){  // 通过下标自增控制数组 b 的 N 列
    for (sum=0, i=0; i<M; i++)      // 通过下标自增控制数组 b 的第 j 列中的 M 行
        sum+=p[i][j];               // 求数组 b 的第 j 列中的所有 M 行之和 sum
    printf("Col#%d, %d\n", j+1, sum); // 输出 j+1(表示列号)和 M 个元素之和
    total+=sum;                     // 求数组 b 的所有 M 列之和 total
}
```

4. 字符指针与字符串

在 C 语言中,虽然只有字符串常量的概念,没有字符串变量的概念。但是,既可以通过字符数组来处理字符串,也可以通过指向字符的指针变量来实现字符串的操作。例如:

```
char str[30]="School of Computer", *q=str;
char *p="School of Computer";
```

主要区别有:

(1) 指向字符的指针变量处理字符串时,既可以对有名字符数组进行操作(如通过指针变量 q 对字符数组 str 中存放的字符串进行操作),又能对无名字符型数组进行操作(如通过指针变量 p 对它所指向的字符串进行操作)。

(2) 用字符数组处理字符串时,要想将字符串直接赋给字符数组,只能通过初始化的方式实现,否则就只能通过字符串赋值函数 strcpy 进行赋值,或将字符串常量的各个字符逐个赋给字符数组的各个元素。而使用指向字符的指针变量时,随时可以将一个字符串常量赋给一个指针变量(本质上是让一个指针变量指向某个给定的字符串常量)。

字符串处理的典型循环控制结构如下:

```
for (n=0, i=0; str[i]!='\0'; i++){        // 下标自增扫描字符数组 str 中的字符串
    if (str[i]>='a' && str[i]<='z') n++;  // 统计小写字母的个数
while (*p!='\0'){                          // 通过指针变量自增扫描所指向字符串中的每一个字符
    if (*p>='0' && *p<='9'){               // 如果遇到数字字符
        for (num=0; *p>='0' && *p<='9'; p++)  // 通过指针变量自增扫描连续的数字
            num=num*10+*p-'0';             // 将扫描得到的连续数字字符转换为一个整数
        printf("%d\n", num);               // 输出转换得到的整数
    }
    else p++;                              // 遇到非数字字符,则通过指针变量自增实现继续往后扫描
}
```

为了方便对字符串的处理,C 函数库中专门提供了一些用于处理字符串的函数,它们的头文件是 string.h。主要字符串处理函数的一般调用格式如下:

```
puts(字符串常量或字符数组名)
gets(字符数组名)
strlen(字符串常量或字符数组名)
strcat(字符数组 1,字符串常量或字符数组 2)
strcpy(字符数组 1,字符串常量或字符数组 2)
strcmp(字符串常量或字符数组 1,字符串常量或字符数组 2)
```

5. 指针作为函数参数

函数的参数不仅可以是整型、浮点型、字符型等数据,还可以是指针。指针作为函数参数时,同样要求实参表达式与形参变量的类型和个数都必须一致。

如果实参表达式是 TYPE *型,即它是指向基本数据类型 TYPE(如 int、float、char 等)的指针,例如,TYPE 型变量 x 的指针 &x,TYPE 型一维数组 a 的元素指针(如 a、&a[0]等),TYPE 型二维数组 a 的元素指针(如 a[i]、&a[i][0]等),则形参变量 p 的声明形式为 TYPE *p,也可以将形参变量 p 声明为看起来像一维数组的形式 TYPE p[]。

如果实参表达式是指向构造数据类型的指针,则形参变量为指向相应构造数据类型的指针变量。例如,实参为指向由 N 个 int 型数据组成的一维数组的指针(如二维数组名 a、二维数组第 0 行 a[0]的指针 &a[0]等 int 型行指针),它的数据类型为 int (*)[N]型,则形参变量 p 的声明形式为 int (*p)[N],也可以将形参变量 p 声明为看起来像二维数组的形式 TYPE p[][N]。

6. 返回指针的函数

返回指针的函数的一般定义形式如下:

```
类型标识符 *函数名(形参列表)
{ … }
```

返回行指针的函数的一般定义形式:

```
类型标识符 (*函数名(形参列表))[数组长度]
{ … }
```

注意,如果函数所返回的指针是指向本函数中声明变量所分配的存储单元,则可能得不到正确的结果。这是因为:在该函数运行结束返回主调函数时,为该函数中声明变量所分配的存储单元也将会被释放(所释放的存储资源将会被系统收回)。

7. 指针数组

指针数组(即指针变量数组)是指每一个数组元素均用来存储一个指针值的数组,即指针数组中的每一个元素都是指针变量。

指针数组的声明形式为:

```
类型标识符  *数组名[数组长度]
```

行指针数组的声明形式为:

```
类型标识符  (*数组名[指针数组长度])[指向的数组长度]
```

注意,声明指针数组"int *p[M];"与声明行指针变量"int(*p)[N];"的区别。前者声明了一个包含 M 个指针元素(即可用于存放 int *型指针值的数组元素)的指针数组 p,也可以理解为它一次性声明了 M 个 int *型指针变量,这是因为指针数组的每一个元素都是一个指针变量;后者声明了一个指向包含 N 个 int 型数据的一维数组的指针变量 p(简称为行指针变量 p)。

(行)指针数组可利用来实现对二维数组 a[M][N]中 M 行数据进行逻辑排序。所谓逻辑排序就是仅仅交换(行)指针数组 p 中各元素的指向,并不对数组 a 中各行内容进行交换。

假设按二维数组 a 中最后一列值进行升序排列,则有两种方案实现逻辑排序:

方案一:通过指针数组实现对二维数组中各行数据进行逻辑排序,解决步骤为:①声明指针数组 p 并利用二维数组 a 中每一行首个元素的指针(即元素指针)a[i]或 &a[i][0](i=0,1,…,M−1)对指针数组进行初始化,如"int a[3][N],*p[3]={a[0],a[1],a[2]};",即 p[i]指向了二维数组 a 的第 i 行第 0 列元素 a[i][0]。②对指针数组 p 中的元素进行排序,使 p[0]所指向二维数组 a 中的元素所在行的最后一列值最小(即 p[0]指向二维数组 a 中最后一列值最小的行中的第 0 个元素),p[1]所指向二维数组 a 中的元素所在行的最后一列值第二小……。③按顺序输出指针数组 p 所指向的二维数组的各行。

此时,由于指针数组元素 p[i]中存放的是二维数组 a 的某行首个元素的指针,因此通过指针数组元素 p[i]访问它所指向二维数组某行中第 j 个(j=0,1,…,N−1)元素的方法是:*(p[i]+j)或 p[i][j](j=0,1,…,N−1)。

方案二:通过行指针数组实现对二维数组中各行数据进行逻辑排序,解决方案为:①声明行指针数组 p 并利用二维数组 a 中每一行的指针(即行指针)a+i 或 &a[i](i=0,1,…,M−1)对行指针数组进行初始化,如"int a[3][N],(*p[N])[3]={a,a+1,a+2};",即 p[i]指向了二维数组 a 的第 i 行。②对指针数组 p 中的元素进行排序,使 p[0]指向二维数组

a 中最后一列值最小的行,p[1]指向二维数组 a 中最后一列值第二小的行…。最后,按顺序输出指针数组 p 所指向的二维数组的各行。

此时,由于指针数组元素 p[i]中存放的是二维数组 a 的某行的行指针,因此通过指针数组元素 p[i]访问它所指向二维数组某行中第 j 个(j=0,1,…,N-1)元素的方法是:*(*p[i]+j)或(*p[i])[j]。

习题 8.1 选择题。
(1) 若有以下语句,则下面( )是正确的描述。

```
char x[]="12345";
char y[]={'1', '2', '3', '4', '5'};
```

  A) x 数组和 y 数组长度相同   B) x 数组长度大于 y 数组长度
  C) x 数组长度小于 y 数组长度   D) x 数组等价于 y 数组
(2) 执行语句 char s[]="Sunday";后,下面( )输出语句可以输出字符串"Sunday"。
  A) putchar(s);   B) puts(s);
  C) printf("%c", s);   D) printf("%s", s[0]);
(3) 执行语句 char s[20];后,下面( )输入语句可以将字符串"I am a boy."输入给字符数组 s。
  A) gets(s);   B) gets(&s);
  C) scanf("%s", s);   D) scanf("%s", &s);
(4) 执行如下语句后,输出的结果为( )。

```
printf("%d, %d\n", EOF, NULL);
```

  A) 0, 0   B) -1,0
  C) 0, -1   D) 不确定的值(因变量没有声明)
(5) 为了判断两个字符串 s1 和 s2 是否相等,应当使用( )。
  A) if (s1==s2)   B) if (s1=s2)
  C) if (strcpy(s1, s2))   D) if (strcmp(s1, s2)==0)
(6) 若用数组名作为函数调用时的实参,则实际上传递给形参的是( )。
  A) 数组首地址   B) 数组的第一个元素值
  C) 数组中全部元素的值   D) 数组元素的个数
(7) 以下不正确的描述为( )。
  A) 调用函数时,实参可以是表达式
  B) 调用函数时,实参变量与形参变量可以共用内存单元

C) 调用函数时,将为形参分配内存单元

D) 调用函数时,实参与形参的类型必须一致

(8) C语言规定,调用一个函数时,实参变量与形参变量之间的数据传递是(　　)。

A) 地址传递

B) 值传递

C) 由实参传给形参,并由形参传回来给实参

D) 由用户编程时指定的传递方式

(9) 调用函数时,如果实参与形参均是数组名,则实参与形参之间的数据传递是(　　)。

A) 值传递,是将实参的起始地址值传给形参变量

B) 值传递,是将实参数组第 0 个元素的值传给形参变量

C) 地址传递,并且实参变量与形参变量之间是双向传递

D) 可能是值传递,也可能是地址传递

(10) 假设 p 是一个指针变量,则输出语句 printf("％x\n", &p);输出的是(　　),输出语句 printf("％x\n", *p);输出的是(　　)。

A) 指针变量 p 的值　　　　　　　　B) 指针变量 p 所指向存储单元的值

C) 指针变量 p 的地址　　　　　　　D) 指针变量 p 所指向存储单元的地址

(11) 对于如下函数,实参与形参之间的数据传递是(　　)。

```
fun(int *p)
{ … }
int main(){
    int a[20];
    …
    fun(a);
    …
}
```

A) 值传递,将数组 a 的所有元素的值传给变量 p

B) 值传递,将数组元素 a[0] 的指针传给变量 p

C) 地址传递,将数组 a 的起始地址传给变量 p

D) 可能是值传递,也可能是地址传递

(12) 对于如下的函数调用,被调函数 fun 的正确说明应该是(　　)。

```
int main(){
    int a[10][20];
    …
    fun(a[0]);
    …
}
```

A) fun(int b[]) B) fun(int b[][20])
C) fun(int (*p)[20]) D) fun(int *p[20])

(13) 若有以下声明语句,则(　　)是数组元素的正确引用。

```
int a[3][4]={2, 3, 4, 5, 3, 4, 5, 6, 4, 5, 6, 7};
```

A) a[1]+3 B) *(*(a+3)+2)
C) *(a+1) D) (*(a+1))[3]

习题 8.2　程序阅读题。阅读以下程序,指出程序运行结果。

(1)

```
#include <stdio.h>
int main(){
    char *p="Student";
    void prn_str(char *, int, int);
    prn_str(p, 6, 4);
    return 0;
}
void prn_str(char *str, int m, int n){
    int i;
    for (i=1; i<=m-n; i++)
        printf(" ");
    for (i=1; i<=n; i++)
        printf("%c", *str++);
    printf("\n");
}
```

(2)

```
#include <stdio.h>
int main(){
    int i, j, row=0, col=0, max;
    int a[3][4]={{1, 2, 3, 4}, {9, 8, 7, 6}, {-1, -2, 0, 5}};
    max=a[0][0];
    for (i=0; i<3; i++)
        for (j=0; j<4; j++)
            if (a[i][j]>max) { max=a[i][j];  row=i;   col=j; }
    printf("max=%d, row=%d, col=%d\n", max, row, col);
    return 0;
}
```

(3)

```
#include <stdio.h>
```

```
int main(){
    int a[3][4]={1, 2, 3, 4, 3, 4, 5, 6, 5, 6, 7, 8};
    int i, j, *p=*a;
    for (i=0; i<3; i++){
        for (j=0; j<4; j++)
            printf("%3d", *p++);
        printf("\n");
    }
    return 0;
}
```

(4)

```
#include <stdio.h>
int main(){
    char a[]="Chang";
    char *p=a;
    while (*p)
        printf("%s\n", p++);
    return 0;
}
```

习题 8.3　程序填空题。阅读以下程序，并按题目要求在空白处填上适当内容。

(1) 求 3×4 数组的所有元素中取最大值和最小值元素的行号及列号。

```
#include <stdio.h>
int main(){
    int a[3][4]={4, 5, 2, 7, 11, 32, 26, 6, -4, 26, 5, 12};
    int i, j, minrow, mincol, maxrow, maxcol, maxval, minval;
    maxval=minval=　①　;
    minrow=mincol=maxrow=maxcol=　②　;
    for (i=0; i<3; i++)
        for (j=0; j<4; j++){
            if (a[i][j]<minval){　③　}
            if (a[i][j]>maxval){　④　}
        }
    printf("maxrow=%d, maxcol=%d\n", maxrow, maxcol);
    printf("minrow=%d, mincol=%d\n", minrow, mincol);
    return 0;
}
```

(2) 找出 3 个字符串中的最小者。

```
#include <stdio.h>
```

```
#include <string.h>
int main(){
    char str[20], s[3][20];
    int i;
    for (i=0; i<3; i++)
        gets( ① );
    if (strcmp( ② )<0)
        strcpy(str, s[0]);
    else
        strcpy( ③ );
    if (strcmp( ④ )<0)
        strcpy(str, s[2]);
    printf("The smallest string is: \n%s\n", str);
    return 0;
}
```

(3) 下面函数用于计算子串 substr 在母串 str 中第一次出现的位置，如果母串中不包含子串，则返回 0 值。例如，at("ver", "university")返回的值为 4，at("ty", "string")返回的值为 0。

```
int at(char * substr, char * str)  {
    int i, j, post;
    for (post=0; str[post]!= ① ; post++){
        i=0; j= ② ;
        while (substr[i]!='\0' && substr[i]==str[j]){
            i++;
            j++;
        }
        if (substr[i]=='\0')
            return ③ ;
    }
    return ④ ;
}
```

习题 8.4　指出下列函数的功能，并编写一个主函数来调用它，从而构成一个完整的 C 程序进行上机调试。

(1)

```
int fun1(float (*a)[5], int n) {
    float s;
    int i, j, count=0;
    for (i=0; i<n; i++){
        for (s=0, j=0; j<4; j++)
```

```
            s=s+a[i][j];
        a[i][4]=s/4;
        if (a[i][4]>=90) count++;        // 平均成绩在 90 分以上
    }
    return count;
}
```

(2)

```
void fun2(float a[][5], int N) {
    /* 数组 a 中存放了若干个学生 4 门课程成绩及平均成绩 */
    float t;
    int i, j, k, p;
    for (i=0; i<N-1; i++){
        p=i;
        for (k=i+1; k<N; k++)
            if (a[k][4]>a[p][4]) p=k;
        if (p!=i)
            for (j=0; j<=4; j++){
                t=a[i][j];  a[i][j]=a[p][j];  a[p][j]=t;
            }
    }
}
```

习题 8.5　编写程序,求 3×3 矩阵的对角线元素之和。

习题 8.6　编写一个函数,用折半查找法查找某数是否在给定的升序数组中,如果在则返回指向其出现位置的指针,否则返回 NULL。在主函数中调用该函数,其中给定的数组有 15 个元素,它们的值在主函数中给出,待查找的数也在主函数中输入。

习题 8.7　有一个班 5 个学生,4 门课,成绩表存放在一个 5 行 5 列的二维数组中,其中每行一个学生,第 0 列存放学号,其他 4 列存放 4 门课程的成绩。要求编写 4 个函数分别实现以下 4 个要求。

① 找出有 2 门及 2 门以上课程不及格的所有学生,输出他们的学号。

② 求第一门课的全班平均分,并将该平均分返回主函数中输出。

③ 找出 4 门课程平均成绩在 90 分以上(含 90 分)或全部课程成绩都在 85 分以上(含 85 分)的所有学生,输出他们的学号及全部课程成绩和平均成绩。

④ 将所有学生按成绩排序,排序后再输出所有学生各门课程的成绩表。排序的原则是:先按第一门课程成绩排序,第一门课程成绩高的排在前面,成绩低的排在后面;如果第一门课程的成绩相同,则再比较第二门课程的成绩,第二门课程成绩高的排在前面,成绩低的排在后面;如果第一门课程及第二门课程的成绩均相同,则学号在前的排在前面,学号在后的排在后面。

习题 8.8　编写一个函数 void ad(int a[][N], int m)找出一个 m 行 N 列(N 为符号常

量)的二维数组 a 中的"鞍点"。在主函数中输入二维数组 a 的值,并调用 ad 函数。所谓"鞍点"是指该位置上的元素在该行上最大,而在该列上最小(一个二维数组中可能没有鞍点)。假设二维数组 a 中的所有整数都是不相等的。

习题 8.9 编写一个主函数和一个函数 void yf(int n),要求是:函数 yf 按如下图案打印杨辉三角形的前 n 行;在主函数中输入 n 的值,并将它作为实参调用 yf 函数。杨辉三角形的特点是:两个腰上的数都为 1,其他位置上的每一个数是它上一行相邻的两个整数之和。要求只能利用一维数组,不能利用二维数组。

习题 8.10 编写一个主函数以及两个函数 int wordCount(char * str) 和 int longestWords(char * str)。要求是:

① 函数 wordCount 统计形参 str 所指向字符串中包含的单词个数,并返回主调函数。

② 函数 longestWords 找出形参 str 所指向字符串中包含的最长单词(可能有多个),并输出所有这些最长的单词,最后将最长单词的个数(大于等于 1)返回主调函数。

③ 在主函数中输入一个字符串,假定输入字符串中只含字母和空格,空格用来分割不同单词;以该字符串作为参数分别调用 wordCount 和 longestWords 函数,并输出返回的结果。

习题 8.11 编写程序实现将键盘输入的一行字符按单词倒排输出。例如,键盘输入"I love you",屏幕显示"you love I"。要求:

① 编写一个函数 void invert(char * origin, char * newstr)实现按单词倒排字符串,第一个形参 origin 接受实参传过来的原字符串指针,倒排后的新字符串写入字符数组 newstr 中。

② 主函数中输入字符串,调用函数 invert,输出倒排后的字符串。

习题 8.12 回顾例 8.6,假定现在含有分数的文本文件的格式为:每个学生的信息占一行(行结束符为'\n'),一行中各属性之间用♯隔开(每一行最后一个属性后面没有♯)。其他的要求相同,请修改程序,读取并显示学生信息。

第 9 章 C 程序运行原理

学习目标
- 了解 C 程序从编写到运行所经历的阶段。
- 了解 C 程序在编译、连接和运行 3 个阶段的主要任务。
- 了解计算机的存储器组织。
- 了解程序的内存布局。
- 熟悉 C 语言管理内存的操作。
- 理解变量作用域和生存期的概念,掌握如何区分不同变量的作用域和生存期。

本章介绍 C 程序运行背后的故事。在开发一个 C 程序的时候,一般使用一个集成开发环境(IDE),如 Visual Studio,它将编辑、编译、链接、调试、运行等功能集成在一起,通过一个按钮就可以完成编译、链接甚至运行。这些 IDE 在方便开发者的同时也将程序运行的机理和原理掩盖起来了,只看得到表面,看不到深层次的本质。本章揭示一些 C 程序运行背后的原理,讲述 C 程序运行所经历的编译、链接、运行等阶段的故事,展示程序运行中存储器是如何使用、如何布局的。然后,介绍程序运行时如何管理内存,不同作用域和生存期的变量是如何存在的。通过本章的内容,可以让我们透过现象,看清本质,更深入地理解 C 程序,对于深入理解程序的运行、操作系统乃至计算机系统的运行有很大帮助,对于优化程序、减少错误、提高调试能力、避免安全漏洞也大有裨益。

9.1 一个 C 程序的运行之旅

一个 C 源程序最初无非是一个文本文件,而文本文件是不能执行的。一个 C 程序要运行需要经历很多阶段,如图 9.1 所示。

从图 9.1 中可以看到,一个以源代码形式存在的 C 程序要能够运行,中间需要经过很多步骤。这些步骤可以分为两个阶段:编译链接(构建)阶段和运行阶段。

(1) 在编译链接阶段,以文本形式存在的源程序被转换成为目标程序,目标程序以二进制形式保存在一个磁盘文件中。在很多集成开发环境中,这一过程又称为构建(build)。

(2) 在运行阶段,操作系统将目标程序文件加载到内存中,并逐条执行指令,产生运行结果。

下面分别介绍这两个阶段中的每一步。

1. 预处理

预处理过程由预处理器处理那些源代码文件中以 # 开头的预处理指令,如 #include、#define 等,主要处理规则如下:

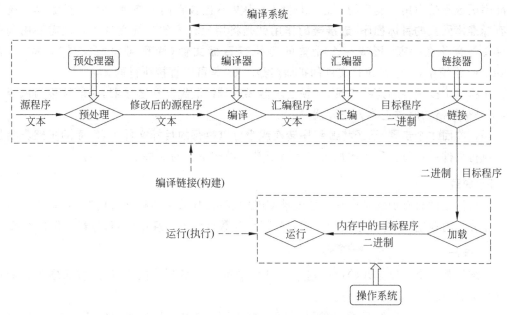

图 9.1 C 程序所经历的步骤

- 展开所有的宏定义,并将所有的♯define 指令删除。
- 处理所有条件预处理指令,如♯if、♯ifdef、♯elif、♯else、♯endif 等。
- 处理♯include 指令,将被包含的文件插入到预处理指令的位置。注意,这个过程是递归进行的,也就是如果被包含的文件中也有♯include 指令,也要将包含文件插入进来。
- 删除所有的注释。

预处理完成后产生修改过的源程序,存在于一个文本文件中。

2. 编译

编译过程由**编译器**对预处理后的程序进行分析,生成一个汇编程序。汇编程序是用汇编语言描述的程序,而汇编语言用一些符号来代替机器指令。相对于 C 等高级语言,汇编语言更接近机器,但是相对于机器指令,汇编语言可读性更好,也更加通用。编译过程产生的也是一个文本文件。

编译是构建中最核心的步骤,也是最复杂的步骤。一个好的编译器不仅仅要将程序代码转换成为汇编代码,还要做很多优化。因此,不同的编译器产生的代码是不同的,效率也是不一样的。

3. 汇编

汇编器将汇编代码转变成机器指令。基本上每条汇编语句对应一条机器指令。这个过程相对比较简单,只需要根据汇编代码和机器指令之间的对应关系翻译过去就行了。汇编过程产生的是一个由机器指令组成的程序,称为**目标程序**,保存在二进制文件(称为**目标文件**)中。

4. 链接

汇编产生的目标程序还是不完整的。例如,一个 C 程序可能会用到 printf 函数,而这些标准库函数不是由用户实现的,因此目标程序中并不包含它们的指令。每个 C 编译系统都带有标准库函数的目标程序,**链接器**的作用就是将用户程序的目标文件和其他需要用到的目标文件合并在一起,形成一个完整的**可执行目标文件**(简称**可执行文件**)。例如,在 Windows 系统中,一个可执行文件的扩展名是.exe,是可以直接执行的。

在构建阶段用到的这些工具,如预处理器、编译器、汇编器和链接器,一般统称为**编译系统**,不是很严格的时候也称为编译器。

经过前面 4 个步骤,已经将源程序转换成为可以执行的目标文件了,后面的步骤就是加载可执行文件并运行。程序的加载和运行都是在操作系统的支持下进行的。

5. 加载

可执行文件只有加载到内存后才能被 CPU 执行。加载可执行文件的时候,系统会为目标程序分配内存空间,将程序运行所需要的指令和数据装入内存中,为程序运行做好准备。

6. 运行

系统从某一个入口处开始执行程序。CPU 读取入口指令并执行,然后按照顺序或者指令继续读取,直到程序结束为止。

下面几节将具体介绍 C 程序的运行过程中,CPU 和内存是如何运转的。在介绍之前,先回顾一下计算机的原理和存储器的结构。

9.2 计算机指令的执行过程

现代计算机都遵循冯·诺依曼体系结构,其组成结构如图 9.2 所示。其主要部件如下。

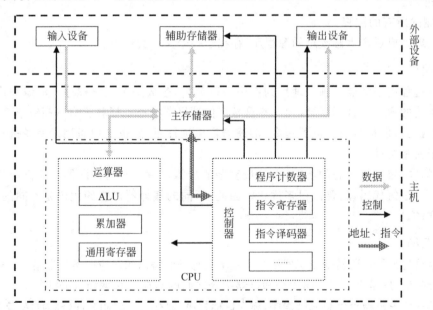

图 9.2 计算机组成结构

1. 运算器

运算器主要由算术逻辑单元（ALU）、累加器和一组通用寄存器组成，其功能是进行各种算术和逻辑运算。算术逻辑单元 ALU 可以进行算术运算（如二进制加法/减法）或者逻辑运算（如逻辑与/或），累加器用以储存计算机运行期间的中间结果，寄存器暂存要计算的数据。

2. 控制器

控制器是计算机的指挥中心，用于控制机器的各部件按指令协同工作，它与运算器一起组成中央处理器（CPU）。控制器由一组寄存器（指令寄存器、程序计数器、指令译码器、地址寄存器等）构成，主要完成取指令、分析指令及向其他部件发送信号执行指令等功能。

① 程序计数器：当程序顺序执行时，每取出一条指令，程序计数器的值自动加一，指向下一条要取的指令。

② 指令寄存器：用于寄存当前正在执行的指令。

③ 指令译码器：用于对当前指令进行译码，识别要完成的操作。

④ 地址寄存器：保存当前 CPU 所访问的内存单元的地址。

3. 存储器

存储器包括内部存储器（内存）和外部存储器（外存）。这里的存储器指的是内存。

存储器的主要功能是存放程序和数据。不管是程序还是数据，在存储器中都是用二进制的形式表示。存储器由很多基本存储单元组成，每个存储单元长度是一个字节。每个存储单元对应一个编号，用二进制编码表示，称为存储单元地址。在 32 位计算机中，一个存储单元用 32 位二进制来表示其地址，在本书中用其十六进制表示，如 0x0480cccf。

4. 外围设备

计算机通过输入输出设备从外部世界接收信息和向外部世界反馈计算处理的结果。

输入设备是接收用户输入程序和数据的部件。目前常用的输入设备是键盘、鼠标器、数字扫描仪以及模数转换器等。

输出设备是将计算机处理结果（二进制信息）转换成用户可以接受的信息表达形式的部件。目前广为使用的输出设备有打印机、绘图仪、显示器、音箱等。

外部存储器也是计算机中重要的外围设备，它既可以作为输入设备，也可以作为输出设备。因为它也有存储信息的功能，通常称为辅助存储器。

5. 计算机的工作过程

计算机的工作过程，就是执行程序的过程。根据冯·诺依曼的"程序存储"思想，由程序员事先把程序编制出来，再通过输入设备送到存储器保存起来，计算机工作其实就是执行事先存储好的程序的过程。

程序由一条条计算机可执行的指令构成，所以执行程序又归结为逐条执行计算机指令。执行一条指令可分为以下 5 种基本操作。

① 取出指令：从存储器某个地址中取出要执行的指令送到 CPU 内的指令寄存器暂存。

② 分析指令：把保存在指令寄存器中的指令送到指令译码器，译出该指令对应的微

操作。

③ 取操作数：地址计算部件对指令中地址码进行运算，求出操作数地址送存储器以取出数据；或者把转移指令中指出的下一条指令地址取出。

④ 执行指令：在控制器发出的操作信号的控制下，完成指令规定的功能。

⑤ 存储结果：将运算的结果保存到内存中。

以语句"c＝a＋b;"为例。这条语句的执行过程如下：首先控制器指挥从内存的代码段中取出指令，然后对指令进行译码；控制器分别指挥从内存中取出变量 a 和 b 的值，放在两个寄存器中，然后指挥 ALU 进行加法计算，结果放在累加器中；最后控制器指挥把结果送到变量 c 的内存空间中保存起来，这样就完成了计算。

9.3 计算机的存储模型

一个计算机程序要和多种存储器打交道。当它读写文件的时候，要和磁盘存储器打交道；当它引用变量的时候，要和内存打交道；在对变量进行运算的时候，要把变量的值从内存加载到寄存器中。除了磁盘、内存和寄存器之外，还有程序员"看不见"的存储器，如高速缓存。一个计算机系统中为什么要有这么多的存储器？它们之间是什么关系？理解计算机的存储模型对于理解程序的运行过程和程序的优化有很大帮助。

首先分析计算机系统对存储器的要求。理想的存储器应该具有以下特性：存储容量大、存取速度快、每字节价格（价格/容量）低廉。遗憾的是，没有任何一种存储器满足以上 3 种特性。表 9.1 给出了几种存储器的对比。例如，磁盘的容量很大，价格也最便宜，但是存取速度慢；CPU 的寄存器存取速度最快，但是容量最小；内存的容量比寄存器大，但它是一种易失性存储器，容量比硬盘小很多，成本也较高。因此，单独使用任何一种存储器都无法满足需求。鉴于此，一种自然的想法就是将多种存储器混搭起来使用，以发挥各种存储器的优点。

表 9.1 计算机存储器的对比

	典型访问时间①	典型容量②	典型价格(美元/MB)
寄存器	2～5ns	64～512B	CPU 的一部分
L1 高速缓存	4～10ns	32～512KB	150
L2 高速缓存	20～100ns	128KB～24MB	10
主存	50ns～1μs	256MB～64GB	0.58
磁盘	5～15ms	1GB～256TB	0.0025

现代计算机系统使用了多种存储器，并且为了发挥各种存储器的优势，将它们精心组

---

① 1s＝1000ms,1ms＝1000us,1μs＝1000ns。

② 1024B(Byte)＝1KB,1024KB＝1MB,1024MB＝1GB,1024GB＝1TB,1024TB＝1PB,1024PB＝1EB,1024EB＝1ZB,1024ZB＝1YB,1024YB＝1NB,1024NB＝1DB。

织。由于磁盘具有容量大、价格低和非易失的特点，它适合作为永久存储器。但是从磁盘读取和写入数据速度太慢，如果让 CPU 直接和磁盘打交道，那么 CPU 大部分时间都在等待数据的读写操作，造成极大的浪费（在计算机科学中称这种现象为"CPU 饥饿"）。于是，为了缓和磁盘访问速度慢的局面，在 CPU 和磁盘之间加入了内存（内存一般是随机存储器，简称 RAM）。内存的访问速度比磁盘高很多，因此 CPU 不直接和磁盘打交道，而是改和内存打交道。当 CPU 需要的数据在内存中时，CPU 直接从内存中读取数据；当 CPU 需要的数据不在内存中时，系统首先将数据从磁盘装载进内存中，然后 CPU 再读取。写数据的时候也是如此，CPU 只负责将数据写到内存，内存的数据可以转储到磁盘①。这样一来，CPU 的利用率就大大提高了。

然而，从 RAM 读取数据的速度还是无法跟上 CPU 处理数据的速度。为了缓和 CPU 和 RAM 之间的性能差异，在 CPU 和 RAM 之间再次加入一个中间层次，即高速缓存（cache）。相比于内存，高速缓存的访问速度更快，但是其价格更高，容量更小。有了高速缓存后，CPU 需要数据的时候，首先到高速缓存中去找，如果找到了就直接读取，避免访问 RAM；如果找不到，则访问 RAM 读取数据，并将放置一份数据的备份在高速缓存中。通过这种方式，CPU 饥饿得到了进一步缓解。

高速缓存本身又进一步细分为两种：一级高速缓存（简称 L1）和二级高速缓存（简称 L2）。L1 比 L2 访问速度快，但是 L1 比 L2 的容量小。一般来说，L1 被集成到了 CPU 内部，而 L2 位于 CPU 和内存之间。L2 中可以缓存内存中的数据，而 L1 可以缓存 L2 中的数据。

最后介绍的存储器是寄存器。寄存器是直接在 CPU 内部构建的存储单元，其中包含 CPU（特别是算术和逻辑单元 ALU）所需的特定数据。寄存器的数量很少，每个寄存器能够容纳的数据也很小，但是寄存器访问速度极快。

从上面的描述中可以看到这种**缓存**思路的反复应用：那就是为了弥补高速处理器和低速存储器之间的速度差异，可以在它们之间插入一个更小但更快的存储器，中间这个存储器可以缓存低速存储器的数据。换句话说，中间存储器是低速存储器的高速缓存。这样，计算机中的存储器形成了一个层次结构，如图 9.3 所示。其中，寄存器位于顶部，磁盘位于底部。在这个层次模型中，从下至上，存储器容量更小、速度更快、每字节的造价也更贵。上一级的存储器可以视为下一级存储器的高速缓存。在这些存储器中，寄存器、L1 和 L2 高速缓存，以及内存可以被 CPU 直接访问，它们一般称为主存储器；而磁盘不能被 CPU 直接访问，一般称为辅助存储器。另外，主存储器都是易失性存储器，而辅助存储器则是非易失性存储器。

简单地混合使用多个存储器并不一定就能保证快速存取数据。最坏情况下，CPU 在每一级缓存中都没能找到需要的数据，最终还是要访问磁盘，这时访问数据的延迟比直接访问磁盘还要大。不过大部分的时候，得益于程序的**局部性原理**，情况不会如此糟糕。程序的局部性原理是指程序在执行时呈现出局部性规律，即在一段时间内，整个程序的执行仅限于程序中的某一部分。相应地，执行所访问的存储空间也局限于某个内存区域。局部性原理又

---

① 注意：从磁盘读取和写入数据的时候是以数据块为单位。

表现为**时间局部性**和**空间局部性**。时间局部性是指如果程序中的某条指令一旦执行,则不久之后该指令可能再次被执行;如果某数据被访问,则不久之后该数据可能再次被访问。空间局部性是指一旦程序访问了某个存储单元,则不久之后,其附近的存储单元也将被访问。根据这一原理,如果将当前访问的指令和数据以及其附近的指令和数据缓存起来,那么在将来很有可能从缓存(寄存器、L1、L2、内存)中就能找到所需的指令和数据,从而减少延迟。

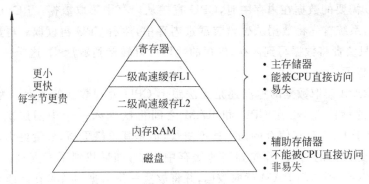

图 9.3　一个典型的计算机存储器的层次结构

9.4　程序的内存布局

要理解程序的运行原理,首先要弄明白程序的内存布局。内存是承载程序运行的介质,也是程序进行各种运算的场所。本节介绍程序运行过程中内存是如何分区的,地址空间是如何分布的。

9.4.1　概述

计算机系统会给每个运行中的应用程序(称为进程)分配一个内存空间,不同进程的内存空间是相互独立的。在 32 位的计算机系统中,这个内存空间可以用一个 32 位的指针来访问,因而具有最大 4GB(2^{32}B)的寻址能力。

一个进程使用的内存空间分为若干个区域,各自有着不同的内容。

(1)**栈**:栈用于维护函数调用的上下文。函数中定义的局部变量、数组和形参就是在栈区分配存储空间的。栈区通常在进程内存空间的最高地址处分配。

(2)**堆**:运行时动态分配的内存区域。当程序使用 malloc、realloc、calloc 分配内存空间时,得到的内存就是来自堆区。堆区通常在内存空间的低地址处分配。

(3)**可执行文件映像**:是可执行文件在内存中的映像,由装载器在装载的时候将可执行文件读取或者映射到该区域。

(4)**保留区**:保留区并不是一个单一的内存区域,而是对内存中受到保护而禁止访问的内存区域的总称。例如,大多数操作系统里,极小的地址都是不允许访问的,如 NULL(0)。

图 9.4 所示的是一个 Linux 进程的内存空间布局。其中,箭头指示内存空间的增长方向,可以看出,栈所占空间向低地址方向增长,而堆所占空间向高地址方向增长。

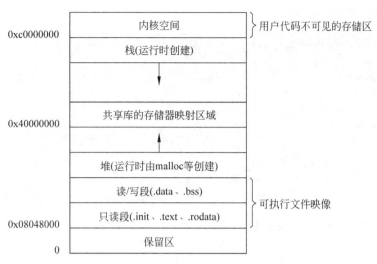

图 9.4 一个进程的内存空间布局

下面分别介绍这几个部分的内容。

9.4.2 栈

在一个进程的内存空间的几个部分中,栈和堆是程序员最关心的两个部分。

栈[①]本来是指一种数据结构,它表示一种特殊的容器,其中加入数据(入栈)或取出数据(出栈)满足规则:先入栈的后出栈,后入栈的先出栈。可以将它想象成一个杯口朝上的杯子。在计算机系统中,栈是一个内存区域,其中数据的存取满足栈这种数据结构的规则。栈顶的地址保存在 CPU 的 esp 寄存器中。每次入栈会使栈顶的地址减小,栈空间变大,而出栈会使栈顶的地址变大,栈空间变小。

栈与函数调用息息相关。栈中保存了一个函数调用所需要维护的信息,这个信息通常称为栈帧。当函数调用发生时,新的栈帧被压入栈中;当函数返回时,相应的栈帧从栈中弹出。典型的栈帧结构如图 9.5 所示。栈帧中首先保存了函数的参数信息,下面是函数的返回地址以及前一个栈帧的指针,最下面是分配给函数的局部变量使用的空间。

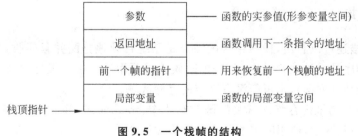

图 9.5 一个栈帧的结构

---

① 栈(stack)也被翻译成堆栈,要注意和堆的区别。

考虑下面简单的函数调用:

```
int fun(int a, int b){
    int sum;
    sum=a+b;
    return sum;
}
int main(){
    int i;
    i=fun(1, 2);
    return 0;
}
```

当调用函数 fun 时,对应的栈帧如图 9.6 所示。

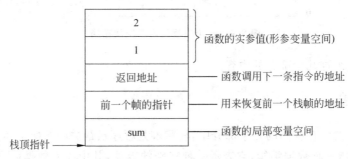

图 9.6　一个栈帧的结构

当在 main 函数中调用函数 fun 时,栈操作如下:
① 将函数的实参值压入栈中(图 9.6 中参数压栈顺序是从右至左)。
② 将返回地址(即代码区调用指令的下一条指令地址)压入栈中。
③ 跳转到函数 fun 的入口,将主调函数对应的一些寄存器值(如前一个栈帧的指针)压入栈中。
④ 为 fun 函数的局部变量分配空间。

从函数 fun 返回时,首先恢复寄存器值,然后释放 fun 函数的栈帧。

9.4.3　堆

从刚才的描述可以看出,栈内存区的特点是系统自动地分配并且回收内存空间。在很多时候,需要程序员手动地管理内存,这个时候就需要用堆。堆一般比栈要大很多,通常位于栈的下方(低地址方向),也可能没有固定的存储区域。

在 C 语言中,与堆内存管理有关的函数有 4 个:malloc、realloc、calloc 和 free。它们定义在头文件 stdlib.h 中,使用时需要包含这个头文件。

1. malloc 函数

函数原型为:

```
void * malloc(unsigned int num_bytes)
```

该函数在堆中分配一个长度为 num_bytes 字节的连续内存区域。如果执行成功,它的返回值是该内存区域的起始地址;如果执行不成功,它的返回值是 0(即 NULL)。

2. realloc 函数

函数原型为:

```
void * realloc(void * address, unsigned int newsize)
```

用于重新在堆中分配一个长度为 newsize 字节的连续内存区域。address 是一个变量,保存了堆中一块内存区域的起始地址,它的值通常是 malloc、realloc 或者 calloc 函数的返回值。realloc 重新在堆中分配指定大小的内存空间,并将新分配的内存区域的起始地址返回。之所以要重新分配,一般是因为所需要的内存大小发生了变化。如果执行成功,它的返回值是该内存区域的起始地址;如果执行不成功,它的返回值是 0(即 NULL)。

3. calloc 函数

函数原型为:

```
void * calloc(size_t n, unsigned int size)
```

该函数在堆中分配 n 个长度为 size 字节的连续内存区域。如果执行成功,它的返回值是连续内存区域的起始地址;如果执行不成功,它的返回值是 0。

4. free 函数

函数原型为:

```
void free(void * address)
```

变量 address 保存了一块堆内存区域的起始地址,该函数释放这块堆内存区域。被释放的内存空间还给系统,它们可以再次被分配。address 的值通常是由 malloc、realloc 或 calloc 函数调用时返回的值。

在操作堆内存的时候,一般先通过 malloc 或者 calloc 分配堆内存区域,必要的时候通过 realloc 重新分配堆内存区域,当不再需要所分配的堆内存区域的时候,一定要通过 free 函数释放所分配的堆内存区域。

C 语言在声明一个数组的时候,数组长度必须指定而且必须是一个常量值,而在很多场合,数组长度事先是很难确定的。例 9.1 演示了如何创建一个长度由变量值决定的数组。其中,数组长度由用户在运行时输入,因而不是固定的,而是可变的。

例 9.1* 创建一个数组,其中数组长度由用户输入。

```
1  #include <stdio.h>
2  #include <stdlib.h>
3  int main(){
4      int n, i, j, temp, * p=NULL;
5      printf("请输入数组长度:");
```

```
 6        scanf("%d", &n);
 7        p=(int *)malloc(n*sizeof(int));
 8        for (i=0; i<n; i++)
 9            scanf("%d", &p[i]);              // &p[i]也可改写为:p+i
10        for (i=1; i<n; i++)                  // 冒泡法排序
11            for (j=0; j<n-i; j++)
12                if (p[j]>p[j+1]){
13                    temp=p[j];  p[j]=p[j+1];  p[j+1]=temp;
14                }
15        for (i=0; i<n; i++)
16            printf("%d ", p[i]);
17        free(p);
18        return 0;
19    }
```

第 7 行需要注意，malloc 函数的参数是所分配的字节数。另外，将 malloc 函数的返回值强制转换为整型指针类型，这样可以确保赋值运算符两侧数据类型相同。执行了第 7 行后，指针变量 p 就指向了一块可以容纳 n 个整数的堆内存区域，也可以认为 p 是一个长度为 n 的整型数组名。后面对该数组的操作与普通数组相同。最后要注意第 17 行，将分配的堆内存区域释放掉，如果漏了第 17 行，就会导致内存泄漏。

C 程序一个常见的问题是内存泄漏。在维基百科中这样定义内存泄漏：在计算机科学中，内存泄漏指由于疏忽或错误造成程序未能释放已经不再使用的内存空间的情况。内存泄漏并非指内存在物理上的消失，而是应用程序分配某段内存空间后，由于设计错误导致在释放该段内存空间之前就失去了对该段内存空间的控制，从而造成了内存空间的浪费。内存泄漏一般是指堆内存的泄漏。

9.4.4 可执行文件映像

在加载一个可执行文件的时候，会将可执行文件的数据和指令读入到内存中，形成可执行文件映像。

可执行文件映像包括以下几个部分：
(1) 代码段：包含了编译后的机器指令。
(2) 数据段：又细分为
① 已经初始化的全局变量和局部静态变量；
② 未初始化的全局变量和局部静态变量；
③ 字符串常量、只读变量(const 修饰的变量)等只读数据。

不同平台上编译产生的可执行文件具有不同的格式，因此编译的时候一般要指定目标计算机的平台，如本书的目标平台是 x86+Windows 平台。

变量的存储类型

C 语言允许用户对程序的很多细节进行控制，比如变量的存储细节。C 语言提供了不同的存储类，通过声明一个变量为某种存储类，可以控制变量在哪些代码范围中是有效的，变量的存储期限是多久,变量在存储器的什么区域分配空间,以及变量是否在文件外有效。

一个存储类提供了变量的3个方面的信息:作用域、存储期限和链接。

(1) **作用域**:变量的作用域是指能够引用变量的那部分程序。也就是说,变量在哪些代码范围中是可以使用的,或者说可见的。作用域有两种:(代码)块作用域和文件作用域。代码块是由一对花括号围起来的代码。例如,一个函数体是一个代码块,一个复合语句也是一个代码块。块作用域是指变量从声明的地方开始到所在块结束均是可见的,除此之外的其他地方变量都是不可见的。文件作用域是指变量从声明的地方开始到所在文件结束均是可见的。

(2) **存储期限(生存期)**:变量的存储期限是指变量的存储空间从分配到释放的时间期限,它描述了变量在什么时间范围内是存在的,因而也称为**生存期**。C语言变量的存储期限有两种:**自动存储期限**和**静态存储期限**。具有自动存储期限的变量当所在代码块开始执行的时候分配内存空间,所在块执行结束的时候释放内存空间。之所以称为自动存储期限,是因为变量的内存空间的分配和释放都是系统自动进行的。具有静态存储期限的变量在程序执行期间是一直存在的,它的存储空间一直保留不变。

(3) **链接**:链接描述了在程序的哪些部分可以分享这个变量。一个变量可以是3种链接之一:空链接、内部链接和外部链接。**空链接**意味着变量由声明所在的代码块私有;**内部链接**意味着变量可以在声明所在的文件内部使用,文件内部的函数都可以使用;而**外部链接**则意味着变量可以被多个文件共享。

下面分别对这3个方面进行描述。

9.5.1 作用域

根据变量是在函数内声明还是函数外声明,可以将变量划分为两大类:**局部变量**和**全局变量**。局部变量具有代码块作用域,而全局变量具有文件作用域。

1. 局部变量的作用域

关于局部变量,有以下几点需要注意:

(1) 形参变量也可以看作是局部变量,它是在函数头部分声明,作用域是整个函数体。例如:

```
int fun(float p){
    int x;
    float a, b;
    …    // 执行语句部分
}                        ⎱ 在函数 fun 中,变量 p、x、a、b 有效

int main(){
    float x, y;
    …
    y=fun(x);
    …
}                        ⎱ 在函数 main 中,变量 x、y 有效
```

由于局部变量的作用域限制在函数内部,所以在不同函数中声明的变量互不干扰,即使是相同名称的变量,它们也是分别代表不同的对象。换句话说,不同函数中的变量可以重名。从内存的角度可以很容易理解这一点。通过对内存布局的分析知道,不同函数中声明的局部变量都是在不同的栈帧中分配内存空间的,它们的地址不同,因此是可以相互区分的。

(2) 局部变量的作用域是变量声明所在的代码块,而不是函数体。在一个函数体可以有多个代码块,而且代码块可以重叠,每个代码块中都可以声明变量。如果同一个函数内部不同的局部变量声明在不同的代码块中,它们的作用域是有差别的。例如:

```
int main(){
    int a, b;          // 声明变量 a、b
    ...
    { int x, z;        // 声明变量 x、z
      x=a+b;
      ...                                  ②变量 x、z 的作用域
    }
    { int a, x, y;     // 声明变量 a、x、y   ①变量 a、b 的作用域
      y=a+b;
      ...                                  ③变量 a、x、y 的作用域
    }
    ...
}
```

每一个代码块中都可以声明变量,不同代码块中的变量可以重名。对于嵌套代码块而言,在外层代码块中声明的变量在内层代码块中依然有效,除非内层代码块中声明了同名的变量。如代码块①中声明的变量 b 在代码块②及③中均有效;而代码块①中声明的变量 a 仅在代码块②中有效,在代码块③中无效。在代码块③中,使用的变量 a 是代码块③中声明的,此时代码块①中声明的变量 a 被隐蔽起来了(即不允许存取)。一旦离开代码块③,代码块③中声明的变量 a 就无效,代码块①中声明的变量 a 又被恢复。由于代码块中声明的变量仅在本代码块中有效,因此,对于非嵌套代码块而言,不同代码块中声明的变量互不影响。

(3) 传统 C 语言中作用域为代码块的变量一定要在代码块的起始处声明。C99 标准放宽了这一限制,一个变量可以在代码块的任何地方声明,其作用域就是从声明之处开始到代码块结束之间的范围。例如:

```
int main(){
    printf("请输入摄氏温度:");
    double c;                  // 声明变量 c
    scanf("%lf", &c);
    double f=32+1.8*c;         // 声明变量 f           变量 c 的作用域
    printf("华氏温度为:%lf", f);                      变量 f 的作用域
    return 0;
}
```

C99 中还引入了一个新的方式来表示一个变量的作用域为代码块作用域,那就是在 for 语句和 while 语句中声明变量。例如:

```c
int main(){
    double score, sum;
    sum=0;
    printf("请输入学生成绩:");
    for (int i=0; i<10; i++){
        scanf("%lf", &score);            变量 i 的作用域
        sum +=score;
    }
    printf("平均成绩为:%lf", sum/10);
    return 0;
}
```

注意:上述 C99 特征仅在部分支持 C99 标准的编译器上可以编译。

2. 全局变量的作用域

在函数之外声明的变量称为**全局变量**,也称为**外部变量**。全局变量具有文件作用域,它的默认有效范围是:从声明变量的位置开始到所在源程序文件结束,即全局变量可以被有效范围内的多个函数所共用。如果在一个函数中改变了全局变量的值,随后的其他函数可以引用到更新后的值,因此,全局变量提供了各函数之间的直接数据传递通道。通过函数的调用最多只能返回一个值,而通过使用全局变量可以实现函数之间的多值返回。

为了更形象地理解函数调用时程序的执行过程,可以在被调用函数的函数体的最前面和最后面分别加上一些输出语句,这样可以跟踪函数的执行。全局变量由于在整个程序范围内有效,因此可以间接反映程序执行流程的变化。

例 9.2* 使用全局变量对程序执行流程进行跟踪。

```
1   #include <stdio.h>
2   long factorial(int);
3   long combinations(int, int);
4   int times=0;                              // 声明全局变量
5   long factorial(int n){
6       int i;
7       long s=1;
8       printf("factorial: 函数 factorial 第%d 次被调用\n", ++times);
9       for (i=1; i<=n; i++)
10          s=s*i;
11      printf("factorial: factorial(%d)=%ld,函数调用即将结束\n", n, s);
12      return s;
13  }
14  long combinations(int n, int k){
15      long c;
```

```
16      printf("combinations: 函数 combinations 被调用\n");
17      c=factorial(n)/(factorial(k) * factorial(n-k));
18      printf("combinations: combinations(%d, %d)=%ld, 函数调用即将结束\n", n, k, c);
19      return c;
20  }
21  int main(){
22      int n=10, k=6;
23      printf("main: 执行 main 函数\n");
24      printf("main: C(%d, %d)=%ld\n", n, k, combinations(n, k));
25      printf("main: main 函数即将结束\n");
26      return 0;
27  }
```

为了清楚地显示程序的执行流程，上述程序对原程序做了一些修改：首先，声明了全局变量 times，它记录了 factorial 函数第几次被调用，该函数每调用一次，就自动增 1；其次，程序中加入了一些输出语句，这些语句可以输出当前的程序执行状态，从而跟踪程序的执行。

该程序执行结果如下所示：

```
main: 执行 main 函数
combinations: 函数 combinations 被调用
factorial: 函数 factorial 第 1 次被调用
factorial: factorial(10)=3628800, 函数调用即将结束
factorial: 函数 factorial 第 2 次被调用
factorial: factorial(6)=720, 函数调用即将结束
factorial: 函数 factorial 第 3 次被调用
factorial: factorial(4)=24, 函数调用即将结束
combinations: combinations(10, 6)=210, 函数调用即将结束
main: C(10, 6)=210
main: main 函数即将结束
```

上述例子的做法可以推广：在调试程序时，经常在程序中加入一些输出语句，通过这些输出语句，可以清楚地获知程序的执行流程，以及当前的执行环境（如当前所在的函数、变量值等），从而为调试程序提供依据。

例 9.3* 输入某门课程若干学生的成绩，求出该课程的最高分、最低分和平均分，以及优、良、中、及格和不及格的学生人数。编写一个函数，用于处理一个学生的成绩。

```
1   #include <stdio.h>
2   #define N 10
3   float sum, max, min;                              // 声明全局变量
4   int countA, countB, countC, countD, countE;       // 声明全局变量
5   void process(float);
6   int main(){
7       float score;
```

```c
8       int i;
9       sum=max=0;   min=100;              // 对全局变量赋初始
10      countA=countB=countC=countD=countE=0;
11      printf("输入学生成绩,无效成绩会跳过!\n");
12      for (i=0; i<N; i++){
13          do{
14              scanf("%f", &score);
15          } while (score<0 || score>100);   // 如果输入成绩不正确,则继续输入
16          process(score);
17      }
18      printf("最高分:%f\n 最低分:%f\n 平均分:%f\n ",max, min, sum/N);
19      printf("优秀:%d  良好:%d  中等:%d  及格:%d  不及格:%d\n",
                countA, countB, countC, countD, countE);
20      return 0;
21  }
22  void process(float score){
23      sum+=score;
24      if (score>max) max=score;
25      else if (score<min) min=score;
26      if (score>=90 && score<=100) countA++;
27      else if (score>=80) countB++;
28      else if (score>=70) countC++;
29      else if (score>=60) countD++;
30      else countE++;
31  }
```

在上述程序中,主函数对全局变量赋初值,process 函数根据每个学生的成绩改变这些全局变量的值,最后在主函数中输出全局变量的值。在这里,全局变量等起到了传值的作用:由于 process 函数改变了多个值,这些值都要返回到主函数中输出,因此无法用 return 语句返回值(return 语句只能返回一个表达式的值),而用全局变量来保存每次的改变。

使用全局变量,在增加函数间数据联系渠道的同时,也使函数之间的关系变得复杂,降低了函数的独立性、可靠性和通用性,这是与结构化程序设计的原则不相吻合的,因此,建议不在必要时不要使用全局变量。

全局变量分配的内存空间存在于可执行文件映像中。在一个程序中全局变量与局部变量是可以同名的,此时在局部变量的作用域内,全局变量被隐蔽起来了。也就是说,在局部变量的作用域内,访问到的是局部变量。

9.5.2 存储期限(生存期)

具有块作用域的变量(块内变量)默认具有自动存储期限。这样的变量一定是局部变量,因此经常将具有自动存储期限的局部变量称为**自动局部变量**。当程序进入到自动局部变量所在的代码块时,给变量分配内存单元;当离开该代码块时,释放内存单元。如果下次

再次执行到该代码块,需要重新给变量分配内存单元。也就是说,变量的存储单元在不停地变化。这就意味着:①离开代码块后块内变量在内存中分配的存储单元根本就不存在了。②不同的时候进入到块内执行,给同一个块内变量分配的内存单元不一定相同,不能通过一个固定的内存地址来访问。自动局部变量的存储单元一般在内存的栈区分配。

两种类型的变量具有静态存储期限:具有文件作用域的变量(全局变量)和 static 关键字声明的具有块作用域的变量(一般称为**静态局部变量**)。具有自动存储期限的变量其内存空间是在运行时动态分配的,而具有静态存储期限的变量在编译的时候就给它们在可执行文件映像中分配了存储空间,然后装载的时候装入内存,直到程序运行结束,进程的内存空间被释放,它们才被清理出内存。也就是说,在程序运行期间,具有静态存储期限的变量持续地占有固定的内存空间。如果某个操作修改了变量的值,那么下次访问时仍然可以看到修改后的值。

例 9.4 自动局部变量与静态局部变量。

```
1   #include <stdio.h>
2   int fun(int);
3   int main(){
4       int i, a=3;                      // 变量 i 和 a 具有自动存储期限
5       for (i=1; i<=3; i++){
6           printf("i=%d: \n", i);
7           printf("fun=%d\n", fun(a));
8       }
9       return 0;
10  }
11  int fun(int x){
12      int y=0;                         // 形参 x 和变量 y 具有自动存储期限
13      staticint z=5;                   // 变量 z 具有静态存储期限
14      printf("y=%d, z=%2d  ", y, z);   // 输出被调用开始时的值
15      y=y+2;
16      z=z+x+y;
17      printf("y=%d, z=%2d  ", y, z);   // 输出被调用结束时的值
18      return z;
19  }
```

运行结果如下:

```
i=1:
y=0, z= 5   y=2, z=10   fun=10
i=2:
y=0, z=10   y=2, z=15   fun=15
i=3:
y=0, z=15   y=2, z=20   fun=20
```

在这个例子中,变量 y 具有自动存储期限,每次调用函数 fun 的时候被重新分配存储单

元并初始化；而变量 z 具有静态存储期限，离开 fun 函数后，变量 z 的值能够被"记住"，下次进入 fun 函数时，可以引用到上一次修改的值。图 9.7 清晰地显示了它们的不同。变量 i 和 a 是 main 函数内的局部变量，其生存期就是 main 函数的运行期间。变量 x 和 y 是 fun 函数内的局部变量，其生存期就是 fun 函数被调用期间。而变量 z 是静态局部变量，其生存期是整个程序运行期间[1]。

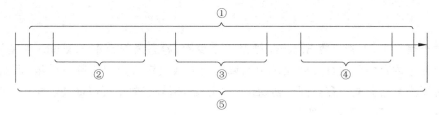

①：main 函数运行期间，也即变量 i 和 a 的生存期
②、③、④：fun 函数被调用期间，也即变量 x 和 y 的生存期
⑤：整个程序运行期间，也即变量 z 的生存期

图 9.7　变量存储期限图示

具有自动存储期限的变量和静态存储期限的变量，还有另一个不同点就是初始化方式的不同：

（1）对于自动局部变量，如果存在初始化语句，那么每次执行所在代码块时会进行初始化；如果声明时没有初始化，那么每次调用时变量的初始值是不确定的。例如，每次调用函数 fun 时，变量 y 都会被初始化为 0。

（2）对于静态局部变量，如果存在初始化语句，那么在编译时赋初值（仅赋初值一次），在程序开始运行时它已有初值，在程序运行过程中不会再进行初始化；如果在声明时未被初始化，编译时会自动初始化为 0（对数值型变量）或'\0'（对字符型变量）。例如，例 9.4 中的第 13 行语句，在每次调用函数 fun 时实际上根本不会执行。

既然全局变量和静态局部变量都具有静态存储期限，它们有很多相似之处，那么在程序设计中如何选用这两种变量呢？

首先，静态局部变量仍然是局部变量，对它的引用必须出现在作用域内，即变量声明所在的代码块中。全局变量具有文件作用域，使用范围要大很多。例如，例 9.4 中，变量 z 只能在函数 fun 中使用，而不能在 main 中使用，虽然它一直存在于内存中。

其次，正是由于全局变量的作用域很广，极易造成命名冲突。例如，如果两个文件中都声明了全局变量 a，编译器会报错，因为两个变量之间存在冲突。再如，如果声明了一个全局变量 a 和一个函数内的局部变量 a，在函数内程序员有时会误把局部变量当作全局变量来访问。静态局部变量的作用域较小，命名冲突的机会就小很多。一般来说，应避免过多使用全局变量。

静态局部变量经常用于存放一些比较"稳定"的局部值。

例 9.5*　将十进制数字转换为十六进制符号。

---

[1] 注意：程序运行期间比 main 函数运行期间可能要长，因为在调用 main 函数前和 main 函数运行结束后分别要做些准备和扫尾的工作。

本例演示了一个函数,其形参是一个十进制数(基于0~15之间),函数返回一个十六进制符号。例如,hexchar(8)返回字符'8',hexchar(15)返回字符'F'。

```
1   char hexchar(int x){
2       static char hexchars[]="0123456789ABCDEF";
3       return hexchars[x];
4   }
```

在这个例子中,不管函数 hexchar 被调用多少次,静态局部数组 hexchars 只有一份,而且一直存在于内存的可执行文件映像中区域。如果数组没有声明为静态数组,那么每次调用函数都要为数组分配内存空间并初始化。很明显,用静态数组可以提高程序运行效率。

例 9.6*　计算某年某月的天数。

本例演示了一个函数,输入年份和月份,能够返回这个月的天数。

```
1   char days_in_month(int year, int month){
2       static int days[13]={0,31,28,31,30,31,30,31,31,30,31,30,31};
3       if (year%4==0 && year%100!=0 || year%400==0)
4           days[2]=29;
5       else
6           days[2]=28;
7       return days[month];
8   }
```

在例 9.6 中,days 数组的值也比较稳定,因此也声明为一个静态数组。注意,第 5~6 行是必需的,想想为什么?

9.5.3　链接

变量的链接描述了变量可以在多大范围内被共享。变量的链接类型有 3 种:内部链接、外部链接和空链接。这里内部和外部指的是文件内(本文件)和文件外(其他文件)。变量的链接类型与变量的作用域有关系。具有代码块作用域的变量具有空链接,意思是这样的变量不能在文件这个粒度上被共享,而只能被声明所在的代码块所独有。而文件作用域变量(全局变量)则具有内部或者外部链接。若具有内部链接,那么变量只能在声明该变量所在的文件内使用;若具有外部链接,那么变量可以被多个文件使用。

默认情况下,一个文件作用域变量具有外部链接;要表示一个文件作用域变量具有内部链接,可以在变量声明中使用 static 关键字。例如:

```
int globalVar=0;              // 声明具有外部链接的文件作用域变量
static int localVar=0;        // 声明具有内部链接的文件作用域变量
int main(){
    ...
}
```

变量 globalVar 可以被同一个程序的多个文件使用,而变量 localVar 只能被本文件(声明所在文件)内的函数使用。

这里需要注意的是 static 关键字。前面描述过,当 static 用在声明局部变量时,表示该变量具有静态作用域;而当 static 用在声明全局变量时,表示该变量具有内部链接。

9.5.4 变量分类

根据变量的作用域、存储期限和链接,可以将变量分为 5 类,如表 9.2 所示。下面分别介绍。

表 9.2 变量的 5 种存储类

存 储 类	作用域	存储期限	链接	声 明 方 式
自动局部变量	代码块	自动	空链接	代码块内
寄存器局部变量	代码块	自动	空链接	代码块内,使用关键字 register
静态局部变量	代码块	静态	空链接	代码块内,使用关键字 static
具有内部链接的全局变量	文件	静态	内部	函数之外,使用关键字 static
具有外部链接的全局变量	文件	静态	外部	函数之外

1. 自动局部变量

自动局部变量的作用域为代码块,具有自动存储期限和空链接。默认情况下,在函数体或者代码块中声明的变量都是自动局部变量,也可以显式地使用 auto 存储类型来声明。例如:

```
int main(){
    auto int sum=0;              // sum 和 x 都是自动局部变量
    int x;
    …
}
```

自动局部变量需要显式地初始化。如果没有显式初始化,那么它的值是不确定的,如变量 x 就是这样。

2. 寄存器变量

一般的变量存储在内存中,而寄存器变量则存储在 CPU 的寄存器中。由于寄存器位于 CPU 内部,访问速度极快,因此寄存器变量的访问和操作比普通变量更快。寄存器变量的这一特点使得它非常适合存放频繁访问或更新的简单值。寄存器变量用 register 存储类型来声明。例如:

```
int main(){
    register int i;              // 声明寄存器变量 i
    int sum=0;
    for (i=1; i<=10; i++)
```

```
        sum += i * i;
    printf("sum=%d", sum);
    return 0;
}
```

register 只能声明一个局部变量,与自动局部变量一样,具有代码块作用域、自动存储期限和空链接。关于寄存器变量,有以下几点需要注意:

(1) 寄存器变量可能存储在寄存器中,而寄存器是没有地址的,因此不可以对寄存器变量取地址操作。

(2) 用 register 声明一个变量只是一个请求,并不是一定照办。也就是说,编译器可能不理会 register 关键字,仍然将该变量存储在内存中。这是因为 CPU 的寄存器数量本来就非常少(一个典型的 x86 CPU 有 8 个通用寄存器),它们还可能被系统占用;另外,某些类型的变量可能在寄存器中放不下,如 double 类型。

(3) 现代编译器和 CPU 的优化技术能够对代码及其执行进行优化,因此,register 存储类型已经没有太大的必要了。

3. 静态局部变量

静态局部变量用 static 在代码块内声明。例如

```
int main(){
    static int count=0;                // 声明静态局部变量 count
    ...
}
```

静态局部变量具有代码块作用域、静态存储期限和空链接。它在程序运行期间虽然一直存在于内存中,但是只能在代码块中使用。另外,它只在编译的时候初始化一次。如果没有显式初始化,编译器会自动将其初始化为 0 或 '\0'。

4. 具有内部链接的全局变量

这种类型的变量具有文件作用域、静态存储期限和内部链接。文件作用域意味着它可以在当前文件的函数中被引用,静态存储期限意味着它的内存单元在程序运行期间是一直存在而且地址是不变的,而内部链接意味着它不能在其他文件中使用。要声明一个具有内部链接的全局变量,只需要在全局变量的声明前面加上 static。例如:

```
static double pi=3.14;                  // 声明具有内部链接的全局变量 pi
void fun(){
    /* 可以使用 pi */
}
int main(){
    /* 可以使用 pi */
}
```

5. 具有外部链接的全局变量

这种类型的变量具有文件作用域、静态存储期限和外部链接。外部链接意味着它可以在其他文件(声明该变量所在文件之外)中使用。默认情况下,全局变量就是具有外部链接的。

具有外部链接的全局变量虽然可以在其他文件中使用,但要求在需要引用的文件中用 extern 来进行全局变量的外部链接声明。

假设一个程序中包含有以下两个文件。

文件 file1.c 中的内容如下:

```
double x=2.5;                    // 声明具有外部链接的全局变量 x 和 a
double a=5;
int main(){
    ...
}
```

文件 file2.c 中的内容如下:

```
extern double x;     // 对具有外部链接的全局变量 x 进行外部链接声明
void sort(double p){
    double y;
    double b;
    y=x;
    b=a;             // 此语句有问题,因为在本文件中没有对全局变量 a 进行外部链接声明
    ...
}
```

在文件 file2.c 中,已经用 extern 对具有外部链接的全局变量 x 进行了外部链接声明(在文件 file1.c 中已经声明了具有外部链接的全局变量 x),因此该文件中的函数可以引用全局变量 x;虽然全局变量 a 也是具有外部链接的(在文件 file1.c 中已经声明了具有外部链接的全局变量 a),但由于在文件 file2.c 中没有对全局变量 a 进行外部链接声明,因此在本文件中不能引用全局变量 a。

需要注意变量的声明和变量的外部链接声明的区别。在 C 语言中,声明变量(包括全局变量、局部变量)时,系统将为变量分配内存空间,并可对变量进行初始化;而声明外部链接的全局变量时,系统仅仅登记变量及类型,以便在编译时进行类型检查,因此不允许对变量进行初始化。这是因为变量的外部链接声明并没有分配内存空间,因此无法初始化。例如:

```
extern double x=2.5;      // 错误!此处仅是全局变量的外部链接声明,不能初始化
double a=5;               // 正确的初始化
```

对于具有外部链接的全局变量,如果需要在非声明的文件中使用该全局变量,则在使用之前必须对该全局变量进行外部链接声明。

如上所述,假设一个 C 程序由文件 file1.c 和文件 file2.c 两个源文件构成,那么这两个

源文件可以分开编译。由于文件 file2.c 中并没有声明变量 a，也没有对变量 a 进行外部链接声明，因此，在编译文件 file2.c 时，编译器将无法识别文件 file1.c 中声明的具有外部链接的全局变量 a。

由于在文件 file2.c 中已经对具有外部链接的全局变量 x 进行了外部链接声明，因此，当链接器在链接已分别编译好的文件 file1.obj（文件 file1.c 经编译产生的目标文件）和文件 file2.obj 时，会将 file2.obj 中声明的外部链接标识符 x 指向（链接到）file1.obj 中给全局变量 x 分配的内存存储单元，这样在文件 file2.obj 中就可以正确地存取变量 x 的值了。

如果将 file2.c 中的外部链接声明语句 extern doublex; 改为全局变量声明语句 doublex;，那么在文件 file1.c 和文件 file2.c 中分别声明了全局变量 x。因此，虽然在分别对文件 file1.c 和文件 file2.c 进行编译时不会报错，但是在链接阶段会出错，这是因为无法将标识符 x 指向一个确定的内存存储单元。

关于各种变量之间的比较如表 9.3 所示。

表 9.3 局部变量与全局变量的比较

类别	局部变量			全局变量	
存储类别说明符	auto	register	static	static	extern
存储期限	自动			静态	
存储区	栈	寄存器		可执行文件映像	
生存期	函数调用开始至结束			程序整个运行期间	
作用域	声明变量的函数或代码块内			声明变量的文件	声明变量的文件以及进行了外部链接声明的文件
赋初值	每次函数调用时			编译时赋初值，只赋一次	
未赋初值	不确定			自动赋初值 0 或空字符'\0'	

变量大体上可以分为局部变量和全局变量，其中，声明局部变量前面可以加上 auto、register 和 static 关键字，分别表示自动局部变量、寄存器类型局部变量和静态局部变量；声明全局变量时前面可以加上关键字 static 和 extern。auto 和 register 类型的局部变量具有自动存储期限，分别存储在栈中和 CPU 的寄存器中，而 static 局部变量和全局变量具有静态存储期限，均存在于可执行文件映像中。

从生存期来说，程序流程在进入函数时开始为函数中的 auto 和 register 类型的局部变量分配空间，在函数执行结束时收回 auto 和 register 类型局部变量的空间。下次再次调用函数时，又重新为 auto 和 register 类型局部变量分配空间，函数调用结束后，又释放它们的空间。因此，auto 和 register 类型局部变量的生存期是从函数调用开始至函数调用结束。局部 static 和全局变量在编译的时候分配内存空间，此后在整个程序运行期间一直存在，直到程序结束后才释放它们的内存空间。

从作用域来说，局部变量的作用域一定是限于声明变量的函数或者代码块内部；全局变量的作用域一般是从变量声明点开始到变量所在文件结束的整个范围内有效，如果在其他文件中用 extern 对具有外部链接的全局变量进行了外部链接声明,那么在有 extern 外部链接声明的文件中也可以使用该全局变量,加上了 static 声明的全局变量(即具有内部链接的全局变量)则只能在本文件中使用。

auto 和 register 类型的局部变量是在运行时才执行赋初值语句,给它们赋初值;而 static 局部变量和全局变量则是在编译阶段就赋初值,而且只赋一次。如果未赋初值时,auto 和 register 类型的局部变量初值不确定;而 static 局部变量和全局变量则会自动赋初值 0 或者空字符'\0'。

9.6 编程实践:程序设计与操作系统

程序员所开发的程序,绝大多数都是在两个操作系统上运行:Windows 和 Linux。在不同的操作系统上开发程序有什么不同吗?在一个操作系统上编写的程序在另一个操作系统上可以运行吗?本节将探讨这些问题。

1. 不同操作系统上的程序设计有何不同

Windows 和 Linux 这两种操作系统具有完全不同的特点,这些不同主要归结于它们不同的产生背景和发展历史、不同的设计哲学和不同的侧重点。传统上,Windows 应用主要在桌面领域,在面向消费者的 PC 上使用,而 Linux 主要用于服务器、数据中心等后端系统;但是现在,Windows 也在向服务器延伸,而 Linux 则正在向桌面领域发展。

由于两种操作系统底层构建的内核模型和代码完全不同,因此,在这两个操作系统上的程序开发也有很大不同。

(1) 在 Windows 上进行开发,程序员一般会用 IDE。例如,就 C 程序开发来说,在 Windows 上有非常强大、非常成熟的 Visual Studio 系列,也有 Code::Blocks 等比较小巧的工具。用 IDE 的好处是操作简单、开发效率较高,但是程序员不太容易弄明白程序背后的原理和细节。在 Linux 上编写 C 程序,习惯于不用 IDE,而是用某种编辑器(如 Vim),配合 GCC 编译器和 GDB 调试器,在终端调用它们。编译和调试都需要手动完成,因此对初学者而言有一定的门槛,但是自由度更大。另外,Linux 上的开源项目和工具很多,开发者可以学到很多东西,也可以使用很多现成的代码。

(2) Linux 操作系统绝大部分的代码本身就是 C 代码,操作系统调用接口也是 C 函数,而且系统模型很简单,接口很精简,因此在 Linux 上进行系统编程比较简单,程序运行效率很高。而在 Windows 上用 C 语言进行系统编程要掌握大量复杂的 WIN32 API,开发者很难驾驭。

(3) 从编译器的角度来说,Linux 上的 GCC 编译器因为是开源的,所以能够支持最新的编译器标准;而 Windows 上的 MSVC 编译器(Visual Studio 中使用的 C 编译器)是封闭的,更新较慢,因此相对而言,GCC 编译器比 Windows 上的编译器要先进。

2. 在一个操作系统上开发的 C 程序是否可以在另一个操作系统上编译

一个 C 程序是有可能同时在 Windows 和 Linux 上编译通过的,前提是该程序使用的 C 语法和库函数在两个操作系统的编译器上都得到了支持。很多时候,一个操作系统上编写

的 C 程序在另一个操作系统上是无法编译通过的,这是因为:

(1) Windows 上的编译器对最新 C 标准的支持并不好,例如,stdbool.h 头文件是在 C99 标准(2000 年发布)中引入的,GCC 编译器在 2001 年发布的 GCC 3.0 中就提供了支持,而 MSVC 编译器直到 2013 年发布的 VS 2013 中才支持。

(2) C 程序中除了使用 C 标准中的语法和函数之外,往往还会使用一些与操作系统有关的函数,这些函数涉及到系统调用。由于 Windows 和 Linux 底层提供的 API 完全不同,这些与操作系统有关的函数是完全不同的。例如,要在 C 程序中对某个目录下的所有文件进行遍历,在 C 标准中并没有与之对应的函数库。Linux 系统中,要使用 dirent.h 头文件中声明的 opendir、readdir 和 closedir 等函数;而在 Windows 系统中,则要使用 windows.h 中声明的 FindFirstFile、FindNextFile 和 FindClose 系统函数。

3. 在一个操作系统上编译好的可执行文件是否可以在另一个操作系统上运行

这个问题的答案也是否定的。原因有多方面,但最重要的是两个方面:

(1) 可执行文件的格式不同。一个可执行的二进制文件包含的不仅仅是机器指令,还包括各种数据、程序运行资源。而 Windows 和 Linux 上产生的可执行文件中,这些信息的表示和布局是不同的,也就是说格式是不同的。操作系统在加载可执行文件的时候,要读取可执行文件中的信息来做准备,因为可执行文件的格式不同,无法正确解析可执行文件中的信息,也就无法做好准备工作。

(2) 操作系统调用不同。一个可执行文件所执行的操作中有很多操作(如文件操作、多媒体处理等)都需要与操作系统交互才能完成,操作系统不同的话,这些操作就没法完成。

4. 能不能编写跨平台的应用程序

对于 C 程序而言,跨平台意味着同样的 C 程序可以不加修改地在多个平台上编译,这样的代码也称为可移植的代码。编写可移植的代码是可行的,主要思路是:

(1) 尽可能地使用多个平台都支持的 C 语言用法和标准库函数。

(2) 通过编译器指令来处理与平台相关的代码。通过编译预处理指令对平台进行判断,从而在编译时选择性编译特定平台下的代码。下面通过一个例子加以说明。

例如,要实现控制台的清屏功能,Windows 中的通常做法是使用语句"system("cls");"调用控制台的 cls 命令来清屏;而 Linux 环境下,给终端清屏是没有 cls 这一命令的,取而代之的是 clear 命令。

那么如何实现跨平台的清屏功能呢？很简单,自定义一个函数:

```
void console_clear(){
    #if defined(__GNUC__)
        system("clear");
    #elif defined(_WIN32)
        system("cls");
    #endif
}
```

__GNUC__ 是在 GCC 编译器中定义的宏,_WIN32 是 Windows 中 Visual Studio 开发

Win32 程序定义的宏。这样,这个 console_clear 函数就可以跨平台了,在不同的操作系统中,编译器会编译不同的命令来完成清屏操作。当然还可以选择这两个编译器中的其他宏来实现这一功能,只要能确保是两个编译器中平台相关的宏就行。

5. 在什么操作系统下练习程序设计比较好

前面提到过,Windows 和 Linux 系统上的程序设计有各自不同的特点。对于初学者,在 Windows 上编程上手会比较快,但是入门之后,建议计算机相关专业的学生尝试在 Linux 下编程,因为在 Linux 下的编程让人更好地和系统打交道,也让人进步更快。

就学习本书而言,本书的例子基本上都可以在 Windows 和 Linux 下编译。

9.7 本章小结

1. C 程序的编译和运行过程

一个以源代码形式存在的 C 程序要能够运行,中间需要经过很多步骤。这些步骤可以分为两个阶段:编译链接(构建)阶段和运行阶段。

- 在编译链接阶段,以文本形式存在的源程序被转换成为目标程序,目标程序以二进制形式保存在一个磁盘文件中。在很多集成开发环境中,这一过程又称为构建(build)。
- 在运行阶段,操作系统将目标程序文件加载到内存中,并逐条执行指令,产生运行结果。

在编译阶段,主要包括以下步骤:

(1) 预处理。预处理过程由预处理器处理那些源代码文件中以#开头的预处理指令,如#include、#define 等。预处理完成后产生修改过的源程序,存在于一个临时文本文件中。

(2) 编译。编译过程由编译器对预处理后的程序进行分析,生成一个汇编程序。编译过程产生的也是一个文本文件。编译是构建中最核心的步骤,也是最复杂的步骤。一个好的编译器不仅仅要将程序代码转换成为汇编代码,还要做很多优化。因此,不同的编译器产生的代码是不同的,效率也是不一样的。

(3) 汇编。汇编器将汇编代码转变成机器指令。汇编过程产生的是一个由机器指令组成的程序,称为**目标程序**,保存在二进制文件(称为**目标文件**)中。

(4) 链接。链接器将用户程序的目标文件和其他需要用到的目标文件合并在一起,形成一个完整的可执行目标文件(简称为**执行文件**)。

在构建阶段用到的这些工具如预处理器、编译器、汇编器和链接器一般统称为**编译系统**,不是很严格的时候也称为编译器。

在运行阶段,主要包括加载和运行两个步骤。程序的加载和运行都是在操作系统的支持下进行的。

(5) 加载。可执行文件只有加载到内存后才能被 CPU 执行。加载可执行文件的时候,系统会为目标程序分配内存空间,将程序运行所需要的指令和数据装入内存中,为程序运行做好准备。

(6) 运行。系统从某一个入口处开始执行程序，CPU读取入口指令并执行，然后按照顺序或者指令继续读取，直到程序结束为止。

2. 计算机组成结构

现代计算机都遵循冯·诺依曼体系结构。其主要部件包括：

(1) 运算器。运算器主要由算术逻辑单元(ALU)、累加器和一组通用寄存器组成，其功能是进行各种算术和逻辑运算。

(2) 控制器。控制器是计算机的指挥中心，用于控制机器的各部件按指令协同工作，它与运算器一起组成中央处理器(CPU)。控制器由一组寄存器(指令寄存器、程序计数器、指令译码器、地址寄存器等)构成，主要完成取指令、分析指令及向其他部件发送信号指挥执行指令等功能。

(3) 存储器。存储器包括内部存储器(内存)和外部存储器(外存)。这里的存储器指的是内存。存储器的主要功能是存放程序和数据。

(4) 外围设备。计算机通过输入输出设备从外部世界接收信息和向外部世界反馈计算处理的结果。

3. 计算机的工作过程

计算机的工作过程，就是执行程序的过程。根据冯·诺依曼的"程序存储"思想，由程序员事先把程序编制出来，再通过输入设备送到存储器中保存起来，计算机工作其实就是执行事先存储好的程序的过程。

程序由一条条计算机可执行的指令构成，所以执行程序又归结为逐条执行计算机指令。执行一条指令可分为以下5个基本操作：

① 取出指令：从存储器某个地址中取出要执行的指令送到CPU内的指令寄存器暂存。

② 分析指令：把保存在指令寄存器中的指令送到指令译码器，译出该指令对应的微操作。

③ 取操作数：地址计算部件对指令中地址码进行运算，求出操作数地址送存储器以取出数据；或者把转移指令中指出的下一条指令地址取出。

④ 执行指令：在控制器发出的操作信号的控制下，完成指令规定的功能。

⑤ 存储结果：将运算的结果保存到内存中。

4. 计算机的存储器组织

现代计算机使用了多种存储器，如磁盘、主存、二级高速缓存(L2)、一级高速缓存(L1)、寄存器等，按照列出顺序，它们的访问速度递增，但是容量递减，价格也递增。为了充分利用各种存储设备的优点，在原理上把这些存储器组织成了一个层次结构。其中，寄存器位于顶部，磁盘位于底部。上一级的存储器可以视为下一级存储器的高速缓存。在这些存储器中，寄存器、高速缓存L1和L2、内存可以被CPU直接访问，它们一般称为主存储器；而磁盘不能被CPU直接访问，一般称为辅助存储器。

5. 程序的内存布局

计算机系统会给每个运行中的应用程序(称为进程)分配一个内存空间，不同进程的内存空间是相互独立的。在 32 位的计算机系统中,这个内存空间可以用一个 32 位的指针来访问,因而具有最大 4GB(2^{32}B)的寻址能力。

一个进程使用的内存空间分为若干个区域,各自有着不同的内容。

- 栈:栈用于维护函数调用的上下文。函数中定义的局部变量、数组和形参就是在栈区分配存储空间的。
- 堆:运行时动态分配的内存区域。当程序使用 malloc、realloc、calloc 等函数分配内存空间时,得到的内存就是来自堆区。
- 可执行文件映像:是可执行文件在内存中的映像,由装载器在装载的时候将可执行文件读取或者映射到该区域。
- 保留区:保留区并不是一个单一的内存区域,而是对内存中受到保护而禁止访问的内存区域的总称。

(1) 栈:栈与函数调用息息相关。栈中保存了一个函数调用所需要维护的信息,通常称为栈帧。当函数调用发生时,新的栈帧被压入栈中;当函数返回时,相应的栈帧从栈中弹出。栈帧中保存了函数的实参信息(形参变量空间)、函数的返回地址、前一个栈帧的指针,以及函数的局部变量使用的空间。因此,在栈中分配的内存空间(栈帧)是自动分配和回收的。

(2) 堆:堆一般比栈要大很多,要在堆中分配内存空间,需要使用 malloc、realloc 或者 calloc 函数;要释放堆中的内存空间,要使用 free 函数。也就是说,堆内存需要程序员手动管理。

(3) 可执行文件映像:可执行文件映像包括机器指令、全局变量和局部静态变量,以及字符串常量、只读变量(const 修饰的变量)等只读数据。

6. 变量的存储类型

变量的存储类提供了 3 个方面的信息:作用域、存储期限和链接。

(1) 作用域:变量的作用域是指能够引用变量的那部分程序。也就是说,变量在哪些代码范围中是可以使用的,或者说可见的。作用域有两种:(代码)块作用域和文件作用域。块作用域是指变量从声明的地方开始到所在块结束均是可见的。文件作用域是指变量从声明的地方开始到所在文件结束均是可见的。

根据变量是在函数内声明还是函数外声明,可以将变量划分为两大类:**局部变量**和**全局变量**。局部变量具有代码块作用域,而全局变量具有文件作用域。形参变量也可以看作是局部变量,不同函数中的变量可以重名。对于嵌套代码块而言,在外层代码块中声明的变量在内层代码块中依然有效,除非内层代码块中声明了同名的变量。

全局变量具有文件作用域。如果在一个函数中改变了全局变量的值,随后的其他函数可以引用到更新后的值,因此,全局变量提供了各函数之间的直接数据传递通道。

(2) 存储期限(生存期):变量的存储期限是指变量的存储空间从分配到释放的时间期限,它描述了变量在什么时间范围内是存在的,因而也称为**生存期**。C 语言变量的存储期限有两种:**自动存储期限**和**静态存储期限**。具有自动存储期限的变量当所在代码块开始执行的时候分配内存空间,所在块执行结束的时候释放内存空间。之所以称为自动存储期限,是因为变量的内存空间的分配和释放都是系统自动进行的。具有静态存储期限的变量所分配的存储单元在程序执行期间是一直存在的,它的存储单元地址是一直不变的。

局部变量具有自动存储期限。两种类型的变量具有静态存储期限：具有文件作用域的变量(全局变量)和static关键字声明的具有块作用域的变量(一般称**静态局部变量**)。

(3) 链接：链接描述了在程序的哪些部分可以分享这个变量。一个变量可以是以下3种链接之一：空链接、内部链接和外部链接。空链接意味着变量由声明所在的代码块私有；内部链接意味着变量可以在声明所在的文件内部使用，文件内部的函数都可以使用；而外部链接则意味着变量可以被多个文件共享。

默认情况下，一个文件作用域变量具有外部链接；要表示一个文件作用域变量具有内部链接，可以在变量声明中使用static关键字。

7. 变量分类

根据变量的作用域、存储期限和链接，可以将变量分为5类。

(1) 自动局部变量。在函数体或者代码块中声明的变量都是自动局部变量。自动局部变量的作用域为代码块，具有自动存储期限和空链接。

(2) 寄存器变量。用register声明的局部变量，与自动局部变量一样，具有代码块作用域、自动存储期限和空链接。寄存器变量在理论上应该存储在CPU的寄存器中，但实际是由编译器决定的。不推荐使用。

(3) 静态局部变量。用static声明的局部变量。静态局部变量具有代码块作用域、静态存储期限和空链接。

(4) 具有内部链接的全局变量。用static声明的全局变量。这种类型的变量具有文件作用域、静态存储期限和内部链接。文件作用域意味着它可以在当前文件的函数中被引用，静态存储期限意味着它的内存单元在程序运行期间是一直存在而且地址不变的，而内部链接意味着它不能在其他文件中使用。

(5) 具有外部链接的全局变量。默认情况下，全局变量就是具有外部链接的。这种类型的变量具有文件作用域、静态存储期限和外部链接。外部链接意味着它可以在其他文件(声明该变量所在文件之外)中使用。具有外部链接的全局变量虽然可以在其他文件中使用，但要求在需要引用的文件中用extern来进行全局变量的外部链接声明。

习题9.1 内存的栈区和堆区有什么区别？为什么要区分两个区域？

习题9.2 写出下列程序运行结果。

(1)

```
#include<stdio.h>
int a=4;
int fun(int x){
    static int b=5;
    int y=1;
    y=y+a;
```

```
    a=b+4;
    b=x+y;
    return a+b+y;
}
int main(){
    int m=5, i;
    for (i=1; i<=3; i++)
        printf("i=%d, %d\n", i, fun(m));
    return 0;
}
```

(2)

```
#include <stdio.h>
int main(){
    int i, j, x=0;
    static int a[6]={1, 2, 3, 4, 5, 6};
    for (i=0, j=1; i<5; ++i, j++)
        x+=a[i] * a[j];
    printf("%d\n", x);
    return 0;
}
```

习题 9.3 编写一个程序,输入一个年、月、日,输出这个月还剩下几天。例如,输入 2016 5 28,输出"5 月份还有 3 天!"。

习题 9.4 编写一个函数,输入一个十进制正整数(可能大于 15),将其转换为十六进制后输出。

习题 9.5 编写一个函数,输入一个十六进制的字符串,输出其对应的十进制整数(函数类型为整型)。

习题 9.6 利用堆内存管理函数,编写一个程序,构建一个字符数组来存储字符串,要求根据字符串的长度来动态申请空间。

习题 9.7 有一个文本文件,其中每一行有一个整数,但是事先不知道有多少行。编写一个程序,从文本文件中读取所有的整数存放到一个整型数组中。数组大小开始可以设定一个初始值,如果大小不够,再以一定的步长进行动态扩充。

第 10 章 复杂问题的求解算法

学习目标

- 掌握分治法、贪心法、动态规划法和回溯法的基本思想。
- 掌握应用分治法解决折半查找、循环赛程安排等可分治问题的递归算法和迭代算法的基本思想。
- 掌握应用贪心法、动态规划法或回溯法求解活动安排、背包问题、最长公共子系列、n皇后问题等最优化问题的递归算法和迭代算法的基本思想。
- 具有应用分治法、贪心法、动态规划法或回溯法解决现实复杂问题的初步能力。

在第 6 章的程序设计基本算法、第 7 章的函数与结构化程序设计(介绍了递归算法)、第 8 章的指针与数组的基础上,本章将介绍一些复杂问题的求解算法。本章中介绍的算法都是最常用的算法,相关的实例也都是非常经典的实例,它们会带领读者进入程序设计的新境界,也会让读者领会到算法的无穷趣味。这些算法不是针对某一个具体问题,而是针对一类问题。因此,读者应该着重通过实例理解这些算法的思想,并且学会用这些算法去解决新的问题。

著名计算机科学家 Dijkstra 有一句名言:"人只有一颗小小的头脑,但是我要靠它去工作。"让我们充分发挥思考的力量吧!

10.1 分治法

10.1.1 分治法的基本思想

分治是指"分而治之"(divide and conquer)。对某些问题,直接求解是很困难的,但若把它们分解为一些较小的问题,然后各个击破,最后综合起来,就可以解决整个问题,这就是分治法的基本思想。

使用分治法的前提是,问题是可分治的。所谓可分治,是指满足下列两点:

(1) 可分解。问题能分解为更小、更容易解决的子问题。

(2) 可综合。由子问题的综合,可以解决整个问题。

分治法的一般算法设计模式如下:

```
Type divide-and-conquer(P){
    if (|P|<=n₀) adhoc(P);           // 对问题规模不超过 n₀ 的基问题进行求解
    else {
```

```
        将 P 划分为一些更小的子问题 P₁, P₂, …, Pₖ;
        for (i=1; i<=k; i++)              //分别对每一个子问题进行求解
            yᵢ=divide-and-conquer(Pᵢ);     //递归调用,继续求解子问题
        return merge(y₁, y₂, …, yₖ);       //将各个子问题的解合并为原问题的解
    }
}
```

其中,|P|表示问题 P 的规模。n_0 为一阈值,表示当问题的规模不超过 n_0 时,问题已经容易解出,不必分解。adhoc(P)是该分治法中的基本子算法,用于直接解小规模问题 P。当 P 的规模不超过 n_0 时,直接用算法 adhoc(P)求解。算法 merge(y_1, y_2, …, y_k)是合并子算法,用于将 P 的子问题 P_1, P_2, …, P_k的解 y_1, y_2, …, y_k合并为 P 的解。

从分治法的一般设计模式可以看出,用它设计出的程序一般是一个递归过程。分治法在每一层递归上都有 3 个步骤:

(1) 分解。将原问题分解为若干个规模较小、相互独立、与原问题形式相同的子问题。

(2) 解决。若子问题规模较小而容易被解决则直接解,否则递归地解各个子问题。

(3) 合并。将各个子问题的解合并为原问题的解。

分治法的关键是合理地分解问题,那么应该如何分解问题? 分解为多少个子问题比较合适? 这些问题很难肯定地回答,但人们从大量的实践中发现,在用分治法解决问题时,最好使子问题的规模大致相同。即将一个问题分成大小相同的 k 个子问题的处理方法是行之有效的,许多问题可以取 k=2。

下面介绍分治法的几个典型例子。

10.1.2 折半查找

折半查找又称二分查找,是运用分治策略的典型例子,它在数组中元素已经有序的情况下可以取得较好的效率。

折半查找的基本思想:将数组 a 的 n 个元素分成规模大致相同的两半,取 a[n/2]与待查找元素 x 进行比较。如果 x==a[n/2],则找到 x,算法终止;如果 x<a[n/2],则只要在数组 a 的左半部分继续搜索 x;如果 x>a[n/2],则只要在数组 a 的右半部分继续搜索 x。

从上述描述可知,折半查找首先与当前搜索范围的中间点元素比较,如果没有找到解,就把原搜索范围折半:左半部分和右半部分,并根据与中间点元素比较的结果来决定进入哪个子范围,使搜索范围缩小一半;按照上述原则继续,直到找到或找不到待查找元素为止。

例 10.1* 编写一个函数,用折半查找法查找某数是否在给定的升序数组中。

分析:例如,已知如下 11 个元素组成的有序序列,现在要查找关键字为 37 的数据元素。

$$5, 12, 18, 21, 37, 58, 64, 75, 80, 88, 92$$

假设用[low, high]表示将要查找的元素区间,用 mid 表示区间的中间位置,则 mid=(low+high)/2,在本例中,low 和 high 的初值分别是 0 和 10,即[0, 10]是待查找的范围。

首先,mid=(0+10)/2=5,先将 mid 位置上的元素 a[5]与待查关键字 37 进行比较,因为 a[5]>37,如果存在待查元素,则一定在 a[5]左边的元素中,即在区间[low, mid−1]中,

因此,将 high 修改为 mid−1 即 4;重新求得 mid=(0+4)/2=2,将 mid 位置上的元素 a[2] 与 37 进行比较,因为 a[2]<37,待查元素若存在,则必在 a[mid]右边,即[mid+1, high]区间内,于是将 low 修改为 mid+1 即 3;重新求得 mid 的新值为(3+4)/2=3,同样,将 mid 位置上的元素 a[3]与 37 进行比较,因为 a[3]<37,于是再修改 low=mid+1 即 4,因为此时 low=high=4,于是 mid=4,再将 mid 位置上的元素 a[4]与 37 进行比较,因为 a[4]刚好等于 37,因此查找成功,返回 mid 的值 4。

上述过程如图 10.1 所示。S1~S4 表示各次的搜索范围,①~④表示每次比较的中点元素。

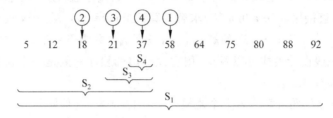

图 10.1　折半查找示意图

那么查找不成功的情形又是怎么样的呢?如果反复上述过程,一直到待查找的范围大小为 0,即 low>high 时还没有找到要找的关键字,则查找失败。

假设查找成功返回元素的下标,否则返回−1,则上述过程的算法描述如下:

```
1  int binary_search(int *p, int n, int key){   // key 为待查关键字
2     // 变量 p 指向一维数组,n 为数组长度,找到则返回元素下标,否则返回-1
3     int low=0, high=n-1, mid, result=-1;       // 初始化查找范围和查找结果
4     while (low<=high){                         // 控制折半查找的次数
5         mid= (low+high)/2;
6         if (p[mid]==key){
7             result=mid;                        // 查找成功时的查找结果
8             break;
9         }
10        else if (p[mid]>key) high=mid-1;       // 产生下一次查找的范围
11        else low=mid+1;                        // 即 p[mid]<key 的情况,产生下一次查找的范围
12    }
13    return result;
14 }
```

主函数如下:

```
1  #include <stdio.h>
2  #define N 11
3  int main(){
4      int i, m, result, a[N]={5, 12, 18, 21, 37, 58, 64, 75, 80, 88, 92};
5      int binary_search(int *, int, int);       // 声明函数原型
```

```
 6      printf("有序数组为: ");
 7      for (i=0; i<N; i++)
 8          printf("%d  ", a[i]);
 9      printf("\n请输入一个需查找的整数:");
10      scanf("%d", &m);
11      result=binary_search(a, N, m);
12      if (result<0)
13          printf("有序数组中没有%d这个数.\n", m);
14      else
15          printf("有序数组中第%d个数是%d.\n", result+1, m);
16      return 0;
17  }
```

程序的两次运行情况如下:

```
有序数组为: 5 12 18 21 37 58 64 75 80 88 92
请输入一个需查找的整数:37↵
有序数组中第 5 个数是 37.
有序数组为: 5 12 18 21 37 58 64 75 80 88 92
请输入一个需查找的整数:90↵
有序数组中没有 90 这个数.
```

如果用两个指针变量的指向来表示查找范围,且查找成功返回找到元素的指针,查找不成功返回空指针,则折半查找的递归算法描述如下:

```
 1  int *binary_search(int *b, int *e, int key) {    // key 为待查关键字
 2      // 变量 b、e 分别指向开始和结束元素,找到则返回元素的指针,否则返回 NULL
 3      int *p=b+(e-b)/2;                    // 初始化本次查找中间点的指针变量
 4      if (b>e) p=NULL;                     // 查找不成功,则返回空指针
 5      else if (*p>key)
 6          return binary_search(b, p-1, key);  // 递归调用
 7      else if (*p<key)
 8          return binary_search(p+1, e, key);  // 递归调用
 9      return p;
10  }
```

请读者将该例题的第一个迭代算法改写为递归算法,并将第二个递归算法改写为非递归的迭代算法。

折半查找是运用分治策略的一个特殊例子,虽然有分治(每一步将原问题分成两个子问题),但只需要对其中的一个子问题求解,且该子问题的解就是原问题的解,因此也就没有"将各个子问题的解合并为原问题的解"的步骤了。

10.1.3 循环赛赛程安排

例 10.2*　编写一个函数,产生 n 支篮球队进行单循环赛的比赛赛程。假设 n 支篮球队进行单循环赛的规则如下:

(1) 每个队必须与其他 n−1 个队各赛一场。
(2) 每个队一天只能打一场比赛。
(3) 循环赛共进行 n−1 天。

分析：不妨设 n 支球队的编号分别为 $1,2,\cdots,n$,设 $n=2^k$,可以证明,此时该问题有解。可以将赛程排列成一张 n 行 n−1 列的表,表的每一列代表一天,每行代表一支队,i 行 j 列上的数字就代表球队 i 在第 j 天的比赛对手的编号。显然,在某列中,若有一行表示球队 p 与 q 比赛,则必有另一行表示球队 q 与 p 比赛。该问题的实质是求 1~n 这 n 个自然数的 n−1 个全排列,每个排列对应于一天的赛程。对每个全排列,若第 p 号位置上的数为 q,则第 q 号位置上的数必为 p。另外,对任意两天的赛事,在同一行都不能有相同的数,否则就重复比赛了。

解决该问题的最直接的方法是用**穷举**加**回溯**,即逐步生成排列,每排列一个数就检查是否满足条件,若不满足则撤销,并尝试下一个选择。这种方法很耗时。下面介绍一种更快捷的方法,即基于**迭代的分治法**。

首先考虑只有两支球队时的赛程,这很容易排,如表 10.1(a)所示。然后考虑只有 4 支球队的情况,比赛需要 3 天,即表有 4 行 3 列,如表 10.1(b)所示,该表可以在 2 支球队的赛程表的基础上生成。具体方法是:

(1) 将 2 支球队时的表抄到左上角,这样可以得到 2 行 1 列的数据。
(2) 将左上角对应数字加 2,得到左下角 2 行 1 列的数据。
(3) 将左上角的所有数字(含球队号)按相对位置抄到右下角的 2 行 2 列。
(4) 将左下角的所有数字(含球队号)按相对位置抄到右上角的 2 行 2 列。

请读者思考为什么这样得到的排列能够满足条件,即没有重复。

然后用类似的方法可以生成 $8,16,32,\cdots,2^k$ 支球队的赛程。结果如表 10.1(c)所示。

表 10.1　循环赛赛程安排表

(a) 2 支球队赛程表

球队	第1天
1	2
2	1

(b) 4 支球队赛程表

球队	第1天	第2天	第3天
1	2	3	4
2	1	4	3
3	4	1	2
4	3	2	1

(c) 8 支球队赛程表

球队	第1天	第2天	第3天	第4天	第5天	第6天	第7天
1	2	3	4	5	6	7	8
2	1	4	3	6	5	8	7
3	4	1	2	7	8	5	6
4	3	2	1	8	7	6	5
5	6	7	8	1	2	3	4
6	5	8	7	2	1	4	3
7	8	5	6	3	4	1	2
8	7	6	5	4	3	2	1

这种解法的思想是：将所有的选手分为两半，n 个选手的比赛日程可以通过 n/2 个选手设计的比赛赛程来决定，递归地使用这种一分为二的策略，直到只剩下 2 个选手，这时他们的赛程很容易安排，因此，这是一种典型的分治策略，而且是基于迭代的分治。在每次迭代中（在求 2^k 支球队的赛程时），将问题分为 4 部分：左上角（第 $1 \sim 2^{k-1}$ 行和 $1 \sim 2^{k-1}-1$ 列），对应了前 2^{k-1} 支球队内部的比赛；左下角（左上角的正下方），对应了后 2^{k-1} 支球队内部的比赛；右上角（$1 \sim 2^{k-1}$ 行和 $2^{k-1} \sim 2^k - 1$ 列），对应了前 2^{k-1} 支球队与后 2^{k-1} 支球队之间的比赛；以及右下角（右上角正下方），对应了后 2^{k-1} 支球队与前 2^{k-1} 支球队之间的比赛。其中，左上角和左下角为 2^{k-1} 支球队时的比赛安排，这里为了方便，左下角是根据左上角而来的，而没有单独安排。右下角根据左上角得到，右上角根据左下角得来。

要注意的是，这种方法只是得出一种安排，还有其他的安排方法。

根据上面的分析，可以得到按这种方式设计赛程的程序如下：

```
1   #define MAX 16
2   void game_table(int n, int (*p)[MAX+1]){
3   /*n 支球队的赛程表存放在行指针变量 p 所指向的二维数组中。二维数组的第 0 行不用、
4      第 0 列不用，即第 i 支球队的赛程存放在第 i 行，其中，第 1 列为球队编号（即 i），
5      第 j 列为该球队第 j-1 天的比赛对手的球队编号 */
6   int k, row, col;
7   p[1][1]=1;   p[1][2]=2;          // 初始化，生成只有两支球队的赛程表
8   p[2][1]=2;   p[2][2]=1;          // 为了方便，数组下标从 1 开始
9   if (n>2){                        // 2→4, 4→8, 8→16,…
10     k=2;
11     while (k<n){                  // 控制处理的次数
12       for (row=k+1; row<=2*k; row++)   // 产生左下角(k+1～2*k 行)数据
13         for (col=1; col<=k; col++)
14           p[row][col]=p[row-k][col]+k;
15       for (row=1; row<=k; row++)  // 产生右上角(k+1～2*k 列)数据
```

```
16            for (col=k+1; col<=2*k; col++)
17                p[row][col]=p[row+k][col-k];
18        for (row=k+1; row<=2*k; row++)        // 产生右下角(k+1~2*k行和列)
19            for (col=k+1; col<=2*k; col++)
20                p[row][col]=p[row-k][col-k];
21        k=k*2;
22    }
23  }
24 }
```

上述算法是一个迭代算法,可改写为递归算法如下:

```
1  #define MAX 16
2  void game_table(int n, int (*p)[MAX+1]) {
3    /* n 支球队的赛程表存放在行指针变量 p 所指向的二维数组中 */
4    int k, row, col;
5    if (n==2){
6       p[1][1]=1;    p[1][2]=2;          // 初始化,生成只有两支球队的赛程表
7       p[2][1]=2;    p[2][2]=1;          // 为了方便,数组下标从 1 开始
8    }
9    else {                                // 16→8, 8→4, 4→2
10      game_table(n/2, p);                // 递归调用
11      k=n/2;                             // 基于递归调用得到的子问题的解产生 2 倍规模问题的解
12      for (row=k+1; row<=2*k; row++)     // 产生左下角(k+1~2*k 行)数据
13        for (col=1; col<=k; col++)
14            p[row][col]=p[row-k][col]+k;
15      for (row=1; row<=k; row++)         // 产生右上角(k+1~2*k 列)数据
16        for (col=k+1; col<=2*k; col++)
17            p[row][col]=p[row+k][col-k];
18      for (row=k+1; row<=2*k; row++)     // 产生右下角(k+1~2*k 行和列)
19        for (col=k+1; col<=2*k; col++)
20            p[row][col]=p[row-k][col-k];
21   }
22 }
```

10.2 贪心算法

10.2.1 贪心算法的基本概念

1. 最优化问题

由于装箱问题是一个经典的组合优化问题,因此下面以装箱问题为例来说明最优化问题的基本特点。

装箱问题：设有 n 个集装箱，每个集装箱的大小相同，但重量可能各不相同，令第 i 个集装箱的重量为 $w_i(1 \leqslant i \leqslant n)$；设货船的最大载重量为 c；设存在一组变量 $x_i(1 \leqslant i \leqslant n)$，其可能取值为 1 或 0，分别表示第 i 个集装箱装上船或不装上船。装箱问题的目的是找到一组 x_i $(1 \leqslant i \leqslant n)$，使它满足限制条件 $x_i \in \{0,1\}$ 且 $\sum_{i=1}^{n} w_i x_i \leqslant c$；同时使优化函数 $\sum_{i=1}^{n} x_i$ 取最大值（即使货船装载的集装箱数量最多）。

本节及后续各节中的许多例子都是最优化问题，每个最优化问题都包含一组限制条件和一个优化函数，符合限制条件的问题求解方案称为可行解，使优化函数取得最佳值的可行解称为最优解。例如，对于装箱问题，满足限制条件 $x_i \in \{0,1\}$ 且 $\sum_{i=1}^{n} w_i x_i \leqslant c$ 的每一组 x_i 都是一个可行解，能使优化函数 $\sum_{i=1}^{n} x_i$ 取得最大值的方案是最优解。

2. 贪心算法

贪心算法是指从问题的初始状态出发，通过若干次的贪心选择而得出最优值（或较优解）的一种解题方法。"贪心"一词的意思是，贪心算法总是做出在当前看来是最优的选择，也就是说贪心算法并不是从整体上加以考虑，它所做出的选择只是在某种意义上的局部最优解，而许多问题自身的特性决定了该问题运用贪心策略可以得到最优解或较优解。

下面通过一个简单的例子来加以说明。一个小孩买了价值少于 1 美元的糖，并将 1 美元的钱交给售货员。售货员希望用数目最少的硬币找给小孩。假设提供了数目不限的面值为 5 美分、2 美分及 1 美分的硬币。售货员分步骤组成要找的零钱数，每次加入一个硬币。选择硬币时所采用的贪心准则是：每一次选择面值尽量大的硬币。为保证解法的可行性（即所给的零钱等于要找的零钱数），所选择的硬币不应使零钱总数超过最终所需的数目。

假设需要找给小孩 18 美分，首先入选的是 3 枚 5 美分的硬币，第四枚入选的不能是 5 美分的硬币，否则硬币的选择将不可行（零钱总数超过 18 美分），第四枚应选择 1 枚 2 美分的硬币，最后加入 1 枚 1 美分的硬币。

在很多问题上，贪心法可以获得最优解。例如，可以证明采用上述贪心算法找零钱时所用的硬币数目的确最少。但是，这种找币的方法并不能保证总能获得全局最优解。例如，在上面的问题中，若增加一种 4 美分的硬币，按贪心法找回的仍然是刚才的结果，但是，最好的方案显然是 2 枚 5 美分的硬币和 2 枚 4 美分硬币，这个方案显然不是按贪心策略能得到的。因此，贪心法是否能得到最优解，要经过证明才能确认。

那么对于一个具体的问题，怎么知道是否可以用贪心算法求解此问题，以及能否得到问题的最优解呢？这个问题很难给予肯定的回答。但是，通过研究很多可以用贪心算法解决的问题，可以归纳出这类问题一般应该具有以下两个特点：

（1）贪心选择性质。所谓贪心选择性质是指所求问题的整体最优解可以通过一系列局部最优的选择，即贪心选择来达到。贪心法是一种基于逐步求解的方法，即一个完整的解通过多步决策逐步递增生成，前面每步生成的是部分解，最后生成的是完整解。这里的每一步做出的都是当前看似最佳的选择。这种选择依赖于已做出的选择，但不依赖于未做出的选择。从全局来看，运用贪心策略解决的问题在程序的运行过程中无回溯过程。

(2) 最优子结构(局部最优解)。当一个问题的最优解包含其子问题的最优解时,称此问题为最优子结构性质。在找币问题中,最优子结构性质表现为,如果{3 枚 5 美分硬币,1 枚 2 美分硬币,1 枚 1 美分硬币}是原问题的最优解,那么{1 枚 5 美分硬币,1 枚 2 美分硬币,1 枚 1 美分硬币}、{1 枚 2 美分硬币,1 枚 1 美分硬币}分别是找回 8 美分、3 美分硬币的最优解。

10.2.2 活动安排问题

设有 n 个活动 1, 2, ⋯, n, 其中每个活动都要求使用同一资源, 如会场等, 而在同一时间只能有一个活动能使用这一资源。每个活动 i 都有一个要求使用该资源的起始时间 s_i 和结束时间 f_i, 且 $s_i < f_i$。若选择了活动 i, 则它在时间区间 $[s_i, f_i)$ 内占用资源, 若区间 $[s_i, f_i)$ 和 $[s_j, f_j)$ 不相交, 则称活动 i 与 j 是相容的。活动安排问题就是要在所给的活动中选出最大的相容活动集合。

这个问题可以用贪心策略解决。相容的活动集合,意味着只能在一个活动结束后,另外一个活动才能开始;而最大的相容活动集合,则是要求它包含的活动都是相容且数量最多。例如,假设有 11 个活动,它们的开始时间和结束时间如表 10.2 所示,图 10.2 更直观地显示了这些活动,其中,横轴表示时间,纵轴表示活动。现在的问题是,在图 10.2 中找一个活动序列,它们没有时间重叠,而且数目最大。

表 10.2 一个活动序列的实例

活动 i	1	2	3	4	5	6	7	8	9	10	11
s[i]	1	3	0	5	3	5	6	8	8	2	12
f[i]	4	5	6	8	8	9	10	11	12	13	14

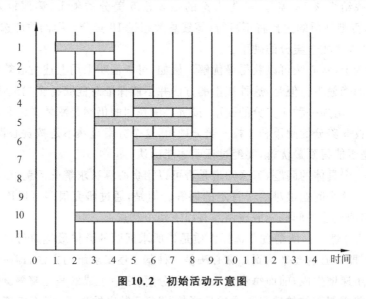

图 10.2 初始活动示意图

由于每一步选择时都要考虑上一个活动是否结束,因此,先将所有活动按结束时间非递减排列(表 10.2 中给出的活动序列已经是按结束时间非递减排列的),假设排列结果是 $f_1 \leqslant f_2 \leqslant \cdots \leqslant f_{11}$,则可以按照这样的贪心策略来找出符合要求的一个活动序列:首先选择活动 1,然后依次检查活动 i 是否与当前已选择的活动相容,若相容,则将活动 i 加入到已选择的活动序列中,否则不选择活动 i,而继续检查下一活动的相容性。不妨设 f_j 是当前选择集合中所有活动的最大结束时间,不难知道,活动 i 与当前选择集合中的所有活动相容当且仅当 $s_i \geqslant f_j$。若活动 i 相容,则它被选择,并取代 j 的位置,即它就成了当前选择集合中具有最大结束时间的活动。由于输入活动以其完成时间非递减排列,所以这种贪心算法总是选择具有最早完成时间的相容活动。

以上面的 11 个活动为例,它们已经按结束时间非递减排列,然后逐步选择,选择的结果是:1、4、8、11。

例 10.3*   使用贪心算法,编写一个解决活动安排问题的函数。

根据上面的分析,可以给出活动安排问题的贪心算法描述。假设每个活动的起始和结束时间都已经存放在数组 s 和 f 中,并且已经按结束时间非递减排列,如果活动没有排好序,可以用前面已经介绍过的排序方法重排。

```
1   int greedy_selector(int * s, int * f, int * a, int num) {    // num 为活动个数
2     /*指针变量 a 指向的数组用于记录活动被选择的情况,若第 i 个(0≤i≤N-1)活动被选
3       中则 a[i]=1,否则 a[i]=0;指针变量 s、f 分别指向存放活动起始和结束时间的数组
4     */
5     int j, count, i;              // count 表示被选中活动的个数
6     a[0]=1;  count=1;  j=0;       // 首先选择第 0 个活动
7     for (i=1; i<num; i++)
8         if (s[i]>=f[j]){          // 找到了一个与活动 j 相容的活动 i
9             a[i]=1;  j=i;  count++;   // 第 i 个活动被选中
10        }
11        else a[i]=0;              // 第 i 个活动没有被选中
12    return count;
13  }
```

主函数如下:

```
1   #include <stdio.h>
2   #define GAME_NUM 11
3   int main() {
4     /*数组 s 存放 GAME_NUM 个活动的开始时间,数组 f 存放 GAME_NUM 个活动的结束时
5       间(要求已经是按结束时间非递减排列的),数组 x 存放选择的结果(1 表示被选
6       择,0 表示没有选择),count 表示被选择的相容活动的总个数 */
7     int i, count, s[GAME_NUM]={1, 3, 0, 5, 3, 5, 6, 8, 8, 2, 12};
8     int f[GAME_NUM]={4, 5, 6, 8, 8, 9, 10, 11, 12, 13, 14}, x[GAME_NUM];
9     int greedy_selector(int *, int *, int *, int);    // 声明函数原型
10    count=greedy_selector(s, f, x, GAME_NUM);
11    printf("共有%d 个相容活动被选择,这些活动分别为:\n", count);
```

```
12      printf("    活动序号    开始时间    结束时间\n");
13      for (i=0; i<GAME_NUM; i++)
14          if (x[i]==1)
15              printf("    %5d    %5d    %5d\n", i+1, s[i], f[i]);
16      return 0;
17  }
```

运行结果如下：

```
共有 4 个相容活动被选择，这些活动分别为：
    活动序号    开始时间    结束时间
        1          1          4
        4          5          8
        8          8         11
       11         12         14
```

正如前面已讨论的，贪心算法并不能总是求得问题的整体最优解，但是对于活动安排问题，贪心算法却总能求得整体最优解，这个结论可以证明。

事实上，设 $E=\{1, 2, \cdots, n\}$ 为所给的活动集合。由于 E 中活动按结束时间非递减排列，故活动 1 具有最早的完成时间。首先证明活动安排问题有一个最优解以贪心选择开始，即该最优解中包含活动 1。设 $A \subseteq E$ 是该问题的一个最优解，且 A 中活动也按结束时间非递减排列，A 中的第一个活动是 k。若 $k=1$，则 A 就是以贪心选择开始的；若 $k>1$，则设 $B=A-\{k\} \cup \{1\}$。由于 $f_1 \leqslant f_k$，且 A 中活动是相容的，故 B 中活动也是相容的。又由于 B 的规模与 A 是相同的，A 是最优的，故 B 也是最优的。由此可见，总存在以贪心选择开始的最优活动安排方案。

进一步，在做出了贪心选择，即选择了活动 1 后，原问题简化为对 E 中所有与活动 1 相容的活动进行活动安排的子问题。也就是说，A 是原问题的最优解，则 $A'=A-\{1\}$ 是活动安排 $E'=\{i \in E | s_i \geqslant f_1\}$ 的最优解。因此，每一步所做出的贪心选择都将同一问题简化为一个更小的与原问题具有相同形式的子问题。对贪心选择次数用数学归纳法可得知，贪心算法 greedy_selector 最终产生原问题的最优解。这里实际隐含了贪心算法适用问题的第二个特点，即最优子结构性质。

10.2.3 背包问题

已知一个容量（即容纳重量）为 M 的背包和 n 种物品，每种物品 i 的重量为 w_i，价值为 p_i，可以分开装包（即选择其中的一部分装包）。现在的问题是，选择哪些物品以及它们分别选择多少重量来装包，在总重量不超过包的容量 M 的前提下使包中所装物品的总价值达到最大？

该问题的形式化描述：给定 $M>0$，$w_i>0$，$p_i>0$，$1 \leqslant i \leqslant n$，要求找出一组值（$x_1$, x_2, $\cdots$, x_n），$0 \leqslant x_i \leqslant 1$，$1 \leqslant i \leqslant n$，使得 $\sum_{i=1}^{n} w_i x_i \leqslant M$，而且 $\sum_{i=1}^{n} p_i x_i$ 最大。

例如，给定 n=3，M=40，$(w_1, w_2, w_3)=(28, 15, 24)$，$(p_1, p_2, p_3)=(35, 25, 24)$。要求一组 X 值$(x_1, x_2, x_3)$，$0 \leqslant x_i \leqslant 1, 1 \leqslant i \leqslant n$，使得 $28x_1+15x_2+24x_3 \leqslant 40$，且 $35x_1+25x_2+24x_3$ 达到最大。

现在考虑如何使用贪心法求该问题的最优解。因为贪心法总是选择当前最优的解，那么当前看来"最好"的选择是什么样的选择呢？在10.2.2节的活动安排问题中，每一步总是选择"具有最早完成时间"的活动，也就是说，"贪心"的对象是完成时间，而不是开始时间或其他。那么这里的贪心对象又是什么，或者说当前选择的物品应该如何确定呢？至少有两种方案。

第一种方案是价值优先。也就是说，每一步都是选择具有最大价值的物品，如果某物品被选择，因为包的限制不能装进去，则取适当的 $x_k < 1$，使得包装满。对于上面的例子来说，按这种策略得到的解是(1, 4/5, 0)。

第二种方案是物品数量优先。也就是说，使得装入包的物品的数量尽可能多，使包容量尽可能消耗慢。这种情况与找币问题刚好相反——在找币问题中，要使得找回硬币的数量要尽可能少——因此，解决方法也与那个问题刚好相反，即每次都是选择容量最小的物品。用这种策略，上面的例子的解是(1/28, 1, 1)。

上面按照两种贪心策略得到了两个解，对于第一个解，目标函数 $\sum_{i=1}^{n} p_i x_i = 55$，对于第二个解，目标函数 $\sum_{i=1}^{n} p_i x_i = 50.25$，显然，第二个解不是最优解，那么第一个解是否是最优解呢？不幸的是，第一个解也不是最优解，事实上，我们可以找到一个解(25/28, 1, 0)，此时目标函数的值为 56.25。

那么这两种策略为什么不能求得最优解呢？是否有其他的贪心策略可以求得最优解呢？第一个策略之所以失败，是因为没有考虑包的容量有限这一限制，以至于包可能很快被装满了，事实上，如果不考虑包的容量限制的话，这种策略求出的确实是最优解；第二种则相反，它考虑了包的容量限制，但是没有考虑物品的价值，这样得出的肯定不是使目标函数最大的解，因为目标函数中有价值的因素。分析这两种策略后，可以很容易想到，应该兼顾物品的价值和数量两个因素。为此考虑这样的一种贪心策略：每一步都选择 p_i/w_i（即单价）最大的物品。按这种策略，得到的解恰好就是(25/28, 1, 0)，事实上，它也就是背包问题的最优解。

那么，为什么按照这种贪心策略得到的就是最优解呢？直观上，可以这样分析：原问题是在一定容量(即容纳重量)的包内装入价值尽可能大的物品，也就是说，要使得包中物品的单位重量的价值最大，而这种贪心策略每一步选择的恰好就是单位重量价值最大的物品，因此，得到最优解也就不难理解了。当然，这只是直观上的分析，可以证明按这种策略能够得到最优解，后面将会给出证明。

例 10.4* 使用贪心算法，编写一个解决背包问题的函数。

```
1    void knapsack_greedy(int num, float capacity, float (*info)[4], float *x) {
2        /* num 为物品种数，capacity 是背包的最大容量(即容纳重量)；info 指向存放
3           num 种物品的编号、重量、价值和单价的二维数组，第 0 列为物品编号，第 1~3 列分别为物
```

```
4            品的重量、价值和单价;x 指向物品装包数组,0≤x[i]≤1 */
5      float left=capacity;              // left 表示当前包的剩余容量
6      int i;
7      void sort(int, float (*)[4]);     // 声明排序函数的原型
8      sort(num, info);                  // 对物品按单价降序排序
9      for (i=0; info[i][1] <=left; i++){
10         x[i]=1;  left -=info[i][1];   // 二维数组 info 中的第 i 行物品完全装包
11     }
12     x[i] =left / info[i][1];          // 二维数组 info 中的第 i 行物品部分装包
```

主函数及排序函数如下：

```
1   #include <stdio.h>
2   #define MAX_ITEM_NUM 3                // 物品种数
3   #define MAX_CAPACITY 40               // 背包容量(即容纳重量)
4   /* 对二维数组 info 中的 N 行按单价降序排序 */
5   void sort(int N, float (*info)[4]) {
6       int i, j, post;
7       float t;
8       for (i=0; i<N-1; i++){
9           post=i;
10          for (j=i+1; j<N; j++)
11              if (info[j][3]>info[post][3])   // 二维数组 info 的第 3 列存放物品单价
12                  post=j;
13          if (post !=i){
14              for (j=0; j<4; j++){            // 将第 i 行与第 post 行互换
15                  t=info[i][j];
16                  info[i][j]=info[post][j];
17                  info[post][j]=t;
18              }
19          }
20      }
21  }
22  int main() {
23      float info[MAX_ITEM_NUM][4]={ {1, 28, 35}, {2, 15, 25}, {3, 24, 24}};
24      float x[MAX_ITEM_NUM]={ 0 }, weight=0, value=0;
25      int i;
26      void knapsack_greedy(int, float, float (*)[4], float *);
27      for (i=0; i<MAX_ITEM_NUM; i++)     // 计算每种物品的单价
28          info[i][3]=info[i][2]/info[i][1];
29      knapsack_greedy(MAX_ITEM_NUM, MAX_CAPACITY, info, x);
30      printf("各种物品被装包的重量和价值如下:\n");
31      printf("    物品序号   装包数量   装包价值\n");
32      for (i=0; i<MAX_ITEM_NUM; i++){
```

```
33         printf("    %5d       %7.2f      %7.2f\n",(int)info[i][0],
                    info[i][1] * x[i], info[i][2] * x[i]);
34         weight +=info[i][1] * x[i];        // 计算装包物品总重量
35         value +=info[i][2] * x[i];         // 计算装包物品总价值
36     }
37     printf("装包物品的总重量：%.2f, 总价值：%.2f.\n", weight, value);
38     return 0;
39 }
```

运行结果如下：

```
各种物品被装包的重量和价值如下：
    物品序号    装包数量    装包价值
       2        15.00      25.00
       1        25.00      31.25
       3         0.00       0.00
装包物品的总重量：40.00,总价值：56.25
```

下面证明这种算法得到的解一定是最优解。

假设按照这种策略得到的解是 $X=(x_1, x_2, \cdots, x_n)$，则如果对所有的 $i, x_i=1$，则显然 X 是最优的。因为这种策略总是选择 p/w 最大的物品，如果包尚未装满才会去选择次大的物品，因此得到的解的形式是，前面的物品都是全部装进包，只有某一种物品可能只装入一部分，再后面的物品都完全没有装包。不妨假设有某个 $j, 1 \leqslant j \leqslant n$，使得 $x_1=x_2=\cdots=x_{j-1}=1$，$x_j<1, x_{j+1}=x_{j+2}=\cdots=x_n=0$。那么解 X 一定满足 $\sum_{i=1}^{n} w_i x_i = M$。

设 $Y=(y_1, y_2, \cdots, y_n)$ 是问题的某个最优解，显然应满足 $\sum_{i=1}^{n} w_i y_i = M$。现在证明 $X=Y$，使用反证法。如果 $X \neq Y$，则一定存在某一个 $k, 1 \leqslant k \leqslant n$，对一切满足 $1 \leqslant i < k$ 的 i 有 $x_i = y_i$，但是 $x_k \neq y_k$，这只有两种情况：

(1) $x_k > y_k$。此时有 $\sum_{i=1}^{k} w_i x_i > \sum_{i=1}^{k} w_i y_i$，又 $\sum_{i=1}^{n} w_i x_i = M$，所以 $\sum_{i=1}^{k} w_i x_i \leqslant M$，从而 $\sum_{i=1}^{k} w_i y_i < M$，且 $y_{k+1}, y_{k+2}, \cdots, y_n$ 不全为 0，否则就不可能有 $\sum_{i=1}^{n} w_i y_i = M$。

由于 $y_k < x_k \leqslant 1$，增大 y_k，同时从 $y_{k+1}, y_{k+2}, \cdots, y_n$ 中减小某些值，使得仍然满足 $\sum_{i=1}^{n} w_i y_i = M$，这样就产生了一个新的解 $Y'=(y_1', y_2', \cdots, y_n')$，$Y'$ 与 Y 相比，单价较大的物品的重量增加了，减小的是那些单价较小的物品，因此，解 Y' 要优于 Y，这与 Y 是最优解相矛盾。

(2) $x_k < y_k$。此时，必有 $x_k < 1$（否则 $y_k > 1$）。如果 $0 < x_k < 1$，由解 X 的结构（只有最后一个可能小于 1）知 $\sum_{i=1}^{k} w_i x_i = M$ 成立。再考虑到 $\sum_{i=1}^{k-1} w_i x_i = \sum_{i=1}^{k-1} w_i y_i$，则有 $\sum_{i=1}^{k} w_i y_i >$

$\sum_{i=1}^{k} w_i x_i = M$,这表明 Y 不可能是原问题的解,与假设矛盾。如果 $x_k = 0$,则由解 X 的结构知 $\sum_{i=1}^{k} w_i x_i = M$,从而 $\sum_{i=1}^{k-1} w_i y_i = M$,这表明 $y_k = 0$,这与 $x_k < y_k$ 相矛盾,因此也与假设矛盾。

综合(1)和(2)可知,$X \neq Y$ 不可能成立,因此定理得证。

10.3 动态规划算法

10.3.1 动态规划介绍

1. 动态规划的基本概念

在现实生活中,有一类活动的过程,由于它的特殊性,可将过程分成若干个互相联系的阶段,在它的每一阶段都需要作出决策,从而使整个过程达到最好的活动效果。因此各个阶段决策的选取不能任意确定,它依赖于当前面临的状态,又影响以后的发展。当各个阶段决策确定后,就组成一个决策序列,因而也就确定了整个过程的一条活动路线。这种把一个问题看作是一个前后关联、具有链状结构的多阶段过程就称为多阶段决策过程,这种问题称为多阶段决策问题。

解决多阶段决策问题的一种行之有效的方法是动态规划法。在多阶段决策问题中,各个阶段采取的决策,一般来说是与时间有关的,决策依赖于当前状态,又随即引起状态的转移,一个决策序列就是在变化的状态中产生出来的,故有"动态"的含义,称这种解决多阶段决策最优化的过程为动态规划方法。

动态规划(dynamic programming)是运筹学的一个分支,是求解决策过程(decision process)最优化的数学方法。20 世纪 50 年代初美国数学家 R. E. Bellman 等人在研究多阶段决策过程(multistep decision process)的优化问题时,提出了著名的最优化原理(principle of optimality),把多阶段过程转化为一系列单阶段问题,逐个求解,创立了解决这类过程优化问题的新方法——动态规划。

2. 动态规划的适用条件

任何思想方法都有一定的局限性,超出了特定条件,它就失去了作用。同样,动态规划法也并不是万能的。适用动态规划法求解的问题必须满足一定的条件。

(1) 最优化原理(最优子结构性质)。最优化原理可这样阐述:一个最优化策略具有这样的性质,不论过去状态和决策如何,对前面的决策所形成的状态而言,余下的决策必须构成最优策略。简单地讲,一个最优化策略的子策略总是最优的。一个问题满足最优化原理,又称其具有最优子结构性质。

利用这个原理,可以把多阶段决策问题的求解过程看成是一个连续的逆推过程。由后向前逐步推算。在求解时,各种状态前面的状态和决策,对后面的子问题而言,只不过相当于其初始条件而已,不影响后面过程的最优策略。原理的证明可用反证法。

(2) 无后向性。将各阶段按照一定的次序排列好之后,对于某个给定的阶段状态,它以前各阶段的状态无法直接影响它未来的决策,而只能依据当前的这个状态进行决策。换句话说,每个状态都是过去历史的一个完整总结。这就是无后向性,又称为无后效性。

(3) 子问题的重叠性。能够用动态规划方法解决的问题还有一个显著特征——子问题的重叠性。也就是说,在用递归算法自顶向下求解问题时,每次产生的子问题并不总是新问题,有些子问题被反复计算很多次。动态规划算法正是利用了这种子问题的重叠性质,对每个子问题只解一次,结果保存下来,当再次需要解此问题时,只要简单地看一下结果。这个性质并不是动态规划方法适用的必要条件,但是如果该性质无法满足,动态规划算法同其他算法相比就不具备优势。

3. 动态规划算法的基本步骤

设计一个标准的动态规划算法,通常可按以下几个步骤进行:

(1) 分析最优解的性质,并刻画其结构特征。
(2) 递归地定义最优值。
(3) 以自底向上的方式或自顶向下的记忆化方法(备忘录法)计算出最优值。
(4) 根据计算最优值时得到的信息,构造一个最优解。

步骤(1)~(3)是动态规划算法的基本步骤。在只需要求出最优值的情形,步骤(4)可以省略;若需要求出问题的一个最优解,则必须执行步骤(4)。此时,在步骤(3)中计算最优值时,通常需记录更多的信息,以便在步骤(4)中根据所记录的信息,快速地构造出一个最优解。

下面举几个具体的实例说明。

10.3.2 最长公共子序列问题

一个给定序列的子序列是在该序列中删去若干元素后得到的序列。确切地说,若给定序列 $X=<x_1, x_2, \cdots, x_m>$,另一序列 $Z=<z_1, z_2, \cdots, z_k>$ 是 X 的子序列是指存在一个严格递增的下标序列 $<i_1, i_2, \cdots, i_k>$,使得对于所有 $j=1, 2, \cdots, k$,有

$$x_{i_j} = z_j$$

例如,序列 $Z=<B, C, A, D>$(或字符串"BCAD")是序列 $X=<A, B, C, B, D, A, B, D, A>$(或字符串"ABCBDABDA")的子序列,相应的递增下标序列为 $<2, 3, 6, 8>$(说明:对应于数组下标则要分别减1)。

给定两个序列 X 和 Y,当另一序列 Z 既是 X 的子序列又是 Y 的子序列时,称 Z 是序列 X 和 Y 的公共子序列。例如,若 $X=<A, B, C, B, D, A, B>$,$Y=<B, D, C, A, B, A>$,则序列 $<B, C, A>$ 是 X 和 Y 的一个公共子序列,序列 $<B, C, B, A>$ 也是 X 和 Y 的一个公共子序列。而且,后者是 X 和 Y 的一个最长公共子序列,因为 X 和 Y 没有长度大于 4 的公共子序列。

最长公共子序列(LCS)问题是:给定两个序列 $X=<x_1, x_2, \cdots, x_m>$ 和 $Y=<y_1, y_2, \cdots, y_n>$,要求找出 X 和 Y 的一个最长公共子序列。

动态规划算法可有效地解此问题。下面按照动态规划算法设计的各个步骤来设计一个解此问题的有效算法。

解最长公共子序列问题时最容易想到的算法是穷举搜索法,即对 X 的每一个子序列,检

查它是否也是 Y 的子序列,从而确定它是否为 X 和 Y 的公共子序列,并且在检查过程中选出最长的公共子序列。X 的所有子序列都检查过后,即可求出 X 和 Y 的最长公共子序列。X 的一个子序列相应于下标序列$\{1, 2, \cdots, m\}$的一个子序列,因此,X 共有 2^m 个不同子序列,这样会导致算法的效率太低。

1. 最长公共子系列的结构

要使用动态规划法,首先要考察问题是否满足最优化原理,或者说是否具有最优子结构性质。事实上,最长公共子序列问题有最优子结构性质。有如下定理:

定理 10.1 LCS 具有最优子结构性质。

设序列 $X=<x_1, x_2, \cdots, x_m>$ 和 $Y=<y_1, y_2, \cdots, y_n>$ 的一个最长公共子序列 $Z=<z_1, z_2, \cdots, z_k>$,则:

(1) 若 $x_m=y_n$,则 $z_k=x_m=y_n$ 且 Z_{k-1} 是 X_{m-1} 和 Y_{n-1} 的最长公共子序列;

(2) 若 $x_m\neq y_n$ 且 $z_k\neq x_m$,则 Z 是 X_{m-1} 和 Y 的最长公共子序列;

(3) 若 $x_m\neq y_n$ 且 $z_k\neq y_n$,则 Z 是 X 和 Y_{n-1} 的最长公共子序列。

其中,$X_{m-1}=<x_1, x_2, \cdots, x_{m-1}>$,$Y_{n-1}=<y_1, y_2, \cdots, y_{n-1}>$,$Z_{k-1}=<z_1, z_2, \cdots, z_{k-1}>$。

证明:

(1) 用反证法。若 $z_k\neq x_m$,则 $<z_1, z_2, \cdots, z_k, x_m>$ 是 X 和 Y 的长度为 $k+1$ 的公共子序列。这与 Z 是 X 和 Y 的一个最长公共子序列矛盾。因此,必有 $z_k=x_m=y_n$。由此可知,Z_{k-1} 是 X_{m-1} 和 Y_{n-1} 的一个长度为 $k-1$ 的公共子序列。若 X_{m-1} 和 Y_{n-1} 有一个长度大于 $k-1$ 的公共子序列 W,则将 x_m 加在其尾部将产生 X 和 Y 的一个长度大于 k 的公共子序列,此为矛盾。故 Z_{k-1} 是 X_{m-1} 和 Y_{n-1} 的一个最长公共子序列。

(2) 由于 $z_k\neq x_m$,Z 是 X_{m-1} 和 Y 的一个公共子序列。若 X_{m-1} 和 Y 有一个长度大于 k 的公共子序列 W,则 W 也是 X 和 Y 的一个长度大于 k 的公共子序列。这与 Z 是 X 和 Y 的一个最长公共子序列矛盾。由此即知,Z 是 X_{m-1} 和 Y 的一个最长公共子序列。

(3) 与(2)类似。

这个定理告诉我们,两个序列的最长公共子序列包含了这两个序列的前缀的最长公共子序列。因此,最长公共子序列问题具有最优子结构性质。

2. 子问题的递归结构

动态规划算法的另一个要素是子问题重叠性质。由最长公共子序列问题的最优子结构性质可知,要找出 $X=<x_1, x_2, \cdots, x_m>$ 和 $Y=<y_1, y_2, \cdots, y_n>$ 的最长公共子序列,可按以下方式递归地进行:当 $x_m=y_n$ 时,找出 X_{m-1} 和 Y_{n-1} 的最长公共子序列,然后在其尾部加上 $x_m(=y_n)$ 即可得 X 和 Y 的一个最长公共子序列。当 $x_m\neq y_n$ 时,必须解两个子问题,即找出 X_{m-1} 和 Y 的一个最长公共子序列及 X 和 Y_{n-1} 的一个最长公共子序列。这两个公共子序列中较长者即为 X 和 Y 的一个最长公共子序列。

由此递归结构容易看到,最长公共子序列问题具有子问题重叠性质。例如,在计算 X 和 Y 的最长公共子序列时,可能要计算出 X 和 Y_{n-1} 及 X_{m-1} 和 Y 的最长公共子序列。而这两个子问题都包含一个公共子问题,即计算 X_{m-1} 和 Y_{n-1} 的最长公共子序列。

下面来建立子问题的最优值的递归关系。用 c[i][j] 记录序列 X_i 和 Y_j 的最长公共子序列的长度。其中 $X_i = <x_1, x_2, \cdots, x_i>$，$Y_j = <y_1, y_2, \cdots, y_j>$。当 i=0 或 j=0 时，空序列是 X_i 和 Y_j 的最长公共子序列，故 c[i][j]=0。其他情况下，由定理可建立递归关系如下：

$$c[i][j] = \begin{cases} 0 & \text{当 } i=0 \text{ 或 } j=0 \text{ 时} \\ c[i-1][j-1]+1 & \text{当 } i,j>0 \text{ 且 } x_i = y_j \text{ 时} \\ \max(c[i][j-1], c[i-1][j]) & \text{当 } i,j>0 \text{ 且 } x_i \neq y_j \text{ 时} \end{cases}$$

另外，从这个递推式中还可以看出，该问题具有无后效性，这是因为，一旦求出了某个子序列的最长公共子序列的长度 c[i-1][j-1]，那么子序列 X_{i-1} 和 Y_{j-1} 便对以后的过程没有影响。因此，该问题满足动态规划的 3 个要素。

3. 计算最长公共子系列的长度

例 10.5* 使用动态规划算法，编写一个计算最长公共子系列长度的函数。

分析：直接利用上面的式子容易写出一个计算 c[i][j] 的递归算法来自顶向下地求解，但是在所考虑的子问题空间中，总共只有大约 m×n 个不同的子问题，因此，也可以用动态规划算法来自底向上地计算，比较两者，动态规划算法显然更优。读者可以自己去实现递归算法。

计算最长公共子序列长度的动态规划算法 LcsLength(X, Y) 以序列 $X = <x_1, x_2, \cdots, x_m>$ 和 $Y = <y_1, y_2, \cdots, y_n>$ 作为输入，输出两个数组 c[m][n] 和 b[m][n]。其中，c[i][j] 存储 X_i 与 Y_j 的最长公共子序列的长度；b[i][j] 指示 c[i][j] 的值是由哪一个子问题的解达到的，这在构造最长公共子序列时要用到。最后，X 和 Y 的最长公共子序列的长度记录于 c[m][n] 中。

```
1   void LcsLength(char *x, char *y, int (*c)[MAX+1], int (*b)[MAX+1]) {
2       /*变量 x 和 y 分别指向两个待比较字符串；行指针变量 c 和 b 分别指向二维数组*/
3       int i, j, m=strlen(x), n=strlen(y);    // 用 x、y 指向的字符串长度来初始化
4       for (i=0; i<=m; i++)
5           c[i][0]=0;             // x 指向字符串中长度为 i 的子串(Xi)与空串的 LCS 长度是 0
6       for (j=0; j<=n; j++)
7           c[0][j]=0;             // y 指向字符串中长度为 j 的子串(Yj)与空串的 LCS 长度是 0
8       for (i=1; i<=m; i++)
9           for (j=1; j<=n; j++)
10              if (x[i-1]==y[j-1]){       // c[i][j]存储 x、y 中的 Xi 与 Yj 的 LCS 长度
11                  c[i][j]=c[i-1][j-1]+1;  b[i][j]=1;
12              }
13              else if (c[i-1][j]>c[i][j-1]){
14                  c[i][j]=c[i-1][j];  b[i][j]=2;
15              }
16              else {
17                  c[i][j]=c[i][j-1];  b[i][j]=3;
18              }           // b[i][j]的 3 种值分别对应于递推关系的 3 种情况，为备查信息
19  }
```

4. 构造最长公共子系列

上面的算法只是求出了最长公共子序列的长度,并没有求出具体的最长公共子序列,接下来解决该问题。

例 10.6* 使用动态规划算法,编写一个解决最长公共子系列问题的函数。

分析:由算法 LcsLength 计算得到的数组 b 可用于快速构造序列 $X=<x_1, x_2, \cdots, x_m>$ 和 $Y=<y_1, y_2, \cdots, y_n>$ 的最长公共子序列。首先从 b[m][n]开始,沿着其值在数组 b 中搜索。当 b[i][j]值为 1 时,表示 X_i 与 Y_j 的最长公共子序列是由 X_{i-1} 与 Y_{j-1} 的最长公共子序列在尾部加上 x_i 得到的子序列;当 b[i][j]值为 2 时,表示 X_i 与 Y_j 的最长公共子序列和 X_{i-1} 与 Y_j 的最长公共子序列相同;当 b[i][j]值为 3 时,表示 X_i 与 Y_j 的最长公共子序列和 X_i 与 Y_{j-1} 的最长公共子序列相同。

下面的算法 LCS(b, x, z, m, n)实现根据 b 的内容找到 X_m 与 Y_n 的最长公共子序列,结果存放在指针变量 z 所指向的字符数组中,并返回找到的最长公共子序列的长度。

```
1   int LCS(int (*b)[MAX+1], char *x, char *z, int m, int n) {
2     /*行指针变量 b 指向存放备查信息的二维数组,指针变量 x 指向待比较的第一个字
3       符串,指针变量 z 指向用于存放最长公共子系列的字符数组,变量 m、n 分别表示
4       两个待比较字符串的长度 */
5     int k;
6     if (m==0 || n==0) k=0;              // 如果两个待比较字符串中至少有一个为空串
7     else if (b[m][n]==1){                // x[m-1]==y[n-1]
8       k=LCS(b, x, z, m-1, n-1)+1;        // k 表示已找到公共子序列的长度
9       z[k-1]=x[m-1];                     // 保存已找到公共子序列中的字符
10    }
11    else if (b[m][n]==2)                 // x[m-1]!=y[n-1]且 c[m-1][n]>c[m][n-1]
12      k=LCS(b, x, z, m-1, n);            // 递归计算 $X_{m-1}$ 和 $Y_n$ 的 LCS
13    else              // 即 b[m][n]==3,x[m-1]!=y[n-1] 且 c[m-1][n]<=c[m][n-1]
14      k=LCS(b, x, z, m, n-1);            // 递归计算 $X_m$ 和 $Y_{n-1}$ 的 LCS
15    return k;
16  }
```

在算法 LCS 中,每一次的递归调用使 m 或 n 减 1,最终 m 或 n 总会降到 0,这时递归就可以结束。

给定两个序列为 $X=<A, B, C, A, D, A, B>$(或字符串"ABCADAB")和 $Y=<B, X, A, Y, B, Z>$(或字符串"BXAYBZ"),请读者根据算法 LcsLength 和 LCS 模拟运行过程。

主函数如下:

```
1   #include <stdio.h>
2   #include <string.h>
3   #define MAX 40                                         // 字符串最大长度
4   int main() {
5     char x[MAX]="ABCADACACBDA", y[MAX]="BZDXCYAZBXA", z[MAX];
```

```
 6      int c[MAX+1][MAX+1], b[MAX+1][MAX+1], len;
 7      void LcsLength(char *, char *, int (*)[MAX+1], int (*)[MAX+1]);
 8      int LCS(int (*)[MAX+1], char *, char *, int, int);    // 声明函数原型
 9      LcsLength(x, y, c, b);
10      len=LCS(b, x, z, strlen(x), strlen(y));
11      printf("两个系列如下：\n   %s\n   %s\n", x, y);
12      z[len]='\0';                                          // 使最长公共子系列构成字符串
13      printf("最长公共子系列为：%s\n", z);
14      return 0;
15    }
```

运行结果如下：

```
两个系列如下：
   ABCADACACBDA
   BZDXCYAZBXA
最长公共子系列为：BDCABA
```

10.3.3 0-1背包问题

问题描述：给定 n 种物品和一背包，背包的容量为 M，每种物品 i 的重量为 w_i，价值为 p_i，问选择哪些物品来装包才能使总的价值达到最大？

这个问题与10.2.3节中的背包问题很相似，实际上，它们之间的区别仅在于，这个问题要求对每个物品，要么装入，要么不装入，而不能部分装入，而在10.2.3节中，物品可以部分装入。为了便于区分，10.2.3节中的背包问题常被称为部分背包问题，而这个问题则被称为 0-1 背包问题。

此问题的形式化描述为：给定 $M>0, w_i>0, p_i>0, 1 \leqslant i \leqslant n$，要求找出一组值 $(x_1, x_2, \cdots, x_n), x_i \in \{0, 1\}, 1 \leqslant i \leqslant n$，使得 $\sum_{i=1}^{n} w_i x_i \leqslant M$，而且 $\sum_{i=1}^{n} p_i x_i$ 最大。

在前面，用贪心算法得到了部分背包问题的最优解，那么 0-1 背包问题的最优解可不可以通过同样的贪心策略得到呢？答案是否定的。当然，有时候用贪心策略得到的解可能恰好是最优解，但是并不能保证一定是最优解，而且也无法从数学上加以证明。读者可以回顾10.2.3节中的证明，思考为什么此时贪心算法会失效。

显然，0-1 背包问题也可以用穷举法来解决，但是效率太低。下面考查是否可以用动态规划法来解决它。

为了讨论方便，用 knap(i, j, M) 表示对编号从 i 到 j 的物品装入容量为 M 的背包的 0-1 背包问题。

1. 0-1 背包问题的最优子结构性质

性质 10.1：0-1 背包问题具有子结构性质。设 $(y_1, y_2, \cdots, y_n)$ 是 knap(1, n, M) 的一个最优解，则 $(y_2, \cdots, y_n)$ 是 knap(2, n, M−w_1*y_1) 问题的一个最优解。

证明：用反证法。设$(z_2, \cdots, z_n)$是$knap(2, n, M-w_1*y_1)$问题的一个最优解，而$(y_2, \cdots, y_n)$不是它的最优解。由此可知$\sum_{i=2}^{n} p_i z_i > \sum_{i=2}^{n} p_i y_i$，因此$p_1 y_1 + \sum_{i=2}^{n} p_i z_i > \sum_{i=1}^{n} p_i y_i$，又因为$w_1 y_1 + \sum_{i=2}^{n} w_i z_i \leqslant M$，这说明$(y_1, z_2, \cdots, z_n)$是$knap(1, n, M)$0-1背包问题的更优解，这与$(y_1, y_2, \cdots, y_n)$是该问题的最优解相矛盾。

2. 0-1背包问题的递推关系

用$f_k(M)$表示$knap(1, k, M)$的最优解的值，0-1背包问题的解存在递推关系。事实上，0-1背包问题可以认为是决策一个序列$\{y_1, y_2, \cdots, y_n\}$，对于任一变量$y_k$，决定$y_k=0$还是$y_k=1$。在决策物品$k-1$后，决策物品$k$时，问题可能有两种情况：第一种情况是$k$物品不可能装进去，因为包的容量已经不够，这时，$f_k(M)=f_{k-1}(M)$；第二种情况是$k$物品可以装进去，但是可以选择不装或者装入，如果选择不装，则这时$f_k(M)=f_{k-1}(M)$；而如果选择装入，则物品k要占用容量，但是贡献一部分价值，此时$f_k(M)=f_{k-1}(M-w_k)+p_k$，为了使价值最大，应该选择价值大的那种，即

$$f_i(M) = \begin{cases} \max(f_{i-1}(M), f_{i-1}(M-w_i)+p_i) & \text{当 } M \geqslant w_i \\ f_{i-1}(M) & \text{当 } 0 \leqslant M < w_i \end{cases}$$

其中，递推的初始值这样决定：

$$f_1(M) = \begin{cases} p_1 & \text{当 } M \geqslant w_1 \\ 0 & \text{当 } 0 \leqslant M < w_1 \end{cases}$$

3. 0-1背包问题的动态规划算法

例10.7* 使用动态规划算法，编写一个解决0-1背包问题的函数。

根据上面的分析，可写出0-1背包问题的动态规划算法，如下所示（注意，数组的下标是从0开始）：

```
1  void knapsackDP(int num, int capacity, int (*info)[3], int (*f)[M+1], int *x) {
2      /* num是物品种数，capacity是包的最大容量(即容纳重量)；info指向存放num种物品
3         的编号、重量和价值的二维数组，第0、1、2列分别为物品的编号、重量和价值；
4         f指向最优解二维数组；x指向物品装包数组(值为0或1) */
5      int i, j, m=capacity;
6      for (j=0; j<info[0][1]; j++)         // 确定递推的初始值
7          f[0][j]=0;                        // f[i][j]表示knap(0, i, j)的最优解 f_i(j)
8      for (j=info[0][1]; j<=m; j++)
9          f[0][j]=info[0][2];
10     for (i=1; i<num; i++){                // num是物品种数
11         for (j=0; j<info[i][1]; j++)
12             f[i][j]=f[i-1][j];
13         for (j=info[i][1]; j<=m; j++)
14             if (f[i-1][j]>f[i-1][j-info[i][1]]+info[i][2])
15                 f[i][j]=f[i-1][j];
16             else
```

```
17              f[i][j]=f[i-1][j-info[i][1]]+info[i][2];
18        }
19  // 这一段求每个物品被选择的情况,依据是 f 数组的值
20  for (i=num-1; i>0; i--)
21      if (f[i][m]==f[i-1][m]) x[i]=0;
22      else { x[i]=1;  m=m-info[i][1]; }
23  x[0]=(f[0][m]>0 ? 1 : 0);
24  }
```

4. 关于 0-1 背包问题的进一步讨论

至此,0-1 背包问题好像已经圆满地解决了,但是,问题远不是那么简单。在上述算法中,有一个限制,就是每个物品的重量必须是整数,对于实数的情形是无法处理的。另外一个缺点,就是该算法在 M 很大时的时间效率仍然不是很高。对于第一个缺点,可以通过进一步优化算法来克服,但是对于第二个缺点,则不是轻易能够解决的。事实上,0-1 背包问题是算法上的"难解"问题之一,这里所说的"难解",并非无解,而是说有解,但是效率比较差。研究还发现,0-1 背包问题与其他一系列"难解"问题有着关联,如果 0-1 背包问题能够高效地解决,则很多"难解"问题也可以很好地解决。因此,研究这一类问题的更优解是计算机领域中一个很重要的课题。

由于前面介绍的部分背包问题不是"难解"的,所以,有时候也用部分背包的解法来解决 0-1 背包问题,当然,得到的往往是近似解,而不是最优解。不过实验证明,在许多情况下,对 0-1 背包问题使用部分背包的解法可获得很好的近似解。因此,在要求不是很高的情况下,对 0-1 背包问题可以使用贪心法。

10.3.4 动态规划算法总结

动态规划方法主要应用于最优化问题,这类问题会有多种可能的解,每个解都有一个值,而动态规划法找出其中最优(最大或最小)值的解。若存在若干个取最优值的解,它只取其中的一个。在求解过程中,该方法也是通过求解局部子问题的解达到全局最优解,但与分治法和贪心法不同的是,动态规划法允许这些子问题不独立(即各子问题可包含公共的子子问题),也允许其通过自身子问题的解做出选择,该方法对每一个子问题只解一次,并将结果保存起来,避免每次碰到时都要重复计算。

因此,动态规划法所针对的问题有一个显著的特征,即它所对应的子问题树中的子问题呈现大量的重复。动态规划法的关键就在于,对于重复出现的子问题,只在第一次遇到时加以求解,并把答案保存起来,让以后再遇到时直接引用,不必重新求解。

贪心策略和动态规划法在求解时具有一定的相似性。这两种策略均能保证局部最优解,时间效率也都比较高。贪心法的当前选择可能要依赖于已经做出的选择,但不依赖于还未做出的选择和子问题,但不足的是,如果当前选择可能要依赖子问题的解时,则难以通过局部的贪心策略达到全局最优解。例如,在 0-1 背包问题中,在决定物品 k 是否应该装包时,需要知道 $f_{k-1}(M)$ 和 $f_{k-1}(M-w_k)$ 这两个子问题的解,而在部分背包问题中,决定物品 k

是否应该装包,仅仅只需按照价值/重量比(即单价)来排序,如果排在 k 之前的物品都装包了,而且包还未满,则可以将物品 k 的一部分甚至全部装包,这里,它只依赖于已经做出的选择。相比而言,动态规划法则可以处理不具有贪心性质的问题。

在用分治法解决问题时,如果子问题的数目太大,对时间的消耗就会太大。分治法中的各个子问题是独立的(即不包含公共的子子问题),因此一旦递归地求出各子问题的解后,便可自下而上地将子问题的解合并成问题的解。但是,如果各子问题是不独立的,则分治法要做许多不必要的工作,重复地解公共的子问题。动态规划法的思想在于,如果各个子问题不是独立的,不同的子问题的个数只是多项式量级,如果能够保存已经解决的子问题的答案,而在需要的时候再找出已求得的答案,这样就可以避免大量的重复计算。换句话说,动态规划法是一种以空间换时间的策略。

10.4 回溯法

10.4.1 回溯法的基本思想

回溯法主要针对一类问题求解,这类问题的每个解,一般都可以抽象成一个 n 元组(x_1, x_2, …, x_n)。这样的解组成的集合称为解空间。例如,对于 3 个物品的 0-1 背包问题,其解空间是{(0, 0, 0),(0, 0, 1),(0, 1, 0),(0, 1, 1),(1, 0, 0),(1, 0, 1),(1, 1, 0),(1, 1, 1)}。每个解通常满足一定的约束条件,这个条件通常用一个函数 B(x_1, x_2, …, x_n)来表达。解可能有多个,有时可能只需要找出一个解,有时则需要找出多个解,有时要找的则是最优解。

回溯法解题时,对任一解的生成,一般都采用逐步扩大解的方式。每进行一步,都试图在当前部分解的基础上扩大该部分解。扩大时,首先检查扩大后是否违反了约束条件,若不违反,则扩大之,然后继续在此基础上按照类似的方法进行,直至成为完整解;若违反,则放弃该步以及它所能生成的部分解,然后按照类似方法尝试其他可能的扩大方式,直到已经尝试了所有的扩大方式。

例如,对于 3 个物品的 0-1 背包问题,给出实例:w={16, 15, 15}, p={45, 25, 25}, M=30。首先考虑物品 1,x_1 可以是 1 或者 0,先取 x_1 为 1,这样得到一个部分解,然后扩大之。首先扩大到 x_2,同样,先考虑 x_2=1,此时 $x_1 \times w_1 + x_2 \times w_2 > M$,因此这个部分解{$x_1$, x_2}违反了约束条件。回溯一步,下面检查 x_2 的其他取值,即 x_2=0,经检查此时的部分解符合条件,因此,继续扩大部分解。考虑 x_3,先取 x_3=1,经检查此时的解{x_1, x_2, x_3}不符合条件,因此,回退一步,考虑 x_3 的其他值 0,这样得到一个可行解{1, 0, 0}。但是要找的是最优解,所以,要继续寻找其他的可行解。由于 x_2 和 x_3 的所有可能取值都已经考虑过,故下一步应该尝试 x_1=0 的情况,在这个基础上再重复刚才的过程,直到找出所有的可行解,最后从中选出最优解。

回溯法与穷举法有着联系,它们都是基于试探。穷举法要将一个完整解都生成以后,才能判断是否满足条件,若不满足,再从头开始构造另一个完整解。而回溯法则是逐步生成解,当发现当前的部分解已经不满足条件时,就可以马上中止该部分解,而退回到上一步进行新的尝试。不难理解,回溯法要比穷举法效率高。

关于回溯法也有一些经典问题,下面介绍几个。

10.4.2 n 皇后问题

例 10.8* 编写一个采用回溯法解决 n 皇后问题的函数。

问题描述:在 n×n 的棋盘上放置彼此不受攻击的 n 个皇后。按照国际象棋的规则,皇后可以攻击与之处在同一行或同一列或同一斜线上的棋子。n 皇后问题等价于在 n×n 格的棋盘上放置 n 个皇后,任何两个皇后都不在同一行或同一列或同一斜线上。

分析:n 皇后问题可以用回溯法来解决。由于任何两个皇后都不能在同一行上,而且要放 n 个皇后,因此每一行上一定有且只有一个皇后,因此,可以用 x[i] 表示第 i 行上的皇后所处的列号。这个列号要满足两两各不相同且和行号一起满足不在同一个斜线上。用回溯法解决这个问题时,基本思路是,在各行上按顺序试探性地选择一个列来放置皇后,如果这一个列上不能放置,则考虑下一个列。如果某一行的所有列都不能放置皇后,说明前面几行上的皇后放置不合理,此时应该回溯,重新考虑前一行上皇后的放置,将该行上的皇后移到下一列,然后再重新检查。如果最后一行上的皇后安置好了,这说明找到了一个解;如果回溯到第一行,而且第一行没有可行选择,则说明无解。

下面考虑算法的设计。用数组元素 x[1], x[2], ···, x[N] 表示该问题的解,N 表示皇后个数,它是一个预定义的值。经过上面的分析,算法的概貌如下:

```
1   int nQueen(){                       // 递归回溯求解 N 皇后问题
2       backtrack(1);
3   }
4   int backtrack(int t){               // 递归回溯求第 t, t+1,···, N 行上的解
5       if (t>N) output(x);             // 所有行上的解都已找到,输出这个完整解
6       else {
7           for (int i=1; i<=N; i++){
8               x[t]=i;                 // 试探在 t 行上的解 i
9               if (x[t]满足要求)       // 如该部分解可行,则递归调用,进一步扩大它
10                  backtrack(t+1);
11          }
12      }
13  }
```

算法的核心是递归函数 backtrack(t),该函数的作用是求 x[t], x[t+1], ···, x[N] 的值。先为 x[t] 赋一个值,如果该值初步可行,则调用 backtrack(t+1) 求 x[t+1], x[t+2], ···, x[N] 上的值。

这个算法思路很清晰,但是,在实现时一个最大的障碍是,如何判断 x[t] 的一个值 i 是否满足要求,即约束条件。注意约束有 3 个:任两个皇后不在同一行、不在同一列、不在同一斜线上。第一个约束通过使用的数据结构(即用数组 x 存放该问题的解)已经体现了,第二个约束也很好判断,只需要判断 x[t] 与前面的 x[1], x[2], ···, x[t-1] 的值互不相同即

可，那么第三个约束如何判断呢？

如果将 N×N 棋盘按照行号从上到下、列号从左至右的顺序编号，那么约束中的斜线实际就是斜率为 ±1 的线，即主对角线及其平行线、副对角线及其平行线。假设棋盘上两个点的坐标(行号，列号)为(i, j)和(k, l)，在斜率为 −1 的斜线上，它们的坐标间应该满足 k−i=l−j，在斜率为 +1 的斜线上，它们的坐标间应该满足 i−k=l−j，因此，斜线约束可以表达为 |k−i|=|l−j|。

综上所述，可以写出 n 皇后问题的完整算法如下：

```
1   #define N 4                           // N 为皇后个数
2   int sum=0;                            // 解的个数
3   int x[N+1]={0};                       // 初始化存放一个解的结果数组，N 为皇后个数，不使用 x[0]
4   void backtrack(int);                  // 声明函数原型
5   void nQueen(){                        // 递归回溯求解 N 皇后问题
6       backtrack(1);
7   }
8   void backtrack(int t){                // 递归回溯求第 t, t+1,…, N 行上的解
9       int i;
10      if (t>N){                         // 找到一个解，将它输出
11          for (i=1; i<=N; i++)
12              printf("%d ", x[i]);
13          printf("\n");
14          sum++;
15      }
16      else {
17          for (i=1; i<=N; i++){
18              x[t]=i;
19              if (place(t)) backtrack(t+1);    // 递归调用
20          }
21      }
22  }
23  int place(int t){                     // 测试 x[t]的当前值是否满足约束
24      int i;
25      for (i=1; i<t; i++)
26          if (x[i]==x[t] || abs(t-i)==abs(x[i]-x[t])) return 0;
27      return 1;
28  }
```

利用该算法可以得到：4 皇后问题有 2 个解，8 皇后问题有 92 个解。

上面的算法是用递归函数来解决的，也可以不用递归，或者将这个递归改成迭代的形式，从而消去递归。要消除递归，就必须在搜寻过程中保存部分解和当前的状态。

```
1   #define N 4                           // N 为皇后个数
2   int sum=0;                            // 解的个数
```

```
3    int x[N+1]={0};                  // 初始化存放一个解的结果数组,N 为皇后个数,不使用 x[0]
4    void nQueen(){                   // 迭代回溯求解 N 皇后问题
5      int i, k=1;
6      while (k>0){                   // 迭代回溯求第 k, k+1,…,N 行上的解
7        x[k]++;                      // 试探下一列
8        while (x[k]<=N && !place(k)) x[k]++;   // 如果不满足则试探下一列
9        if (x[k]<=N){                // 如果这一列满足约束
10         if (k==N){                 // 已经产生一个完整解,输出
11           for (i=1; i<=N; i++)
12             printf("%d  ", x[i]);
13           printf("\n");
14           sum++;
15         }
16         else {
17           k++;                     // 迭代求下一行的解
18           x[k]=0;
19         }
20       }
21       else k--;                    // 如果没有任何列满足,回溯到上一行
22     }
23   }
24   int place(int t){                // 测试 x[t]的当前值是否满足约束
25     int i;
26     for (i=1; i<t; i++)
27       if (x[i]==x[t] || abs(t-i)==abs(x[i]-x[t])) return 0;
28     return 1;
29   }
```

这个算法用一个循环取代刚才的递归,部分解保存在数组里,k 是当前求解的行,通过 k 的增量和减量来扩大部分解或者回溯。

10.4.3 0-1 背包问题

例 10.9* 编写一个采用回溯法解决 0-1 背包问题的函数。

在 10.3.3 节中已经讨论了用动态规划法求解 0-1 背包问题,现在可尝试用回溯法来解决该问题。0-1 背包问题的形式化描述为:

给定 $M>0, w_i>0, p_i>0, 1 \leqslant i \leqslant n$,要求找出一组值$(x_1, x_2, …, x_n), x_i \in \{0, 1\}, 1 \leqslant i \leqslant n$,使得 $\sum_{i=1}^{n} w_i x_i \leqslant M$,而且 $\sum_{i=1}^{n} p_i x_i$ 最大。

0-1 背包问题的解是一个 n 元组$(x_1, x_2, …, x_n)$,其中 $x_i \in \{0, 1\}$,用数组 x 表示,且 x[i]$(1 \leqslant i \leqslant n)$的取值只有 0 和 1。这和 n 皇后问题类似,因此基本方法也是为 x[1], x[2], …, x[n]按顺序试探性地赋值,如果这个值满足约束则继续扩大,否则回溯。但是与 n 皇后问题不同的是,这是一个最优化问题,要找出的是一个最优解,而 n 皇后问题则不是,它的各

个解都是平等的。至于约束,它的约束条件比较弱,只有容量限制,按照回溯法来做,只有当物品的重量超过了包的容量限制时才可以回溯。另外,因为 0-1 背包问题是一个最优解问题,因此即使求出了一个解(x_1, x_2, ⋯, x_n),也不一定是想要的解,为了找出最优解,必须将解的装包物品总价值求出来,然后与前面已经得到的最优解比较,如果更优则保存下来,否则丢弃,最后保存的解就是最优解。

基于上述讨论,可以产生一个初步的回溯算法:

```c
1    #define N 3                        // 物品种数
2    #define M 40.0                     // 背包容量(即容纳重量)
3    int x[N+1]={0}, best[N+1];         // 初始化物品装包数组 x,不使用第 0 个元素
4    // x 是物品装包的完整解,x[i]取值为 0 或 1,best 保存总价值最大的完整解(x 数组)
5    float info[N+1][3]={{0}, {1, 28, 35}, {2, 15, 25}, {3, 24, 24}};
6    // info 存放 N 种物品的编号、重量和价值,不使用第 0 行
7    float weight=0.0, value=0.0, maxvalue=0.0;
8    // weight、value 分别表示当前部分解的重量和价值,maxvalue 保存当前最优解的总价值
9    void backtrack(int);               // 声明函数原型
10   void knapsack(){                   // 递归回溯求解 0-1 背包问题
11       backtrack(1);
12   }
13   void backtrack(int i){             // 递归回溯求解第 i, i+1, ⋯, N 种物品对应的部分解
14       if (i>N){                      // 已产生了一个新的完整解
15           if (value>maxvalue){       // 若该完整解比当前最优解更好,则置为当前最优解
16               maxvalue=value;        // 保存当前最优解的总价值
17               for (int j=1; j<=N; j++) best[j]=x[j];    // 保存当前最优解
18           }
19       }
20       else {                         // 继续扩大部分解至(x[1], x[2],⋯, x[i-1], x[i])
21           if (weight+info[i][1]<=M){ // 如果部分解(x[1], x[2],⋯, x[i])满足约束条件
22               x[i]=1;                // 方案一:尝试装入物品 i
23               weight+=info[i][1];   value+=info[i][2];
24               backtrack(i+1);        // 递归调用,搜索第 i+1, i+2,⋯, N 种物品对应的部分解
25               weight-=info[i][1];   value-=info[i][2];    // 回溯,并继续找下一个部分解
26           }
27           x[i]=0;    // 方案二:不装入物品 i。包括部分解不满足约束及找到了一个完整解的继续找
28           backtrack(i+1);            // 递归调用
29       }
30       return;
31   }
```

正如前面讨论的那样,这种回溯虽然可以求出最优解,但是仍然要经过很多的搜索,这主要是因为约束条件太弱。考虑到求解的目标是最优解,可以采用如下办法来缩减搜索空间:当考察 x[i]=0 的解时,先检查通过它是否可能得到最优解? 这看起来不太可能,因为如果不考察 x[i+1],x[i+2],⋯,x[n] 的值,怎么能知道是否能得到最优解呢? 但是,确实

可以,可以通过事先估计 x[i+1],x[i+2],…,x[n]的值能够产生的最好解来实现。

回顾在用贪心法解决部分背包问题时,没有搜索解空间就求出了最优解,具体做法是将物品按照单价递减排序,然后依次装入物品,若最后的那个物品不能全装下,则只装一部分。在这里,可以借用这种策略,生成剩余物品的部分背包问题的最优解,这个最优解的值就是剩余物品的 0-1 背包问题的上界。用这个上界加上当前价值之和,如果还小于当前最优解的价值,则这种方式不可能得到最优解,因而无须考查剩余物品的取值情况。

基于以上思考,可得到主要部分的改进算法如下:

```
1   #define N 3                     // 物品种数
2   #define M 40.0                  // 背包容量(即容纳重量)
3   int x[N+1]={0}, best[N+1];      // 初始化物品装包数组 x,不使用第 0 个元素
4   // x 是物品装包数组,x[i]取值为 0 或 1,best 用来保存总价值最大的 x 数组
5   float info[N+1][4]={{0}, {1, 28, 35}, {2, 15, 25}, {3, 24, 24}};
6   // info 存放 N 种物品的编号、重量、价值和单价,不使用第 0 行
7   float weight=0.0, value=0.0, maxvalue=0.0;
8   // weight、value 分别表示当前部分解的重量和价值,maxvalue 保存当前最优解的总价值
9   void backtrack(int);            // 声明函数原型
10  void knapsack(){                // 递归回溯求解 0-1 背包问题
11      int i;
12      void sort();                // 声明排序函数的原型
13      for (i=1; i<=N; i++)        // 计算物品单价
14          info[i][3]=info[i][2]/info[i][1];
15      sort();                     // 对物品单价按降序排序,物品的编号、重量和价值也要相应改变
16      backtrack(1);
17  }
18  void backtrack(int i){          // 递归回溯求解第 i, i+1,…, N 种物品对应的部分解
19      if (i>N){                   // 已产生了一个新的完整解
20          if (value>maxvalue){    // 若该完整解比当前最优解更好,则置为当前最优解
21              maxvalue=value;     // 保存当前最优解的总价值
22              for (int j=1; j<=N; j++) best[j]=x[j];   // 保存当前最优解
23          }
24      }
25      else {                      // 继续扩大部分解至(x[1],x[2],…, x[i-1], x[i])
26          if (weight+info[i][1]<=M){   // 如果部分解(x[1],x[2],…,x[i])满足约束条件
27              x[i]=1;             // 方案一:尝试装入物品 i
28              weight+=info[i][1];  value+=info[i][2];
29              backtrack(i+1);     // 递归调用,搜索第 i+1, i+2,…, N 种物品对应的部分解
30              weight-=info[i][1];  value-=info[i][2];  // 回溯,并继续找下一个部分解
31          }
32          if (bound(i+1)>maxvalue){           // 缩减搜索空间
33              x[i]=0;  // 方案二:不装入物品 i。包括部分解不满足约束及找到完整解的继续找
34              backtrack(i+1);     // 递归调用
```

```
35        }
36    }
37    return;
38 }
39 float bound(int i){                          // 计算上界
40    float left=M-weight;
41    float bound=value;
42    while (i<=N && info[i][1]<=left){         // 按物品单价递减顺序装入物品
43        left-=info[i][1];
44        bound+=info[i][2];
45        i++;
46    }
47    if (i<=N)                                 // 只能装入一部分
48        bound+=info[i][2]/info[i][1] * left;
49    return bound;
50 }
```

至于非递归算法,进行相应的调整即可。

10.4.4 回溯法总结

回溯法有着"通用的解题法"之称,用它可以系统地搜索所有问题的解。回溯法是一种既带有系统性又带有跳跃性的搜索算法,它适合于求解组合数较大的问题。用回溯法搜索解空间时,常用两种策略来避免无效搜索,提高搜索效率。其一是用约束函数在扩展时跳过那些不满足约束的解;其二是用限界函数(如 0-1 背包问题中的 bound 函数)来跳过那些不可能是最优的解。这两类函数统称为剪枝函数。

回溯法解题通常包含以下 3 个步骤:

(1) 针对所给问题,定义问题的解空间。
(2) 确定易于搜索的解空间结构。
(3) 搜索解空间,并在搜索过程中用剪枝函数避免无效搜索。

回溯法通常有两种实现方法,一种是递归的方式,另一种是迭代的方式。

递归的方式比较直观,也比较好理解,它的形式一般为:

```
1  void backtrack(int t){                      // 递归回溯求解
2     if (t>N) output(x);                      // 找到一个解,将它输出
3     else {
4         for (i=f(n, t); i<=g(n, t); i++){
5             x[t]=h(i);
6             if (constraint(t) && bound(t))
7                 backtrack(t+1);              // 递归调用
8         }
9     }
10 }
```

其中，形式参数 t 表示递归度，一般都是从 0 或 1 开始递归。N 用来控制递归度。当 t＞N 时，算法已经产生了一个完整解，用 output 函数来记录或者输出得到的可行解。f(n, t) 和 g(n, t) 分别表示在当前部分解的基础上扩大部分解时可以搜索的起点和终点，h(i) 是其中第 i 个值。constraint(t) 和 bound(t) 分别表示约束函数和限界函数。如果这两个函数均返回真，才进一步地扩大解，调用 backtrack(t+1) 进一步搜索。backtrack(t) 执行完毕后，返回 t−1 层继续执行，对还没有测试过的 x[t−1] 的可能取值继续搜索。一般通过 backtrack(0) 或者 backtrack(1) 就可以完成整个搜索过程。

迭代方式的一般形式为：

```
1   void iterative_backtrack(){        // 迭代回溯求解
2   t=1;
3   while (t>0){                       // 迭代回溯求解
4       if (f(n, t)<=g(n, t)){
5           for (i=f(n, t); i<=g(n, t); i++){
6               x[t]=h(i);
7               if (constraint(t) && bound(t)){
8                   if (solution(t)) output(x);
9                   else t++;          // 迭代
10              }
11          }
12          else t--;                  // 回溯
13      }
14  }
```

其中，solution(t) 判断在当前是否已经得到问题的可行解，如果是，则由 output(x) 来记录或者输出得到的可行解。如果不是，还需要向纵深方向继续搜索，这是通过 t++ 达到的。x[t] 的所有可能值都已经尝试完毕后，再回溯到上一层，这是通过 t-- 实现的。while 循环完毕后，就完成了整个问题的搜索过程。

10.5 本章小结

1. 分治法

分治法的基本思想是，把某些直接求解很困难的问题分解为一些较小的问题，然后各个击破，最后综合起来，以实现整个问题的求解。

使用分治法的前提是，问题是可分治的。所谓可分治，是指满足下列两点：

（1）可分解。问题能分解为更小、更容易解决的子问题。

（2）可综合。由子问题的综合，可以解决整个问题。

2. 贪心算法

1）最优化问题

装箱问题是一个经典的组合优化问题。

装箱问题：设有 n 个集装箱，每个集装箱的大小相同，但重量可能各不相同，令第 i 个集装箱的重量为 $w_i(1\leqslant i\leqslant n)$；设货船的最大载重量为 c；设存在一组变量 $x_i(1\leqslant i\leqslant n)$，其可能取值为 1 或 0，分别表示第 i 个集装箱装上船或不装上船。装箱问题的目的是，找到一组 $x_i(1\leqslant i\leqslant n)$，使它满足限制条件 $x_i\in\{0,1\}$ 且 $\sum_{i=1}^{n}w_i x_i\leqslant c$；同时使优化函数 $\sum_{i=1}^{n}x_i$ 取最大值（即使货船装载的集装箱数量最多）。

每个最优化问题都包含一组限制条件和一个优化函数，符合限制条件的问题求解方案称为可行解，使优化函数取得最佳值的可行解称为最优解。例如，对于装箱问题，满足限制条件 $x_i\in\{0,1\}$ 且 $\sum_{i=1}^{n}w_i x_i\leqslant c$ 的每一组 x_i 都是一个可行解，能使优化函数 $\sum_{i=1}^{n}x_i$ 取得最大值的方案是最优解。

2) 贪心算法

贪心算法是指从问题的初始状态出发，通过若干次的贪心选择而得出最优值（或较优解）的一种解题方法。"贪心"一词的意思是，贪心算法总是做出在当前看来是最优的选择，也就是说贪心算法并不是从整体上加以考虑，它所做出的选择只是在某种意义上的局部最优解，而许多问题自身的特性决定了该问题运用贪心策略可以得到最优解或较优解。

可以用贪心算法解决的问题，一般应该具有以下两个特点：

(1) 贪心选择性质：所谓贪心选择性质是指所求问题的整体最优解可以通过一系列局部最优的选择，即贪心选择来达到。

(2) 最优子结构（局部最优解）：当一个问题的最优解包含其子问题的最优解时，称此问题为最优子结构性质。

3. 动态规划算法

在现实生活中，有一类活动的过程，由于它的特殊性，可将过程分成若干个互相联系的阶段，在它的每一阶段都需要做出决策，从而使整个过程达到最好的活动效果。因此各个阶段决策的选取不能任意确定，它依赖于当前面临的状态，又影响以后的发展。当各个阶段决策确定后，就组成一个决策序列，因而也就确定了整个过程的一条活动路线。这种把一个问题看成是一个前后关联具有链状结构的多阶段过程就称为多阶段决策过程，这种问题称为多阶段决策问题。

解决多阶段决策问题的一种行之有效的方法是动态规划法。在多阶段决策问题中，各个阶段采取的决策，一般来说是与时间有关的，决策依赖于当前状态，又随即引起状态的转移，一个决策序列就是在变化的状态中产生出来的，故有"动态"的含义，称这种解决多阶段决策最优化的过程为动态规划方法。

适用动态规划方法的问题必须满足一定的条件。

(1) 最优化原理（最优子结构性质）。一个最优化策略具有这样的性质，不论过去状态和决策如何，对前面的决策所形成的状态而言，余下的决策必须构成最优策略。简而言之，一个最优化策略的子策略总是最优的。一个问题满足最优化原理又称其具有最优子结构性质。利用该原理，可以把多阶段决策问题的求解过程看成是一个连续的逆推过程，即由后向前逐步推算。在求解时，各种状态前面的状态和决策，对后面的子问题而言，只不过相当于其初始条件而已,不影响后面过程的最优策略。

(2) 无后向性。将各阶段按照一定的次序排列好之后,对于某个给定的阶段状态,它以前各阶段的状态无法直接影响它未来的决策,而只能依据当前的这个状态进行决策。换句话说,每个状态都是过去历史的一个完整总结。这就是无后向性,又称无后效性。

(3) 子问题的重叠性。在用递归算法自顶向下求解问题时,每次产生的子问题并不总是新问题,有些子问题被反复计算很多次。动态规划算法正是利用了这种子问题的重叠性质,对每个子问题只解一次,结果保存下来,当再次需要解此问题时,只要简单地看一下结果。这个性质并不是动态规划适用的必要条件,但是如果该性质无法满足,动态规划算法同其他算法相比就不具备优势。

设计一个标准的动态规划算法,通常可按以下几个步骤进行:
(1) 分析最优解的性质,并刻画其结构特征。
(2) 递归地定义最优值。
(3) 以自底向上的方式或自顶向下的记忆化方法(备忘录法)计算出最优值。
(4) 根据计算最优值时得到的信息,构造一个最优解。

步骤(1)~(3)是动态规划算法的基本步骤。在只需要求出最优值的情形,步骤(4)可以省略;若需要求出问题的一个最优解,则必须执行步骤(4)。此时,在步骤(3)中计算最优值时,通常需记录更多的信息,以便在步骤(4)中根据所记录的信息快速地构造出一个最优解。

4. 回溯法

回溯法求解问题得到的每个解,一般都可以抽象成一个 n 元组(x_1, x_2, …, x_n),这样的解组成的集合称为解空间。每个解通常满足一定的约束条件,这个条件通常用一个函数 $B(x_1, x_2, …, x_n)$ 来表达。解可能有多个,有时要找的是最优解。

回溯法解题时,对任一解的生成,一般都采用逐步扩大解的方式。每进行一步,都试图在当前部分解的基础上扩大该部分解。扩大时,首先检查扩大后是否违反了约束条件,若不违反,则扩大之,然后继续在此基础上按照类似的方法进行,直至成为完整解;若违反,则放弃该步以及它所能生成的部分解,然后按照类似方法尝试其他可能的扩大方式,直到已经尝试了所有的扩大方式。

回溯法与穷举法都是基于试探。穷举法要将一个完整解都生成以后,才能判断是否满足条件,若不满足,再从头开始构造另一个完整解。而回溯法则是逐步生成解,当发现当前的部分解已经不满足条件时,就可以马上中止该部分解,而回溯到上一步进行新的尝试。不难理解,回溯法要比穷举法效率高。

回溯法解题通常包含以下 3 个步骤:
(1) 针对所给问题,定义问题的解空间。
(2) 确定易于搜索的解空间结构。
(3) 搜索解空间,并在搜索过程中用剪枝函数避免无效搜索。

习题 10.1 将例 10.1 中的第一个非递归算法转换为递归算法,第二个递归算法转换为非递归算法。

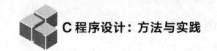

习题10.2 设有 n 个运动员要进行网球循环赛。设计一个满足以下要求的比赛日程表：

(1) 每个选手必须与其他 n−1 个选手各赛一次。

(2) 每个选手一天只能赛一次。

(3) 当 n 是偶数时，循环赛进行 n−1 天；当 n 是奇数时，循环赛进行 n 天。

习题10.3 编写一个 C 程序实现的找硬币算法。假设售货员具有面值为 100、20、10、5 和 1 元的各种纸币或硬币。程序可包括输入模块（即输入所买商品的金额及顾客所付的钱数），输出模块（输出需找回零钱的数目及要找回的各种面值的数目）和计算模块（计算怎样找回零钱）。

习题10.4 自然数的拆分：任何一个大于 1 的自然数 N，总可以拆分成若干个自然数之和，并且有多种拆分方法。例如，自然数 5 可以有如下一些拆分方法：

5＝1＋1＋1＋1＋1

5＝1＋1＋1＋2

5＝1＋2＋3

5＝1＋4

5＝2＋3

试设计一个对任意自然数找出所有拆分方法的程序。

习题10.5 砝码称重问题：设有 1g、2g、3g、5g、10g、20g 的砝码若干，它们的总重量不超过 1000g。输入一组 1g、2g、3g、5g、10g、20g 的砝码个数 a1、a2、a3、a4、a5、a6，要求输出能称出不同重量的个数。例如：

输入：2，1，0，1，0，0

输出：total＝9(可以称出 1g、2g、3g、4g、5g、6g、7g、8g、9g 共 9 种不同的重量)

习题10.6 在一个按照东西和南北方向划分成规整街区的城市里，n 个居民点散乱地分布在不同的街区中。用 x、y 坐标分别表示东西向和南北向。各居民点的位置可以由坐标 (x,y) 表示。街区中任意两点 (x_1,y_1) 和 (x_2,y_2) 之间的距离可以用数值 $|x_1-x_2|+|y_1-y_2|$ 度量。

居民们希望在城市中选择建立邮局的最佳位置，使 n 个居民点到邮局的距离总和最小。

习题10.7 设 X＝"28136"，Y＝"18218832"，请按自底向上的递推方式，求它们的最长公共子序列的长度，要求写出每步的计算结果。

习题10.8 写出求最长公共子序列长度的递归算法（即改写 LcsLength 函数）。

习题10.9 用非递归方法实现求最长公共子序列的算法 LCS。

习题10.10 最小重量设计问题。设某一机器由 n 个部件组成，每一种部件都可以从 m 个不同的供应商处购得。设 w_{ij} 是从供应商 j 处购得的部件 i 的重量，c_{ij} 是相应的价格。试设计一个算法，给出一种总价格不超过 c 的最小重量机器的设计方案。

习题10.11 机器调度问题。现有 n 件任务和无限多台的机器，任务可以在机器上得到处理。每件任务的开始时间为 s_i，完成时间为 f_i，$s_i < f_i$。$[s_i, f_i)$ 为处理任务 i 的时间范围。两个任务 i 和 j 重叠指两个任务的时间范围区间有重叠，而并非是指 i 和 j 的起点或终点重合。例如，区间[1，4)与区间[2，5)重叠，而与区间[4，7)不重叠。一个可行的任务分配是

指在分配中没有两件重叠的任务分配给同一台机器。因此,在可行的分配中每台机器在任何时刻最多只处理一个任务。最优分配是指使用的机器最少的可行分配方案。编写一个程序求出最优分配方案,以表 10.3 所示数据为例。

表 10.3 机器调度问题的一组数据

任务	1	2	3	4	5	6	7
开始(s_i)	0	3	4	9	7	1	6
完成(f_i)	2	7	7	11	10	5	8

习题 10.12 用穷举法或回溯法生成 n 阶魔方。所谓 n 阶魔方,是指这样一种 n×n 的方阵,如果将 n^2 个自然数 $1,2,\cdots,n^2$ 分别填在它的 n^2 个不同的格子中,它的每行之和、每列之和、每主对角线(正主对角线和反主对角线)之和都分别等于某个常数。例如,一个 3 阶方阵如下图所示。编写一个程序,生成 n 阶魔方。

4	9	2
3	5	7
8	1	6

习题 10.13 控制方格棋盘游戏:有如下图所示的 5×5 的方格棋盘,若在某一方格内放入一个黑子,则与该方格相邻的上、下、左、右 4 个方格中都不可再放黑子。于是,在棋盘的 7 个位置各放一个黑子就可以控制整个棋盘。请设计在棋盘上放 7 个黑子就可以控制整个棋盘的所有方案。

第 11 章 结构体、联合共用体与枚举类型

学习目标

- 进一步了解 C 语言中数据类型的含义、类型定义机制等本质性的内容。
- 熟练掌握结构体、联合共用体、枚举类型等自定义数据类型定义、引用方法。
- 了解结构体、联合共用体等变量的存储结构。
- 学会使用结构体、联合共用体的嵌套应用。
- 通过综合例题"线性表"的分析、学习,进一步了解结构体数据类型在实际程序设计中的功用。
- 掌握结构体类型的函数、结构体类型的变量作为函数参数等 C 语言程序设计技术。
- 掌握枚举类型的定义、变量的声明及枚举类型的输入输出方法。
- 学会类型名重定义的方法。

计算机用"数据"来描述或者说表达客观事物。例如,某校学生数 5000 人,某汽车的 0~100km 加速时间是 7.2s 等。5000 是整型(int)、7.2 是浮点型(float)。然而,在现实世界中,要描述的客观事物往往非常复杂,C 语言的整型、浮点型等单个基本数据类型是无法表达的。例如,通常用姓名(字符串)、学号(整型或字符串)、年龄(整型)、性别(字符型或字符串)、入学成绩(整型或浮点型)等多种数据类型的数据(属性)组合起来描述(表达)一个学生。在 C 语言中,能够表达这种由多个不同数据类型的数据组合起来描述一个对象的数据类型,就是本章将要介绍的构造数据类型——结构体。

数据类型的再讨论

第 3 章已经介绍了 C 语言的基本数据类型,第 8 章还介绍了由若干个相同数据类型的数据组合而成的构造数据类型——数组。本章将进一步介绍 3 种数据类型:结构体、联合公用体和枚举类型。

11.1.1 数据类型与事物属性

在计算机中用"数据"来描述或表达客观事物。一方面,表示事物属性的大小、多少的数值(如 98、1.76)是"数据",描述事物属性的符号(如姓名、性别)也是"数据",也就是说,数据是有"类型"的。另一方面,"数据"的类型(格式)既可以是一个基本数据类型(用于描述事物的某个属性),也可以是一个由多个基本数据类型组成的构造数据类型(用于描述事物的多

个不同属性），甚至还可以是一个由多个基本数据类型、已定义的构造数据类型组成的更复杂的构造数据类型，如学生登记表中的"学生"数据。

我们知道，现实世界中的众多事物是根据它们的不同属性及属性值来加以区分的。有的事物简单，只有一个属性；有的事物复杂，具有多个属性；有的事物简单，多个属性是同一数据类型的；有的事物复杂，多个属性是不同数据类型的。C语言用基本数据类型的数据来描述事物的单一属性值；用构造数据类型的数据来描述事物的多个属性值。

例如，事物的单一属性：

- 数学成绩：98分。可用int型数据来描述，其值为98。
- 身高：1.76m。可用float型数据来描述，其值为1.76。

C语言为描述事物的单一属性提供了一组基本数据类型，包括整型、浮点型、字符型等，详见第3章。基本数据类型有如下特点：

（1）基本数据类型是C语言运算符的直接运算对象。例如，int型数据可以进行＋、－、＊、／、％等运算操作。

（2）基本数据类型是C语言中表达构造数据类型的最小单元，是不可再分割的数据类型。

对于多属性的数据"学生"，可以定义一个由5个成员组成的构造数据类型student：

student（学号(char[9])，姓名(char[15])，年龄(int)，性别(char)，入学成绩(float)）

这样，就可用构造数据类型student的一个常量来描述某一个具体的学生：（"01523488"，"王阳明"，19，'M'，612.0），它是数据类型student的一个值。

C语言为描述多属性的事物提供了若干个构造数据类型，包括数组、结构体、联合共用体。相对于基本数据类型，构造数据类型有如下特点：

（1）构造数据类型的数据是由多个其他数据类型的数据组成的一种新的数据类型，换句话说，构造数据类型的数据是可以分解成由若干个更小数据单元的数据组成。例如，构造数据类型student的一个学生数据可分解为由表示学生的学号、姓名、年龄、性别和入学成绩等含义的5个数据单元组成；进一步，学号是一个字符数组，又可以分解为由9个char型数据组成（由于字符数组可用于处理字符串，因此学号可理解为是一个至多包含8个字符的字符串）。

（2）C语言大部分运算符不可以直接运算构造类型的数据。例如，数组是一种构造数据类型，我们无法用一条C语言语句直接处理整个数组，只能通过下标变量运算各个数组元素。同样，无法用一条语句来直接处理构造数据类型student的常量或变量，只能分别对一个学生的学号、姓名、年龄、性别、入学成绩等数据成员分别进行处理。

11.1.2 数据类型的定义

C语言的数据类型的定义机制有两类：一是对于少数几种基本的数据类型由系统定义，如int、float、char等都是系统定义的基本数据类型，程序员可直接用它们来声明变量。例如，语句int x，y；声明了整型变量x和y。二是对于构造数据类型，C语言提供了自定义数据类型的方法。一般C语言的数据操作原则是：先定义数据类型，再声明其变量。

C语言定义数据类型有两种方式：

(1) 数据类型与变量声明分别进行。例如,定义描述学生的结构体类型 student 的语句如下:

```
struct student
{
  char num[10];
  char name[15];
  int age;
  char sex;
  float score;
};
```

结构体类型 student 可理解为 struct student 类型,声明该类型的变量 s 并对其进行初始化的语句如下:

```
struct student s={"01523488", "王阳明", 19, 'M', 612.0};
```

至于定义结构体数据类型的语法规则,将在下节具体介绍。这里要强调的是,先定义结构体数据类型 struct student,再声明该类型的变量 s,并赋初值("01523488", "王阳明", 19, 'M', 612.0)。

(2) 数据类型与变量声明同时进行。例如,定义结构体类型 student,并同时声明该类型变量 s 的语句如下:

```
struct student
{
  char num[10];
  char name[15];
  int age;
  char sex;
  float score;
} s;
```

11.2 结构体

"结构体"是一种可以由若干个不同数据类型的"成员"构成的一种构造数据类型,其成员可以是基本数据类型,也可以是构造数据类型。

11.2.1 结构体类型的定义

C 语言无法为众多的由不同成员组成的结构体数据定义一个统一的数据类型,因此要自己先定义特定的结构体数据类型后,再声明其变量。结构体数据类型定义的一般形式:

```
struct 结构体类型名
{
    成员类型 成员名1;
    成员类型 成员名2;
     ⋮
    成员类型 成员名n;
};
```

其中,保留字 struct 是专门用来定义结构体类型的,接在后面给出的是所定义的结构体类型名,花括号内是各个成员的定义,每个成员都要说明其类型和名称。类型名和成员名的取名必须符合标识符的规定。

例如,商品的描述包括商品名、厂家、等级、单价等数据项,结构体类型取名为 goods,其具体的结构体类型可定义如下:

```
struct goods
{
    char name[15];              // 商品名
    char producer[15];          // 厂家
    int grade;                  // 等级
    float price;                // 单价
};
```

应注意花括号后的分号是不可少的。

从上面的示例可以看出,结构体类型是一种可用于描述复杂数据对象的数据类型,它是一种由若干个不同类型的成员变量以有序方式组成的构造数据类型。

11.2.2 结构体变量的声明与存储

结构体类型的定义仅仅是指明了该数据类型的名称和数据结构,是对数据类型的一种抽象说明;而真正存放数据的是该结构体类型的变量(简称结构体变量)。

1. 结构体变量的声明

在定义了结构体类型后,就可用该类型名来声明结构体类型的变量。声明的方式有以下 3 种。

(1) 先定义类型再声明变量。这种方式先定义一个结构体类型,再用该类型标识符(即类型名)去声明变量。例如:

```
struct employee {           // 定义描述职员的信息结构体类型
    int num;                // 成员变量 num 表示职工号
    char name[8];           // 姓名
    char sex;               // 性别
    char post[20];          // 岗位
```

```
        float wage;                        // 工资
    };
    struct employee emp1, emp2;            // 声明两个结构体类型的变量 emp1 和 emp2
```

上面先定义结构体类型的名称 employee 及其数据结构,再用这种类型名 employee 去声明两个结构体变量 emp1 和 emp2。注意,在定义结构体变量时,不仅要使用结构体的类型名,在类型名前还得加上 struct 关键字。

(2) 类型定义的同时声明变量。这种方式在定义结构体类型的同时紧接着就声明该类型的变量,即结构体类型的定义和结构体变量的声明合并进行。例如:

```
    struct employee {
        int num;
        char name[8];
        char sex;
        char post[20];
        float wage;
    } emp1, emp2;                          // 定义类型的同时声明变量
```

(3) 直接声明变量。该方式不定义结构体的类型名称,而直接用结构体的数据结构去声明结构体变量。例如:

```
    struct {
        int num;
        char name[8];
        char sex;
        char post[20];
        float wage;
    } emp1, emp2;                          // 直接声明变量
```

与第二种方式相比,这种方式形式上有些不同,定义中在关键字 struct 之后没有指定结构体的类型名称 employee。这种定义方式由于没有类型名,因此在其他地方无法继续声明该类型的其他变量。

2. 结构体变量的存储

与基本数据类型的变量一样,结构体变量同样具有作用域、存储期限和链接等性质,系统也会在适当的时候(编译时或执行时)为其分配存储空间。

对结构体变量分配存储空间时,需要给它的每一个成员分配相应类型所需的存储单元,分配时是按类型定义中成员声明的顺序依次分配的。一个结构体变量所分配到的存储空间是连续的,并且这片连续存储空间的长度不小于它的所有成员所占存储空间长度之和。

在实际中,一些计算机系统对数据存储空间的分配管理存在差异。例如,有些计算机对浮点型变量是从偶数地址开始分配存储空间,因此一个结构体变量中的浮点型成员在存储时如果前面已被其他变量(如单字符变量)占据了偶数地址,接着的一个奇数地址就被空闲,

而隔一个单元轮到偶数地址才开始存放该浮点型成员。即使没有浮点型成员变量,由于存在内存对齐的问题,各个成员的内存存储单元也不一定是一个接一个的。这就是有时在应用中发现结构体变量占用的空间大小不等于它的各成员所占空间大小之和的原因。当我们需要知道一个结构体类型或者变量所占内存大小的时候,切不可想当然地计算,最好用 sizeof 运算符来求。

例如,若已经定义了 struct employee 结构体类型,那么下面的语句都可以输出这种类型变量所占内存空间的大小。

```
struct employee emp;
printf("%d", sizeof(struct employee));
printf("%d", sizeof(emp));
```

11.2.3 结构体变量的引用与初始化

C语言程序中使用结构体变量时,主要通过对其各个成员的引用来实现。

对结构体变量中成员进行引用时,要在成员名或称"域名"的前面用结构体变量名进行限定,其形式如下:

```
结构体变量名.成员名
```

这称为"成员名点记法"或"域名点记法"。例如,前面定义的结构体变量 emp1 具有 5 个成员(域),分别记为 emp1.num、emp1.name、emp1.sex、emp1.post 和 emp1.wages。例如:

```
printf("%d, %s, %c, %s, %f\n", emp1.num, emp1.name, emp1.sex,
       emp1.post, emp1.wage);
```

试图对结构体变量进行整体引用是错误的,例如:

```
printf("%d, %s, %c, %s, %f\n", emp1);   /*错误!*/
```

但允许具有相同类型的结构体变量相互赋值,例如:

```
emp1=emp2;
```

这时,会把 emp2 中的每个成员值对应地赋给 emp1 中的成员。

结构体变量 emp1 中的各个成员都可以视为一个变量,可以像单个普通变量一样进行赋值、输入和输出等操作。例如:

```
emp1.wage=emp1.wage +12.3;
emp1.num++;
```

域名点记法中使用的.是C语言的一个运算符,称为**结构体成员**运算符,其优先级与()、[]一样属于最高级。例如:

```
++emp1.num;
```

由于.运算的优先级高于++运算,所以 emp1 先与 num 通过点运算构成一个域名变量,再对它进行++运算,也就是说++emp1.num 等价于++(emp1.num)。

在定义结构体变量的同时也可以给出其每个成员的初始值,这称为结构体变量的初始化。其一般形式为:

```
struct 结构体类型名 结构体变量名={各个成员初始化数据};
```

与数组相似,各个成员初始化数据间以逗号间隔。

例 11.1 结构体变量的初始化。

```
1   #include <stdio.h>
2   struct teacher {                    // 声明全局结构体类型
3       int num;
4       char name[15];
5       char sex;
6       int age;
7       float wage;
8   };
9   int main() {
10      struct teacher t={1321, "Wan Jiale", 'f', 28, 5368.5};
11      printf("工号:%d,姓名:%s,性别:%c,年龄:%d,工资:%.2f\n",
                t.num, t.name, t.sex, t.age, t.wage);
12      return 0;
13  }
```

运行结果如下:

工号:1321,姓名:Wan Jiale,性别:f,年龄:28,工资 5368.50

程序中第 10 行的语句与下面的声明语句、赋值语句等价:

```
struct teacher t;
t.num=1321;
strcpy(t.name "Wan Jiale");
t.sex='f';
t.age=28;
t.wage=5368.5;
```

结构体与数组的主要区别是数据成员的数据类型的属性不同,数组的成员元素的数据类型必须相同,而结构体的成员元素的数据类型可以不同。

11.3 结构体数组

表达一位教师的信息可以用一个结构体变量,但要表达多个教师的信息用多个结构体变量的形式就非常不方便,此时往往使用结构体数组的形式来实现。所谓的结构体数组是指由同一结构体类型的元素组成的数组。

如有 10 名教师,每人都由一个结构体数据(如工号、姓名、性别、年龄和工资)表示,此时可以定义一个结构体数组,这个数组中的每个元素都可看成是一个结构体变量,用来存放一位教师的结构体数据。其定义语句如下:

```
struct teacher {                    // 定义教师结构体类型
    int num;
    char name[15];
    char sex;
    int age;
    float wage;
};
struct teacher t[10];               // 声明数组 t
```

结构体 teacher 类型的数组的元素结构如图 11.1 所示。

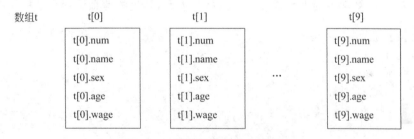

图 11.1　结构体数组的存储结构

这个结构体数组中的各个元素 t[0],t[1],…,t[9]都是 teacher 类型的结构体变量,都有各自的若干个成员。结构体数组元素的存储与一般数组元素相同,在内存中也是按下标连续存放的。

也可以在定义结构体类型的同时紧接着就定义结构体数组,例如:

```
struct teacher {                    // 定义教师结构体类型
    int num;
    char name[15];
    char sex;
    int age;
    float wage;
} t[10];                            // 定义数据类型的同时声明数组 t
```

或者直接定义结构体数组,而不给出结构体类型的名称,例如:

```
struct {
    int num;
    char name[15];
    char sex;
    int age;
    float wage;
} t[10];                                        // 直接声明结构体数组 t
```

结构体数组也可以初始化,初始化的表达形式是在一对花括号内逐个地给出每一个结构体数组元素的初始值,例如:

```
struct teacher t[4]={ {1321, "Le Haili", 'F', 26, 365.5},
                      {1327, "Wan Wei", 'F', 28, 382.0},
                      {1334, "Guo Lihua", 'M', 34, 415.5},
                      {1350, "Kang Ping", 'F', 38, 442.5} };
```

这里,4 组初始化数据分别赋给了 4 个结构体数组元素 t[0]~t[3],从而完成了对整个结构体数组的初始化。也可以省略数组长度,而由编译系统根据初始化数据的组数来确定数组长度。

例 11.2* 计算学生的平均成绩和不及格的人数,学生的信息保存在结构体中。

```
1   #include <stdio.h>
2   struct student {
3       int num;
4       char * name;
5       char sex;
6       float score;
7   } boy[5]={{101, "Li ping", 'M', 45},
8             {102, "Zhang ping", 'M', 62.5},
9             {103, "He fang", 'F', 92.5},
10            {104, "Cheng ling", 'F', 87},
11            {105, "Wang ming", 'M', 58} };
12  int main() {
13      int i, count=0;
14      float sum=0;
15      for (i=0; i<5; i++){
16          sum+=boy[i].score;
17          if (boy[i].score<60)
18              count++;
19      }
20      printf("平均值:%f,不及格人数:%d\n", sum/5, count);
```

```
21        return 0;
22    }
```

11.4 结构体指针

所有类型的变量都有自己的指针,结构体变量同样如此。结构体变量的指针也具有两个属性,一是值属性,即结构体变量的起始地址值;二是访问数据类型属性,其含义是通过该指针能访问数据的类型。访问结构体变量可用两种方式:一是使用结构体变量名访问;二是通过指向该变量的指针访问。例如:

```
struct ymd {
    int day;
    int month;
    int year;
} date;
```

其中,结构体类型 ymd 的变量 date 的指针是 &date。假定变量 date 在内存中的布局如图 11.2 所示。指针 &date 的值属性是 0033f780,访问数据类型属性是结构体类型 ymd。即指针通过属性值 0033f780 找到被访问变量 date 的起始地址,再由访问数据类型属性:结构体类型 ymd 限定指针能够正确访问结构体类型 ymd 的变量。

图 11.2 结构体变量与指针关系

为了把一个日期 2015.10.1 赋值给结构体变量 date,可以通过变量名、指针访问变量两种方式来实现,其表达式对照如表 11.1 所示。

表 11.1 变量名与指针访问结构体表达式对照

变 量 名 方 式	指 针 方 式
date.year=2015;	(&date)->year=2015;
date.month=10;	(&date)->month=10;
date.day=1;	(&date)->day=1;

指针方式中用到了运算符->,它是指向结构体成员运算符。表达式(&date)->year 的功能是:指针 &date 所指向的结构体变量 date 的 year 成员。该方法称为"成员(域)名指向法",要注意该访问方法中的小括号是必不可少的,因为->比 & 的优先级要高。

C 语言当然也可定义结构体类型的指针变量,其一般定义形式为:

struct 结构体类型名 *指针变量名

例如:

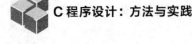

```
struct ymd * p = &date;                // 定义结构体指针变量p, 并初始化
```

定义了一个结构体指针变量p, 并使p指向了结构体变量date, 值得注意的是这里p指向的是整个结构体变量date, 而不是变量date的某个成员。当然, 通过p可以访问date的各个成员。用结构体指针变量访问所指向的结构体变量各成员的方法有以下两种:

(1) (＊结构体指针变量名).成员名

(2) 结构体指针变量名－＞成员名

这两种方法是等价的。要注意第一种访问方法的小括号是必不可少的, 因为.比＊的优先级要高。例如, 根据上面的定义, 可用date.year来引用结构体变量date的year成员; 也可用(＊p).year或p－＞year来引用。

指针是C语言中用来间接访问变量所分配存储单元的一种方法或技术, 它比用变量名访问方法更具灵活性。因此, 设置结构体指针变量的目的是更方便、更灵活地访问结构体变量。使用"&结构体变量"运算, 能够取得该结构体变量的指针; 而通过"＊指针变量"运算则可以找到该指针变量所指向的结构体变量。在一个结构体数组中, 可以很容易地通过结构体指针变量的＋＋运算, 使结构体指针变量逐个地指向结构体数组的各数组元素(均为结构体变量), 每＋＋运算一次, 其跳过的字节数取决于该结构体类型(或结构体变量)的长度。

例11.3* 用结构体指针处理20个商店某年某季度3个月的营业额报表。

```
1   #include <stdio.h>
2   #include <stdlib.h>
3   #define MAX 20
4   struct shop {
5       int num;
6       char name[10];
7       float sale[4];
8   } sell[MAX];
9   int main() {
10      int k;
11      char s[10];
12      struct shop *p;
13      for (k=0; k<MAX; k++){
14          printf("No: ");  gets(s);  sell[k].num=atoi(s);
15          printf("name: ");  gets(sell[k].name);
16          printf("sale1=?");  gets(s);  sell[k].sale[1]=atof(s);
17          printf("sale2=?");  gets(s);  sell[k].sale[2]=atof(s);
18          printf("sale3=?");  gets(s);  sell[k].sale[3]=atof(s);
19          sell[k].sale[0]=sell[k].sale[1]+sell[k].sale[2]+sell[k].sale[3];
20      }
21      printf("No.\tName\tSale1\tSale2\tSale3\tTotal\n");
22      for (p=sell; p<sell+MAX; p++)
23          printf("%d\t%s\t%6.2f\t%6.2f\t%6.2f\t%6.2f\n", p->num, p->name,
```

```
                p->sale[1], p->sale[2], p->sale[3], p->sale[0]);
24      return 0;
25  }
```

说明：函数 atoi 和 atof 的作用分别是将字符串转换成整型数和浮点型数，其原型包含在头文件 stdlib.h 中。

上例中定义了一个全局数组 sell，共 20 个数组元素，分别存放 20 个商店的销售报表数据。每个数据都是 shop 类型的结构体类型，其中的 sale 成员又是一个数组，共 4 个元素：sale[0]存放一个季度的营业总额，sale[1]、sale[2]、sale[3]分别存放该季度 3 个月份的营业额。主函数中定义了一个指针变量 p，它是指向 shop 类型的结构体变量的指针变量。当通过赋值表达式 p=sell 把结构体数组 sell 的首地址赋给结构体指针变量 p 后，p 就指向了结构体数组 sell 的第 0 个元素 sell[0]。循环控制语句共循环 20 次，分别处理 20 个商店的报表数据。循环中通过 p++ 使结构体指针变量 p 依次指向结构体数组的各个元素，每次++运算跳过固定长度的存储空间，使 p 指向结构体数组的下一个数组元素。

11.5 结构体与函数

结构体与函数的关系可以从两方面来看，一方面是函数的参数为结构体类型（或结构体指针）；另一方面是函数返回结构体类型的值（或结构体指针）。

11.5.1 函数的结构体类型参数

例 11.4*　求某年某月某日是当年的第几天（用结构体作为参数）。

分析：求某天是当年的第几天，关键是判定当年是闰年还是非闰年，若为闰年其 2 月份为 29 天，否则为 28 天，设 days 数组记录每月的天数。程序如下：

```
1   #include <stdio.h>
2   struct ymd {
3       int day;
4       int month;
5       int year;
6   };
7   int days[13]={0, 31, 28, 31, 30, 31, 30, 31, 31, 30, 31, 30, 31};
8   int d_of_y(struct ymd xdate) {       // 形参 xdate 为结构体变量
9       int i, d;
10      if (xdate.year%4==0 && xdate.year%100!=0 || xdate.year%400==0)
11          days[2]=29;
12      else
13          days[2]=28;
14      d=xdate.day;
15      for (i=1; i<xdate.month; i++)
```

```
16              d=d+days[i];
17          return d;
18      }
19      int main() {
20          struct ymd date;                    // 定义结构体变量 date
21          while (1){
22              printf("日期(yyyy-mm-dd)=? (yyyy=0 退出)\n");
23              scanf("%d-%d-%d", &date.year, &date.month, &date.day);
24              if (date.year==0) break;
25              printf("这一天是当年的第%d天!\n", d_of_y(date));
26          }
27          return 0;
28      }
```

运行结果如下:

```
日期(yyyy-mm-dd)=? (yyyy=0 退出)
2015-10-1↵
这一天是这一年的第 274 天!
日期(yyyy-mm-dd)=? (yyyy=0 退出)
0-1-1↵
```

在 main 函数中,每次输入一个年、月、日到结构体变量 date 中,调用函数 d_of_y(date) 求出该日期是当年的第几天。实参 date 传递给函数 d_of_y 的形参变量 xdate。

说明:

(1) 结构体和数组都是构造类型数据,但是,它们作为函数参数时,实参与形参数据传送机制是完全不同的。C 语言规定相同数据类型的结构体变量可以整体赋值,因此,函数调用时实参值可以直接赋给形参变量,完成结构体类型的实参到结构体类型的形参变量的数据传递。而数组作为形参时,实际上是把形参数组名作为指针变量来处理的,函数调用时实参与形参的数据传递实际上是把一个指针值(如将数组名作为实参)传递给形参变量,而不是整个数组的传递,即无法完成将整个数组的值传递给形参。

(2) 结构体实参和形参之间的数据传送要将全部成员逐个传送,特别是当成员为数组时将使传送的时间和空间开销增大,严重地降低程序的效率。很多情况下,可以用结构体指针作为函数的参数,这时实参与形参之间只是结构体变量的指针值传递,从而减少了时间和空间资源的开销,提高整个程序的效率。

例 11.5* 求某年某月某日是当年的第几天(用结构体指针作为函数参数)。

只需要对例 11.4 中的程序进行如下修改:

(1) 修改函数 d_of_y()。

```
8       int d_of_y(struct ymd * p) {            // 形参 p 为结构体指针变量
9           int i, d;
10          if (p->year%4==0 && p->year%100!=0 || p->year%400==0)
```

```
11          days[2]=29;
12      else
13          days[2]=28;
14      d=p->day;
15      for (i=1; i<p->month; i++)
16          d=d+days[i];
17      return d;
18  }
```

(2) 主函数 main 中的函数调用语句(第 25 行)修改如下:

```
25          printf("这一天是这一年的第%d天!\n", d_of_y(&date));
```

11.5.2 结构体类型的函数

当函数的返回值为结构体类型时,称该函数为结构体类型函数。结构体类型函数的一般定义形式为:

```
struct 结构体类型名 函数名(形式参数列表)
{
    函数体
}
```

例 11.6* 求下星期的今天是什么日期。

分析:我们定义一个结构体类型的函数来求 7 天后的日期,其返回值为包括年、月、日 3 个成员的结构体数据(struct ymd 类型,例 11.4 中已经定义,本例以及后面的例子不再重复)。该函数不仅返回值(即函数值)为日期型的结构体数据,而且函数的参数也为日期型的结构体数据。程序如下:

```
1   #include <stdio.h>
2   int days[13]={0, 31, 28, 31, 30, 31, 30, 31, 31, 30, 31, 30, 31};
3   struct ymd date_nextweek(struct ymd d);    // 函数声明
4   int main() {
5       struct ymd whatdate, today;
6       printf("Today's date(mm-dd-yyyy): ");
7       scanf("%d-%d-%d", &today.month, &today.day, &today.year);
8       whatdate=date_nextweek(today);         // 返回值为结构体类型
9       printf("The date after 7 days is %d-%d-%d!\n",
                    whatdate.month, whatdate.day, whatdate.year);
10      return 0;
11  }
12  struct ymd date_nextweek(struct ymd d) {
13      struct ymd newd;
```

```
14      if (d.year%4==0 && d.year%100!=0 || d.year%400==0)
15          days[2]=29;
16      else
17          days[2]=28;
18      newd=d;                                    // 结构体变量赋值
19      newd.day +=7;
20      if (newd.day>days[d.month]){
21          newd.day=newd.day-days[d.month];
22          newd.month=newd.month+1;
23          if (newd.month>12){
24              newd.month=1;
25              newd.year=newd.year+1;
26          }
27      }
28      return newd;
29  }
```

运行结果如下：

```
Today's date(mm-dd-yyyy): 9-29-2015↵
The date after 7 days is 10-6-2015!
```

11.6 结构体嵌套

构成结构体变量的一个或几个成员的数据类型也是结构体类型，则称这种数据结构为结构体嵌套。在数据处理中有时要使用结构体嵌套来处理较为复杂的数据对象。例如，教职工简况由多项数据组成，其中出生的年、月、日组合起来说明其生日，邮政编码、家庭住址、电话号码组合起来说明家庭的住处等。例如：

```
struct ymd {
    int year;
    int month;
    int day;
};
struct homeContact {
    char post[6];
    char addr[80];
    char phone[12];
};
struct teacher {
    char name[20];
    char sex;
    struct ymd birthday;
    struct homeContact home;
```

```
    float wage;
} teachers[10];
```

其中,teachers 是一含有 10 个元素的数组,每个数组元素都是 teacher 类型的结构体变量,这种类型的变量有 5 个成员,其中第 3 个成员 birthday 是 ymd 类型的结构体变量,它含有 3 个成员;第 4 个成员 home 是 homeContact 类型的结构体变量,它也含有 3 个成员。我们称 teacher 为外层结构体类型,ymd 和 homeContact 为内层结构体类型。

结构体数组元素 teachers[k]为外层结构体变量,它的第一层成员 birthday 和 home 又各自包含了几个内层结构体成员,如 year、post 等,参加运算的必须是最内层的成员项,如 teachers[5].birthday.year、teachers[8].home.post 等。对最内层成员引用的一般形式为:

结构体变量名.第一层成员名.第二层成员名.….最内层成员名

C 语言对结构体的嵌套层数没有明确的限制,但嵌套层数过多会使数据结构过于复杂,一般没有这种必要。应该特别注意的是,使用结构体嵌套时,内层结构体类型的声明必须在外层结构体类型声明之前进行。也就是说,外层声明时要用到的内层结构体类型必须是已经声明了的,否则将发生错误。

11.7 线性链表

下面介绍"线性链表"这个具有广泛实用价值的数据结构,通过线性链表的数据处理和功能函数的具体实现过程,了解结构体数据类型在程序设计中的综合应用,以提高程序设计技术水平和能力。

11.7.1 线性链表概述

在程序设计中,经常需要表示大量同类型数据。例如,某厂某年 1～12 月的产量,某个班级所有学生的考试分数,某个班级所有学生的信息,等等。像这样由有限个数据元素组成的有序集合称为线性表(Linear List)[①],很多时候简称为列表(List)。线性表的特点是,整个集合中的元素有一个明确的顺序,每个数据元素的前驱和后继都是唯一的(如果有的话)。

线性表的一个具体形式是数组。C 语言中的数组的每个元素存放线性表的一个数据元素,所有元素在内存中是连续存放的,元素的物理顺序决定了它们之间的逻辑顺序。这种方式称为线性表的顺序存储结构。数组简单易用,但是存在以下 3 个弱点:

① 在作插入或删除操作时,需移动大量数据元素。

② 在给长度变化较大的线性表预先分配空间时,必须按最大空间分配,使存储空间不能得到充分利用。

③ 表的容量难以扩充。

---

① 这里线性是和非线性相对的,在数据结构书籍中,将会看到非线性数据结构,如树和图。

线性表的另一种形式是线性链表,简称链表。与数组不同,链表中的元素在内存中不一定是连续存放的,为了表示元素之间的顺序,每个元素中有一个指针,指向它的后继。这种存储结构称为链式存储结构。一个链表的例子如图 11.3 所示。其中,要在内存中存储的数据是:10,8,15,20,16。在链表中,每个元素被分配了一块内存,一般称之为结点。每个结点包括两部分内容(域),一是该数据元素本身的内容(称为数据域),二是指向该数据元素直接后继数据元素的指针(称为指针域)。通过指针,所有的元素被链接起来了,并且体现了元素之间的顺序。

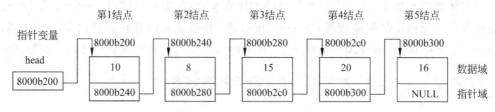

图 11.3　线性链表的数据结构

在数组中,要访问数组所有元素,只需要知道数组首地址,然后根据数据元素的长度,就可以访问每个元素;在链表中,要访问所有元素,也只需要知道链表第一个结点(称为头结点)的地址,然后顺着结点中的指针域,就可以依次访问到所有元素。指向线性链表的第一个结点的指针称为线性链表的**头指针**。线性链表的最后一个结点称为尾结点,尾结点的指针域应置为空(NULL),表示线性链表到此结束。

由于链表中元素之间在物理上本来就不相邻,因此插入或者删除元素的时候,不需要移动其他元素,只需要调整指针域的值即可。当需要向线性链表中增加或删除数据元素时,动态地申请结点存储单元或释放结点存储单元,因此,不需要预先分配空间,扩充也很简单。所以,链表能有效地克服线性表的顺序存储结构的弱点。

11.7.2　C 语言实现线性链表

本节具体介绍链表在 C 语言中是如何实现的。

在 C 语言中,结点可用结构体类型来表示,它的数据域可以是简单类型,也可以是结构体类型,它的指针域是一个指向该结点结构体类型的指针类型。

线性链表的数据结构确定后,就可以根据实际应用的需要定义对线性链表数据的操作。

例 11.7[*]　用线性链表来存放学生学籍信息,并实现学生数据的增加、删除和修改操作。

本例的程序分为 3 个部分:①头文件 stuList.h 中定义了学生学籍线性链表的数据结构,并声明了相关操作函数;②源文件 stuList.c 中则包含了链表操作函数的实现;③主程序在源文件 stuManager.c 中,其中包含了对链表的调用。

(1) 线性链表数据结构的描述和基本操作的声明(在头文件 stuList.h 中)。

```
1   #include <stdio.h>
2   #include <stdlib.h>
```

```c
3   #define LEN sizeof(struct stud_node)
4   struct stud_record {                          // 定义学生学籍记录的结构体类型
5       long no;                                  // 学号
6       int age;                                  // 年龄
7       float score;                              // 入学成绩
8   };
9   struct stud_node {                            // 定义学生学籍线性链表的结点类型
10      struct stud_record stud_member;           // 定义结点的数据域
11      struct stud_node * next;                  // 定义结点的指针域
12  };
13  struct stud_node * create();                  // 声明创建线性链表函数
14  void printList(struct stud_node * head);      // 声明输出线性链表元素函数
15  int length(struct stud_node * head);          // 声明求链表长度函数
16  struct stud_node * insert(struct stud_node *,
                    struct stud_record, int);     // 声明插入结点函数
17  struct stud_node * delete(struct stud_node *, int);   // 声明删除结点函数
```

(2) 线性链表基本操作的实现(在 studList.c 源文件中)。

```c
1   #include <stdio.h>
2   #include <stdlib.h>
3   #include "studList.h"
4   /*创建链表函数 create */
5   struct stud_node * create() {                 // 该函数返回指向线性链表的头指针
6       struct stud_node * head, *p, *q;          // p用来存放新申请结点指针
7       long no;                                  // q用来存放新申请结点的直接前驱结点指针
8       int age;                                  // head用来存放线性链表头指针
9       float score;
10      head=NULL;
11      while (1) {
12          printf("请输入学生记录(学号 年龄 入学成绩):\n");
13          scanf("%ld%d%f", &no, &age, &score);  // 输入结点值
14          if (no<0)
15              break;                            // 链表建立完毕,跳出循环
16          p=(struct stud_node *)malloc(LEN);    // 申请一个结点
17          p->stud_member.no=no;                 // 给新结点数据域赋值
18          p->stud_member.age=age;
19          p->stud_member.score=score;
20          if (head==NULL)
21              head=p;                           // 对于第一个结点,将指针赋给head
22          else
23              q->next=p;                        // 对于非第一个结点,使它的直接前驱指向它
24          q=p;
25      }
```

```c
26      if (head!=NULL)
27          q->next=NULL;                          // 置最后一个结点的指针域为空
28      return head;                               // 返回线性链表头指针
29  }
30  /*输出链表函数 printList*/
31  void printList(struct stud_node * head) {      // 形参为线性链表的头指针
32      struct stud_node * p;
33      int i=1;
34      p=head;                                    // 使 p 指向线性链表的第一个结点
35      printf("记录\t学号\t年龄\t入学成绩\n");
36      while (p){
37          printf("%4d\t%ld\t%d\t%6.2f\n", i, p->stud_member.no,
                        p->stud_member.age, p->stud_member.score);
38          p=p->next;                             // 使 p 指向线性链表当前结点的直接后继
39          i++;
40      }
41  }
42  /*求链表长度函数 length*/
43  int length(struct stud_node * head) {          // 形参为线性链表的头指针
44      struct stud_node * p;
45      int n=0;
46      p=head;                                    // 使 p 指向线性链表的第一个结点
47      while (p){
48          n++;
49          p=p->next;                             // 使 p 指向线性链表当前结点的直接后继
50      }
51      return n;
52  }
53  /*插入结点函数 insert*/
54  struct stud_node * insert(struct stud_node * head,
                        struct stud_record student, int i) {
55      struct stud_node * p, * q;
56      int j, n;
57      n=length(head);                            // 求线性链表的长度
58      if (i<1 || i>n+1){                         // 插入位置错
59          printf("输入位置错误!\n");
60          return head;
61      }
62      q=(struct stud_node *)malloc(LEN);         // 申请一个待插入结点 q
63      q->stud_member=student;                    // 待插入元素值赋给结点 q 的数据域
64      if (i==1){                                 // 将结点 q 插入在第 1 个结点之前
65          q->next=head;
66          head=q;
```

```
67        }
68        else {                                          // 找到第 i-1 个结点
69            p=head;
70            for (j=1; j<i-1; j++)
71                p=p->next;
72            q->next=p->next;                            // 将结点 q 插入在第 i-1 个结点之后
73            p->next=q;
74        }
75        return head;
76   }
77   /*删除结点函数 delete*/
78   struct stud_node * delete(struct stud_node * head, int i) {
79        struct stud_node * p, * q;
80        int j, n;
81        n=length(head);                                  // 求线性链表的长度
82        if (i<1 || i>n){                                 // 删除位置错
83            printf("删除位置错误!\n");
84            return head;
85        }
86        if (i==1){                                       // 将第二个结点指针作为头指针
87            q=head;
88            head=head->next;
89        }
90        else {                                           // 找到第 i-1 个结点
91            p=head;
92            for (j=1; j<i-1; j++)
93                p=p->next;
94            q=p->next;                                   // 使 q 指向第 i 个结点
95            p->next=q->next;                             // 将第 i-1 个结点的指针域置为第 i 个结点的指针域
96        }
97        free(q);                                         // 释放第 i 个结点内存区域
98        return head;
99   }
```

① 线性链表的建立算法。

线性链表的建立是指从无到有地建立起一个线性链表,即:申请一个结点,输入该结点的数据元素值,将它们赋给结点的数据域;如果所申请的结点不是线性链表的第一个结点,则将该结点与它的直接前驱结点相链接(即置它的直接前驱结点的指针域指向该结点);如果线性链表未建立完毕,则重复上面的过程;否则将最后一个结点的指针域置为空,并结束线性链表的建立。具体实现见函数 create。

② 线性链表的输出算法。

线性链表的输出就是将各结点的数据依次输出。根据线性链表的概念可知,只要知道线性链表的头指针,就可顺序输出该线性链表各结点的数据。具体实现见函数 printList。

③ 求线性链表的长度算法。

求线性链表的长度就是求线性链表中包含的结点个数。根据线性链表的概念可知,只要知道线性链表的头指针,就可顺序计算该线性链表中的结点数量。具体实现见函数length。

④ 线性链表的插入算法。

线性链表的插入是指将一个给定结点插入到已存在的线性链表的指定位置。假设已存在线性链表的长度为n,将一个给定结点插入到它的第i个结点之前,其中$1 \leqslant i \leqslant n+1$,则插入的问题可分3种情况进行讨论:

第一种情况:i=1,这时需将一个待插入结点插入在线性链表的第一个结点之前。方法是:将待插入结点的指针域置为原来的头指针(即将原来的第一个结点作为待插入结点的直接后继),置头指针变量为待插入结点的指针。

第二种情况:$1 < i < n+1$,这时需将一个待插入结点插入在线性链表第i−1个与第i个结点之间。方法是:将待插入结点的指针域置为第i−1个结点指针域(即将第i个结点作为待插入结点的直接后继),将第i−1个结点指针域置为待插入结点的指针(即将第i−1个结点作为待插入结点的直接前驱)。

第三种情况:i=n+1,这时需将一个待插入结点插入在线性链表的尾结点(即第i−1个结点)之后。方法是:待插入结点的指针域置为空(即尾结点的指针域值),将线性链表的尾结点的指针域置为待插入结点的指针(即将线性链表尾结点作为待插入结点的直接前驱)。

第三种情况可以视为第二种情况进行处理。

具体实现见源文件函数insert。

⑤ 线性链表的删除算法。

所谓线性链表的删除就是删除已存在的线性链表的指定结点。假设已存在的线性链表的长度为n,删除第i个结点,其中$1 \leqslant i \leqslant n$,则删除的问题可分3种情况进行讨论:

第一种情况:i=1,这时需删除的结点是线性链表的第一个结点。方法是:置头指针变量为第一个结点的指针域(即将原来的第二个结点的指针作为新线性链表的头指针)。

第二种情况:$1 < i < n$,这时需将第i+1个结点作为第i−1个结点的直接后继。方法是:将第i−1个结点指针域置为第i个结点指针域(即将第i+1个结点作为第i−1个结点的直接后继)。

第三种情况:i=n,这时需删除的结点是线性链表的尾结点(即第i个结点)。方法是:将第i−1个结点指针域置为空(即尾结点的指针域值)。

第三种情况可以视为第二种情况进行处理。

具体实现见函数delete。

建立了stuList.h和stuList.c两个文件,我们就完成了学生学籍的数据存储结构和链表基本操作的功能。下面我们就可以应用它来管理学生的学籍数据。

(3) 主程序所在源文件(在stuManager.c源文件中)。

```
1  #include <stdio.h>
2  #include <stdlib.h>
```

```
 3    #include "stuList.h"
 4    int main() {
 5        struct stud_node * head;
 6        struct stud_record stu;
 7        int num;
 8        head=create();
 9        printList(head);
10        printf("长度=%d\n", length(head));
11        while (1){                              // 学号为负数,则退出插入操作
12            printf("请输入插入位置: ");
13            scanf("%d", &num);                  // 输入插入结点位置
14            printf("请输入学生记录(学号年龄入学成绩): \n");
15            scanf("%ld%d%f", &stu.no, &stu.age, &stu.score);   // 输入插入结点值
16            if (stu.no<0)
17                break;
18            head=insert(head, stu, num);
19        }
20        PrintList(head);
21        printf("长度=%d\n", length(head));
22        while (1){                              // 删除结点位置为负数,则结束删除操作
23            printf("请输入删除位置: ");
24            scanf("%d", &num);                  // 输入删除结点位置
25            if (num<0)
26                break;
27            head=delete(head, num);
28        }
29        printList(head);
30        printf("长度=%d\n", length(head));
31    }
```

请自己试着运行该程序。

上述程序中有3个文件:stuList.h、stuList.c和stuManager.c,要把它们放在一个工程(或者称项目)中才可以正确地编译链接。具体方法可以参考相应软件的使用说明。

11.8 联合共用体

联合共用体又称共用体或联合体,它与结构体一样属于构造数据类型,由多个数据成员构造而成,与结构体不同的是,联合共用体中各个成员不拥有各自独立的内存空间,全体成员共用一块内存空间。这使得任何时刻,联合共用体的存储单元中只能保存某个成员的数据。联合共用体的名称就是由各成员联合起来共同使用一块存储空间得来的。

联合共用体类型的定义与结构体类型的定义非常相似,例如:

```
union 联合共用体类型名
{
    类型成员名 1;
    类型成员名 2;
        ⋮
    类型成员名 n;
};
```

联合共用体变量的声明也与结构体变量的声明非常相似,例如:

```
union data {
    int a;
    char b;
    float c;
} x, y, z;
union data n, m, r;

union {
    int a;
    char b;
    float c;
} u, v, w;
```

在定义联合共用体类型的时候,前一个声明了类型名,不仅可以在定义类型的同时声明变量,而且可以在定义类型之后再声明变量;后一个没有声明类型名,只能在定义类型的同时直接声明变量。

对于如下定义的结构体类型 student1 及声明的变量 stu1,定义的联合共用体类型 student2 及声明的变量 stu2,则它们的存储比较如图 11.4 所示。

```
struct student1 {                  // 定义结构体类型 student1,并声明变量 stu1
    int num;
    char name[8];
    float score;
} stu1;
union student2 {                   // 定义联合共用体类型 student2,并声明变量 stu2
    int num;
    char name[8];
    float score;
} stu2;
```

由联合共用体变量的存储特征可以知道,一个联合共用体变量占用的存储空间大小是由组成成员中占用空间最大者决定的,所以一个 union student2 类型的变量由 name 成员决定。不过还是强烈建议用 sizeof 运算符来计算 union student2 类型变量的内存空间大小。

图 11.4 结构体与联合共用体类型变量的存储比较

联合共用体变量成员的引用也与结构体一样,可以使用"成员名点记法"即运算符.和"成员名指向法"即运算符—>两种形式。

对联合共用体变量使用的基本原则是:最近一次它所保存的是哪个成员,就应该按照哪个成员允许的方式去访问该成员。只有遵循这一规则,使用才不会出错。

例 11.8 联合共用体变量成员的引用。

```
1   #include <stdio.h>
2   union data {
3       int a;
4       char b;
5       float c;
6   };
7   int main() {
8       union data x, * p=&x;           // 定义联合共同体变量 x 和指针变量 p
9       x.a=2;
10      printf("x.a=%d  ", p->a);
11      x.b='A';
12      printf("x.b=\'%c\'  ", x.b);
13      p->c=15.6;
14      printf("x.c=%.2f\n", x.c);
15      return 0;
16  }
```

运行结果为:

x.a=2 x.b='A' x.c=15.60

注意:

① 不能引用联合共用体变量的整体,只能引用它的某个成员。

② 不能在定义联合共用体变量时对它初始化。

③ 由于只能有一个成员驻留在联合共用体的变量存储区中,因此在引用时必须记住当前存放在联合共用体变量中的是哪个成员,只有该成员的值当前有意义。

④ 不能把联合共用体变量作为函数参数,也不能使函数返回联合共用体类型的值。但是,联合共用体变量的成员可以作为函数的实参,因为它已不是联合共用体类型。

例 11.9* 教学管理中,设立一个结构体数组,记载某学生 20 门课程的学习成绩报告单,结构体成员包括 courseNo(课程号)、courseName(课程名)、credit(学分)、courseType(类别)和 measure(评价)等,类别分为必修课(required)和选修课(selective),对于必修课以整型百分制成绩(score)进行评价,对于选修课则以字符型等级制成绩(grade)进行评价,等级制成绩分为'A'、'B'、'C'、'D'和'E',也就是说,评价成员是由 score 和 grade 联合共用一块内存,即联合共用体。

```
struct schoolReport {
    int courseNo;
    char courseName[10];
    int credit;
    char courseType;
    union {
        int score;                  // 百分制成绩,作为联合共用体的一个成员
        char grade;                 // 等级制,作为联合共用体的另一个成员
    } measure;                      // 评价,联合共用体变量,作为结构体的一个成员
};
struct schoolReport result[20];
int k;
char s[10];
```

输入时,需要根据课程类别分别按百分制或等级制输入该课程的评价:

```
for (k=0; k<20; k++){
    ...                                         // 输入课程号、课程名、学分
    gets(s);
    result[k].courseType=s[0];                  // 输入课程类别: R 为必修课
    if (result[k].courseType=='R' || result[k].courseType=='r'){
        gets(s);
        result[k].measure.score=atoi(s);        // 输入百分制成绩
    }
    else {
        gets(s);
        result[k].measure.grade=s[0];           // 输入等级制成绩
    }
}
```

输出时,也需要根据课程类别的情况才知道联合共用体变量 measure 中是什么内容,然后分别进行不同的输出处理:

```
for (k=0; k<20; k++){
    ...                                         // 输出课程号、课程名、学分、课程类别
    if (result[k].courseType=='R' || result[k].courseType=='r')
        printf("score: %d\n", result[k].measure.score);
```

```
    else
      printf("grade: %c\n", result[k].measure.grade);
}
```

11.9 枚举类型

人们在日常生活中经常会碰到这样一类信息,例如,一年的季节只有4种情况,可以一一列举出来：spring、summer、autumn、winter；一周只有7天,也可以全部列举出来：Sunday、Monday、…、Saturday；还有一年的12个月、算术的四则运算、两种性别、日光的七色,等等。这类数据有两个特点：①构成数据类型的元素的个数较少,但都有特殊的含义；②元素之间具有有序性。对于这样的数据,虽然可用整型数据描述它的有序性,但无法表达它的特殊含义；用字符串来描述它的含义,又无法表达它的有序性。为了既能表达它的含义,同时又能反映它的有序特性,C语言提供了可由用户自己定义数据类型的机制,用户可以将一组整型符号常量按顺序集合到一起,构成一种新的类型,称为枚举类型。在这个集合中的每一个符号常量称为枚举常量,将来定义的枚举类型变量只能取该集合中的枚举常量值。其实枚举本身的含义就是一一列举,枚举类型的定义就是一一列举出这种类型变量所有可能的取值。

例如,既不用整型值1、2、3、4,也不用字符串"Spring"、"Summer"、"Autumn"、"Winter"来代表四季,而是用一种不带引号的字符序列{Spring、Summer、Autumn、Winter}来表示四季,它既突出了含义,又表示了4个季节的顺序。这就是一个枚举类型。

11.9.1 枚举类型定义与变量声明

枚举类型也要先定义数据类型,再声明该类型的变量。定义枚举类型的一般形式为：

```
enum 枚举类型名  {枚举常量1, 枚举常量2, …, 枚举常量n};
```

例如：

```
enum weekday {Sunday, Monday, Tuesday, Wednesday, Thursday, Friday, Saturday};
```

定义了一个枚举类型weekday,该类型只包含7种枚举常量。也就是说,该类型变量的取值范围就是这7个常量。

枚举类型变量声明的一般形式：

```
enum 枚举类型名 变量列表;
```

例如：

```
enum weekday workday, freeday;
```

当然,也可以直接定义枚举变量,例如:

```
enum {Spring, Summer, Autumn, Winter} season;
```

说明:

(1) 枚举类型是用来描述具有一定含义和顺序特性的物理量。

(2) 组成枚举类型数据的个数是有限的。

(3) 枚举类型的成员是一些常量,用逗号分开它们(逗号在这里仅起分隔作用,因此最后一个枚举元素不能再跟一个逗号)。

就像整型常量中有 0、1、2、…,字符型常量有'A'、'B'、'C'、…一样,weekday 枚举类型的常量中也有 Sunday、Monday、…,这里的 Sunday 是常量,不是变量,不能对它赋值,例如不能写成 Sunday=1;之类的形式。

(4) 枚举类型变量只能接受枚举类型常量的值。例如:

```
freeday=Sunday;
```

其中,freeday 是变量名,Sunday 是一个具体的枚举常量。

(5) 枚举量的顺序特性由定义枚举类型时列举的顺序所决定。

每一个枚举常量按其顺序性,对应一个确定的整数值,一般情况下,枚举常量的序号是从 0 开始编号,并按照它们的列举顺序逐一增加。例如:

```
enum weekday {Sunday, Monday, Tuesday,Wednesday, Thursday, Friday, Saturday};
```

则 Sunday 的序号为 0,Monday 的序号为 1,依次类推。

有时也可以对它的序号做一些特殊的指定,例如:

```
enum weekday {Sunday=7, Monday=1, Tuesday,Wednesday, Thursday,Friday, Saturday};
```

定义枚举类型 weekday 中包含了 7 个枚举常量,其顺序号依次为 Monday=1,Tuesday=2,Wednesday=3,…,Saturday=6,Sunday=7。

11.9.2 枚举类型的使用方法

枚举常量有序号,可以根据序号来处理具体的枚举量。

(1) 通过序号来强制转换赋值。例如:

```
workday= (enum weekday)2;
```

或者

```
workday= (enum weekday)(5-3);
```

均等效于

```
workday=Tuesday;
```

因为枚举常量 Tuesday 的序号为 2。

不能将整型量直接赋给枚举变量,但可以将枚举量直接赋给整型变量(即将枚举量的序号值赋给整型变量)。例如:

```
workday=2;                          // 错误的语句
int i=Tuesday;                      // 初始化后,变量 i 的值为 2
```

(2) 通过序号从键盘间接输入枚举量。例如:

```
int k;
scanf("%d", &k);
switch (k) {
    case 1: workday=Monday; break;
    case 2: workday=Tuesday; break;
    ⋮
    case 7: workday=Sunday; break;
}
```

也可以强制转换:

```
int k;
scanf("%d", &k);
if (k>0 && k<8) workday= (enum weekday)k;
```

但不能用 scanf() 函数直接输入枚举量到相应的变量中,而只能先输入序号,再间接地转换赋值。

(3) 通过序号来输出枚举量的信息。例如:

```
printf("The day is ");
switch (workday) {
    case Sunday: printf("Sunday!\n");  break;
    case Monday: printf("Monday!\n");  break;
    ⋮
    case Saturday: printf("Saturday!\n");  break;
}
```

注意,不能直接输出枚举变量 workday 中所赋的枚举常量,只能转换输出相关的字符串信息。当然可以直接输出它所对应的序号值。例如:

```
Workday=Friday;
printf("%d", workday);
```

这里输出 workday 变量中存储的 Friday 枚举量所对应的序号 5。

（4）通过序号的大小可以比较枚举量的大小。例如：

```
if (workday==Monday) …
if (workday>Wednesday) …
```

序号大的，枚举量也大。

（5）可以将枚举量与整型量比较，实际上是将枚举量的序号与整型量比较大小。

11.9.3　类型名重新定义 typedef

C 语言的数据类型名有两类，一类是系统提供的保留字，如 int、char、float、double、long、unsigned 等；另一类是用户定义的数据类型名，如数组、结构体、联合共用体、枚举类型等的数据类型名。

在 C 语言中，不同用户根据需求，可以用 typedef 对已存在的类型名重新命名。例如：

```
typedef int INTEGER;
typedef float REAL;
```

通过定义新类型名，就使得"int a，b；　float x，y；"与"INTEGER a，b；　REAL x，y；"等价，这可以让熟悉 PASCAL 语言的人适应他们的使用习惯。

又如程序中有 3 个整型变量 i、j、k 是用来计数的，那么可以定义：

```
typedef int COUNT;
COUNT i, j, k;
```

给 int 型添加了一个新名称 COUNT，且定义变量 i、j、k 为 COUNT 型，也就是 int 型。使用 COUNT 类型名，可以一目了然地知道它们是用于计数的。

typedef 是 type define（类型定义）的缩写。顾名思义，typedef 只能用来重新定义类型名，是为已经存在的类型增加一个新名称，并没有创造新的类型。习惯上用 typedef 定义的新类型名使用大写字母，以示与系统提供的类型名相区别。

类型的新名和类型的原名等价，都是指同一种类型。但在使用中，类型新名不是简单地从文字上代替原名，必要时还可能要进行一些调整转换。例如：

```
typedef int AGE[10];
AGE a;                              // 等效于 int a[10];
```

这里的 AGE 是一种由 10 个 int 型数据组成的数组类型。为了能更好地理解如何定义新类型名，可以把定义一个新类型名的方法归纳为如下步骤：

（1）按声明变量的方法写出定义体，如"float x；　int a[10]；"。

（2）将变量名换成新类型名，如"float REAL；　int AGE[10]；"。

（3）在最前面加 typedef，如"typedef float REAL；　typedef int AGE[10]；"。

(4) 然后可以用新的类型名声明变量,如"REAL x; AGE a;"。
用上述归纳的方法可以定义指针类型、结构体类型等。例如:

```
typedef float * POINTER;            // 把 float *类型重新命名为 POINTER
POINTER p, pt[5];                   // p 和 pt 分别为 float 型的指针变量和指针数组
```

又如,命名 POINTERFUN 为指向返回值为 int 型的函数的指针类型:

```
typedef int(* POINTERFUN)();
POINTERFUN p1, p2;                  // p1 和 p2 均为 POINTERFUN 类型的指针变量
```

可以定义结构体类型:

```
typedef struct {
    int month;
    int day;
    int year;
} DATE;
```

这里的 DATE 是类型名,不是变量,注意和结构体章节中内容的区别。用 DATE 定义该类型的变量:

```
DATE birthday, * p;                 // 此时不能写成 struct DATE birthday, * p;
```

11.10 编程实践:中文处理

人们日常生活中接触到的主要是中文字符,那么 C 程序是否可以进行中文处理呢?本节分几个部分来进行说明。

1. 向控制台输入和输出中文字符

向控制台输出中文字符是可以的,不需要任何特殊的设置。但是这个时候,中文字符并不能被很好地"理解"。请看下面的例子。

```
1  #include <stdio.h>
2  #include <string.h>
3  int main(){
4      char s[100];
5      printf("请输入一个字符串:\n");
6      gets(s);
7      printf("你输入的是:%s,长度为:%d\n", s, strlen(s));
8      return 0;
9  }
```

运行情况如下所示:

请输入一个字符串:
二〇一六2016↵
你输入的是:二〇一六 2016,长度为:12

可以看到,一个中文字符相当于两个 ASCII 字符,这是因为一个中文字符在内部存储的编码占两个字节。这说明中文并没有按照原生格式被理解。

2. 向文件读写中文字符

正常情况下可以向文件中写入和读出中文。例如:

```
1   #include <stdio.h>
2   #include <string.h>
3   int main(){
4       char s[100];
5       FILE * fp=fopen("D:\\Work\\文件.txt", "wt");
6       printf("请输入一个字符串:\n");
7       gets(s);
8       fprintf(fp, "%s", s);
9       fclose(fp);
10      fp=fopen("D:\\Work\\文件.txt", "rt");
11      fgets(s, 100, fp);
12      printf("从文件中读取的是:%s,长度为:%d\n", s, strlen(s));
13      fclose(fp);
14      return 0;
15  }
```

在这个程序中,不管输入的是中文还是英文字符串,都可以成功地写入文件并读出来。同理,这个时候仍然将一个中文字符当作两个 ASCII 字符看待。

如果想要将一个中文字符当作一个字符来看待,那么就要用到另一种数据类型:wchar_t。char 是 8 位字符类型,最多只能表示 256 种字符,许多外文字符集所含的字符数目超过 256 个,char 型无法表示。wchar_t 用于表示宽字符集(w 代表 wide),wchar_t 数据类型一般为 16 位或 32 位(不同的平台和编译系统中有不同的规定,在 VS 2015 中,它是 16 位),这样它能表示的字符的数量就比 char 型多得多。

wchar_t 型数据的表示和操作都不同于 char 型。

(1) 一个 wchar_t 型字符可能是一个 ASCII 字符,也可能是一个中文,甚至其他文字的字符。

(2) 一个 wchar_t 型字符常量和字符串要用 L 字母来引导。例如:

wchar_t wch=L'好';
wchar_t wstr[100]=L"今天日期是 2016-10-01";

其中，给字符变量 wch 赋值了一个中文字符'好'，给字符数组 wstr 赋值了一个长度为 15 的字符串（包含 5 个中文字符组成的字符串"今天日期是"和 10 个西文字符组成的字符串"2016-10-01"）。从这里可以看出它与 char 型字符组成的字符串的不同。

（3）wchar_t 型字符串要用专用的宽字符操作的函数来处理。前面学过的 strlen、strcpy、strcmp 等字符串函数都有相应的宽字符版本，而 printf、scanf、puts 和 gets 等输入输出函数也都有宽字符版本，所有与宽字符相关的函数都在 wchar.h 中声明。

例如：

```
1   #include <stdio.h>
2   #include <locale.h>              // 含有 setlocale 函数的声明
3   #include <wchar.h>               // 含有 wchar_t 类型的定义及其相关函数的声明
4   int main(){
5       setlocale(LC_ALL, "");       // 设置地区信息
6       wchar_t wstr[100];           // 声明宽字符串
7       int n, i;
8       printf("请输入今天日期：");
9       fgetws(wstr, 100, stdin);    // fgetws 是 fgets 的宽字符版本
10      n=wcslen(wstr);              // wcslen 是 strlen 的宽字符版本
11      printf("n=%d\n", n);
12      for(i=0; i<n; i++)
13          wprintf(L"%lc", wstr[i]); // wprintf 是 printf 的宽字符版本
14      printf("请输入姓名：");
15      wscanf(L"%ls", wstr);        // wscanf 是 scanf 的宽字符版本
16      wprintf(L"%ls,您好!\n", wstr);
17      return 0;
18  }
```

运行情况如下所示：

请输入今天日期：二〇一六年十月一日↵
n=10
二〇一六年十月一日
请输入姓名：张无忌↵
张无忌,您好！

值得一提的是，wscanf 和 wprintf 函数对宽字符进行输入输出时，要在格式控制符中加上字符 l，即%ls 格式串用于宽字符串，%lc 格式串用于宽字符。另外，fgetws 像 fgets 函数一样，会将输入的回车符也存到字符数组中，所以在第 9 行虽然输入的是 9 个中文字符，但是第 10 行计算出的 n 的值为 10。

第 5 行的函数 setlocale(LC_ALL，"")把地区信息（地域信息）设置为系统默认。地区信息是针对一个地理区域的语言、货币、时间以及其他信息。为什么要设置地区信息呢？可以这样来理解，由于一个 wchar_t 型字符的编码在内存中占两个字节，对应于一个 short 型整数，当输出这个字符的时候，怎么知道这个整数对应于什么字符呢？这就要看当前的地域

设置了。如果当前操作系统设置为简体中文，那么内存中的一个整数可能对应于一个汉字；如果当前操作系统设置为韩文，那么同样的一个整数可能对应于一个韩文字符。

综上所述，C语言处理中文是没有问题的，只是比处理一般的字符串要麻烦一些。建议初学者先把重点放在程序设计的思路、方法和技巧上，毕竟这些才是本书的核心所在。

另外，在涉及到非 ASCII 字符处理的时候经常会碰到一些莫名其妙的报错和乱码，这些错误信息有的与代码有关，有的与编译器甚至操作系统设置有关。字符编码、文件编码这些话题比较复杂，读者可以通过其他资料来加深理解。

11.11 本章小结

1. 自定义数据类型

C语言数据类型的定义机制有两类：一类是由系统定义；另一类是C语言提供的自定义数据类型的方法。一般C语言的数据操作原则是：先定义数据类型，再声明其变量。

自定义数据类型的两种方法：

(1) 数据类型定义与变量声明同时进行。例如：

```
float *p;
```

既匿名定义指针类型 float *，同时又声明该类型的变量 p。

(2) 数据类型定义与变量声明分别进行。例如：

```
struct stud {                    /*语句A*/
    long num;
    int age;
    float score;
};
struct stud s1, s2;              /*语句B*/
```

语句 A 定义了结构体类型 struct stud；语句 B 声明了两个结构体类型的变量 s1、s2。

2. 结构体

1) 结构体类型定义的 3 种形式

```
struct 结构体类型名 {              // 形式1：单独定义结构体类型
    成员类型 成员名1;
    成员类型 成员名2;
        ...
    成员类型 成员名n;
};

struct 结构体类型名 {              // 形式2：定义结构体类型的同时声明变量
    成员类型 成员名1;
```

```
    成员类型 成员名 2；
        ...
    成员类型 成员名 n；
} s1,s2;

struct {                        // 形式 3：直接声明结构体类型的变量
    成员类型 成员名 1；
    成员类型 成员名 2；
        ⋮
    成员类型 成员名 n；
} s1,s2;
```

2）结构体变量的声明

声明结构体变量的一般形式为：

```
struct 结构体类型名 变量标识符列表；
```

3）结构体变量的初始化与引用

结构体变量的初始化就是指声明结构体变量的同时给它赋初值，其一般形式为：

```
struct 结构体类型名 结构体变量名={各个成员初始化数据}；
```

例如：

```
struct stud s1, s2={15001, 20, 620}, * p=&s2;
```

声明了两个 struct stud 类型的变量 s1、s2 和一个 stuct stud ＊类型的指针变量 p，并分别给结构体变量 s2 和指针变量 p 赋了初值。

C 语言程序中使用结构体变量时，主要通过对其各个成员的引用来实现。对结构体变量中成员进行引用有两种方法：

（1）成员名点记法。一般形式：

```
结构体变量名.成员名
```

（2）成员名指向法。一般形式：

```
结构体类型的指针->成员名
```

3．结构体类型的数组

结构体作为 C 语言的一种数据类型，它与其他数据类型一样也可作为数组元素的类型，构成所谓的结构体类型数组。

声明结构体类型数组的一般形式为：

```
struct 结构体类型名 数组名[长度];              // 一维数组
struct 结构体类型名 数组名[长度 1][长度 2];   // 二维数组
```

4. 结构体类型的指针

变量都有自己的指针，结构体变量也有自己的指针，也可声明结构体类型的指针变量。其声明的一般形式为：

```
struct 结构体类型名 *指针变量名;
```

有了结构体类型的指针变量，就可以通过指针变量来引用指针变量所指向的结构体变量的成员，这就是前面讲到的"成员名指向法"。

5. 结构体类型与函数

既然结构体是 C 语言的一种数据类型，而 C 语言的函数类型和函数参数都与数据类型有着密不可分的关系，为此可以设计结构体类型的函数和结构体类型的函数参数。

结构体类型函数的一般形式：

```
struct 结构体类型名 函数名(形参列表)
{
    函数体
}
```

形参列表中的形参也可以是结构体类型变量。

注意，可以用赋值运算符把一个结构体类型的变量赋给另一个变量。例如：

```
s1=s2;                // 一次性把 s2 的 3 个成员的值赋给变量 s1
```

6. 联合共用体

联合共用体与结构体数据类型一样，都是属于构造数据类型，它的特点是构成共用体类型变量的所有成员共用同一存储空间，也就是说联合共用体类型的变量在程序运行过程中只保存一个成员数据。

联合共用体的类型定义、变量声明、成员引用等语言规则与结构体完全一样，这里就不再赘述了。

需要注意的是：没有联合共用体类型的函数；也没有联合共用体类型的函数参数。

7. 枚举类型

枚举类型也是一种自定义数据类型，需要先定义数据类型，再声明该类型的变量。

枚举数据类型定义的一般形式为：

```
enum 枚举类型名 {枚举常量 1, 枚举常量 2, …};
```

枚举类型变量声明的 3 种形式：

第11章 结构体、联合共用体与枚举类型

(1) 先定义枚举类型,再声明变量：

enum 枚举类型名 变量列表;

(2) 定义枚举类型的同时声明变量：

enum 枚举类型名 {枚举常量1, 枚举常量2, … } 变量列表;

(3) 直接声明枚举类型的变量：

enum {枚举常量1, 枚举常量2, … } 变量列表;

枚举数据类型的特点如下：
- 枚举类型是用来描述具有一定含义和有序特性的物理量。
- 组成枚举类型数据的个数是有限的。
- 每一个枚举常量都有一个序号。
- 枚举量的序号值由定义枚举类型时列举的顺序所决定的。
- 可以将枚举量的序号与整型量比较大小。

习题11.1　选择题。
(1) 执行以下语句后的结果为(　　)。

```
enum weekday {Sun, Mon=3, Tue, Wed, Thu};
enum weekday day1, day2;
day1=Sun;   day2=Wed;
printf("%d, %d\n", day1, day2);
```

　　A) 7, 3　　　　B) 2, 5　　　　C) 0, 5　　　　D) 2, 3

(2) 若有定义：

```
int i;
enum weekday {Mon, Tue, Wed, Thu Fri} workday;
```

则(　　)是不正确的语句。

　　A) workday=(enum weekday)(4－2);　　B) workday=3;
　　C) i=Thu;　　　　　　　　　　　　　　D) workday=Thu;

习题11.2　填空题。
(1) 设已定义：

```
union {
    char c[2];
```

```
      int x;
} s;
```

若执行"s.x＝0x4241;"后,s.c[0]的十进制值为 ① ,s.c[1]的十进制值为 ② 。

(2) 下面程序的功能是对两个数 x1、x2 的正确性进行判断,若 $0 \leqslant x1 \leqslant x2 \leqslant 100$ 的条件成立,则计算 $x1^2 - x2^2$,并输出计算结果;否则输出相应的出错信息,并继续输入数据,直至满足条件。

```
#include <stdio.h>
enum Errordata {Correct, Lt0Err, Gt100Err, LGErr};
char * Errinfo[]={"Correct", "<0 Error", ">100 Error", "X1>X2 Error"};
int main() {
    int n, x1, x2, error(int, int);
    do {
        printf("Input two numbers:(x1, x2)\n");
        scanf("%d%d", &x1, &x2);
        n=  ①  ;
        printf("%s\n", Errinfo[ ② ]);
    } while (n!=Correct);
    printf("\nResult=%d\n", x1*x1-x2*x2);
    return 0;
}
int error(int min, int max) {
    if (max<min) return(LGErr);
    if (max>100) return(Gt100Err);
    if (min<0) return(Lt0Err);
    return ( ③ );
}
```

习题 11.3 有 40 个学生,每个学生的数据包括学号、姓名和 3 门功课的成绩。请编写程序,要求从键盘输入学生的数据,并输出成绩报表(包括每个学生的学号、姓名、3 门成绩及平均分数),还要求输出平均分在前 5 名的学生姓名和平均分。

习题 11.4 编写通讯录程序,利用结构体数组,输出以下形式的通讯录:

工作证号	姓名	电话号码
201	Li Min	86214756
205	Gong Lizhen	86238556
218	Kong Ping	86222800
224	Zhu Weiyu	86247960

习题 11.5 输入两个日期(年、月、日),计算这两个日期之间相隔的天数。要求写一个函数 diff,实现上面的计算。由主函数将输入的两个日期(结构体类型)传递给 diff 函数,计算后将相隔的天数返回给主函数输出。

习题 11.6 设有 N 名考生,每个考生的数据包括考生号、姓名、性别、考试成绩,考生数据输入后,要求找出成绩最好的考生信息,请用结构指针编写程序实现查找工作。

习题 11.7 输入一个日期(年、月、日),并输入该年的元旦(即 1 月 1 日)是星期几(星期一、星期二、…、星期六、星期日分别用数字 1、2、…、6、7 表示),计算该日期是星期几(注意闰年问题)。要求编写一个函数 week 来计算该日期是星期几,由主函数将日期(结构体类型)及元旦的星期几传递给 week 函数,并将计算得到的结果返回给主函数输出。

第 12 章 文件

学习目标
- 理解文件的基本概念。
- 掌握 C 语言中流和文件指针的概念。
- 理解二进制文件与文本文件的区别。
- 熟练掌握文件打开与关闭操作,以及用不同方式打开文件后对文件进行读写的影响。
- 熟练掌握对二进制文件进行读写操作,深刻理解文件的读写指针对读写文件内容的制约。
- 熟练掌握对文件进行顺序读写及随机读写操作。
- 熟练掌握 C 标准库中文件操作的相关函数。
- 理解并初步掌握在具体应用中如何实现对文件中的数据进行增、删、改操作。

C 文件概述

程序员通过编写程序来解决实际问题,而程序要处理的数据从哪里来,计算处理所得结果送到哪里去,这在算法中称为输入和输出,这两种操作均涉及一个重要的概念——文件,文件可用来保存程序、文档、数据、邮件、电子表格、图片及其他多类信息。程序员编写创建源程序的过程其实就是在对程序文件进行写入和读取。本书前面章节中所有程序中需要的数据大多数是借助于标准的输入设备(键盘)、输出设备(显示器)来实现输入、输出操作的。

12.1.1 C 文件的基本概念

文件一般是指存放在外部存储介质(如磁盘、光盘)上的一组相关信息的有序集合。例如,一个 C 语言的源程序、60 个学生的考试成绩数据等。在通过程序处理问题时从键盘输入数据、用显示器或打印机来输出得到的结果数据,在计算机"眼中",这其实也是存取一组相关数据信息,即也是在对"文件"进行操作,现代计算机系统中操作系统为了简化用户的操作,对这些用于输入输出的外部设备(简称 I/O 设备)也统一抽象成文件,称为设备文件,如键盘是输入文件,显示器和打印机是输出文件。在计算机进行输入输出操作时,操作系统是以文件为单位对数据进行管理的,无论该文件是数据集合还是 I/O 设备,每一个文件都以文件名进行标识。当要访问存放于外部介质上的数据,先按文件名找到所指的文件,然后再从该文件中读取数据;要向外部介质上存储数据,必须先建立一个文件,并以文件名进行标识,然后才能向它写入数据。

用户使用计算机时频繁地与文件打交道,程序员设计程序时使用文件的目的可以从以下 3 个方面来理解。

(1) 一些程序,如 C 语言的编译程序,要能对使用它的所有用户的每一个 C 语言源程序进行编译,而不是只对某一个具体的 C 语言源程序进行编译。为此,只能以文件形式把每一个要被编译的 C 语言源程序提供给编译程序,编译程序也只能以文件的形式把编译的结果(目标程序、清单文件)交付给用户。这就是说,程序是以文件方式进行组织存储的。

(2) 一个程序装入内存,启动并执行完成之后,就要让它退出内存,以便使另外的程序可以使用这片内存区域。如果把程序以文件的形式保存在外存中,那么将来要执行某个程序时,只要把它装入内存加以执行就可以了。这样可以大大节省手工输入的时间。与此相联系的,我们也可以用文件形式保存程序运行得到的某些中间结果或最后结果,以备下次使用。这就是说,数据也可以以文件的方式进行组织存储。文件的使用可以给用户带来许多方便,并提高上机效率。

(3) 一个程序可能用到数量很大的原始数据,或者产生大量的中间结果,以至于没有办法把它们全部装入内存,这时就必须把它们保存在文件中。可以说,使用文件成了摆脱这种困境的最佳手段。

可以看出,文件的使用是非常重要的。在某些情况下,不用文件就很难解决遇到的困难。

12.1.2 文本文件与二进制文件

C 语言将文件内容看成是连续的字节序列(也称字节流),ANSI C 根据一个文件字节流中数据的组织形式,将文件分为文本文件和二进制文件。

文本文件是指文件中每一个字节存放一个字符,对文件访问可以以单个字符的形式进行(有时也可以用字符串形式)。二进制文件是按其内容的每个字节在内存中的表现形式直接存入文件,即外部设备上存储的其实是内存的"像"。

以文本文件组织的文件面向用户,用户可以通过字处理软件读懂其中的内容,但处理时(如要把一串数字字符转换成数)需要花费转换时间,而且占用存储空间相对较多;而二进制文件处理时少了转换时间,并且可以节省外存空间,特别是在存取大批数据时速度较快,但它不适合人的阅读。图 12.1 所示的是 short 型整数 1234 在两种不同文件中的存储形式,它在文本文件中用了 4 个字节存储,而在二进制文件中只用了 2 个字节。

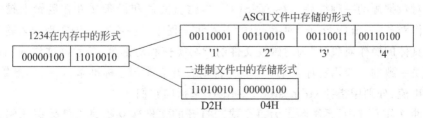

图 12.1 两类文件存储相同数据的对比示意

12.1.3 文件的处理方法

ANSI C 标准中推荐采用缓冲文件系统来处理文件。所谓缓冲文件系统是指：系统自动地在内存中开辟一块区域用于临时存放文件的部分数据内容，系统在内存中开辟的这一块存储区称为缓冲区。从内存程序数据区向磁盘输出数据必须先送到内存中的输出文件缓冲区，装满缓冲区后才一起送到磁盘。如果从磁盘向内存程序数据区输入数据，则一次从磁盘文件将一批数据输入到内存中的输入文件缓冲区（充满缓冲区），然后再从缓冲区逐个地将数据送到程序数据区，如图 12.2 所示。

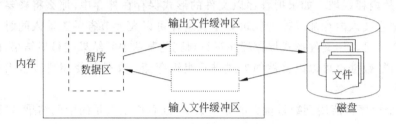

图 12.2 缓冲区文件示意图

C 语言提供了两个层次的文件操作机制，提供了不同的库函数来加以实现。一个层次是基于操作系统调用来实现的，在文件 io.h 中声明了一组完整的相关函数（它们其实是由操作系统提供的，输入输出操作函数自身不带缓冲，程序员要自己来管理缓冲）。例如，open()、close()、create()、read()、write()、lseek()、tell()、eof()、setmode()、chmod()等，本书对该层次的操作不进行详细介绍，读者可以课外自行学习。另一层次是建立在系统调用基础之上，对系统调用进行更高级别的抽象与封装，它将输入输出工作抽象成字节流操作，文件抽象成一个可存储流的容器，应用程序通过流与文件打交道，同样 C 语言在函数库中为用户提供了成套的函数来实现输入输出操作（读写工作由系统自动进行缓冲），它们在 stdio.h 头文件中进行了声明。这些库函数为程序设计人员提供了统一的编程接口。

本章主要介绍缓冲文件系统对磁盘数据文件的读写，在本章中介绍的函数，除特殊说明外，使用时都应包含 stdio.h 头文件。

12.2 流与文件类型的指针

流是对数据源的一种抽象。在 ANSI C 中，磁盘文件和设备文件在逻辑上被统一抽象成字节操作对象，即流（stream）对象，流的引入使得程序员在编写代码实现输入输出操作时不必关心具体的操作对象，因为对磁盘文件的读写操作和对键盘、显示器这样的物理设备的读写操作是一致的。应用程序初启时，系统自动打开 3 个流：标准输入流、标准输出流、标准错误输出流，分别用指针 stdin、stdout、stderr 来指向它们。

在缓冲文件系统中，系统除了为每个成功打开的文件建立临时文件数据的输入输出缓冲区外，还会为每个被使用的文件分配另一个存储区，用于存放与文件相关的信息（如文件输入的下一个位置、当前缓冲区的相对位置、文件标志、文件描述符、缓冲区的大小等），C 语言把这些信息保存在一个名为 FILE 类型的结构体变量中。例如,Visual C++ 在 stdio.h 文件中有以下的类型定义(不同的 C 编译系统定义有所不同):

```
typedef struct _iobuf {
    char * _ptr;                // 文件读写位置指针
    int    _cnt;                // 缓冲区剩余可读字节数
    char * _base;               // 缓冲区起始地址
    int    _flag;               // 文件操作标志
    int    _file;               // 文件描述符
    int    _charbuf;            // 单字节缓冲
    int    _bufsiz;             // 缓冲区的大小
    char * _tmpfname;           // 临时文件名
} FILE;
```

从上述定义可以很明显地看出,FILE 结构体中并没有包含文件的内容,只是包含文件的描述和控制信息。

有了 FILE 类型,用户可以用它来访问文件。因此,与文件操作相关的函数要么以 FILE 类型变量或者指针为参数,要么返回 FILE 类型值或者指针。例如,操作文件的第一步是打开文件,在 C 语言中使用 fopen 函数,而该函数返回一个 FILE 型指针。有了这个指针,就可以对文件进行读写操作了。

例如,按字符读取文件的部分代码如下:

```
FILE * fp;                            // 定义 FILE 型指针
fp=fopen("file.txt","rt");            // 打开文本文件 file.txt
while ((ch=fgetc(fp))!=EOF)           // 从文件中读取字符
    putchar(ch);
fclose(fp);                           // 关闭文件
```

通过 fopen 函数如何打开一个文件详见下一节。

- 这里 fp 习惯上称为指向文件的指针,但它并不指向设备上某一文件具体存储位置,而是指向内存中某一 FILE 型结构体变量,系统可以通过该指针所指向结构体变量中的信息去访问该文件。
- 要强调的是,指针 fp 代表了文件操作中的字节流,它建立了程序与文件的联系。

12.3 文件操作

12.3.1 文件的打开

要操作文件首先要打开文件,在前面已经介绍了如何通过 fopen() 函数以只读(r)、只写(w)、追加(a)3 种方式打开一个文本文件。fopen 函数的原型为:

```
FILE * fopen(char * filename, char * mode)
```

在该函数中有两个参数,第一个参数为文件名,第二个参数字符串用于说明打开文件的方式,当该函数成功打开了文件,则返回一个指向文件的指针;失败时,将带回一个错误信息(出错的原因可能是用只读方式打开一个并不存在的文件,磁盘已满无法建立新文件等),并返回 NULL 空指针(NULL 在 stdio.h 中被定义为 0)。

描述文件打开方式的字符串中可用字母 t 表示文本文件,如要打开二进制文件则用字母 b 来表示,如"rb"、"wb"、"ab"。若在打开方式字符串中不给定 t 或 b,则其方式由全局变量_fmode 来控制。

(1) 全局变量_fmode 置为 O_BINARY,则文件以二进制方式打开。

(2) 全局变量_fmode 置为 O_TEXT,则文件以文本方式打开。

这些 O_…常量和_fmode 变量在 fcntl.h 头文件中可找到其定义。系统默认值为 O_TEXT,即以文本方式打开。

文件打开方式可以是表 12.1 中的任一值。

表 12.1 C 语言文件打开方式表

文件使用方式	含 义
r(只读)	以只读方式打开文件,若文件不存在则出错
w(只写)	以写方式建立文件。如文件已存在,则覆盖原文件;如文件不存在,则建立文件
a(附加)	以添加方式打开文件,在文件尾添加。若文件不存在,则以写方式建立文件
r+(读写)	以读写方式打开一个已存在的文件,如文件不存在则返回出错信息
w+(读写)	以读写方式建立一个文件,如文件已存在,则覆盖原文件;如文件不存在,则建立文件
a+(读写)	以读写方式打开文件,在文件末尾添加。若文件不存在,则建立文件

表中内容进一步的说明如下:

(1) 从文本文件中读取数据时,将回车符('\0x0D')及换行符('\0x0A')两个字符转换为一个换行符。向文本文件写入数据时,把换行符转换为回车符和换行符两个字符。在对二进制文件读写时,不进行这种转换,在内存中的数据形式与输出到磁盘文件中的数据形式完全一致。

(2) 对于磁盘文件,在使用前一定要进行打开操作,而对于终端设备文件,程序运行时,系统会自动打开标准输入文件、标准输出文件和标准出错输出文件,所以用户不用进行打开操作,直接通过前面提及的指针变量 stdin、stdout 和 stderr 操作设备即可,指针 stdin 关联到标准输入设备键盘,stdout 及 stderr 默认都被关联到标准输出设备显示器。

- r+、w+:在打开文件之后,关闭文件之前可以通过移动读写指针来定位修改文件的内容;将读写指针移到现有某记录起始位置再写记录,则可修改该记录;将读写指针移到文件尾之后写记录,则是增加新记录。
- a+:以追加方式打开可读写的文件。文件读写指针的移动不对写操作起作用,也就是说每次都是自动写在文件最后面。

- 在对文件同时进行读和写操作时(有时是交叉操作),不同的C标准IO库处理有所不同,有时需要在读写操作之间调用fseek函数来重新定位读写指针。

12.3.2 文件的关闭

使用完一个文件后应该关闭它,并释放它所占用的内存空间。关闭文件用fclose函数,其原型为:

```
int fclose(FILE * fp)
```

其中,fp是fopen函数返回的FILE类型指针。如果关闭成功,则返回0;若发现错误,则返回EOF(在stdio.h头文件中定义为-1),可以用ferror函数来测试出错信息。

"关闭"文件就是通知系统,将一个FILE指针变量所指向的文件关闭,也就是释放文件信息区(结构体存储单元)。如果是执行写操作后关闭文件,则系统会先将输出文件缓冲区的内容(不论缓冲区是否已满)都输出到磁盘文件中,然后再关闭文件。这样可以防止丢失本来应写入到磁盘文件中的数据。因为缓冲区的数据是要装满后才输出到磁盘文件中,如果不关闭文件而直接使程序停止运行,这时就会丢失缓冲区中还未写入磁盘文件的信息。因此必须养成在程序终止之前关闭所有正在使用的文件的习惯。

12.3.3 字符方式读写文件

1. 向文件中写入(输出)一个字符

用fputc函数或putc函数可以把一个字符写到磁盘文件中去。其原型为:

```
int fputc(int ch, FILE * fp)
```

其中,ch是要输出的字符,它可以是一个字符常量,也可以是一个字符变量;fp是文件指针变量,它已经指向一个由fopen函数打开的文件。

功能:fputc(ch, fp)函数将字符ch输出到fp所指向的流式文件中去。如果输出成功,则返回值就是输出的字符;如果输出失败,则返回EOF。

例12.1＊ 从键盘输入一串字符(以回车符'\n'结束),然后输出到磁盘文件中。

```
1   #include <stdio.h>
2   #include <stdlib.h>
3   int main() {
4       FILE * fp;
5       char ch;
6       if ((fp=fopen("output.txt", "w"))==NULL){
7           printf("无法创建文件!\n");
8           exit(0);
9       }
10      while ((ch=getchar())!='\n')
11          fputc(ch, fp);
```

```
12      fclose(fp);
13      return 0;
14  }
```

运行时当输入：

```
This is a test string! ↵
```

之后，这些字符被输出到磁盘文件 output.txt 中。

2. 从文件中读入（输入）一个字符

用 fgetc 函数或 getc 函数可以从磁盘文件中读入一个字符。其原型为：

```
int fgetc(FILE * fp)
```

其中，fp 是文件指针变量，它已经指向一个由 fopen 函数打开的文件。

功能：从指针变量 fp 所指向的文件中读入一个字符，fgetc 函数的值就是该字符。如果执行 fgetc 函数遇到文件结束标志或出错，则函数返回文件结束符 EOF。

例 12.2* 从磁盘文件逐个读入字符，并在终端输出。

```
1   #include<stdio.h>
2   #include<stdlib.h>
3   int main() {
4       FILE * fp;
5       char ch;
6       if ((fp=fopen("output.txt", "r"))==NULL){
7           printf("无法打开文件!\n");
8           exit(0);
9       }
10      while ((ch=fgetc(fp))!=EOF)
11          putchar(ch);
12      fclose(fp);
13      return 0;
14  }
```

本程序中，output.txt 是作为只读方式打开的。执行 while 循环时，每次从 output.txt 文件中读入一个字符，并赋给 ch 变量，然后在终端输出该字符。

程序执行时从磁盘文件中逐个读入字符，但并非每读一个字符都访问一次磁盘，而是每访问一次磁盘将一批字符（如一个磁盘块中的所有字符）送入输入缓冲区中，当执行 fgetc 函数时则是从输入缓冲区中读取数据（当输入缓冲区中的字符全部读完才会再访问一次磁盘）。

说明：

① putc 与 fputc，getc 与 fgetc 效果是一样的，其中，fputc 是真函数，而 putc 是一个宏；

fgetc 是真函数,而 getc 是一个宏。

② 前面的章节中介绍过 putchar 函数和 getchar 函数,其实它们分别是从 putc 和 getc 派生出来的。putchar(c)是用#define 定义的宏:

```
#define putchar(c) putc(c, stdout)
```

前面已叙述过 stdout 是系统定义的标准输出文件指针变量,它是指向输出终端设备文件的。也就是说,putchar(c)的作用与 putc(c, stdout)完全一样。

getchar 的宏定义如下:

```
#define getchar() getc(stdin)
```

stdin 是系统定义的指向输入终端设备文件,即标准输入文件的指针变量。

从用户的角度,可以把 putchar、getchar、putc 和 getc 视为函数,不必严格地称它们为宏。

3. 向文件中写入(输出)一个字符串

用 fputs 函数可以把一个字符串输出到指定的流式文件中,其原型为:

```
int fputs(char * string, FILE * stream)
```

其中,string 为字符串,stream 为文件指针。

功能:把字符指针 string 所指向的字符串输出到文件指针 stream 所指向的文件中,但字符串结束符'\0'不输出。

例 12.3＊ 从键盘输入若干行字符,把它们输出到磁盘文件中保存起来。

```
1   #include <stdio.h>
2   #include <stdlib.h>
3   int main() {
4       FILE * fp;
5       char string[81];
6       if ((fp=fopen("data.txt", "w"))==NULL){
7           printf("无法打开文件!\n");
8           exit(0);
9       }
10      while (gets(string)!=NULL){        // 按 Ctrl+Z 结束输入
11          fputs(string, fp);             // 把字符串输出到 fp 所指向的文件中
12          fputc('\n', fp);               // 在每一个字符串后加一个换行符
13      }
14      fclose(fp);
15      return 0;
16  }
```

运行时,每循环一次,输入一行字符(按 Ctrl+Z 键结束输入),这个字符串被存放到

string 数组中；然后用 fputs 函数将该字符串写到 data.txt 文件中，同时用 fputc 函数将一个换行符'\n'写到 data.txt 文件中，以便以后从文件中读取数据时能够区分开各个字符串。

4. 从文件中读入(输入)一个字符串

fgets 函数可以从流式文件中读入一个字符串到内存中，其原型为：

```
char * fgets(char * string, int n, FILE * stream)
```

其中，string 为字符数组名，stream 为流式文件指针。

功能：从指定的流式文件 stream 中读入若干个字符并存放到字符数组中，当读完 n-1 个字符或读到一个换行符('\n')，则结束字符读入。如果是读到换行符('\n')结束，此时'\n'也作为一个字符送入 string 数组中。同时，在读入的所有字符之后自动加一个'\0'，因此送到 string 数组中的字符串(包括'\0'在内)最多需占用 n 个字节。fgets 函数的返回值为 string 数组的首地址。如果读到文件尾或出错，则返回 NULL。

例 12.4* 读取文本文件中的内容并在屏幕上显示出来。

```
1   #include<stdio.h>
2   #include<stdlib.h>
3   int main(int argc, char * argv[]) {
4       FILE * fp;
5       char string[81];
6       if ((fp=fopen(argv[1], "r"))==NULL){
7           printf("无法打开文件!\n");
8           exit(0);
9       }
10      /*从已打开的文件中每循环一次读取一个字符串*/
11      while (fgets(string, 81, fp)!=NULL)
12          printf("%s", string);
13      fclose(fp);
14      return 0;
15  }
```

如果本程序最终生成的可执行文件为 c:\mywork\project1\debug\showfile.exe，那么在控制台窗口输入：

C:\mywork\project1\debug\showfile.exe C:\data.txt ↵

之后，就逐行显示出 C:\data.txt 文件的内容。

12.3.4 数据块方式读写文件

本节介绍以数据块的方式对二进制文件进行读写操作，涉及的函数有两个：fread()和 fwrite()。用它们能方便地对程序中的数组、结构体数据进行整体输入输出，当然也可以用它们来处理文本文件。这两函数的原型如下：

```
int fread(void * buffer, int size, int count, FILE * stream)
int fwrite(void * buffer, int size, int count, FILE * stream)
```

其中,buffer是一内存地址(或指针)。对 fread 来说,它是存储读入数据的存储单元的起始地址;对 fwrite 来说,它是存储待写入数据的存储单元的起始地址。size 为要读写的字节数。count 表示要读写多少个 size 字节的数据块,stream 是文件指针。

两个函数的功能如下:

(1) fread 从 stream 指向的流式文件中读取 count 个长度为 size 的数据到 buffer 所指向的存储单元区域中,读入的字节总数为 count×size。

(2) fwrite 把 count 个长度为 size 的数据写到由 stream 所指向的流式文件中。待写出的数据存储在 buffer 所指向的存储单元区域中。

(3) 如果函数调用成功,fread 和 fwrite 函数的返回值为实际上已读入或写出的数据记录个数(注意不是字节数)。也就是说,如果执行成功,则返回 count 值;如果调用出错,则返回一个不足的计数(也许是 0)。

例如:

```
fwrite(arr, 100, 7, fp);
```

表示从指针 arr 所对应地址开始,将 7 个数据块的数据输出到 fp 所指向的磁盘文件中,每个数据块长度为 100 个字节。如果操作成功,返回值为 7。

说明:fread 和 fwrite 函数按块读写时是以二进制方式进行,所以通常在文本编辑器中不能正常显示其文件内容。

在后面的例子中将会用到学生结构体类型,其定义如下所示:

```
struct student {
    char name[10];              // 姓名
    char sex;                   // 性别,取值为'M'、'F'、'm'或者'f'
    int age;                    // 年龄
    float score;                // 成绩
};
```

例 12.5* 建立学生入学档案文件,每个记录包括学生的姓名、性别、年龄和入学总分。

```
1   #include <stdio.h>
2   #include <stdlib.h>
3   int main(){
4       FILE * fp;
5       struct student stud;
6       char str[80], ch='y';
7       if ((fp=fopen("stud.rec", "wb"))==NULL)   {   // 二进制只写方式打开
8           printf("无法创建文件!\n");
```

```
 9          exit(0);
10        }
11   while (ch=='y' || ch=='Y'){            // 输入数据到结构体变量 stud
12        printf("输入姓名: ");
13        gets(stud.name);
14        printf("输入性别: ");
15        gets(str);   stud.sex=str[0];     // 注意输入方式
16        printf("输入年龄: ");
17        gets(str);   stud.age=atoi(str);  // 注意输入方式
18        printf("输入分数: ");
19        gets(str);   stud.score=atof(str); // 注意输入方式
20        fwrite(&stud, sizeof(stud), 1, fp); // 写数据到文件中
21        do {                              // 数据输入结束控制
22            printf("继续输入(y/n)?");
23            gets(str);  ch=str[0];        // 注意输入方式
24        } while (!(ch=='y' || ch=='n' || ch=='Y' || ch=='N'));
25   }
26   fclose(fp);
27   return 0;
28 }
```

运行结果如下：

```
输入姓名: Xia Meng↵
输入性别: F↵
输入年龄: 18↵
输入分数: 580.2↵
继续输入(y/n)? y↵
输入姓名: Li Wei↵
输入性别: m↵
输入年龄: 20↵
输入分数: 590.5↵
继续输入(y/n)? N↵
```

用 fwrite 函数不仅能输出结构体变量的内容，也可以输出一个数组的全部元素值到指定文件中。如果 array 已定义为数组名，则如下语句可输出其全部元素到 fp 所指向的文件中。

```
fwrite(array, sizeof(array), 1, fp);
```

例 12.6* 从磁盘文件按记录读取数据，并显示读入的内容，直到文件尾。

```
1  #include <stdio.h>
2  #include <stdlib.h>
```

```
 3  int main(){
 4      struct student stud;
 5      FILE * fp;
 6      if ((fp=fopen("stud.rec", "rb"))==NULL){      // 只读方式打开二进制文件
 7          printf("无法打开文件 stud.rec.\n");
 8          exit(0);
 9      }
10      while (fread(&stud, sizeof(stud), 1, fp)==1){    // 从文件中读取每一条记录
11          printf("\n姓名：%s", stud.name);
12          printf("\n性别：%c", stud.sex);
13          printf("\n年龄：%d", stud.age);
14          printf("\n分数：%.2f", stud.score);
15      }
16      printf("\n");
17      fclose(fp);
18      return 0;
19  }
```

本程序的关键语句：

`fread(&stud, sizeof(stud), 1, fp);`

从磁盘文件 stud.rec 中读一个长度为 sizeof(stud) 字节的数据块。这个数据块的长度就是结构体变量 stud 的长度。读入的数据存放在 stud 变量的各成员中。应当保证这个读入的长度和例 12.5 程序中用 fwrite 函数输出的长度一致，而且各成员的长度和类型都一致，否则读回的数据会出现错误。例如，如果在例 12.5 中对成员 score 定义为 float 型，而在本程序中的 score 定义为 int 型，这样用 fwrite 函数输出一次的长度和用 fread 函数读入一次的长度不同，破坏了数据间的对应关系，结果就会出错。

如果执行 fread 函数成功，即正确地读入了一个指定长度的数据块，则 fread 函数返回值为 1（因为 fread 函数的第 3 个参数值是 1，即只读入一个指定长度的数据块）。因此，可以通过判断 fread 函数的返回值是否为 1 来决定是否需要继续读取。

要判断是否读取到文件尾（即文件中的内容全部读取完毕），也可以使用 feof 函数。其原型为：

`int feof(FILE * fp)`

其功能是检测 fp 上的文件结束标志是否被设置，如果被设置，则返回非 0 值，否则返回 0。文件结束标志一般由上次的读写操作来设置，当然也可以手动设置。当文件内部的读写位置指针指向文件结束时，并不会立即设置文件结束标志，只有再执行一次读文件操作，才会设置结束标志，此后调用 feof() 函数才会返回为真（非 0 值）。因此，其使用方法一般如下：

`读取文件内容；`

```
while (!feof(fp)){
    处理读取到的内容；
    读取文件内容；
}
```

例如，例 12.6 的第 10～15 行可以修改如下：

```
fread(&stud, sizeof(stud), 1, fp);
while (!feof(fp)){                          // 修改后的条件
    printf("\n姓名：%s", stud.name);
    printf("\n性别：%c", stud.sex);
    printf("\n年龄：%d", stud.age);
    printf("\n分数：%.2f", stud.score);
    fread(&stud, sizeof(stud), 1, fp);
}
```

如果将第 10～15 行代码改成以下形式，将会产生意想不到的问题。

```
while (!feof(fp)){
    fread(&stud, sizeof(stud), 1, fp);
    printf("\n姓名：%s", stud.name);
    printf("\n性别：%c", stud.sex);
    printf("\n年龄：%d", stud.age);
    printf("\n分数：%.2f", stud.score);
}
```

这是因为循环条件中的 feof(fp) 返回的是上一次读写操作后文件结束标志的状态，所以，当读完并输出最后一条数据记录时，虽然读写指针已经到达文件尾，但下一次检测循环条件时 feof(fp) 返回的仍然是 0，因而还要再执行一次循环体，这次执行读操作时，fread() 函数并不能成功地读取到数据记录，但后面的输出语句还得执行，这样最后一条成功读取到的数据记录就被输出两次了。

12.4　文件的定位与随机读写

12.4.1　文件的定位

上面介绍例题中对文件的读写都是顺序进行的，也就是从文件开头逐个进行数据读写。对于 C 的程序，系统会为每一个成功打开的文件配置一个"读写位置指针"，指向当前读或写的位置。在顺序读写一个文件时，每次读写一个数据后该指针就自动移到它后面一个位置，即下一数据项的起始地址，见图 12.3 所示。图中箭头①为文件打开时位置指针的指向，读完数据项 a（假设 a 为 int 型）后位置指针的指向在②处；读完 b（设 b 为 double 型）后的指向在③处；读完 c（设 c 为 short 型）后的指向在④处；读完 d（设 d 为字符数组）后的指向在⑤处

（如果后面没有内容，此处也就是文件尾）。

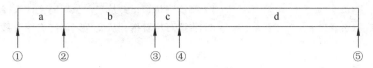

图 12.3 文件位置指针

在一个应用中很多时候对文件的操作不是每次针对整个文件进行的，可能仅仅是对文件中的某个数据或某一部分数据（如一条记录）进行读写，这种情况下如果按物理顺序逐个读写，就势必影响文件操作的效率。因此，要能改变文件读写位置指针，使之指向欲读写数据的位置，然后再进行读写操作。这种可以任意指定读写位置的读写称为**随机读写**。随机读写的关键操作是移动读写位置指针，即只要能移动读写位置指针到所需的地方，就能实现随机读写。

在对文件进行读写过程中，常用到以下函数来对读写位置指针进行定位，以正确找到文件中要读写的内容。

1. fseek 函数

fseek()函数是用来移动读写位置指针的。它的函数原型如下：

```
int fseek(FILE * stream, long offset, int fromwhere)
```

其中，stream 为文件指针，offset 为位移量，fromwhere 为起始点。

功能：设置流式文件 stream 的读写位置指针，将读写位置指针定位在从起始点 fromwhere 开始位移 offset 个字节的位置。

说明：

- 起始点 fromwhere 是指以什么位置为基准进行移动，它的取值只能是 0、1 或 2，分别对应 3 个符号常数（在 stdio.h 中已定义），如表 12.2 所示。
- 如果 fseek 函数执行成功，函数值则返回 0，失败则返回非零值。
- 位移量 offset 为正值表示以起始点为基点向文件尾移动的字节数，如果 offset 为负数表示向文件头移动的字节数。
- fseek 函数常用于二进制文件，如用于文本文件，因读写时会发生字符转换，计算移动位置指针时一定要谨慎处理。

表 12.2 文件基准位置常量

符号常量	值	文件位置
SEEK_SET	0	文件开始
SEEK_CUR	1	当前文件读写指针
SEEK_END	2	文件末尾

例如：

```
fseek(fp,10L,0);            // 将读写位置指针从文件开始向文件尾移 10 个字节
fseek(fp,-40L,1);           // 将读写位置指针从当前位置向文件头移 40 个字节
fseek(fp,-60L,2);           // 将读写位置指针从文件末尾向文件头移 60 个字节
```

2. rewind 函数

rewind 函数的作用是使文件读写指针位置重新回到文件的开头处。其函数原型为：

```
int rewind(FILE * stream)
```

功能：rewind 与 fseek(stream,0L,SEEK_SET)作用基本相同，两者区别在于：调用 rewind 函数后，会同时清除文件结束标志和错误标志（即置为 0 值）；而 fseek 函数只清除文件结束标志。执行 rewind 若成功，则返回 0；若失败则返回非零。

3. ftell 函数

调用 ftell 函数可返回指定文件的当前读写位置指针，其函数原型为：

```
long ftell(FILE * stream)
```

功能：返回文件指针 stream 所指定文件的当前位置指针，即位移量 offset（距离文件开头的字节数）。当 ftell 函数调用成功后，则返回当前位置指针相对于文件首的位移量；若失败，则 ftell 函数返回－1L。由于该函数返回值是长整型，所以当文件太大时（超过 2GB），函数调用就会产生错误。有时可利用函数 ftell 来计算一个文件的长度（所含字节数）。

例 12.7* 利用 fseek()和 ftell()函数编写程序测量一个文件的长度。

```
1   #include<stdio.h>
2   #include<stdlib.h>
3   long filesize(FILE * stream);
4   int main() {
5       FILE * stream;
6       char filename[10];
7       printf("\n输入文件名：");
8       scanf("%s", filename);
9       if ((stream=fopen(filename, "rb"))==NULL){    // 只读方式打开文件
10          printf("\n无法打开文件：%s\n", filename);
11          exit(0);
12      }
13      printf("%s 的文件大小是%ld(byte)\n", filename, filesize(stream));
14      fclose(stream);
15      return 0;
16  }
17  long filesize(FILE * fp) {          // 测量文件长度(字节数)的函数
18      long curpos, length;            // 当前文件读写位置指针相对于文件开头的位移量
```

```
19      curpos=ftell(fp);                  // 保存文件的当前读写位置指针
20      fseek(fp, 0L, SEEK_END);           // 文件读写位置指针置文件尾端
21      length=ftell(fp);                  // 求文件长度
22      fseek(fp, curpos, SEEK_SET);       // 恢复文件的原读写位置指针
23      return length;
24  }
```

4. feof 函数

在对文件进行连续读操作时，常常要测试是否到了文件尾，以决定是否结束读操作。在上一节曾提到可以用 fgetc 或者 getc 函数是否返回 EOF 来检测，但这种方法不适用于二进制文件，因为 fgetc 是设计来读取字符的。对于二进制文件，需要 feof 函数来检测，它对 C 的两种类型文件均适用。其函数原型为：

```
int feof(FILE *stream)
```

功能：检测 stream 所指向文件的文件结束标志是否被设置，如果被设置，则返回非 0 值，否则返回 0。文件结束标志一般由上次的读写操作来设置，当然也可以手动设置。当文件内部的读写位置指针指向文件结束时，并不会立即设置文件结束标志，只有再执行一次读文件操作，才会设置结束标志，此后调用 feof() 才会返回为真（非 0 值）。

12.4.2 随机读写

利用 fseek 函数移动读写位置指针到指定记录起始位置后，可以用 fread 函数读出所需的数据记录。

例 12.8*　在由例 12.5 建立的学生入学档案的磁盘文件 stud.rec 中，假设学生按照分数升序排列。现要求设计一个程序，输入一个整型值给 n，输出分数最高的 n 个学生记录，即排在尾部的 n 个学生记录。

```
1   #include <stdio.h>
2   #include <stdlib.h>
3   int main(){
4       FILE *fp;
5       struct student stud;
6       int n;
7       if ((fp=fopen("stud.rec", "rb"))==NULL){
8           printf("无法打开文件!\n");
9           exit(0);
10      }
11      printf("\n输入一个整数: ");
12      scanf("%d", &n);
13      fseek(fp, -n*sizeof(stud), SEEK_END);     // 定位到倒数第 n 个学生记录
```

```
14      while (fread(&stud, sizeof(stud), 1, fp)==1){
15          printf("\n姓名：%s", stud.name);
16          printf("\n性别：%c", stud.sex);
17          printf("\n年龄：%d", stud.age);
18          printf("\n分数：%.2f", stud.score);
19      }
20      fclose(fp);
21      return 0;
22  }
```

12.5 文件操作的出错检测

C语言为程序员提供了调用I/O函数时出错或失败的处理函数。

1. ferror 函数

在调用各种输入输出函数时，虽然函数有返回值，但这些值大多数并未明确标识是否为出错信息。例如，如果调用 fgetc 函数返回 EOF，它可能表示文件结束，也可能是调用失败而出错。fgets 调用时如果返回 NULL，它可能是文件结束，也可能是文件出错。为了明确地检查是否出错，C 提供了函数 ferror 来检测文件错误标志的值。它的函数原型为：

```
int ferror(FILE * stream)
```

功能：如果 ferror 返回值为 0，表示未出错；而当返回一个非零值，表示出错。

说明：对于同一文件每一次调用输入输出函数，均重写错误标志值，因此，应当在调用一个输入输出函数后，立即检查 ferror 函数值，否则出错信息会丢失，文件刚打开时，错误标志值为 0。

2. clearerr 函数

在对一个文件进行操作时，因某种原因失败或出现错误时，用户应立即处理，当处理完毕后，还应当重置标志值，以免重复处理。调用 clearerr 函数可以实现重置操作，该函数原型如下：

```
void clearerr(FILE * stream)
```

功能：将流式文件 stream 的错误标志和文件结束标志设置为 0。

说明：一个文件操作中错误标志的值会一直保留，直到对该文件调用 clearerr 函数或调用 rewind 函数，或对文件又执行了其他读写操作。

12.6 文件读写操作应用实例

在文件读写操作中，读操作不论是顺序读还是随机读，相对来说比较容易实现，而写操作就要困难一些，写操作包括修改数据、删除数据及追加数据，本节主要介绍写操作的应用实例。

12.6.1 文件中数据的修改

本节示例均基于如表 12.3 所示的学生数据表所建立的二进制文件来进行编程,表中共有 5 名学生的记录(表中的一行数据称为一条学生记录),在该表中要求学生姓名不能重复(姓名作为数据文件记录的主键)。设所建立的二进制数据文件名为 stud.rec,并且创建文件时输入的数据按表中的顺序物理存储。

表 12.3 学生数据表

name	sex	age	score
Fang Ping	M	18	546.8
Liu Xinyu	F	20	560.5
Wan Jiale	F	19	553.2
Chen Lushan	M	21	567.1
Li Qingqing	F	22	558.5

例 12.9* 将成绩表中所有女生的成绩加 5 分。

```
1   #include <stdio.h>
2   #include <stdlib.h>
3   int main(){
4       FILE * fp;
5       struct student stud;
6       if ((fp=fopen("stud.rec", "r+b"))==0){
7           printf("\n无法打开文件!\n");
8           exit(0);
9       }
10      while (fread(&stud, sizeof(stud), 1, fp)==1){
11          if (stud.sex=='F' || stud.sex =='f'){
12              stud.score +=5;
13              fseek(fp, -sizeof(stud), SEEK_CUR);    //定位写记录的读写位置指针
14              fwrite(&stud, sizeof(stud), 1, fp);    //写入记录到文件
15              fseek(fp, 0, SEEK_CUR);                //定位读记录的读写位置指针
16          }
17      }
18      fclose(fp);
19      return 0;
20  }
```

在例 12.9 中,按顺序读取每一个记录到结构体变量 stud,如果 stud 中的性别为女性,则修改其中的成绩,然后重新写入文件中。在这里要注意,结构体变量要刚好覆盖原来的记录,所以保证:①重新写入的记录在文件中的起始位置要与原来记录在文件中的起始位置一致;②重新写入的记录长度(即结构体变量的长度)要与原来记录的长度一致,且记录(即

结构体变量)的成员个数、类型要完全对应一致。第 13 行代码是将读写位置往前(文件头)移动一条记录的长度,即移动到刚刚读出的记录的起始位置。注意:如果文件打开是为了更新内容(以带+的方式打开),对文件的读和写都是允许的。此时要注意,如果在写操作后面跟了一个读操作,那么在读操作之前要重新定位(如第 15 行),或者被强制写入(用 fflush);如果在读操作后面跟了一个写操作,那么在写操作之前也要重新定位(如第 13 行)。

12.6.2 文件中数据的删除

二进制文件中所有的记录是连续存放的。在文件中删除数据的关键是要保证删除之后文件内的记录仍然是连续的。因此,如果在文件中删除数据,则所有被删除数据后的内容均要前移,这需要重建原文件。

从文件中删除数据的常见做法是:建立一个新的文件,按顺序依次读取原文件中的记录,如果某个记录不需要删除,则将其写入到新文件中;如果某个记录要被删除,则不写入新文件。最后将原文件删除,然后将新文件改名为原文件名。

例 12.10* 输入一个学生的姓名,编写程序将 stud.rec 文件中该学生的记录删除。

```
1   #include <stdio.h>
2   #include <stdlib.h>
3   #include <string.h>
4   int main(){
5       char name[10];
6       FILE *fp_old, *fp_new;
7       struct student stud;
8       if ((fp_old=fopen("stud.rec", "rb"))==0){    // 读方式打开原数据文件
9           printf("\n不能打开文件!\n");
10          exit(0);
11      }
12      if ((fp_new=fopen("stud2.rec", "wb"))==0){   // 写方式创建新数据文件
13          printf("\n\t不能创建文件!\n");
14          exit(0);
15      }
16      printf("输入要删除的学生姓名:");
17      gets(name);                                  // 输入要删除学生记录的姓名到字符数组 name
18      while (fread(&stud, sizeof(stud), 1, fp_old)==1){
19          // 在原文件中读取一个学生记录放在 stud 中
20          if (strcmp(stud.name, name)!=0){         // 如果不是要删除的学生记录
21              fwrite(&stud, sizeof(stud), 1, fp_new);  // 将该学生记录写入新文件
22          }
23      }
24      fclose(fp_old);                              // 关闭原文件
25      fclose(fp_new);                              // 关闭新文件
26      remove("stud.rec");                          // 删除原文件
27      rename("stud2.rec", "stud.rec");             // 将新文件更名为原文件名
28      return 0;
29  }
```

这里用到了 rename 和 remove 两个库函数,它们的原型分别为:

```
int rename(char * oldname, char * newname)
int remove(char * filename)
```

函数 rename()用于重命名文件、改变文件路径或更改目录名称,其中 oldname 为旧文件名,newname 为新文件名。如果 newname 指定的文件已经存在,则会被覆盖。如果 newname 与 oldname 不在同一个目录下,则相当于移动文件。修改文件名成功则返回 0,否则返回-1。

函数 remove()用于删除指定的文件,filename 为要删除的文件名,可以为一目录名。删除成功则返回 0,否则返回-1。

12.6.3 向文件中追加或插入数据

追加数据相当于在文件尾插入数据,通过 a+方式打开文件可以实现,但要注意的是,在向文件追加写入数据之前如果有读数据操作,可能会使得写入不成功,例题 12.11 说明了这一问题(设文件中已包含表 12.3 中所示的学生数据)。

例 12.11 * 向文件中追加数据。

```
1   #include<stdio.h>
2   #include<stdlib.h>
3   #include<string.h>
4   int main(){
5       FILE *fp;
6       struct student x, t={"Alex", 'f', 20, 566};
7       if ((fp=fopen("stud.rec", "a+b"))==0){    // 以可读追加方式打开文件
8           printf("\n\t无法打开文件!\n");
9           exit(0);
10      }
11      fread(&x, sizeof(struct student), 1, fp);    // 从文件中读一条学生记录
12      /* fseek(fp, 0L, SEEK_END); */
13      fwrite(&t, sizeof(struct student), 1, fp);    // 将 t 中数据追加到文件尾
14      /* 输出文件中的所有数据 */
15      rewind(fp);
16      while (fread(&x, sizeof(struct student), 1, fp)==1)
17          printf("\n%15s%4c%8d%8.2f", x.name, x.sex, x.age, x.score);
18      fclose(fp);
19      return 0;
20  }
```

当在 VS 2015 下运行该程序,变量 t 中的数据并没有追加写入到文件中。具体分析见例 12.9。在本例中要么将第 12 行的注释取消(在写操作之前要重新定位,但定位的具体位置无所谓,因为这里是以追加方式写),要么将第 11 行也进行注释,这样都可以成功地实现

数据追加。

而要在文件中其他位置插入数据时,自插入位置之后的所有数据都应相应后移一段距离(等于写入的数据长度),可以借助于另一个文件来完成,具体操作过程是:

(1) 将原文件插入点之前的数据写入到新文件中。
(2) 将要插入的数据写到新文件。
(3) 将原文件插入点之后的数据写入新文件。
(4) 删除原文件,将新文件更名为原文件名。

读者可参考例 12.10 中删除操作,自行完成在文件中插入数据的程序编写。

12.7 编程实践:C 与 C++

在很多地方,都会看到 C 和 C++ 一起被提及。从名字可以看出,C++ 与 C 语言有着紧密的关系,那么它们到底是什么关系呢?

C 语言是 20 世纪 70 年代初由肯·汤普逊和丹尼斯·里奇在贝尔实验室发明的,而 C++ 则是 20 世纪 80 年代由比雅尼·斯特劳斯特鲁普在贝尔实验室发明并实现的。可见 C++ 语言的出现大大晚于 C 语言,它们的关系可以总结如下。

(1) C++ 扩充了 C 语言,因此,可以说 C++ 是 C 语言的一个超集。正因为如此,一个 C 程序也天然是一个 C++ 程序,能够被 C++ 编译器编译。

(2) C 语言编写的程序运行效率非常高,C++ 在这方面继承了 C 语言的特点。事实上,在对性能要求较高的领域,一般都是 C 或 C++ 语言的天下。

(3) C 语言是一种过程化程序设计语言,而 C++ 不仅支持过程化程序设计,还支持面向对象程序设计、泛型程序设计等现代程序设计范式。

(4) C 语言相对稳定,虽然 C 语言标准仍然在更新,但是更新并不大;而 C++ 则仍在激烈变化当中。

(5) C 语言因为语言元素非常稳定,语法规则简单,学习起来很快;而 C++ 因为糅合了多种不同风格的程序设计范式,已经成为当今主流程序设计语言中最复杂的一员,完全掌握 C++ 非常困难。

标准的 C++ 由 3 个重要部分组成:

- 核心语言:最基本的构件,如基本数据类型、变量声明、控制结构等,与 C 语言一致。除此之外,支持命名空间、类的构造、异常处理、函数重载、运算符重载、流运算符、引用等新的语言元素。
- C++ 标准库:提供了大量的函数,用于操作文件、字符串等。这里包括了 C 标准库,也包括一些新的函数库,如流操作函数库。
- 标准模板库(STL):提供了大量的数据结构和方法,如队列、栈等数据结构,现在可以直接使用了。

下面给出一个典型的 C++ 程序的例子。

```cpp
1   #include <iostream>              /* IO 流函数库,用于输入输出 */
2   using namespace std;             /* 使用 std 命名空间 */
3   class Box {                      // 定义了一个类 Box
4       private:                     // 类 Box 的对象有 3 个私有成员:length、breadth 和 height
5           double length;           // 长度
6           double breadth;          // 宽度
7           double height;           // 高度
8       public:                      // 类 Box 的对象有两个构造函数和一个公开的方法
9           Box();                   // 类 Box 的对象有两个构造函数
10          Box(double, double, double);
11          double volume();         // 类 Box 的对象有一个公开的方法
12  };
13  Box::Box(){                      // 类 Box 的默认构造函数的实现
14      length=0;
15      breadth=0;
16      height=0;
17  }
18  Box::Box(double len, double bre, double hei){
19      length=len;                  // 类 Box 的另一个构造函数的实现
20      breadth=bre;
21      height=hei;
22  }
23  double Box::volume(){            // 类 Box 的 volume 方法的实现
24      return length * height * breadth;
25  }
26  int main(){
27      Box box1;                    // 声明类 Box 的对象 box1
28      Box box2(4,7,5);             // 声明类 Box 的对象 box2
29      cout<<"Volume of Box1: "<<box1.volume()<<endl;   // 调用对象 box1 的方法
30      cout<<"Volume of Box2: "<<box2.volume()<<endl;   // 调用对象 box2 的方法
31      return 0;
32  }
```

这个例子首先定义了一个类 Box,该类有 3 个数据成员,两个构造函数和一个成员函数(方法)。接着实现了 Box 类的构造函数和成员函数。在主函数中,分别声明了 Box 类的两个对象 box1 和 box2,这两个对象在创建的时候会调用不同的构造函数,从而按照不同的方法初始化。然后调用了这两个对象的 volume 方法并输出。

这个例子演示了一个典型的面向对象程序的构建,程序的主要工作是:定义类;创建类的对象;与类的对象进行交互,或者让类的对象之间进行交互。从这个程序可以体会到面向对象程序设计与过程式程序设计之间的区别。学完本课程后,读者可以学习 C++ 或者 Java 语言来对面向对象程序设计进行更深入的了解。

12.8 本章小结

1. 文件的概念

文件一般是指存放在外部存储介质(如磁盘、光盘)上的一组相关信息的有序集合。对文件进行数据读写是大多数程序所必须进行的操作,C 语言为用户提供了系统调用的低级 I/O 操作服务,也提供了高级别的标准 I/O 库函数,并且它们支持缓冲文件系统,这使得 I/O 操作有更快的速度。

C 语言将文件内容看成是连续的字节序列(又称字节流),ANSI C 根据一个文件字节流中数据的组织形式,将文件分为文本文件和二进制文件。文本文件是指文件中每一个字节存放一个字符,对文件访问可以以单个字符的形式进行(有时也可以用字符串形式)。二进制文件是按其内容的每个字节在内存中的表现形式直接存入文件,即外部设备上存储的其实是内存的"像"。

ANSI C 标准中推荐采用缓冲文件系统来处理文件。所谓缓冲文件系统,是指系统自动地在内存中开辟一块区域用于临时存放文件的部分数据内容,系统在内存中开辟的这一块存储区称为缓冲区。从内存中的程序数据区向磁盘输出数据必须先将数据送到内存中的输出文件缓冲区,装满输出缓冲区后才一起送到磁盘。如果从磁盘向内存中的程序数据区输入数据,则一次从磁盘文件将一批数据输入到内存中的输入文件缓冲区(充满缓冲区),然后再从输入缓冲区逐个地将数据送到程序数据区。

在缓冲文件系统中,系统记录了每个被使用的文件的控制信息(如文件输入的下一个位置、当前缓冲区的相对位置、文件标志、文件描述符、缓冲区的大小等),C 语言把这些信息保存在一个名为 FILE 类型的结构体变量中。有了 FILE 类型,用户可以用它来访问文件。

2. 文件的打开与关闭操作

(1) 文件的打开

fopen 函数把一个文件和流关联起来,给此流返回一个 FILE 类型的指针,以后用户程序就可用此 FILE 类型的指针来实现对指定文件的存取操作了。其原型为:

```
FILE * fopen(char * filename, char * mode)
```

参数 filename 指向要打开的文件名,mode 表示打开状态的字符串,其取值是文件使用方式和文件格式的组合。其中,文件使用方式的取值如表 12.1 所示。

文件格式有两种取值,分别是:t 表示文本文件(可缺省),b 表示二进制文件。例如:

```
fopen("d:\\myfile\\file.dat", "rb");
```

表示以只读方式打开二进制文件 d:\myfile\file.dat。

(2) 文件的关闭

文件操作完成后,必须要用 fclose() 函数进行关闭。其原型为:

```
int fclose(FILE * fp)
```

它表示将关闭 FILE 指针对应的文件。一旦关闭了文件,该文件对应的 FILE 结构体类型的数据将被释放,文件缓冲区的内容也将写到磁盘上去并释放文件缓冲区。

3. 字符方式读写文件

(1) 读写文件中字符的函数(一次只读写文件中的一个字符),原型分别如下:

```
int fgetc(FILE * fp)
int getchar(void)
int fputc(int ch, FILE * fp)
int putchar(int ch)
int getc(FILE * fp)
int putc(int ch, FILE * fp)
```

其中,fgetc()函数从 FILE 指针指向的文件中读出一个字符,并将该字符作为函数的返回值。若遇到文件结束符,则返回 EOF(其对应值为-1),在程序中可通过检查该函数返回值是否为 EOF 来判断是否已读到文件尾。fputc 是把一个字符输出到文件中去。putc()等价于 fputc(),getc()等价于 fgetc(),putchar(c)相当于 fputc(c,stdout),getchar()相当于 fgetc(stdin)。

(2) 读写文件中字符串的函数:

```
char * fgets(char * string, int n, FILE * stream)
char * gets(char * string)
int fputs(char * string, FILE * stream)
int puts(char * string)
int fscanf(FILE * stream, char * format, variable-list)
int fprintf(FILE * stream, char * format, variable-list)
```

其中,fgets()函数从 FILE 指针指向的文件中读取 n$-$1 个字符,除非读完一行(即遇到换行符'\n'或遇到文件结束),参数 string 是字符数组名,如果成功则返回 string 的指针,否则返回 NULL。string 数组中在存放完读入的字符之后会被自动加上结束符'\0'。

gets()函数从标准输入设备读取一行,并存放在字符数组 string 中。在使用的时候要特别注意读到的字符串不要超过字符数组的长度。

fputs()函数写一个字符串到文件中,puts()函数输出一个字符串到标准输出设备。

fprintf()和 fscanf()与 printf()和 scanf()函数类似,不同之处就是:printf()函数是向标准输出设备输出,fprintf()则是向文件输出;scanf()函数是从标准输入设备输入,fscanf()则是从文件输入。

4. 数据块方式读写文件

读写函数的原型如下:

```
int fread(void * buffer, int size, int count, FILE * stream)
int fwrite(void * buffer, int size, int count, FILE * stream)
```

fread 从 stream 指定的流式文件中读取 count 个长度为 size 的数据块到 buffer 所指向的存储单元区域中，读入的字节总数为 count×size。fwrite 把 count 个长度为 size 的数据块写到由 stream 所指定的流式文件中，待写出的数据存储在 buffer 所指向的存储单元区域中。

如果函数调用成功，fread 和 fwrite 函数的返回值为实际上已读入或写出的数据记录个数（注意不是字节数）。即如果执行成功，则返回 count 值；如果调用出错，则返回一个不足的计数（也许是 0）。

5. 移动文件读写位置函数

跟文件读写位置有关的函数有 3 个，其原型分别为：

```
long ftell(FILE * stream)
int rewind(FILE * stream)
int fseek(FILE * stream, long offset, int fromwhere)
```

函数 ftell() 用来得到文件读写位置指针离文件开头的偏移量。rewind() 函数将文件读写位置指针复位到文件的开头。fseek() 函数用于把文件读写位置指针以 fromwhere 为起点移动 offset 个字节，起始点 fromwhere 是指以什么位置为基准进行移动，它的取值只能是 0、1 或 2，分别对应于 3 个符号常数（在 stdio.h 中已定义），如表 12.2 所示。

6. 错误相关函数

检测文件是否结束、出错相关函数的原型如下：

```
int ferror(FILE * stream)
void clearerr(FILE * stream)
int feof(FILE * stream)
```

函数 ferror() 用来检测文件错误标志的值。应当在调用一个输入输出函数后，立即检查 ferror() 函数值，如果返回值为 0，表示未出错；如果返回一个非零值，表示出错。clearerr() 函数将流式文件 stream 的错误标志和文件结束标志设置为 0。函数 feof() 的功能是检测流文件 stream 的文件结束标志是否被设置，如果被设置，则返回非 0 值，否则返回 0。文件结束标志一般由上次的读写操作来设置。

7. 其他文件操作函数

```
int rename(char * oldname, char * newname)
int remove(char * filename)
```

函数 rename() 用于重命名文件、改变文件路径或更改目录名称，其中 oldname 为旧文件名，newname 为新文件名。如果 newname 指定的文件存在，则会被覆盖。如果 newname 与 oldname 不在一个目录下，则相当于移动文件。修改文件名成功则返回 0，否则返回 −1。

函数 remove() 用于删除指定的文件，filename 为要删除的文件名，可以是一个目录。删除成功则返回 0，失败则返回 −1。

习题 12.1 填空题。

(1) 在 C 程序中,文件可以用_____方式存取,也可以用_____方式存取。

(2) 在 C 程序中,文件指针变量只能说明为_____类型。

(3) 为了从文本文件中读数据,在打开文件时应指定_____方式。

(4) 把流文件 fp 的读写位置指针移到文件的开头应使用_____语句或_____语句。

(5) 函数调用语句"fgets(str, n, fp);"从 fp 指向的文件中最多读入_____个字符放到 str 字符数组中,函数值为_____。

(6) C 程序中,对文件进行随机存取时,应调用_____函数移动指针。

习题 12.2 文件结束标志 EOF 和 feof(fp) 函数都可用来判别文件读写是否结束。试述它们各自的特点以及之间的区别。

习题 12.3 编程把终端读入的若干行文本(按 Ctrl+C 或 Ctrl+Z 组合键结束输入)复制到一个文件中。要求在复制的过程中把小写字母转换成大写字母。

习题 12.4 编程将磁盘中的一个文本文件逐行逆置到另一个文件中。

习题 12.5 统计文本文件中的单词个数。

习题 12.6 有一个源代码文件,其中包含有制表符('\t'),编写程序对文件进行修改,将该文件中每个制表符替换为 4 个空格。

习题 12.7 某班有 20 名学生,期末考试科目有数学、英语、C 语言 3 门课程。试编写一个程序,将这 20 名学生的姓名、学号及各科考试成绩存入一个二进制文件中。

习题 12.8 编写程序,依据习题 12.7 得到的成绩文件中的数据,统计每名学生的总分,并按总分由高到低生成考试排名结果,然后将结果写到另一文件中。

习题 12.9 设某数据文件中有 20 名学生的记录,编写程序,要求按文件中记录顺序,将偶数序的记录写入到另一文件中,并且在原文件中将它们删除。

习题 12.10 设有两个文件各存放有一些英文单词,请编程将它们的内容合并写入到另一个新的文件中,新文件中的单词要求按字典序存放。

第 13 章　指针的进一步讨论与位运算

学习目标

- 掌握多级指针的概念；掌握指向指针的指针变量、指向行指针的指针变量、指向指针的指针数组、指向行指针的指针数组的声明方法。
- 掌握函数指针的概念；掌握指向函数的指针变量、指向函数的指针数组、指向返回指针的函数的指针变量、指向返回指针的函数的指针数组、指向返回行指针的函数的指针变量、指向返回行指针的函数的指针数组的声明方法。
- 掌握位运算的概念及其基本应用方法。
- 掌握位段的概念及其基本应用方法。

在第 8 章中已经对指针进行了讨论，介绍了指针和指针变量的概念，指针变量的声明、初始化和运算，数组的指针、字符指针处理字符串，指针作为函数参数、返回指针的函数以及指针数组等。在第 11 章中又介绍了结构体类型数据的指针及其用法，在第 12 章中还介绍了文件类型的指针及其用法。在 C 语言中，指针的用途非常广泛且用法非常灵活，本章将对指针进行深一步的讨论，主要介绍多级指针（即指向指针的指针）、函数的指针、指向函数的指针变量和指针数组等概念及其应用。另外，还将介绍 C 语言的位运算、位段等内容。

13.1　多级指针

根据 8.6 节的介绍，指针数组 book 是指每一个数组元素 book[i]均用来存储一个指针值的数组，即指针数组中的每一个元素都是指针变量；而数组名 book 本身也是一个指针，它指向数组的第 0 个元素 book[0]。因此，数组名 book 就是一个指向指针的指针，即多级指针。

13.1.1　指向指针的指针与指向行指针的指针

假设有一个指向 int 型变量 i 的指针变量 p，p 的值是指针，即变量 i 的指针 &i；指针变量 p 本身又有指针（即 &p），它是指向指针的指针；我们再声明一个指针变量 b 来存放指针的指针 &p，这样指针变量 b 就指向了指针变量 p，称指针变量 b 为指向指针的指针变量，如图 13.1 所示。

指向指针的指针变量的声明形式如下：

类型标识符　**变量名；

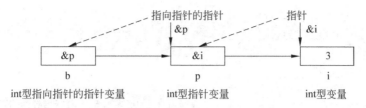

图 13.1　指向指针的指针、指针变量

所谓指向指针的指针变量，是指不仅变量的值属性是地址值，而且变量的访问数据类型属性还是指针类型。例如：

```
int **b;
```

声明了一个指向指针的指针变量 b。b 的类型为 int **，*b 的类型（即变量 b 的访问数据类型）为 int *，**b 的类型为 int。

指向行指针的指针变量的声明形式如下：

```
类型标识符  (**变量名)[指向的数组长度];
```

例如：

```
int (**b)[4];
```

声明了一个指向行指针的指针变量 b。它的值 *b 是一个行指针，即 *b 指向一个包含 4 个 int 型元素的一维数组；**b 是一个指向 int 型存储单元的指针，即 **b 指向 *b 所指向一维数组的第 0 个元素；***b 是一个 int 型数据，即 ***b 就是 *b 所指向一维数组的第 0 个元素。

例 13.1　指向指针的指针变量和指向行指针的指针变量。

```
1   #include <stdio.h>
2   int main() {
3       int a[3][4]={{86, 75, 82, 93}, {92, 88, 69, 77}, {91, 85, 95, 92}};
4       int (*p[3])[4]={a, a+1, a+2};                    //声明行指针数组 p
5       char *q[]={"LIU XP", "WAN CX", "SHU W", "LUO SW"};  //声明指针数组 q
6       void func1(char **, int), func2(int (**)[4], int, int);  //声明函数
7       func1(q, 4);                                     //实参 q 是指向指针的指针
8       func2(p, 3, 4);                                  //实参 p 是指向行指针的指针
9       return 0;
10  }
11  void func1(char ** b, int k) {                       //形参 b 是指向指针的指针变量
12      char * s;
13      int i;
14      for (i=0; i<k; i++, b++){
15          s= * b;
16          while (* s!=' ')                             //输出 s 所指向姓名字符串中的"姓"
```

```
17              printf("%c", *s++);
18          printf(" ");
19      }
20      printf("\n");
21  }
22  void func2(int (**b)[4], int m, int n) { // 形参 b 是指向行指针的指针变量
23      int i, j;
24      for (i=0; i<m; i++, b++){
25          for (j=0; j<n; j++)                   // 输出 *b 所指向一维数组的每一个元素
26              printf("%d ", *(**b+j));
27          printf("\n");
28      }
29  }
```

执行结果如下:

```
LIU WAN SHU LUO
86  75  82  93
92  88  69  77
91  85  95  92
```

13.1.2 指向指针的指针数组与指向行指针的指针数组

如果数组中的每一个元素都是用来存储一个指向指针的指针,则该数组称为指向指针的指针数组,即每一个数组元素都是指向指针的指针变量。

指向指针的指针数组的声明形式为:

类型标识符 **数组名[数组长度];

例如:

int **b[5];

声明了一个指向指针的指针数组,数组名为 b,共有 5 个元素,每个元素 b[i]即 *(b+i)都是一个指向指针的指针变量,它的值 *b[i]即 *(*(b+i))是一个指向 int 型存储单元的指针,因此,**b[i]即 **(*(b+i))是一个 int 型数据。

指向行指针的指针数组的声明形式如下:

类型标识符 (**变量名[数组长度])[指向的数组长度];

例如:

int (**b[5])[4];

声明了一个指向行指针的指针数组,数组名为 b,共有 5 个元素,每个元素 b[i]即 *(b+i)都是一个指向行指针的指针变量,它的值 * b[i]即 *(* (b+i))是一个指向包含 4 个元素的一维数组的指针,因此, ** b[i]即 ** (* (b+i))是一个指向一维数组(它是 * b[i]所指向的一维数组)的第 0 个元素的指针, *** b[i]即 ***(* (b+i))是一维数组(它是*b[i]所指向的一维数组)的第0个元素。

例 13.2 指向指针的指针数组。

```
1   #include <stdio.h>
2   int main() {
3       char *p[]={"LIU XP", "WAN CX", "SHU W", "LUO SW"};    // 声明指针数组 p
4       char **b[4];                      // 声明指向指针的指针数组 b
5       int i;
6       for (i=0; i<4; i++)
7           b[i]=p+i;                     // 给指向指针的指针数组元素 b[i]赋值
8       for (i=0; i<4; i++)
9           printf("%s\n", *b[i]);
10      return 0;
11  }
```

运行结果如下:

```
LIU XP
WAN CX
SHU W
LUO SW
```

13.2 函数与指针

程序在编译时,每一个函数都分配了一个入口地址,这个入口地址就称为函数的指针。

13.2.1 指向函数的指针变量

指针变量不仅可以指向一般变量,也可以指向数组和结构体类型变量,还可以指向函数。我们可以声明一个指针变量来指向函数。指向函数的指针变量的一般声明形式如下:

类型标识符 (* 变量名)();

例如:

int (* p)();

声明了一个指针变量 p,指针变量 p 可以用来指向一个返回 int 型值的函数。这里, * p 两侧的括号不可少,(* p)代表 p 是一个指针变量,(* p)()则代表 p 是一个指向函数的指针变量。即指针变量 p 的值属性是函数的起始地址,其访问数据类型属性是返回 int 型值的函数。

指向函数的指针变量声明后,并没有明确表示指向哪一个函数,只明确了该函数返回值的类型。将某个函数的指针(函数名就是该函数的指针常量)赋给指向函数的指针变量后,该指针变量就指向该函数,以后就可以通过该指针变量来调用该函数。通过指向函数的指针变量调用所指向函数的一般调用形式为:

```
(*指针变量名)(实参列表);
```

例如,有一返回 int 型值的函数 max,则

```
int (*p)();                    // 声明指向函数的指针变量 p
p=max;                         // 使指针变量 p 指向函数 max
z=(*p)(a,b);                   // 通过指针变量 p 调用函数 max
```

等价于

```
z=max(a,b);
```

例 13.3* 用梯形法求定积分的近似值。

$$y = \int_a^b f(x)dx$$

用梯形法求定积分的近似值的公式为:

$$y = h \cdot \left[\frac{f(a)+f(b)}{2} + \sum_{i=1}^{n-1} f(a+i \cdot h) \right]$$

其中,n 为等分小区间数,h=|(b-a)/n|。以下程序调用 trap 函数求定积分,被积函数分别是:

① fun1(x)=1+x+x*x,且 a=0,b=2,n=2000。
② fun2(x)=5+2*x+3*x*x,且 a=1,b=2,n=1000。

程序如下:

```
1   #include <stdio.h>
2   #include <math.h>
3   double func1(double x){
4       return (1.0+x+x*x);
5   }
6   double func2(double x){
7       return (5.0+2*x+3*x*x);
8   }
9   double trap(double (*p)(double), double a, double b, double n){
10      double sum, h;
11      int i;
12      sum=0.5*((*p)(a)+(*p)(b));
```

```
13      h=fabs(b-a)/n;
14      for (i=1; i<=n-1; i++)
15          sum+=(*p)(a+i*h);
16      sum *=h;
17      return sum;
18  }
19  int main() {
20      double y1, y2;
21      double (*p1)(double)=func1, (*p2)(double)=func2;
22      y1=trap(p1, 0.0, 2.0, 2000.0);
23      y2=trap(p2, 1.0, 2.0, 1000.0);
24      printf("y1=%5.2f\n", y1);
25      printf("y2=%5.2f\n", y2);
26      return 0;
27  }
```

程序运行结果如下：

```
y1=6.67
y2=15.00
```

函数指针以及指向函数的指针变量的一个重要用途是回调函数。什么是回调函数呢？我们通过一个例子来说明。

前面章节介绍了两种常用的排序算法：选择排序算法和冒泡排序算法。为了使得算法调用更加方便，避免书写重复代码，一般将这些算法封装在一个函数中，然后通过函数参数来传递具体问题的一些关键数据。例如，选择排序算法的函数原型可以写成以下形式：

```
void selection_sort(int *a, int n)
```

对于一个具体的 int 数组排序的时候，只需要把数组名和数组元素个数作为实参调用该函数即可。例如：

```
int numbers[20];
…
selection_sort(numbers, 20);
```

但是，函数 selection_sort 还存在两个问题：

（1）数据类型固化。上述函数只能用于整型数组的排序，不能用于其他数据类型。

（2）假定元素间可比较。上述函数假定任意两个元素之间是可以直接比较大小的，但是对于自定义数据类型（如结构体类型）并不满足这个假设。

在 C++ 等语言中，解决这两个问题的方法是用"泛型编程"。在 C 语言中，可以这样实现：

（1）第一个参数的类型改为 void *，并增加一个参数表示元素大小。

(2) 将一个函数作为参数，该函数可以比较两个元素的大小，该函数由程序员提供。

对于任意类型的数组而言，要实现选择排序，只需要提供：数组首地址、元素个数、元素大小、比较函数。这里的关键是怎么把函数作为参数。由于函数名就是函数指针，有了函数指针就可以调用一个函数，因此可以把函数名作为实参，而对应的形参则是指向函数的指针变量。这样，选择顺序算法的函数原型可以改写成以下形式：

```
void selection_sort(void * a, int n, int width, int (* fcmp)(void *, void *))
```

注意，这里的 fcmp 是一个指向函数的指针变量。

例 13.4* 选择排序算法的一般描述和调用。

下面给出了这种形式的选择排序的描述，以及调用实例。例 13.4 由两部分组成，第一部分是头文件 selsort.h，它含有函数 selection_sort 的实现；第二部分是主程序，其中含有对函数 selection_sort 的调用。

```
1   /* selsort.h 文件内容 */
2   /* 将内存中 a 和 b 开始的长度为 width 的内存块交换 */
3   void swap(char * a, char * b, int width) {
4       char tmp;
5       if (a!=b)
6           while (width--){              // 逐字节交换
7               tmp=*a;  *a++=*b;  *b++=tmp;
8           }
9   }
10  void selection_sort(void * a, int n, int width, int (* fcmp)(void *, void *)) {
11      int i, j, pos;
12      char * base=(char *)a;             // base 指向首字节
13      for (i=0; i<n-1; i++){
14          pos=i;
15          for (j=i+1; j <=n-1; j++){
16              if (fcmp(base+pos * width, base+j * width)>0)
17                  // 调用函数来比较大小，函数参数是两个元素的地址
18                  pos=j;
19          }
20          if (pos !=i)                   // 交换两个元素
21              swap(base+pos * width, base+i * width, width);
22      }
23  }
```

函数 selection_sort 带有 4 个参数。前两个参数是数组的首地址和元素个数，第 3 个参数是每个元素所占字节数。这个参数是必需的，因为第一个参数是 void * 类型，不带任何数据类型的信息，如果不知道元素所占字节数，将无法定位每个元素。第 4 个参数是函数指针，该指针指向的函数带有两个 void * 类型参数，返回值为 int。有了这些信息，则不需要知道每个元素具体的语义就可以进行比较和排序了。

主程序如下:

```c
1   #include <stdio.h>
2   #include <stdlib.h>
3   #include "selsort.h"              // 包含 selection_sort 函数所在的头文件
4   typedef struct interval {         // 自定义区间数据类型 Interval
5       int start;
6       int end;
7   } Interval;
8   /* 比较函数的原型要与 selection_sort 中参数的描述一致 */
9   int interval_cmp(Interval * lhs, Interval * rhs) {    // 比较两个区间数据的大小
10      return (lhs->end-lhs->start)-(rhs->end-rhs->start);
11  }                            计算两个区间数据的区间宽度,并返回两个区间宽度之差
12  int main() {
13      int i;
14      Interval a[10];              // 声明区间数据类型数组
15      for (i=0; i<10; i++){        // 随机产生 10 个区间数据类型的数据
16          a[i].start=rand()%100;
17          a[i].end=a[i].start+rand()%10;
18      }
19      printf("before:\n");
20      for (i=0; i<10; i++)         // 输出排序之前的 10 个区间数据
21          printf("interval %d: %d-%d\n", i, a[i].start, a[i].end);
22      // 在调用排序函数 selection_sort 时要保证实参和形参类型是一致或者相容的
23      selection_sort(a, 10, sizeof(Interval), interval_cmp);   // 区间数据排序
24      printf("after:\n");
25      for (i=0; i<10; i++)         // 输出排序之后的 10 个区间数据
26          printf("interval %d: %d-%d\n", i, a[i].start, a[i].end);
27  }
```

在主程序中,演示了如何调用 selection_sort 函数实现自定义数据类型的排序。Interval 是一种自定义数据类型,表示一个区间;函数 interval_cmp 根据两个区间的长度来比较两个区间的大小。主程序对 10 个区间数据按照区间的长度升序排序后输出。如果要按照其他方式(例如区间起始位置)来排序,只需要在主程序中提供另一个比较函数,头文件 selsort.h 的内容不需要进行任何改变。

在主程序中,interval_cmp 就是一个回调函数。简而言之,回调函数就是一个通过函数指针调用的函数。如果把函数的指针(地址)作为参数传递给另一个函数,当这个指针被用来调用它所指向的函数时,我们就说这是回调函数。

回调函数在算法库中相当普遍。例如,在 stdlib.h 头文件中声明了以下两个函数,其中 qsort 函数封装了快速排序算法,bsearch 函数封装了二分查找算法,为了使得库函数更加通用,其中使用了函数指针,通过它可以调用一个回调函数来实现比较。qsort 函数的用法与上面演示的 selection_sort 函数相同,而 bsearch 函数的用法请读者查询相关资料。函数原

型分别如下：

```
void qsort(void * base, int nelem, int width,
          int (* fcmp)(const void * , const void * ))
void * bsearch(const void * key, const void * buf, size_t num, size_t size,
          int (* compare)(const void * , const void * ))
```

13.2.2 指向函数的指针数组

如果数组元素都用来存储一个指向函数的指针，则该数组称为指向函数的指针数组，即数组中的每一个元素都是指向函数的指针变量。指向函数的指针数组的声明形式为：

```
类型标识符   (* 数组名[数组长度])();
```

例如：

```
int (* p[5])();
```

声明了一个指向函数的指针数组，数组名为 p，共有 5 个元素，每个元素都是一个指向 int 型函数的指针变量。

给指向函数的指针数组的每个数组元素赋一个不同函数的指针，则通过变化指针数组的下标就可以实现调用不同的函数。执行如下赋值语句后，

```
p[0]=fun0;   p[1]=fun1;   p[2]=fun2;   p[3]=fun3;   p[4]=fun4;
```

函数调用语句

```
(* p[i])(a, b);
```

当 i 值由 0 到 4 改变时，就可以分别实现调用函数 fun0、fun1、fun2、fun3、fun4。

13.2.3 指向返回指针的函数的指针变量

前面已经介绍了指向函数的指针变量和返回指针的函数是如何声明的。将它们结合起来使用，就可以声明指向返回指针的函数的指针变量。它的一般声明形式为：

```
类型标识符 * (* 变量名)();
```

例如：

```
int * (* p)();
```

声明了一个指针变量 p，它指向一个函数，该函数将返回 int 型指针（即 int * 型数据）。

13.2.4 指向返回指针的函数的指针数组

把指向返回指针函数的指针变量和指向函数的指针数组的概念相结合,就可以声明指向返回指针的函数的指针数组。它的一般声明形式为:

```
类型标识符 *(*数组名[数组长度])();
```

例如:

```
int *(*p[4])();
```

声明了一个指针数组 p,它有 4 个元素,每一个数组元素 p[i]都可以指向一个函数,该函数将返回 int 型指针。

13.2.5 返回行指针的函数

把返回指针的函数和二维数组行指针的概念结合起来使用,就可得到返回行指针的函数的一般定义形式:

```
类型标识符 (*函数名(形参列表))[数组长度]
{
    ...
}
```

例 13.5* 二维数组 score[4][7]存放了 4 个学生 5 门课程的成绩及总分,第 0 列存放学生序号,第 1~5 列存放 5 门课程的成绩,第 6 列存放总分。要求调用函数 max 找出总分最高的学生,并返回指向该学生的行指针,然后在主函数中输出该学生的成绩。

程序如下:

```
1    #include<stdio.h>
2    int main() {
3        int score[4][7]={{1, 80, 82, 95, 88, 93, 438},
4                         {2, 86, 54, 80, 95, 57, 372},
5                         {3, 80, 70, 56, 88, 93, 387},
6                         {4, 95, 89, 87, 80, 96, 447}}, j, (*p)[7];
7        int (*max(int (*)[7], int))[7];         // 声明被调用函数的原型
8        p=max(score, 4);                         // 实参 score 是二维数组名,即行指针
9        printf("序号\t语文\t数学\t物理\t化学\t生物\t总分\n");
10       for (j=0; j<7; j++)
11           printf("%3d\t", *(*p+j));
12       printf("\n");
13       return 0;
```

```
14   }
15   int (*max(int (*p)[7], int n))[7] {    // 返回指向总分最高的学生的行指针
16       int i, (*q)[7]=p;
17       for (i=1; i<n; i++)                 // 行指针变量q指向数组a中总分最高的学生行
18           if (p[i][6]>(*q)[6]) q=p+i;
19       return q;                           // 将指向数组a中总分最高的学生行的行指针返回
20   }
```

运行结果如下：

序号	语文	数学	物理	化学	生物	总分
4	95	89	87	80	96	447

13.2.6 指向返回行指针的函数的指针变量

把指向函数的指针变量和返回行指针的函数的概念相结合，就可以声明指向返回行指针的函数的指针变量。它的一般声明形式为：

类型标识符 (*(*变量名)())[指向的数组长度];

例如：

int (*(*p)())[4];

声明了一个指针变量p，它可以指向一个函数，该函数将返回包含4个int型元素的行指针。

例 13.6 返回行指针的函数与指向返回行指针的函数的指针变量。

```
1   #include <stdio.h>
2   int (*func(int (*b)[4], int m))[4] {          // 返回包含4个元素的行指针的函数
3       int i, sum=*(*b+3), (*p)[4]=b;            // 声明包含4个元素的行指针变量p
4       for (b++, i=1; i<m; i++, b++)             // 声明找出总成绩最高的学生
5           if (*(*b+3)>sum) { sum=*(*b+3); p=b; }
6       return p;                                 // 返回行指针变量p的值
7   }
8   int main() {
9       int a[3][4]={{80, 76, 90, 246}, {88, 94, 93, 275}, {92, 88, 90, 270}};
10      int i, (*p)[4];                           // 声明包含4个元素的行指针变量p
11      int (*(*q)(int(*)[4], int))[4];           // 声明指向返回行指针的函数的指针变量q
12      q=func;                                   // 使指针变量q指向函数func
13      p=(*q)(a, 3);                             // 通过指针变量q调用函数func，该函数返回行指针
14      printf("总成绩最高的学生成绩如下:\n");
15      for (i=0; i<4; i++)
16          printf("%5d", *(*p+i));
```

```
17        printf("\n");
18        return 0;
19    }
```

运行结果如下：

```
总成绩最高的学生成绩如下：
  88   94   93   275
```

13.2.7 指向返回行指针的函数的指针数组

把指向函数的指针数组和返回行指针的函数的概念相结合，就可以声明指向返回行指针的函数的指针数组。它的一般声明形式为：

```
类型标识符 (*(*数组名[数组长度])())[指向的数组长度];
```

例如：

```
int (*(*p[3])())[4];
```

声明了一个指针数组 p，它有 3 个元素，每一个数组元素 p[i] 都可以指向一个函数，该函数将返回包含 4 个 int 型元素的行指针。

13.3 位运算

所谓位运算，就是直接对整数在内存中的二进制位进行操作。在系统软件中常要处理二进制位的问题，例如将一个存储单元中的二进制位全部左移或右移一位、全部按位取反等。

13.3.1 二进制位运算概述

二进制位运算是属于二进制数的逻辑运算。在第 5 章中已经介绍了基本数据的逻辑运算，在此将进一步讨论按位进行的二进制数逻辑运算。

1. 1 位二进制数的逻辑运算

（1）逻辑或运算。通常用加号＋表示二进制逻辑或，运算规则为：

$$0+0=0 \quad 0+1=1 \quad 1+0=1 \quad 1+1=1$$

由上式可见，或运算与二进制加法的唯一差别在于 1＋1＝1，而不是等于 10，无进位关系。二进制逻辑或运算又称为逻辑加。

（2）逻辑与运算。通常用乘号·表示二进制逻辑与，运算规则为：

$$0 \cdot 0=0 \quad 0 \cdot 1=0 \quad 1 \cdot 0=0 \quad 1 \cdot 1=1$$

可以看出其运算规则与代数乘法相同，故二进制逻辑与也称为逻辑乘。

（3）逻辑非运算。记为 F=$\overline{A}$，上面的横杠表示非，读作"A 非"，其运算规则为：

$$\overline{1}=0 \quad \overline{0}=1$$

2. N 位二进制数的逻辑运算

上面讨论了 1 位二进制数的逻辑运算，对两个 N 位二进制数进行逻辑运算，是对应的各位独立进行，位与位之间无进位、借位、溢出等关系。

例 13.7 有两个 8 位二进制数 x=10101101，y=11001011，分别求 x+y、x·y 和 $\overline{x}$。

$$\begin{array}{r} 10101101 \\ +)\ 11001011 \\ \hline x+y=11101111 \end{array} \quad \begin{array}{r} 10101101 \\ \cdot)\ 11001011 \\ \hline x\cdot y=10001001 \end{array} \quad \overline{x}=01010010$$

从上例中可以看出，对两个 N 位二进制数进行逻辑或运算，凡对应数位中有 1 者，结果对应位均为 1；对两个 N 位二进制数进行逻辑与运算，凡对应数位中有 0 者，结果对应位均为 0；对一个 N 位二进制数进行逻辑非运算，就是按位求其反值。

3. 逻辑异或运算

上面已讨论了二进制逻辑或、逻辑与、逻辑非运算，它们是逻辑运算中的基本运算，也就是说其他更复杂的逻辑运算都是由它们结合而成的。二进制逻辑异或运算就是复合逻辑运算之一。由于二进制逻辑异或运算是一个常用的复合逻辑运算，所以有必要专门加以讨论。

二进制逻辑异或运算的逻辑功能为：

$$A \oplus B = A \cdot \overline{B} + \overline{A} \cdot B$$

该逻辑运算也称按位模加法，简称按位加，通常用 $\oplus$ 表示。逻辑异或运算规则为：

$$0\oplus 0=0 \quad 0\oplus 1=1 \quad 1\oplus 0=1 \quad 1\oplus 1=0$$

可以看出，它恰好是 1 位二进制数不考虑进位的加法运算。

例 13.8 x=11001001，y=10101011，求 x$\oplus$y。

$$\begin{array}{r} 11001001 \\ \oplus)\ 10101011 \\ \hline x\oplus y=01100010 \end{array}$$

13.3.2 位运算符

C 语言中提供的位运算符包括一元运算符和二元运算符。

一元运算符：

~ （位求反）

二元运算符：

&（位与） |（位或） ^（位异或） <<（左移） >>（右移）

位运算符的功能是对其操作数按其二进制形式逐位地进行逻辑运算或移位操作。由位运算的特点决定了操作数只能是整型或字符型的数据，不能为浮点型数据。

为了举例方便，现设有两个变量：

```
unsigned char c=135, d=43;
```

则变量 c 和 d 的二进制表示分别为 10000111 和 00101011。

1. 位运算符的操作

(1) 按位求反：运算符~将其操作数逐位地取其反码，即将原来为 1 的位变为 0，为 0 的位变为 1（二进制逻辑非运算）。例如：

$$\sim c = \overline{10000111} = 01111000$$

(2) 按位与：运算符 & 将其两个操作数的对应位逐一进行二进制逻辑与运算。例如：

$$c \ \& \ d = (10000111) \ \& \ (00101011) = 00000011$$

(3) 按位或：运算符 | 将其两个操作数对应位逐一进行二进制逻辑或运算。例如：

$$c \ | \ d = (10000111) \ | \ (00101011) = 10101111$$

(4) 按位异或：运算符 ^ 将其两个操作数对应位逐一进行二进制逻辑异或运算。例如：

$$c \ \hat{} \ d = (10000111) \ \hat{} \ (00101011) = 10101100$$

(5) 按位左移：运算符<<将其左操作数向左移动右操作数所要求的位数，右边空出的位补以 0。其一般形式为：

```
OPRD<<n
```

它的移位操作过程为：

由于移位运算符右操作数表示移动的位数，所以它必须是一个整型表达式。例如，位运算 d<<1 的功能就是把 d 的数据左移 1 位。若 d=00101011（十进制 43），则语句"d<<1;"执行完后，d 的值为 01010110（十进制数 86）。移位操作的过程如下所示：

$$\underset{\text{此位舍去}}{0} \ | \ 0101011 \ \underset{\text{补}0}{0}$$

又如位运算 d<<2 的结果为 10101100，即十进数 172。从这两个例子可以看出：将一个数左移 1 位，相当于将该数乘以 2；左移两位，相当于该数乘以 4。一般说来，将一个数左移 n 位，就相当于将该数乘以 2^n。所以，在程序中常用左移位来进行快速的乘法运算。但用这种方法进行乘法运算时，同样要注意溢出问题。例如，若 c=10000111（十进制 135），则语句"c<<1;"执行后，c 的值为 00001110，它是十进制数 14，而不是 c 的 2 倍数 270。这是由于移位时将 c 的最高位移出之故。移位操作的过程如下所示：

$$\underset{\text{此位舍去}}{1} \ | \ 0000111 \ \underset{\text{补}0}{0}$$

另外还应注意的是：若被移位的是一个带符号数，移位后可能使该数的符号发生变化。

(6) 按位右移：运算符>>将其左操作数向右移动其右操作数所要求的位数，左边空出的位补以 0 或符号位。其一般形式为：

```
OPRD>>n
```

它的移位操作过程为：

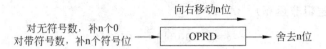

例如，若 c＝10000111（十进制 135），则语句"c＞＞2;"执行后，c 的值为 00100001（十进制 33）。移位操作的过程如下所示：

与左移操作相对应，将一个数右移 n 位，相当于将该数除以 2^n，其小数部分被忽略。这与整型和字符型数据的除法完全一致，所以在程序中常用右移位来进行快速的除法运算。

关于按位右移的补位要说明的是：对于无符号数，右移时左边高位补 0。对于带符号数，如果原符号位为 0（该数为正），则左边移入 0；如果符号位为 1（即负数），则左边移入 0 还是 1，要取决于所用的计算机系统。有的系统移入 0，有的移入 1。移入 0 的称为"逻辑右移"，即简单右移；移入 1 的称为"算术右移"。

2. 关于位运算符的说明

（1）位运算符的优先级。位运算符中按位取反运算符的优先级最高，它是单目运算符，比算术运算符、关系运算符、逻辑运算符和其他位运算符都高。例如，～A & B，先进行～A 运算，然后进行 & 运算。其次就是左移运算符和右移运算符，它们比关系运算符优先级还要高，比算术运算符优先级低。其余位运算符的优先级都低于算术运算符和关系运算符，但高于逻辑运算符。位运算符的优先级由高到低依次为：

```
~  →  >>,<<  →  &  →  ^  →  |
```

（2）位运算符与赋值运算符相结合，可以组成复合的赋值运算符如下：

&= |=   <<=   >>=   ^=

例如，初始值 c＝10000111，d＝00101011，则 c&＝d 相当于 c＝c&d，运算后 c＝00000011，即十进制数 3；c＞＞＝2 相当于 c＝c＞＞2，运算后 c＝00100001，即十进制数 33。

（3）如果两个类型长度不同的数进行位运算，则需要进行补位。如 a & b，a 为 int 型，b 为 short 型，系统会将二者右端对齐并对较短的数 b 进行左补位。如果 b 为正数，则左侧 16 位补满 0；若 b 为负数，则左端应补满 1；如果 b 为无符号整型数，则左侧补满 0。

3. 位运算的应用举例

例 13.9* 设计一个函数，给出一个数的原码，得到该数的补码。

分析：根据补码的定义，一个正数的补码等于该数的原码，一个负数的补码等于该数的反码加 1。假设 a 为 32 位整数，则步骤为：

（1）判别给定整数 a 是正数还是负数。方法是：

```
    z=a & 0x80000000;         // 0x80000000 的二进制为 10000000 00000000 0000000 00000000
```

若z等于0,则a为正数;若z为非0,则a为负数。

(2) 如果z非0,则z=~a+1+0x80000000,否则z=a。

(3) 返回z。

程序如下:

```
1   #include <stdio.h>
2   int main() {                            // 求一个二进制数的补码
3       int a, get_complement(int);
4       printf("请输入一个十六进制整数: ");
5       scanf("%x", &a);
6       printf("它的补码是: %x\n", get_complement(a));
7       return 0;
8   }
9   int get_complement(int value){          // 求一个二进制数补码的函数
10      int z;
11      z=value & 0x80000000;               // 求 value 的最高位(符号位)
12      if (z==0) z=value;                  // 符号位为 0, value 为正数
13      else {                              // 符号位为 1, value 为负数
14          z=~value+1;
15          z=z+0x80000000;                 // 恢复符号位 1(负号)
16      }
17      return z;
18  }
```

两次运行该程序的结果如下:

```
请输入一个十六进制整数: 4e5 ↙
它的补码是: 4e5

请输入一个十六进制整数: d6665555 ↙
它的补码是: a999aaab
```

例 13.10* 将十六进制数转换为二进制数。

C语言的printf函数提供了%x、%d、%o方式输出一个整数(即十六进制、十进制、八进制形式)。有时希望知道某个数的二进制数是什么。由于不能直接用printf函数进行输出,因此需要人工转换。可以用位运算符来实现十六进制转换成二进制的功能。

分析:

(1) 为了获得一个32位数value的每一位,可以设置一个屏蔽字mask与该数进行 & 运算,从而保留(取出)所需的一个位的状态。例如,测试最高位的屏蔽字为 mask=0x80000000,如果 mask & value 为0,则最高位为0,否则为1。

(2) 从最高位(第31位)开始,取mask=0x80000000,每测试一次后,mask右移1位,直

到第 0 位(即 mask=0x00000000)。

(3) 把 mask & value 每次测试的结果放在 bit 中,并输出。

程序如下:

```c
1   #include <stdio.h>
2   int main()                              // 将一个十六进制数转换为二进制数
3       int j, value, bit;
4       unsigned int mask=0x80000000;
5       printf("请输入一个十六进制整数:");
6       scanf("%x", &value);
7       printf("十六进制整数%x 的二进制形式是:\n", value);
8       /* 从第 31 位到第 0 位逐位进行测试是 1 还是 0,并输出结果 */
9       for (j=0; j<32; j++){               // 从高位到低位逐位产生二进制位并输出
10          bit=(mask & value) ? 1 : 0;
11          printf("%d", bit);
12          if (j<31 && j%8==7) printf("--");
13          mask>>=1;
14      }
15      printf("\n");
16      return 0;
17  }
```

运行结果如下:

```
请输入一个十六进制整数:5a9b4f57↙
十六进制整数 5a9b4f57 的二进制形式是:
01011010--10011011--01001111--01010111
```

13.3.3 位段

在许多应用中,如过程控制、数据通信等,需要对外部设备接口进行控制和管理,一般采用的方法是向接口发送方式字或命令字、读取接口状态字等。这些字将二进制位分为若干段,每段包括几个二进制位,每个段的数据具有不同的含义。例如,如图 13.2 所示,8251A 使用 RS-232 接口通信的方式字。

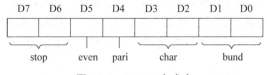

图 13.2 8251A 方式字

实际应用中也有些简单数据,其信息量很小,完全没有必要用一个字或字节表示。例如,人的性别仅有两种不同值,用一个二进制位就够了;色彩世界中的三原色,两个二进制位就能够表示了;中国的不同民族有 56 个,每个民族给定一个编码,6 位二进制数足以表示,等等。为此 C 语言提供了一种由用户定义的、以二进制位为单位构造数据的方法,即位段数据类型。

1. 位段数据类型的定义

位段数据类型其实是由多个以位为单位声明存储空间的成员组成的结构体类型。它能将若干个结构体成员压缩到 1 个字(在 Win32 平台下,1 个字是 4 个字节,即 32 位)的存储单元里存放(可以把它看成是一种数据压缩的表示方式)。下面是一个有 4 个位段成员、1 个 int 型成员的位段数据类型定义:

```
struct info {
    unsigned a: 4;              // 声明位段成员 a
    unsigned b: 6;              // 声明位段成员 b
    unsigned c: 15;             // 声明位段成员 c
    unsigned d: 7;              // 声明位段成员 d
    int num;                    // 声明 int 型结构体成员 num
} data;
```

位段成员的一般声明形式为:

```
unsigned 成员名:位数;           // 注意:位段成员必须声明为 unsigned int 型
```

上面的 info 位段数据类型中,a、b、c 和 d 是位段成员,分别占 4、6、15 和 7 个二进制位,共占用 32 个二进制位,因此给这 4 个位段成员正好分配 1 个字(即 32 位)的存储空间。该位段数据类型的变量 data 的数据存储形式如图 13.3 所示,其中,成员 a 表示值的范围是 $0 \sim 15$(即 $2^4 - 1$),成员 d 表示值的范围是 $0 \sim 127$(即 $2^7 - 1$)。

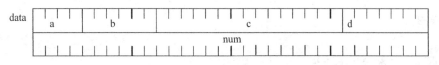

图 13.3　位段存储结构

因此,一个 info 位段数据类型的结构体变量 data 仅需要分配 8 个字节的存储单元。

位段成员的长度不能超过 1 个字(即 32 位);位段成员也不能跨字分配存储空间。如下定义和声明的 body 位段数据类型及变量 x 的数据存储形式如图 13.4 所示,其中,第一个字后面剩余的 4 个位和第二个字后面剩余的 6 个位都是无法利用的空隙。

```
struct body {
    unsigned a: 28;             // 声明位段成员 a
    unsigned b: 14;             // 声明位段成员 b
    unsigned c: 12;             // 声明位段成员 c
} x;
```

2. 位段的引用方法

对于结构体变量的位段成员,它与其他类型的成员没有什么不同,既可以通过结构体变

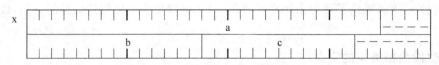

图 13.4 有空隙的位段存储结构

量来引用位段成员,也可以通过指向结构体变量的指针来引用位段成员。

例如,一个 info 位段数据类型的变量 data,如下语句是对其位段成员 a、b 和结构体成员 num 的赋值语句:

```
struct info * p=&data;          // 声明指向 info 位段数据类型的指针变量 p,并初始化
data.a=13;                      // 注意:位段成员 a 的取值范围是 0~15(即 2^4-1)
p->b=57;                        // 注意:位段成员 b 的取值范围是 0~63(即 2^6-1)
data.num=5678;
```

在赋值时应注意每一个位段成员能存储的最大值,如 data.a 成员占 4 位,只能赋值 0~15,如果赋予大于 15 的值就会产生溢出。

关于位段引用说明如下:

(1) 不能使用位段成员的地址(即指针),这是因为地址是以字节或字为单位的。例如,&data.a、&data.b 都是不正确的使用。

(2) 位段被定义为 unsigned int 型,可以当作整型进行输入、输出和运算。例如:

```
p->a++;                                         // 等价于 (p->a)++;
data.b+=3;                                      // 等价于 (data.b)=(data.b)+3;
printf("a: %d, b: %d\n", data.a, p->b);
```

都是合法的。

本章小结

首先,本章介绍了多级指针的概念以及几种常用的指向指针的指针变量的声明方法。
(1) 指向指针的指针变量的声明形式为:

类型标识符　**变量名;

(2) 指向指针的指针数组的声明形式为:

类型标识符　**数组名[数组长度];

(3) 指向行指针的指针变量的声明形式为:

类型标识符　(**变量名)[指向的数组长度];

(4) 指向行指针的指针数组的声明形式为：

    类型标识符 (**数组名[数组长度])[指向的数组长度];

其次,本章介绍了函数指针的概念以及几种常用的指向函数的指针变量的声明方法。
(1) 指向函数的指针变量的声明形式为：

    类型标识符 (*变量名)();

(2) 指向函数的指针数组的声明形式为：

    类型标识符 (*数组名[数组长度])();

(3) 指向返回指针的函数的指针变量的声明形式为：

    类型标识符 *(*变量名)();

(4) 指向返回指针的函数的指针数组的声明形式为：

    类型标识符 *(*数组名[数组长度])();

(5) 返回行指针的函数的定义形式为：

    类型标识符 (*函数名(形参列表))[数组长度] {
        …
    }

(6) 指向返回行指针的函数的指针变量的声明形式为：

    类型标识符 (*(*变量名)())[指向的数组长度];

(7) 指向返回行指针的函数的指针数组的声明形式为：

    类型标识符 (*(*数组名[数组长度])())[指向的数组长度];

第三,本章介绍了位运算的概念以及基本应用方法。C 语言中提供的位运算符有一元运算符和二元运算符。一元运算符：~(位求反)。二元运算符：&(位与)、|(位或)、^(位异或)、<<(左移)和>>(右移)。

位运算符的功能是对其操作数按其二进制形式逐位地进行二进制逻辑运算、移位操作。由位运算的特点决定了操作数只能是整型或字符型的数据,不能为浮点型数据。

位运算符的优先级由高到低依次为：~ → (>>,<<) → & → ^ → |。

位运算符与赋值运算符相结合,可以组成复合的赋值运算符：&=、|=、^=、<<=和>>=。

最后,本章介绍了位段的概念以及基本应用方法。位段数据类型其实是由多个以位为单位声明存储空间的成员组成的结构体类型。它能将若干个结构体成员压缩到一个字的存储单元中存放(可以把它看作是一种数据压缩的表示方式)。位段成员必须声明为 unsigned int 型,它的一般声明形式为:

```
unsigned 成员名:位数;
```

对于结构体变量的位段成员,它与其他类型的成员没有什么不同,既可以通过结构体变量来引用位段成员,也可以通过指向结构体变量的指针来引用位段成员。但不能使用位段成员的地址(即指针),这是因为地址是以字节或字为单位的。

习题 13.1 选择题。

(1) 有如下赋值语句,其中 fun1、fun2、fun3 均为返回 int 型数据的函数名。则数组 a 的声明语句应该是(　　)。

```
a[0]=fun1;
a[1]=fun2;
a[2]=fun3;
```

　　A) int ＊a();　　　B) int (＊a)();　　　C) int (＊a[3])();　　D) int ＊a[3];

(2) 对于如下语句中出现的变量 p,它的声明语句应该是(　　)。

```
char *a[3]={"Yang Xioyen", "Wan Jing", "Li Lingjun"};
int i;
p=a;
for (i=0; i<3; i++)
    printf("%s\n", *p++);
```

　　A) char ＊p;　　　B) char ＊p[3];　　　C) char (＊p)[3];　　D) char ＊＊p;

(3) 指向返回指针值的函数的指针变量的说明语句是(　　)。

　　A) int ＊(＊p)();　　B) int (＊p)();　　　C) int ＊p();　　　D) int (＊p[5])();

(4) 对于如下语句,指针变量 p 的定义应该是(　　)。

```
int i, j, a[4][5]={{1}, {2, 3}, {3, 4, 5}, {4, 5, 6, 7}};
p=a;
for (i=0; i<4; i++) {
    for (j=0; j<5; j++)
        printf("%3d", *(*p+j));
    printf("\n");
    p++;
}
```

A) int * p;　　　　B) int (* p)[5];　　C) int * p[5];　　D) int (* p)();

习题 13.2　设 a=4,b=7,c=9,求下列表达式的值。
(1) a | b & c　　(2) a &= b | ~c　　(3) a ^ b ^ c　　(4) a | b && c

习题 13.3　设 y=28,求下列表达式的值。
(1) y & y　　　　(2) y & 0x0f　　　(3) y << 2
(4) y >> 3　　　 (5) y >> 5　　　　(6) y ^ y

习题 13.4　请写出以下程序的运行结果。
(1)

```c
#include <stdio.h>
int main(){
    char a=6, b=4;
    a=a ^ b;  b=b ^ a;  a=a ^ b;
    printf("a=%d, b=%d\n", a, b);
    return 0;
}
```

(2)

```c
#include <stdio.h>
int main(){
    unsigned a=1200, b, c;
    int n=5;
    printf("a=%o\n", a);
    b=a << (16-n);
    printf("b=%o\n", b);
    c=a >> n;
    printf("c=%o\n", c);
    c |=b;
    printf("c=%o\n", c);
    return 0;
}
```

习题 13.5　编写程序,用指针数组和多级指针编写一个处理某班同学通信录的程序。

习题 13.6　用指向函数的指针数组编写一个菜单程序,使得选择菜单的某一功能后,程序将调用相应的函数来完成该功能。

习题 13.7　编写一个主函数和子函数 char * tran(int x, int r),要求:函数 tran 将十进制整数 x 转换成 r 进制数 y(r 在 2~16 之间),x 和 r 的值由主调函数(即主函数)传入,y 的值需要返回主调函数进行输出。要求:y 的值利用字符数组进行存储,数组的每一个元素存放 y 的一位数字字符。

习题 13.8　某班有 5 个学生、4 门课,编写一个程序实现如下要求:
① 编写一个函数 find_max 找出 4 门课程总成绩最高的学生(假设不会出现并列最高),

并将指向该学生的指针返回主函数。

② 编写一个主函数,在主函数中初始化 5 个学生、4 门课程的二维数组,调用 find_max 函数,并输出 find_max 函数返回指针所指向学生的编号及各门课程的成绩。

习题 13.9 编写一个函数从一个 32 位的存储单元中取出某一位。函数的原型为:

```
int getbit(int value, int n)
```

其中,value 为一个整型数据,n 为欲取出的位序。

习题 13.10 编写两个函数 lrmove、rrmove 分别实现左、右循环移位。函数的原型为:

```
int lrmove(int value, int n)
int rrmove(int value, int n)
```

其中,value 为循环移位的数,n 为位移的次数。左(右)循环移位是指从左(右)边移出的数位移入到右(左)边空出的数位上。

第 14 章 C 程序开发环境与调试

学习目标
- 掌握 Visual Studio Community 2015 或者 Code::Blocks 的安装。
- 掌握在 Visual Studio Community 2015 或者 Code::Blocks 中如何编写 C 程序。
- 掌握 Visual Studio Community 2015 或者 Code::Blocks 中调试 C 程序的方法和技巧。

C 语言作为一种经典的程序设计语言,被程序员广泛使用,自然也有着丰富的开发工具。维基百科维护了一个不完全的 C 编译器列表[①],其中列出的 C 编译器有 55 个之多。C 程序的开发工具(一般称为 IDE,即集成开发环境)就更多了,因为一个编译器可能被多个 IDE 使用。在这些编译器中,当前使用最广泛的是 GCC 和 Microsoft Visual C++(简称 VC)编译器,而在历史上曾经辉煌过的编译器还包括 Turbo C/C++。GCC 是开源界的首选编译器,是在 Linux、UNIX 和 Mac OS 系统上开发 C 程序的不二选择,在 Windows 平台上也有很多用户。VC 则在 Windows 平台上称雄,但只能在 Windows 平台上开发 C 程序。在 IDE 方面,使用 GCC 编译器的 IDE 很多,其中 Code::Blocks 比较流行;而使用 VC 编译器的 IDE 则只有 Microsoft Visual Studio 系列 IDE。

本章将主要介绍如何在 Microsoft Visual Studio Community 2015(简称 VS 2015)和 Code::Blocks 这两个 IDE 中开发 C 程序。

14.1 Visual Studio Community 2015 的安装与使用

14.1.1 Visual Studio Community 2015 简介

1. Visual Studio 介绍

Microsoft Visual Studio(简称 VS)是美国微软公司的开发工具套件,是目前最流行的 Windows 平台应用程序的集成开发环境。关于 Visual Studio,需要了解的是:
- VS 是一个基本完整的开发工具集,它包括了整个软件生命周期中所需要的大部分工具,如 UML 工具、代码管控工具、集成开发环境(IDE)等等。
- VS 是一个开发工具套件,可以支持基于多种程序设计语言的软件开发。例如,VS 2015 中可以开发 C++、C#、Python、Visual Basic、JavaScript、F# 等应用程序。实

---

① https://en.wikipedia.org/wiki/List_of_compilers#C_compilers。

际上，由于C#和Visual Basic是微软提出的程序设计语言，几乎所有C#和Visual Basic程序员都会使用VS进行上述语言的软件开发。对于C和C++语言，由于存在很多其他选择，并不一定都会使用VS，但是在Windows平台上，VS仍然是最佳选择。

2. Visual Studio 的演变

VS的首个版本是1997年发布的Visual Studio 97。从1997年至今，每隔2～3年，微软就会发布一个新的VS版本。20多年来，VS一步步走向成熟，今天已经成为了Windows平台上首选的开发工具。

1997年，微软发布了 Visual Studio 97。VS 97 包含了面向Windows应用开发的Visual Basic 5.0、Visual C++ 5.0、面向Java开发的Visual J++和面向数据库开发的Visual FoxPro。其中，Visual Basic 和 Visual FoxPro使用单独的开发环境，其他的开发语言使用统一的开发环境。

1998年，微软发布了 Visual Studio 6.0，这是最后一个运行在Windows 9x机器上的版本。它包含的组件与VS 97相同，只是均进行了升级，且版本号统一到6.0。VS 6.0非常成功，其中的Visual Basic 6.0 和 Visual C++ 6.0等工具深受开发人员的好评，一直到现在都有很多人在使用。实际上，对于学习C语言，Visual C++ 6.0(VC6)是Windows平台上的最佳工具之一，只是由于年代久远，在最新的Windows 7.0以上版本中，VC6存在兼容性问题。

2002年，微软提出了.NET框架，并发布了Visual Studio.NET。这个版本的VS最大的变化就是基于.NET框架开发应用。使用.NET框架开发的程序并不会被编译为机器语言，而是被编译成一种中间语言格式。当一个.NET应用程序被执行的时候，它会被即时编译成适用于所运行平台的机器语言，这样就使代码可以跨平台运行。在这个版本的VS中，微软剥离了Visual FoxPro，取消了Visual InterDev，并引入了一门新的语言C#及其开发工具。它还引入了Visual J#作为Visual J++的继任者，Visual J#以.NET框架为目标，而不是Java虚拟机。微软还彻底改造了Visual Basic以适应新的.NET框架，还为C++添加了扩展，使得C++也可以编写.NET程序。

2003年，微软发布了Visual Studio.NET的一个较小的升级版，称为Visual Studio.NET 2003。

2005年，微软发布了 Visual Studio 2005。虽然名字中没有.NET字眼，但是这个版本仍然还是面向.NET框架的。从这个版本开始，微软提供了免费的Visual Studio Express版本。这对于学生等群体而言是个好消息，因为免费的Visual Studio Express已经够用了。在此后的版本中，这一做法得到了延续。

2007年，微软发布 Visual Studio 2008。

2010年，微软发布 Visual Studio 2010，在这个版本中，微软引入了F#语言。

2012年，微软发布 Visual Studio 2012，开始支持Windows 8应用程序的开发。

2013年，微软发布 Visual Studio 2013。

2014年，Visual Studio Community 2013发布，这一版本提供与专业版相同的功能，但对于教育、学术研究、开源领域的个人及小团队免费授权。与Visual Studio Express相比较,Visual Studio Community 对于这些群体用户仍然免费,但是功能得到了极大提高,因此广受好评。

2014 年,微软发布 Visual Studio 2015,Visual Studio Community 也升级到了 Visual Studio Community 2015。Visual Studio 2015 最突出的特点是,可用于创建 Windows、Android 和 iOS 应用程序以及新式 Web 应用程序和云服务。可以用于跨平台的移动应用开发和企业开发。

14.1.2　Visual Studio Community 2015 的安装

在安装 VS 2015 之前,要先了解它对系统的需求。VS 2015 的安装包大约 3.7GB,需要 10GB 左右的硬盘空间。

首先到 Microsoft 官方网站下载 VS 2015 安装文件。在主页上可以下载一个文件 vs_community.exe,这个文件很小,但是它并不是真正的安装文件,而只是一个下载器。执行该文件,它会自动地下载真正的安装包,然后启动安装。也可以从其他途径获取安装文件镜像,直接安装。安装文件镜像是一个 iso 文件,可以用一个虚拟光驱加载。

启动安装文件后,首先会检测是否有安装程序更新,如果有的话,会提示安装更新,如图 14.1 所示。在安装的时候选择跳过安装更新以节省时间,如果需要,可以在安装完成后再安装更新。

下一步,要设置安装位置和安装类型,如图 14.2 所示。选择位置时要确保该逻辑盘上有足够空闲空间;安装类型选择"自定义"安装,这种安装方式允许我们仅安装需要的组件,否则会装上很多不必要的东西。

图 14.1　提示安装更新

图 14.2　选择安装位置和类型

单击"下一步"按钮,具体选择需要安装的内容。这里仅选择与 Visual C++ 相关的组件,其他都不选,如图 14.3 所示。

单击"下一步"按钮后将会出现将要安装的功能,如图 14.4 所示。单击"安装"后,将会开始安装,整个安装过程将持续几十分钟,具体时间取决于安装的内容和机器性能。

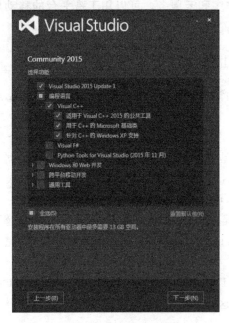 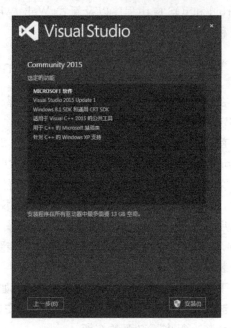

图 14.3　选择安装内容　　　　　　　　图 14.4　安装内容汇总

需要说明的是,VS 2015 虽然是对个人免费的,但是仍然要提供一个许可证,只不过该许可证对于个人用户是可以免费申请的。首次打开 VS 2015 首页后,会提示"登录 Visual Studio",如图 14.5 所示。单击下面的"登录"按钮,会提示输入一个微软账号,这个账号可以免费注册。登录后,会自动产生一个许可证,然后就可以使用 VS 2015 软件了。但是每过一段时间后,就要重新登录更新一下许可证。

图 14.5　登录 VS 2015 界面

14.1.3 Visual Studio Community 2015 中编写 C 程序

单击开始菜单中的 Visual Studio 2015 来启动 VS 2015。注意,在开始菜单中还有一个 Blend for Visual Studio 2015,不要单击这个菜单项。

编写一个 C 程序需要创建一个项目(Project,有的软件中也翻译为工程)。一个小的 C 程序可能只有一个文件,但是稍微复杂的程序可能包含多个文件,包括.h 头文件、.c 文件、配置文件、帮助文件、界面文件以及图片、图标、声音等资源文件,在 VS 2015 中通过项目把这些文件组织在一起。下面介绍如何在 VS 2015 中创建 C 语言项目,共分为两步。

(1) 单击"文件"菜单,单击"新建"→"项目",打开"新建项目"对话框,如图 14.6 所示。这里提供了一系列项目模板。在左边栏中选中 Visual C++ 选项,中间栏选择"Win32 控制台应用程序"。然后在下面指定项目名称、位置等信息。单击"确定"按钮后,会出现一个确认窗口,再单击"下一步"按钮,出现"应用程序设置"页。

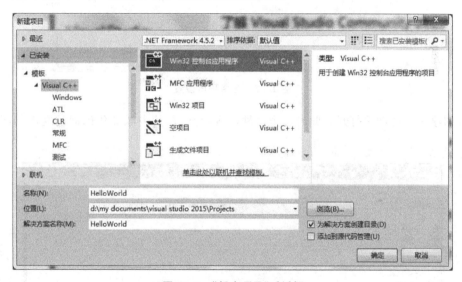

图 14.6 "新建项目"对话框

(2) 在"应用程序设置"中,设置应用程序类型为"控制台应用程序",附件选项中勾选"空项目"选项,如图 14.7 所示。本书中编写的应用程序都是控制台应用程序,也就是在控制台输入输出的应用程序。进一步学习了 C++ 等课程后,可以做出具有图形用户界面的应用程序。单击"完成"即可创建一个新的项目。

刚才创建的项目是一个空项目。下面介绍如何向项目中添加一个新的文件。单击"项目"菜单,单击"添加新项"菜单项,打开"添加新项"对话框,如图 14.8 所示。在中间栏中选择文件类型。这里有两种文件类型:.h 文件和 .cpp 文件。如果要创建 .c 文件,先选择"C++ 文件"类型,然后在下方输入文件名,并手动将文件扩展名改为 .c[①]。单击"添加"选项

---

① 如果文件扩展名为 .cpp,表示创建的是 C++ 程序,这时虽然程序都能编译运行,但是内部调用的编译器和编译过程可能是不同的。因此,C 程序不要用 .cpp 作为扩展名。

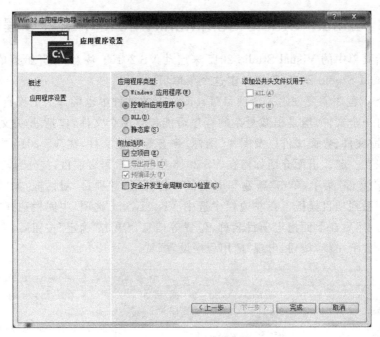

图 14.7 应用程序设置

后即可创建一个文件并打开。此时这个文件内容为空,在其中添加代码后的视图如图 14.9 所示。

图 14.8 "添加新项"对话框

VS 2015 的主界面比较简洁,与一般的 Windows 窗口类似,顶端是菜单栏和工具栏,而底端则是状态栏。中间区域分为 3 个部分:解决方案资源管理器窗口、编辑窗口和输出窗口。

什么是解决方案?在实际的软件开发中,一个软件包括多个可执行文件、动态链接库、静态库等,这些文件要由多个项目产生,因此将这些相关的项目集合在一起就是一个解决方

第 14 章　C 程序开发环境与调试

图 14.9　Visual Studio 2015 主界面

案。也就是说，一个解决方案可以包含多个项目。在解决方案资源管理器窗口中可以看到有哪些项目，每个项目含有哪些头文件、源文件、资源文件等。

编辑窗口就是编辑源代码的地方，在这里可以打开多个代码窗口。输出窗口并不是输出程序运行结果的地方，而是输出编译、链接等信息，需要调试代码的时候，往往要参考这些输出信息。

如果要将项目中的一个文件移除，可以在文件上单击右键，出现如图 14.10 所示快捷菜单。如果只是要将文件从项目中排除，单击"从项目中排除"菜单项；如果要将文件从磁盘上删除，可以单击"移除"菜单项。

图 14.10　从 VS 2015 中移除文件

14.1.4　Visual Studio Community 2015 中运行 C 程序

为了方便运行和调试，首先将 VS 2015 的生成和调试工具栏调出来。单击"视图"菜单中的"工具栏"菜单项，然后在子菜单中勾选其中的"生成"和"调试"菜单项。也可以在工具栏任意地方右击，也会出现同样的子菜单。调出生成和调试工具栏后，工具栏图标如图 14.11 所示，各图标的含义如表 14.1 所示。

图 14.11　VS 2015 中生成和调试相关的图标

表 14.1 VS 2015 中生成和调试相关的图标及其说明

图标	名称(快捷键)	说　　明
	开始/继续(F5)	启动调试器或者继续调试
	全部中断(Ctrl+Alt+Break)	让正在运行的程序暂停下来
	停止调试(Shift+F5)	结束程序的运行
	重新启动(Ctrl+Shift+F5)	重新开始调试
	逐语句(F11)	执行当前所指语句;如果当前语句是函数调用,则进入到被调函数中
	逐过程(F10)	执行当前所指语句;如果当前语句是函数调用,则直接执行完函数调用,不进入被调函数中
	跳出(Shift+F11)	跳出当前函数,返回到被调函数
	生成项目	完成编译、链接、生成目标文件等全过程,生成可执行文件、dll文件、lib文件等(取决于工程类型)
	生成解决方案(F7)	即按照某种顺序生成所有的项目,已经生成且未更新的项目会被跳过

无论是调试还是直接运行,首先要生成项目。如果一个解决方案中只有一个项目,那么生成解决方案也就等同于生成项目了。单击相应图标后即可生成项目,项目生成后,会在输出窗口显示生成信息,如图 14.12 所示。

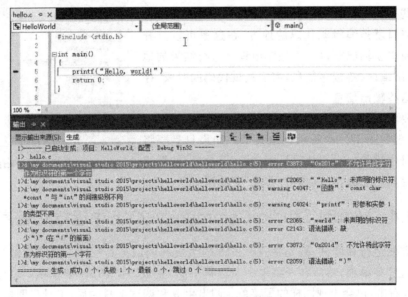

图 14.12　生成过程中输出的信息

一个项目在生成过程中,编译系统可能会发出两种类型的"抱怨":一种是错误(error),一种是警告(warning)。一旦出现错误,项目生成就会失败,因此错误一定要改正;警告则不会影响项目的生成,但是警告可能意味着存在潜在错误,因此也要严肃对待。例如,图 14.12 中提示有 6 个错误和 2 个警告,关于如何改错将在下文介绍。

如果项目生成成功,那么就可以运行了。有两种运行方式:调试运行和直接运行。单击"调试"菜单,可以看到有两个菜单项:"开始调试"和"开始执行(不调试)",如图 14.13 所示,分别对应这两种运行方式。调试运行的时候,可以暂停程序的运行、跟踪程序的执行、观察每一条语句的执行结果,从而对程序进行诊断。而直接运行的时候,用户无法干预程序的运行。

图 14.13　两种运行方式

14.1.5　Visual Studio Community 2015 中调试 C 程序

"调试"对应于英文单词 debug,也就是去除(de)各种错误(bug)的过程。编写程序的时候不可能不出现错误,IDE 一般都提供了调试工具辅助用户去除各种错误。程序员都有过这样的经历:很多时候调试程序比编写程序花的时间要多得多。Visual Studio 提供了非常丰富和强大的调试工具,可以方便用户调试程序。

程序中的错误可以分为两种类型:语法错误和逻辑错误。

(1) 语法错误。语法错误是指违反语法规则的错误。编译链接程序通常能发现这类错误,并给出"出错信息"和出错位置。因此,这类错误比较容易发现、容易排除。

(2) 逻辑错误。逻辑错误是指程序并无语法错误,但不能得到正确的执行结果。这类错误是由于程序设计人员编写的程序代码与原意不相符所致。例如:

```
sum=0;
i=1;
while (i<=10)
    sum=sum+i;
i++;
```

上述这段程序无语法错误,本意是计算 1～10 的自然数之和,但循环体中没有包括"i++;"语句,因此程序会陷入死循环。像这种错误就较难发现,需要使用一些调试方法和调试技巧。

(1) 人工审查。写好程序后应对程序进行人工审查,找出由于程序员疏忽而造成的大多数错误。在实际的软件开发中,代码在提交之前也要经过人工审查。

(2) 上机调试。人工审查之后,如果程序中还有错误,可以上机利用调试工具来调试运行。后面将详细介绍调试过程中的技巧。

(3) 测试分析。程序的语法错误排除之后,可以运行程序,输入测试数据对程序进行测试,对得到的结果进行认真分析,看是否符合预期。若不符合,则可能是程序有逻辑错误。

在实际的调试过程中,上述方法可能交叉、反复进行,直至程序完全正确为止。

下面介绍如何在 VS 2015 中进行调试。

1. 观察生成过程中的输出信息

如果项目生成不成功,首先要观察生成中的输出信息,特别是错误和警告信息。这里要指出的是,编译系统报出的错误不一定很准确,因此只能作为参考。初学者经常遇到这种情形:程序在生成的时候报出几十个甚至上百个错误,让编写者心灰意冷,大受打击。其实真正的错误往往没有那么多,有时候改正几个错误之后,编译系统就不再报错了。但是也存在这种情况,就是编译系统低估了程序中的错误,实际错误比报出的错误还要多。不管怎么样,对于报出的错误,从第一个错误开始,逐个分析,逐个改正。

以图 14.12 为例,双击第一条错误信息,此时在编辑窗口错误所在行会被自动指出(见左侧指示器)。分析错误信息:"0x201c":不允许将此字符作为标识符的第一个字符,发现是编译系统将某个字符作为标识符的一部分了。仔细一看,printf 函数名并没有写错,应该是后面有错误。不难发现,printf 后面括号中的一对引号有误,输入的是中文双引号,应该是英文双引号。改正这个错误,重新生成,现在的输出信息如图 14.14 所示。

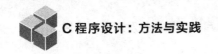

图 14.14 修正部分错误后的提示

这时,我们发现现在只有一个错误了。双击错误信息,错误被定位在第 6 行。分析错误信息:语法错误:缺少";"(在"return"的前面),可以知道错误并不是出现在第 6 行,而是在 return 语句前面,也就是第 5 行缺少结尾的分号";"。改正这一错误,再重新生成,就没有报错了。

从这个例子中可以看出:编译系统提示的错误信息不可不信,但也不可全信。另外,每次改正错误后,要重新生成,根据新的错误来分析。

2. 适当地修改程序以便发现问题

例 14.1 的程序计算 200 以内的所有素数之和。程序生成过程中没有错误,运行程序后的输出结果为:sum=19900。那么这个结果对不对呢?暂时不确定,因为我们也不知道正确结果到底是多少。对于类似这样的情况,可以用两个技巧。第一,在适当的位置加上一些输出语句;第二,改变程序的规模,使得可以直接判断结果正确与否。为此,我们对程序做一点小的改动:将第 8、9 行的 200 改为 10,即计算 10 以内的素数之和;在第 16 行处增加输出语句,输出当时的 i 的值。有变化的部分用下画线标出。

例 14.1 程序调试的例子。

	原 始 程 序	修改后程序
1	`#include <stdio.h>`	`#include <stdio.h>`
2	`#include <math.h>`	`#include <math.h>`
3	`int main()`	`int main()`
4	`{`	`{`
5	`    int sum, i, j, root;`	`    int sum, i, j, root;`
6	`    sum=0;`	`    sum=0;`
7	`    j=2;`	`    j=2;`
8	`    for (i=1; i<200; i++){`	`    for (i=1; i<`_`10`_`; i++){`
9	`        root=(int)sqrt(200);`	`        root=(int)sqrt(`_`10`_`);`
10	`        while (j<=root)`	`        while (j<=root)`
11	`            if (i%j==0)`	`            if (i%j==0)`
12	`                break;`	`                break;`
13	`            else`	`            else`
14	`                j++;`	`                j++;`
15	`        if (j>root) {`	`        if (j>root){`
16	`            sum +=i;`	`            `_`printf("i=%d\n", i);`_
17	`        }`	`            sum +=i;`
18	`    }`	`        }`
19	`    printf("sum=%d\n", sum);`	`    }`
20	`    return 0;`	`    printf("sum=%d\n", sum);`
21	`}`	`    return 0;`
22		`}`

重新生成并运行程序,程序输出为:

```
i=1
i=2
i=3
i=4
i=5
i=6
i=7
i=8
i=9
sum=45
```

很明显,程序中对素数的判断是有问题的。那么问题出在哪里呢?

3. 暂停程序的执行

有时候可以猜测到大概是哪个代码片段出现问题,但是不知道具体问题,这个时候可以让程序运行到有问题的代码段暂停,然后分析。注意:这一技巧要求程序是可以执行的,也就是说生成过程中没有错误。

在上面的例子中，我们知道素数的判断有问题。如果看不出来问题在哪里，可以从第6行开始跟踪程序的执行，为此，让程序运行到第6行停下来。有两种方法暂停程序执行：

（1）在第6行处单击右键，在弹出式菜单中选择"运行到光标处"，如图14.15所示。程序运行到光标处会自动停下来。

（2）设置断点。顾名思义，断点就是程序中断运行的地方。单击"调试"菜单下的"切换断点"菜单项，或者按F9快捷键，可以设置/取消断点。如图14.16中左侧的小红点就是一个断点，直接在这个位置单击也可以快速地设置/取消断点。设置了断点后，启动调试，程序会自动地运行到断点所在行停下来。

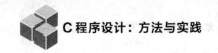

图14.15 运行到光标处

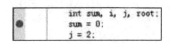

图14.16 设置断点

这两种方式是有区别的。第一种方式的效果是一次性的。如果多次启动调试，用第一种方式每次启动的时候都要这样操作，用第二种方式只需要设置一次断点。如果暂停的位置在一个循环中，那么用第一种方式只会在第一次运行到光标所在行暂停下来，而用第二种方式可以让每次运行到断点都停下来。实际使用中，用断点更常见。

4. 观察程序的状态

程序运行暂停以后，可以观察此时程序的状态，例如，各个变量的取值、调用栈等。如果这些窗口没有显示，或者被关掉了，可以通过"调试"菜单下的"窗口"子菜单（如图14.17所示）中的菜单项来显示这些窗口。

例如，当程序在"sum=0；"行暂停后，在"自动窗口"中（如图14.18所示），编译器将当前行前后语句中的变量值显示出来了。可以看出，现在i、j、root和sum等几个变量的值都是−858993460，这是因为这几个变量还没有初始化，因此这个值是没有意义的。在"调用堆栈"窗口（如图14.18中的右图所示），可以看到当前行处于可执行程序SumOfPrimes中的函数main中。如果当前行处于较深的函数调用层次中，从这个窗口中可以清晰地看出调用层次。

图14.17 各种调试窗口

从其他窗口，如"局部变量"和"断点"等窗口中也可以发现很多有价值的信息，读者可以

图 14.18　观察程序的状态

自己查看。

5. 跟踪程序的执行

通过跟踪程序的执行可以观察到程序的状态是如何变化的,从而弄清楚程序的结果是如何产生的。跟踪执行主要用到 3 个功能:逐语句执行(,F11)、逐过程执行(,F10),以及跳出(,Shift+F11)。前面两个功能的区别在于,如果当前要执行的语句中含有函数调用,前者会进入到被调函数内部,后者像执行一条普通语句一样执行函数调用,而不会进入被调函数内部。至于"跳出",它用于跳出当前函数。

在上面的例子中(图 14.16),按下 F10,程序会执行"sum=0;"这条语句,这时再观察变量的取值就会发现 sum 的值已经发生了变化。继续按 F10,并观察变量取值的变化情况。通过跟踪程序的执行,我们可以发现两个问题(完整的程序见例 14.1):①root 本意表示 i 的根,但是现在它的值都是固定的,一直为 3,这显然是个错误;②当 i 的值发生变化的时候,j 并不是重新从 2 开始,而是延续原来的值,这样来判断 i 是否有根显然是存在问题的。仔细分析找出了问题所在:第 9 行应该改为"root=(int)sqrt(i);",而第 7 行的"j=2;"应该移动到 while 循环体的起始位置(即 while 循环之前)。将这两个问题修正后,是否还有其他问题?请读者自己调试分析,如果有问题,进一步修正。

如果跟踪几步之后,不需要进一步跟踪了,可以单击继续运行按钮(,F5)继续运行剩下的程序代码;或者单击停止调试按钮(,Shift+F5)终止调试。

6. 其他调试技巧

(1) 悬停鼠标查看表达式值。当程序被中断时,把鼠标停在所需查看的数据上,就可以快速查看数据的取值了,如图 14.19 所示。

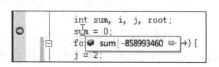

图 14.19　悬停鼠标查看表达式值

(2) 条件断点。很多时候,我们希望程序运行到满足某种条件的时候暂停。例如,图 14.20 中,要让 i 的值首次大于等于 100 的时候暂停,这时需要设置条件断点。首先设置一个断点,鼠标指向断点标记(左侧红点)的时候,会出现一个设置按钮,如图 14.20(a)所示,单击该按钮,会出现一个断点设置的框,如图 14.20(b)所示。勾选"条件",在下面的输入框中,可以输入一个条件表达式,如图 14.20(c)所示。当这个条件表达式成立的时候,程序就会暂停下来。

此外,还可以设置当断点命中一定次数后程序暂停,设置方法类似。

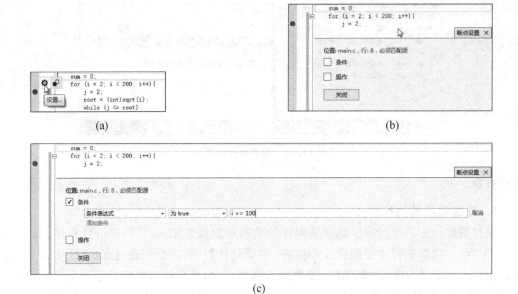

图 14.20 设置条件断点

(3) 设置监视。在监视窗口中可以输入表达式,可以监视表达式的值,如图 14.21 所示。

图 14.21 设置监视

最后需要指出的是,这些调试工具再好也只是工具,关键还是人。写代码的时候,要养成严谨、规范的习惯,减少出错的次数;调试代码的时候,也要多思考、多积累,熟练以后就能很快地定位到错误。

14.2 Code::Blocks 的安装与使用

14.2.1 Code::Blocks 简介

微软的 Visual Studio 开发工具虽然很强大,但是也被不少人诟病。早期,Visual Studio 被诟病的原因之一是因为其授权费用昂贵。Visual Studio Express 和 Visual Studio Community 版本推出后,非商业用途的应用开发可以免费使用 Visual Studio 了,但是这时候的 Visual Studio 变得非常臃肿,需要占用较大的硬盘空间,对内存和 CPU 的要求也较高。因此,很多人会选择使用一些开源的开发工具,如 Code::Blocks。

Code::Blocks 是一个免费、开源、跨平台的集成开发环境,使用 C++ 开发,主要针对开发 C/C++ 程序而设计。与 Visual Studio 相比,Code::Blocks 的主要特色如下:

- Code::Blocks 目前支持 Windows、Linux 及 Mac OS X 多种平台。
- Code::Blocks 本身不包含 C/C++ 编译器,但可以调用第三方编译器,目前支持 GCC、Visual C++、Digital Mars、Borland C++、Open Watcom 等多种编译器。MinGW 是 Code Blocks 的默认编译器。

- Code::Blocks 的系统资源占用较低。

因为这些特点,使得 Code::Blocks 成为了 Visual Studio 的绝佳替代品。但是 Code::Blocks 的界面是英文的,程序对中文的支持也不是很好,但只要适应了就不会有什么问题。

由于 Code::Blocks 本身是不带 C/C++ 编译器的,因此官网上提供了集成 C/C++ 编译器的安装包。这个安装包集成了 MinGW。在了解 MinGW 之前,首先了解 GCC。

GCC(GNU Compiler Collection,GNU 编译器套件),是由 GNU[①] 开发的编程语言编译器套件。最初,它只能编译 C 语言。后来经过扩展,GCC 变得可处理 C++。后来又扩展能够支持更多编程语言,例如 Fortran、Pascal、Objective-C、Java、Ada、Go 以及各类处理器架构上的汇编语言等。GCC 是以 GPL 许可证所发行的自由软件,是自由软件的典范,现已被大多数类 UNIX 操作系统(如 Linux、BSD、Mac OS X 等)采纳为标准的编译器,也可以在 Windows 平台上使用。目前,在开源项目开发中普遍使用 GCC 编译器,在开源领域有着很大的影响力。

与微软的 VC 编译器相比,GCC 编译器是免费的,而且更新快,对 C/C++ 语言标准的支持更好。因此,如果不想使用 VC 编译器,GCC 是不二选择。

MinGW 全称 Minimalist GNU for Windows,是个精简的 Windows 平台 C/C++、ADA 及 Fortran 编译器。MinGW 提供了一套完整的开源编译工具集,以适合 Windows 平台应用开发,且不依赖任何第三方 C 运行库。简单地说,MinGW 使得用户可以在 Windows 上使用本来针对 UNIX 等系统开发的 GCC 编译器、程序库和其他工具。

14.2.2 Code::Blocks 的安装

首先到 Code::Blocks 官方网站[②]找到安装文件的下载链接。如果系统中已经安装了 GCC 编译器,那么只需要下载 codeblocks-xx.xx-setup.exe(其中 xx.xx 表示版本号,截止到作者完成书稿时,最新的版本是 13.12),否则选择下载 codeblocks-xx.xxmingw-setup.exe。前者没有集成编译器,后者集成了 MinGW 套件。

Code::Blocks 的安装过程很简单,如图 14.22(a)~(d)所示。值得注意的是在第三步,如果要安装 MinGW,需要把 MinGW Compiler Suite 勾选,如图 14.22(c)所示。

Code::Blocks 的主界面如图 14.23 所示。

1. 主菜单和常用工具栏

主要包括主菜单和主工具栏、编译器工具栏、调试器工具栏。

- 主菜单中的常见子菜单包括文件(File)、编辑(Edit)、视图(View)、查找(Search)、工程(Project)、构建(Build)和调试(Debug)。
- 主工具栏包括常见的新建文件、打开、保存、撤销、复制、剪切和粘贴等按钮。
- 编译器工具栏包括构建、运行等按钮。
- 调试器工具栏包括一系列调试按钮。

编译器工具栏和调试器工具栏按钮的使用将在后面介绍。

---

① GNU 计划,是由 Richard Stallman 在 1983 年 9 月 27 日公开发起的,它的目标是创建一套完全自由的操作系统。
② http://www.codeblocks.org/

(a)

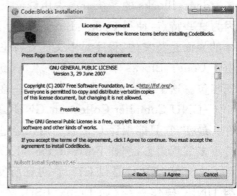
(b)

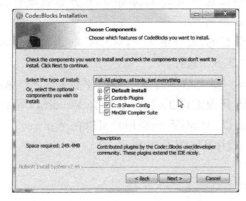
(c)

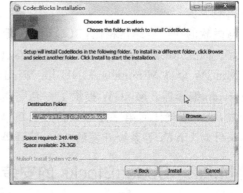
(d)

图 14.22 Code::Blocks 安装过程

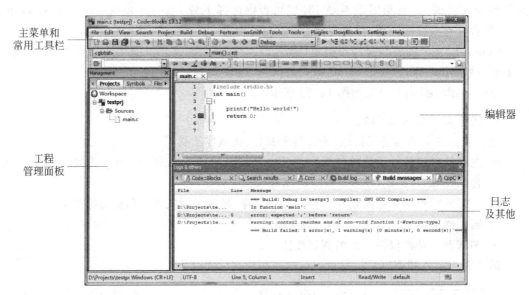

图 14.23 Code::Blocks 主界面

2. 编辑器窗口

这是程序员编写代码的地方。编辑器窗口是一个多标签窗口,每个标签可以显示一个文件的内容。每个标签窗口左部自动显示了行号。编辑器中的源代码会被自动着色,以不同的颜色显示不同组成成分。

3. 工程管理窗口

在这个窗口中可以显示多个标签页。主要的标签页如下:
- 工程标签页(Projects)可以显示所有的工程,以及每个工程中包含的文件。
- 符号标签页(Symbols)可以显示所有的全局符号,如全局变量、全局宏定义等。
- 文件标签页(Files)可以显示一个文件目录结构,方便定位文件。

例如,在图 14.23 中有一个工程名为 testprj,其中只有一个源文件名为 main.c。

4. 日志及其他窗口

这一部分包括很多窗口,常用于显示各种信息,最常用的是构建日志、调试信息等,观察这些信息可以让用户知道哪些地方存在错误等,方便对程序进行诊断。例如在图 14.23 中,Build message 显示当前程序构建过程中存在的问题。

Code::Blocks 的界面是高度可定制的。可以关闭任意窗口,缩小、放大窗口以及改变窗口的位置。Code::Blocks 中窗口的布局称为 perspective,当 perspective 发生改变了之后,可以通过 View 菜单下的 Perspective|Save current 菜单项来保存窗口布局方案。布局方案一旦保存了,就可以通过 View 菜单的 Perspective 子菜单来加载该方案。CB 本身内置了两个方案:Coding::Blocks default 和 Coding::Blocks minimal,前者是默认方案,后者是最简方案。

用户也可以控制显示哪些工具栏。右击工具栏,在弹出的快捷菜单中可以选择所有可用的工具栏,如图 14.24 所示。其中,常用的几个工具栏如下:

- Compiler:编译器工具栏,包含构建、执行等按钮。
- Main:主工具栏,包含打开、新建、关闭等按钮。

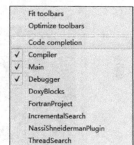

图 14.24 Code::Blocks 的各种工具栏

- Debugger:调试器工具栏,包含调试按钮。
- IncrementalSearch:增量式搜索,用于对代码进行搜索。

14.2.3 在 Code::Blocks 中编写程序

下面介绍如何在 Code::Blocks 中编写 C 程序。

编写一个 C 程序需要创建一个工程。一个小的 C 程序可能只有一个文件,但是稍微复杂的程序可能包含多个文件,包括 .h 头文件、.c 文件、配置文件、帮助文件、界面文件,以及图片、图标、声音等资源文件,在 Code::Blocks 中通过工程把这些文件组织在一起。

在 Code::Blocks 中创建 C 程序的工程步骤如下:

(1) 单击 File 菜单,单击 New|Project 菜单命令,会出现 New from template(从模板新

建)窗口。在这个窗口中提供了很多工程模板,如图 14.25 所示。我们要创建的是控制台程序,因此选择 Console application,然后单击右侧的 Go 按钮。

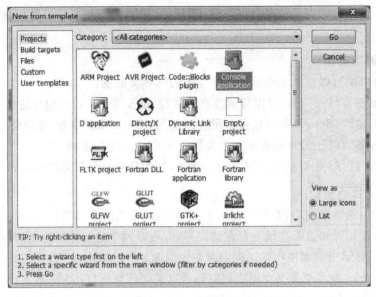

图 14.25　选择项目模板

(2) 在下一个窗口,单击 Next 按钮继续。

(3) 这一步要求选择项目语言,如图 14.26 所示,这里选择 C,然后单击 Next 按钮继续。

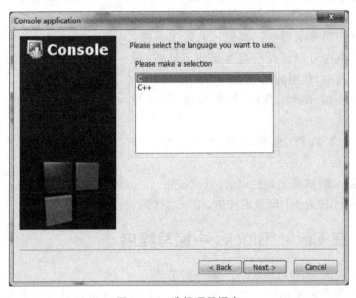

图 14.26　选择项目语言

(4) 这一步给工程命名,并指定工程文件存放的位置。如图 14.27 所示,在 Project title 下方输入工程名,在 Folder to create project in 下方指定工程所在文件夹,下面的 Project filename 和 Resulting filename 会自动完成。单击 Next 按钮继续。

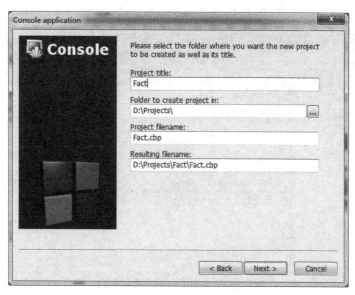

图 14.27 指定项目名称、路径

(5) 这一步指定编译器。如图 14.28 所示,这里选择 GNU GCC Compiler,不过要使用 GCC,必须先安装了 MinGW。勾选 Create "Debug" configuration,这个选项会创建调试的配置信息。其他地方保持默认即可。单击 Next 按钮继续。

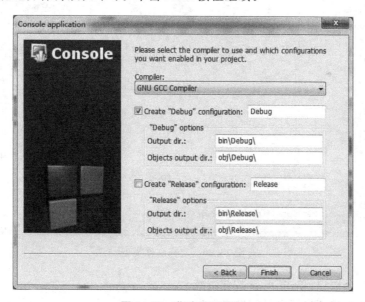

图 14.28 指定编译信息

至此,工程 Fact 就创建完毕。如图 14.29 所示,该工程中包含了一个默认文件 main.c,可以直接修改这个文件。

一个工程中可以包含多个文件,下面介绍如何向工程中添加一个新的文件。

(1) 单击 File 菜单,单击 New|File 菜单命令,出现 New from template 对话框,如

图 14.30 所示,选择文件类型,如 C/C++ header,单击 Go 按钮。

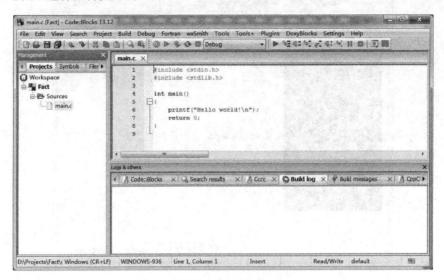

图 14.29　新建项目 Fact 中的内容

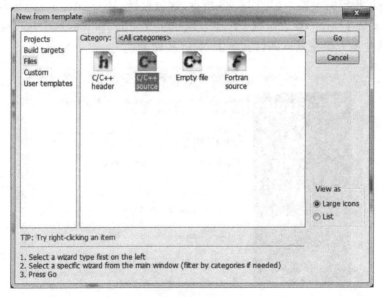

图 14.30　选择文件类型

(2) 在下一个窗口,单击 Next 按钮继续。

(3) 这一步选择项目语言,还是选择 C。

(4) 这一步指定文件完整路径,如图 14.31 所示,为了方便管理,一般把一个工程下的所有文件放在一个文件夹下。勾选 Add file to active project,将文件加入到工程中。

打开刚刚添加的头文件,可以看到已经自动产生了一些预编译指令,如图 14.32 所示。这些指令可以避免头文件被重复包含。

也可以向工程中添加一个已经存在的文件。这时选择 Project 菜单下的 Add file 命令,

第14章　C程序开发环境与调试

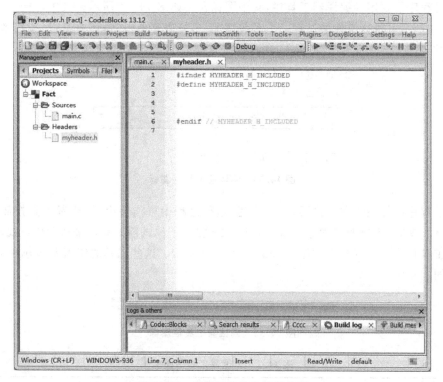

图 14.31　指定文件名和路径

图 14.32　新增加的头文件的内容

在打开的对话框中选中文件，打开后即可。

如果要从工程中移除一个文件，只需要选中该文件，然后按键盘上的删除键即可；或者在该文件上右击，在弹出的菜单中单击 Remove file from project 选项即可。

另外,在 Code::Blocks 中输入中文的时候,有时候会出现乱码,这时需要设置默认文件编码。方法如下:单击 Settings 菜单下的 Editor 命令,在左侧选 General settings 选项,在右侧单击 Other settings 选项,按照图 14.33 所示进行设置。

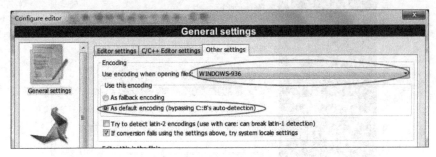

图 14.33　设置文件编码

14.2.4　在 Code::Blocks 中运行和调试程序

在 Code::Blocks 中运行程序可以通过菜单来完成,不过更常见的是通过工具栏来完成。运行程序需要用到编译器工具栏,其中图标含义如图 14.34 所示。其中,"构建"是指编译、链接并产生可执行文件的过程。大多数情况下,只需要单击"构建并运行"按钮就可以执行 C 程序了。

图 14.34　编译器工具栏图标

由于程序中往往会包含错误,因此构建、运行过程中可能会出错,或者不是按照预期的方式运行。这时,需要调试程序。Code::Blocks 提供了调试器工具栏来帮助用户找出错误。调试器工具栏中的图标含义如图 14.35 和表 14.2 所示。这些工具的使用大部分与 VS 2015 是类似的。

图 14.35　调试器工具栏图标

表 14.2　调试器工具栏图标

图标	名称	说明
	Debug/Continue(调试/继续)	启动或继续调试
	Run to cursor(运行到光标处)	运行到光标所在行停下来
	Next line(下一行)	运行到下一行停下来

续表

图标	名称	说明
	Step into(单步进入)	运行到下一行停下来;如果将要执行的是函数调用,则进入被调函数
	Step out(单步跳出)	跳出当前函数,返回主调函数
	Next instruction(下一条指令)	运行到下一条指令停下来
	Step into instruction(单步进入指令)	运行到下一条指令停下来,如果将要执行的是函数调用,则进入被调函数继续跟踪
	Break debugger(暂停调试器)	当程序在调试状态下运行的时候,让程序暂停下来
	Stop debugger(终止调试器)	停止调试,程序结束
	Debugging windows(调试窗口)	可以查看当前栈、变量的状态

Code∶∶Blocks中调试的技巧与VS 2015中类似,读者可以参考前面的介绍自己尝试。

第 15 章　C 语言上机实验

15.1　实验概述

任何一门计算机语言的学习都离不开上机实践这一重要环节，C 语言的学习也不例外。学习者应该培养独自编写程序及上机调试程序的能力。C 语言入门学习者应该保证至少有 32 小时的上机时间，与理论知识学习的时间比最好能达到 1∶1。

15.1.1　实验目的

实验的目的不仅是为了验证理论课学到的知识和自己所编写的程序是否正确，更重要的在于：

（1）熟悉计算机系统的操作方法。通过对 C 语言程序开发环境的了解掌握，为以后学习掌握新的计算机语言开发环境打下基础，起到举一反三、触类旁通之功效。

（2）巩固、加深对理论课的理解。教材上的一些语法规定，听起来可能枯燥无味，而通过多次上机，反复实践就能够自然地、熟练地掌握它们。

（3）培养上机调试程序的能力。程序从编写到能够正确运行，必须经过调试这一重要环节。调试能力的高低往往取决于经验，学习者虽然可以借鉴他人已有的经验，但更重要的是通过自己动手、直接实践来学习积累。学习者应该变被动学习为主动学习，即除了将编写的程序上机调试直到能正确运行外，还可对一些正确的程序人为设置一些错误和障碍并进行调试，观察并分析出现的问题，从中获得更多的收获。

15.1.2　实验步骤

对于每次上机实验，一般要求按以下步骤进行：

（1）准备工作。上机前应该将本次实验的源程序准备好，即在纸上清晰、工整地书写好源程序，并手工检查无误（如大小写、标点符号有无错误等）再上机，以提高上机的效率，对有疑问处可以在纸上作上记号，以便上机实验时观察、研究。

（2）上机输入源程序及调试程序。在集成开发环境的编辑器中输入源程序，然后开始编译调试，当出现问题的时候，应该先自行处理，多多思考，以培养独自分析并解决问题的能力，如果确实解决不了，再向旁人请教。

（3）书写实验报告。上机完成后，应按以下几方面来整理实验报告：

① 实验题目及源程序清单。

② 运行结果及发现的问题。
③ 本次实践的经验所得及问题分析。
实验报告单的参考格式如图 15.1 所示。

《程序设计基础》实验报告单

班级		学号		姓名	
实验时间			实验地点		
实验题目					

一、实验目的与要求

1. 实验目的

2. 实验要求

二、实验内容及主要步骤

三、实验程序清单

/*

题目 1：编写一个函数，输出 int、short、long、float 和 double 这些数据类型的最大值和最小值。

测试情况：测试用例，测试是否通过等。

已知缺陷：当输入××××××××时会报错。

*/

程序清单

四、总结与提高

对本实验中用到的一些算法、编程技巧、套路、函数(如果有)进行总结。

对本实验中遇到的问题、错误进行总结，以备以后查阅。

图 15.1 实验报告单的参考格式

15.2 实验项目

15.2.1 实验 1：C 程序调试与输入输出

一、实验目的

(1) 掌握 C 程序的基本结构。

(2) 掌握 C 程序的调试方法。

(3) 掌握 C 程序的输入和输出。

二、实验要求

(1) 请首先在纸质本上写出代码,然后上机调试,再将各题完整的程序粘贴到"三、实验程序清单"部分,代码前面用注释的形式列出以下信息:题目摘要,测试情况,已知缺陷。

(2) 请独立完成各题。

(3) 注意完成之后进行总结。

三、实验内容

(1) 编写一个函数,输出 int、short、long、float 和 double 这些数据类型的最大值和最小值。

提示:在 limits.h 头文件中,均以符号常量的形式定义了整型数据的最大值和最小值,如表 15.1 所示。

表 15.1 整型数据的最大值和最小值

符号常量/宏	描述
CHAR_MIN	char 类型的最小值
CHAR_MAX	char 类型的最大值
SHRT_MIN	short 短整型的最小值
SHRT_MAX	short 短整型的最大值
INT_MIN	int 整型的最小值
INT_MAX	int 整型的最大值
UINT_MAX	unsigned int 整型的最大值
LONG_MIN	long 长整型的最小值
LONG_MAX	long 长整型的最大值
ULONG_MAX	unsigned long 整型的最大值

在 float.h 中,定义了 float 和 double 型数据的最大值和最小值,如表 15.2 所示。

表 15.2 浮点型数据的最大值和最小值

符号常量/宏	描述
DBL_MAX	double 型数据的最大值
DBL_MIN	double 型数据的最小值
FLT_MAX	float 型数据的最大值
FLT_MIN	float 型数据的最小值

(2) 写一个程序,输入一个字符,输出该字符的 ASCII 码值;然后输入一个 ASCII 码值,输出其对应的字符。

(3) 字符处理。

① 下面的例子将输入的一个单词的所有字母变成大写形式,其中有错误,找出错误并改正。

```
1  int main() {
```

```
2       char c;
3       c=getchar();
4       while (c !='\0') {
5           c=c-('a'-'A');
6           putchar(c);
7           c =getchar();
8       }
9       return 0;
10  }
```

② 修改前面的程序,将输入的单词的大小写互换,即大写变成小写,小写变成大写形式。

③ 再修改前面的程序,将输入的单词首字母变成大写形式,其他变成小写形式。例如,输入 heLLo,则应输出 Hello。

(4) 下面的例子输入一个字符串,统计并输出其中的字符数。修改该程序,分别统计其中元音字母和辅音字母的个数。元音字母有 a、e、i、o、u 共 5 个,其余字母为辅音字母。

```
1   int main() {
2       int i=0;
3       char s[80];
4       int count=0;
5       gets(s);
6       for (i=0; s[i] !='\0'; i++)  {
7           count=count+1;
8       }
9       printf("字符串%s中包含了%d个字符.\n", s, count);
10      return 0;
11  }
```

(5) 编写程序,将一个文本文件(假定每一行的长度不超过 200 个字符)的内容复制到另一个文本文件中。

15.2.2 实验 2:运算符、表达式及简单 C 程序设计

一、实验目的

(1) 学习 C 语言的运算符使用方法。
(2) 学习 C 表达式的基本应用方法。
(3) 学习掌握 C 语言的基本控制结构。
(4) 学习运用 C 语句来表达算法思想。

二、实验要求

(1) 请首先在纸质本上写出代码,然后上机调试,再将各题完整的程序粘贴到"三、实验程序清单"部分,代码前面用注释的形式列出以下信息:题目摘要,测试情况,已知缺陷。

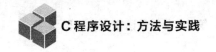

(2) 请独立完成各题。

(3) 注意完成之后进行总结。

三、实验内容

(1) 设计程序计算下面函数的值。

$$f(x) = \begin{cases} x^2 & \text{当 } x^2 - 9 > 0 \\ 0 & \text{当 } x^2 - 9 = 0 \\ -x^2 & \text{当 } x^2 - 9 < 0 \end{cases}$$

(2) 某地出租车的收费方法如下：起步价 6 元，最多行驶 3km；超过 3km 将按 1.8 元/km 计算。编写程序，输入行驶里程数，计算并输出车费。

(3) 修改第(2)题。方案：行驶里程中不足 1km 的按照 1km 计算，如 6.3km 按 7km 计算；方案二：付费时基于四舍五入的原则以元结算，如 9.2 元按 9 元结算、9.6 元按 10 元结算。其他计算规则不变。

(4) 在某物资管理系统中，某种物品的价值会随着时间 m(月数)而降低。具体价值由折扣率决定，折扣率 p 计算公式为：

$$\begin{cases} p = 0 & \text{当 } m < 6 \\ p = 5\% & \text{当 } 6 \leqslant m < 12 \\ p = 10\% & \text{当 } 12 \leqslant m < 18 \\ p = 20\% & \text{当 } 18 \leqslant m < 36 \\ p = 40\% & \text{当 } 36 \leqslant m < 60 \\ p = 60\% & \text{当 } 60 \leqslant m < 72 \\ p = 80\% & \text{当 } m \geqslant 72 \end{cases}$$

编写程序，输入某物品原始价值和已经经过的时间(月数)，输出该物品现在的价值。

(5) 假设四季的划分如下：3～5 月份为春季，6～8 月份为夏季，9～11 月份为秋季，12～2 月份为冬季。编写一个函数，输入年月日(格式为年-月-日)，输出季节。例如，输入 2016-3-16，输出"春季"。

(6) 四六级考试成绩对于后续报考考试有一定影响，其关系如下：

　　　　当四级，考试成绩≥425：可报考六级

　　　　当四级，考试成绩≥550：可报考口语考试

　　　　当六级，考试成绩≥520：可报考口语考试

编写程序，输入考试级别(4 或 6)和考试分数(0～710)，根据以下不同情况进行输出：

四级小于 425 分，输出：差点就可以报考六级了。

六级小于 520 分，输出：差点就可以报考口语了。

其他情况输出：可以报考六级(或者可以报考口语考试)。注意，如果四级大于 550 分，则要输出：可以报考六级和口语考试。

要求对输入数据的有效性进行判断。也就是说，如果输入的是无效数据，如考试级别输入 3、考试分数输入 750，则提示输入无效。

15.2.3 实验 3：分支及循环结构

一、实验目的

(1) 学习掌握 switch 语句设计分支结构程序的方法。
(2) 学习掌握循环结构程序的设计，包括循环流程的控制及多重循环。
(3) 学习利用循环及分支结构嵌套设计程序解决实际应用问题的方法。

二、实验要求

(1) 请首先在纸质本上写出代码，然后上机调试，再将各题完整的程序粘贴到"三、实验程序清单"部分，代码前面用注释的形式列出以下信息：题目摘要，测试情况，已知缺陷。
(2) 请独立完成各题。
(3) 注意完成之后进行总结。

三、实验内容

(1) 很多人误以为闰年的判定条件是能被 4 整除，其实不然。编写一个程序，输出 1900～2100 年中有哪些年份是 4 的倍数，但是不是闰年。
(2) 编写一段程序，输入 3 个点的坐标，判断它们是否在一条直线上。
(3) 有一个文本文件，其中有若干个整数（都是 5 位数），每个整数占一行，编写程序，将每一行的整数逆序后存放到另一个文件中。例如，假定原文件 origin.txt 中的内容为：

```
59694
25831
36924
```

那么新创建的文件 reversed.txt 中的内容为：

```
49695
13852
42963
```

(4) 输入一个整数，输出它是几位数，并逐个数字输出。例如，如果输入的 5942，那么输出结果如下：

```
5
9
4
2
共 4 位数
```

要求：要用 scanf("%d", &)格式输入整个整数给变量 n，而不能一个一个字符输入。

(5) 编写程序，求解满足 S=1+2+3+…+N≤1000 的最大 N 值及 S 的值。
(6) 完成以下程序。

① 写一个简单的记账程序，它的主界面如图 15.2 所示。输入的信息全部保存在 bill. txt 文件中，例如，下面的信息保存之后，文件中的内容应该如图 15.3 所示。

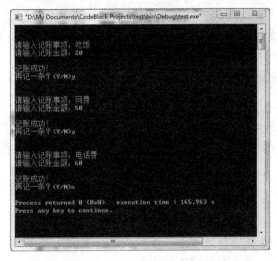

图 15.2 “记账程序”主界面

```
吃饭：20
网费：50
电话费：60
```

图 15.3 记账文件内容

需要注意：在输入的时候，要特别留意输入缓冲区中余下的字符带来的副作用。例如，如果输入缓冲区中有一个多余的回车符，就会影响 gets 函数和 getchar 等函数，这时，可以用一个 getchar()函数来读入这个回车符(但不用做任何处理)。

② 在实现基本功能的基础上，可以让这个程序变得更加实用：

(a) 每次运行程序时，都是在原有文件后面追加新的记账信息。要实现这个功能，只需要打开文件时用 a 说明符，即 fopen("bill. txt", "a")。

(b) 可以在每次运行程序时首先记录下时间，便于区分。要显示时间，首先要包含头文件＜time. h＞，然后用以下代码：

```
time_t lt=time(NULL);
fprintf(file, "%s", ctime(&lt));          // file是 FILE *类型变量
```

最终，文件 bill. txt 中的内容如图 15.4 所示。

```
Fri Apr 1 12:50:39 2016
吃饭：20
网费：50
电话费：60

Sat Apr 2 10:00:00 2016
交通：10
衣服：200
```

图 15.4 修改后的记账文件内容

15.2.4 实验4：循环程序设计

一、实验目的

(1) 进一步学习掌握循环结构程序的设计，熟悉求和问题、图形输出问题等典型问题的编程思路。

(2) 学习掌握循环中常用算法，如穷举、迭代和递推等。

二、实验要求

(1) 请首先在纸质本上写出代码，然后上机调试，再将各题完整的程序粘贴到"三、实验程序清单"部分，代码前面用注释的形式列出以下信息：题目摘要，测试情况，已知缺陷。

(2) 请独立完成各题。

(3) 注意完成之后进行总结。

三、实验内容

(1) 编写程序分别输出图 15.5 中的各种图案。要求每个图案最左边的第一个字符在第 10 列。

```
        A              1                  1           INTERESTING
       BB             121                222           NTERESTING
      CCC            12321              33333          TERESTING
     DDDD           1234321            4444444         ERESTING
                   123454321          555555555        RESTING
                                       4444444         ESTING
                                        33333          STING
                                         222           TING
                                          1            ING
                                                       NG
                                                       G
      (a)             (b)                (c)             (d)
```

图 15.5　输出图案

提示：第(d)个图案可以先将第一行的字符串保存在一个字符数组中，然后从不同的位置开始输出。

(2) 设计循环结构，输出 3 阶 Fibonacci 数列的前 15 个元素之和，3 阶 Fibonacci 数列定义为：前三项的值为1，从第四项开始，每一项等于前 3 项的和。

(3) 找出各数位上数字之和是素数的所有 3 位数。

(4) 现要将 100 元人民币兑换成零钱，只能用 1 元、2 元和 5 元 3 种面额，共有多少种兑换方案？

(5) 输入一个分数，将其化简为最简分数。例如，输入 6/18，输出 1/3。

(6) 数字 9 具有如下性质：

$$0 \times 9 + 1 = 1$$
$$1 \times 9 + 2 = 11$$
$$12 \times 9 + 3 = 111$$

$$123 \times 9 + 4 = 1111$$
$$\vdots$$
$$123456789 \times 9 + 10 = 1111111111$$

编写程序,输出上述性质。

(7) 有一个文本文件 origin.txt,其中有 20 个整数,形式如下:

12 15 24 69 35 78 101 22 −10 0 33 56 24 35 26 91 −40 −1 1 99

编写程序,将这个文件中的数据升序排序后输出到文件 sorted.txt 中,数据之间仍然用空格分开。说明:读取数据的时候用 fscanf 函数。

(8) 在书上的排序例子中,无论是选择排序还是冒泡排序,比较的数和交换的数都是来自同一序列。实际上,它们也可以来自于不同的序列。看下面的程序。程序中,prices 数组表示 10 件商品的原价,discounts 数组表示 10 件商品的对应折扣。从第 12 行可以知道根据什么进行排序、怎么排序(升序或降序),从第 15 行可以知道对什么进行排序。

```
1   #include <stdio.h>
2   int main(){
3     double prices[10]={68, 98, 105, 49, 76, 204, 77, 90, 35, 100 };
4            // 10 件商品的原价
5     double discounts[10]={0.85, 0.8, 0.7, 0.92, 0.95, 0.87, 0.75, 0.98, 0.8, 0.88};
6            // 10 件商品的折扣
7     double t;
8     int i, j, post;
9     for (i=0; i<9; ++i){
10      post =i;
11      for (j =i+1; j<10; ++j)
12        if (prices[post] * discounts[post]>prices[j] * discounts[j])
13          post=j;
14      if (post!=i){
15        t=prices[post];  prices[post]=prices[i];  prices[i]=t;
16      }
17    }
18    for (i=0; i <=9; ++i)
19      printf("%.2f ", prices[i]);
20  }
```

① 上述程序的功能是什么?

② 上述程序有一个缺陷,就是最后 prices 数组和 discount 数组之间的对应关系丢失了。例如,原来 prices[i] 和 discount[i] 对应的都是第 i 个商品,排序后,就不存在这种对应关系了。修改上述程序,使得排序之后 prices 数组和 discount 数组之间仍然存在对应关系。

(9) 在第(8)题的启发下,完成以下程序。

有一个文件 scores.txt,其中包含了形如以下的内容:

101230   580

```
101235    540
101241    550
```

其中,每一行是一个学生的信息,第一列是学号,第二列是成绩。编写程序,将该文件中的学生信息按照成绩降序排列,并保存在文件 newscores.txt 中。如对于上面的数据,排序后应该是:

```
101230    580
101241    550
101235    540
```

说明:

- 学号可以认为是整型数据。
- 假设 scores.txt 中的行数是已知的,如 10 个,自己凑一些数据来对程序进行测试。

(10) 在理解教材例 6.12 的基础上,完成以下程序:

① 输入多行字符,统计其中有多少个单词,单词之间用空格符分开。

② 输入一行字符,输出其规范形式,所谓规范形式,是指字符串中多余的空格都被去掉了,且每个单词的首字母大写、其他字母都小写。例如,输入:

```
i   AM  a  stuDENT
```

那么其规范形式为:

```
I Am A Student
```

③ 输入一行字符,输出其中最长单词的长度(不要求输出最长单词)。例如,输入

```
I    a  m a    student
```

那么输出 7。

15.2.5 实验 5:函数程序设计

一、实验目的

(1) 掌握如何自定义函数。
(2) 掌握如何将程序分解到函数。

二、实验要求

(1) 请首先在纸质本上写出代码,然后上机调试,再将各题完整的程序粘贴到"三、实验程序清单"部分,代码前面用注释的形式列出以下信息:题目摘要,测试情况,已知缺陷。
(2) 请独立完成各题。
(3) 注意完成之后进行总结。

三、实验内容

说明:每个题目都要求写一个完整的程序(包含主函数)来调用所写的函数。

(1) 编写一个函数判定给定的一个数是否属于 Fibonacci 数列中的一项,函数的返回值为 0(不属于)或者 1(属于)。

(2) 编写函数 digit(int n, int k),返回正整数 n 中的第 k 位数字(从右边算起)。例如,digit(256,1)返回 6,digit(256,3)返回 2。如果 k 大于 n 的数字位数,则返回 −1,如 digit(256,4)。

(3) 哥德巴赫猜想是:任何大于 2 的偶数都可以写成两个素数之和,例如 4=2+2,6=3+3,8=3+5。到目前为止,这个猜想还没有被证明,但是在很大的范围内是成立的。编写一个程序,产生 1000 个随机正偶数,对每个偶数 n,如果满足猜想,就输出 n=a+b(a 和 b 为素数)。要求编写一个函数 testGoldbach(int n),判断偶数 n 是否符合猜想,如果是,则输出上述形式。

(4) 黑洞数:任何一个数字不全相同的 3 位数,经有限次"重排求差"操作,总会得到 495,因而 495 被称为 3 位黑洞数。所谓"重排求差"操作是指组成该数的数字重排后的最大数减去重排后的最小数。例如,对 3 位数 207:

第一次重排求差:720−027=693。
第二次重排求差:963−369=594。
第三次重排求差:954−459=495。

编写程序,验证这一现象。

(5) 编写程序,求 10 个连续自然数,要求该 10 个数全部都是合数。所谓合数,就是该数存在除了 1 和它本身之外的因子。与合数相对应的是质数(即素数)。

(6) 有一个文件,其中包含了学生的学号,格式如下。假设现在老师要点几位学生回答问题。编写一个函数,每次调用从中随机抽取一个学生。在主函数中对其连续调用,并可以控制是否需要继续抽取。假设每次抽取的学生可以重复。说明:学号可以按整数的方式读取。

154772   154778   154784   154793

(7) 编写函数 void printUnsignedBinary(unsigned int x),该函数输出 x 的二进制形式。例如,运行结果如图 15.6 所示。

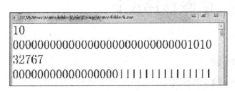

图 15.6　将十进制数转换为二进制输出

(8) EasyX 是一个 C/C++ 下的图形函数库,用它可以在控制台下进行绘图。安装并熟悉 EasyX,为后续使用做好准备。要求:

① 根据官网上的教程和说明,安装 EasyX,使得以下代码能够运行。将代码运行结果截图显示。

```
1    #include <graphics.h>
```

```
 2    #include <conio.h>
 3    #include <math.h>
 4    const double PI=3.1415926;
 5    const double div_count=360.0;
 6    int main(){
 7        int i=0;
 8        initgraph(800, 800);
 9        setorigin(400, 400);
10        setaspectratio(1, -1);            // 建立笛卡儿坐标系
11        line(-600, 0, 600, 0);
12        line(0, -600, 0, 600);
13        for (i=-360; i<=360; i++)
14            putpixel(i, sin((PI/180.0) * (i * 1.0)) * 60, GREEN);
15        getch();                          // 按任意键退出
16        closegraph();
17        return 0;
18    }
```

② 查阅相关帮助,理解上述程序中每一行的作用,并对程序中用到的函数进行总结(写在下面)。

说明：

- EasyX 支持的编译环境版本：Visual C++ 6.0/2008/2010/2012/2013/2015。不支持 Code::Blocks。
- 官网：http:// www.easyx.cn/。

(9) 利用第(8)题实验的 EasyX 函数库,画一个笑脸图形,如图 15.7 所示(可以在此基础上自由发挥)。

图 15.7　笑脸图形

15.2.6　实验 6：函数设计

一、实验目的

(1) 掌握函数的定义和使用方法。
(2) 掌握 C 程序中如何组织源代码文件。
(3) 掌握递归函数和递归程序的编写。

二、实验要求

(1) 请首先在纸质本上写出代码,然后上机调试,再将各题完整的程序粘贴到"三、实验程序清单"部分,代码前面用注释的形式列出以下信息：题目摘要,测试情况,已知缺陷。
(2) 请独立完成各题。
(3) 注意完成之后进行总结。

三、实验内容及主要步骤

(1) Python 中的 random 模块提供了丰富的随机数相关函数,现要求用 C 语言仿照

random模块实现一个函数库,其中应包括以下函数。

① random():产生一个[0,1)的随机浮点数。

② uniform(a, b),用于生成一个指定范围内的随机浮点数,两个参数a和b:一个是上限,一个是下限。如果a>b,则生成的随机数n满足:b≤n≤a;如果a<b,则a≤n≤b。

③ randint(a, b),用于生成一个指定范围内的整数。其中参数a是下限,参数b是上限,生成的随机数n满足:a≤n≤b。

④ randrange(start, stop, step),从指定范围[start,stop]内按指定步长stop递增的集合中,获取一个随机数。例如,randrange(10, 100, 2),结果相当于从{10, 12, 14, 16, …, 96, 98}集合中获取一个随机数。

要求:函数组织在两个文件myrandom.h和myrandom.c中,其中,myrandom.h包含上述函数的声明,myrandom.c包含上述函数的定义(实现);main()函数在文件source.c中;要对每个函数进行测试。这3个文件要放在一个工程中才能正确编译运行。(可以参考例7.12来了解如何组织文件)

(2) 编写一个简单的猜数游戏,程序产生一个1~100的随机数,用户猜这个数,程序会给出"高了"或者"低了"的提示,直到用户猜对或者放弃(假定用户输入-1表示放弃)。如果用户最终猜对了,且猜的次数在5次以下,则输出"Good!";猜的次数在5~8次,则输出"Not Bad!";否则输出"You can do better!"。

(3) 写一个递归程序,计算:

$$C(m, n) = C_m^n = \begin{cases} 1 & \text{当 } n = 0 \\ m & \text{当 } n = 1 \\ C_m^{m-n} & \text{当 } m < 2n \\ C_{m-1}^{n-1} + C_{m-1}^{n} & \text{当 } m \geq 2n \end{cases}$$

(4) 写一个递归程序,计算一个算术表达式的值,其中只有+运算符。例如,5+3+9+1。要求首先描述问题的递归特征,即将问题分解为至少两部分,其中一部分可以直接解决,其他部分可以基于子问题的解来解决。

(5) 写一个递归程序,计算一个算术表达式的值,其中有+和-两种运算符。例如,5-3-9+1。同样,首先描述问题的递归特征。

(6) 写一个递归程序,输出1~n个自然数中任意取k个数字的所有组合。程序运行时输入n和k的值。例如,如果输入n=5,k=3,则输出:123,124,125,134,135,145等组合。要求首先描述问题的递归特征。每个组合数可以以一个整数的形式输出,但顺序不重要,例如,123、132、231等被认为是同一个组合。

(7) 还记得你写的记账的小程序吗?现在给它设计界面。图15.8显示出主界面,当输入1之后,将进入图15.9所示的记账界面,如果输入N或者n,将返回到图15.8所示的主界面。本次实验只要求将主界面、记账的界面和功能设计出来(功能前面已经完成),后续实验中,将逐步完善其他功能。

图 15.8 主界面

图 15.9 记账界面

提示：如果要改变控制台的颜色和大小，可以尝试以下语句。

```
system("cls");                          // system()函数可以调用命令行命令
system("color 3e");
system("mode con cols=40 lines=15");
```

每个界面不一定要和图中一模一样，可以自由发挥。主界面和其他界面要用不同的函数实现。

15.2.7 实验 7：数组、指针的应用

一、实验目的

（1）掌握数组的定义和使用方法。
（2）掌握字符串的处理方法。

二、实验要求

（1）请首先在纸质本上写出代码，然后上机调试，再将各题完整的程序粘贴到"三、实验程序清单"部分，代码前面用注释的形式列出以下信息：题目摘要，测试情况，已知缺陷。
（2）请独立完成各题。
（3）注意完成之后进行总结。

三、实验内容

（1）完全用指针操作，向一个数组输入 10 个值，并输出其中的最大值及其下标。

（2）在冒泡排序中，需要比较相邻的两个元素的大小，并决定是否需要交换。改写冒泡排序的程序，其中至少包含两个函数：bubble_sort(int a[], int n)和swap，bubble_sort 用于将数组 a 中的 n 个元素排序，其中调用函数 swap 来交换两个数。

（3）编写一个函数 void deleteChar(char * s, char c)，在字符串 s 中删除字符 c。如果该字符不存在，则什么都不做。例如，在"Duang Huan"中删除了'u'后，变成了字符串"Dang

Han"。

(4) 编写一个函数 str_cat,实现函数 strcat 的功能。要求用指针实现。

(5) 输入一个长度大于 3 的字符串,从中随机选取 3 个字符构成一个新的字符串,输出这个新的字符串。分两种情况:

① 一个位置上的字符可以多次被选取。

② 一个位置上的字符只能被选取一次。

(6) 输入一个 n 位数(n≥3),找出其中 3 个连续的数字构成的数中最大的那一个。例如,输入 26895,则 3 个连续的数字构成的数是 268、689、895,其中最大的是 895。

(7) 输入一个字符串,其中含有带括号的子串,输出不含带括号子串的字符串。例如,输入"Microsoft(MS) Office",输出"Microsoft Office"。

(8) 读入一个含有注释信息的 C 程序,将其中的所有注释信息清理掉后,保存为另一个文件。例如,对于如下左边所示的包含注释信息的原始 C 程序,清理后的结果如右边所示。

原始程序	清理后的程序
| ```
/*
 * compute 1+2+…+10
 */
int main(){
  int i, sum=0;   // initialization
  for (i=0; i<10; i++)   // circulation
    sum +=i;       /* accumulation */
  printf("sum=%d\n", sum);
  return 0;
}
``` | ```
int main(){
  int i, sum=0;
  for (i=0; i<10; i++)
    sum +=i;
  printf("sum=%d\n", sum);
  return 0;
}
``` |

(9) "洗牌"是一种非常常见的操作。所谓洗牌,就是给定一个序列,随机产生一个新的排列。例如,数据序列是:5 18 36 21 11 25,每洗一次牌,就产生一个完全不同的新排列。写一个程序,实现洗牌操作。

15.2.8 实验 8:二维数组的应用

一、实验目的

(1) 掌握二维数组的定义和使用方法。

(2) 进一步掌握字符串的处理方法。

二、实验要求

(1) 请首先在纸质本上写出代码,然后上机调试,再将各题完整的程序粘贴到"三、实验程序清单"部分,代码前面用注释的形式列出以下信息:题目摘要,测试情况,已知缺陷。

(2) 请独立完成各题。

(3) 注意完成之后进行总结。

三、实验内容

(1) 写一个函数 avg_sum，用于计算数组中元素的和以及平均值。主函数 main 已经给出，要求完成 avg_sum 后，整个程序可以正确运行。

```
1   #include <stdio.h>
2   int main(){
3       int a[10], i, sum;
4       float avg;
5       int * p=a;
6       for (i=0; i<10; i++)
7           scanf("%d", &a[i]);
8       avg_sum(a, 10, &avg, &sum);
9       printf("avg=%f, sum=%d", avg, sum);
10  }
```

(2) 编写程序，读取一个字符串，然后判断这个字符串是否为回文（忽略非字母符号和字母大小写后，从左向右读和从右向左读完全一样）。例如：

```
He lived as 56 * a devil, eh?
```

是一个回文。要求用指针实现。

(3) 编写函数 int count(char s[], char t[], int start)，统计字符串 s 中从 start 处（数组下标）开始包含子串 t 的次数。例如，s 为 "abcdbce"，t 为 "bc"，start 为 0，则函数返回值为 2。

(4) 编写函数 int reverse_index(char s[], char t[], int start)，查找字符串 t 在字符串 s 中最后一次出现的位置（数组下标），从 start 处开始找。如果没有出现，则返回 -1.

(5) 已有文件 ckey.txt，其中包含了 C 语言学习中最常遇见的单词，每一行是一个单词。要求编写一个程序，将其中的单词按照升序排序后保存到文件 ckey_sorted.txt 中。例如，下面是一个例子。

ckey.txt 文件：　　　　ckey_sorted.txt 文件：
for　　　　　　　　　float
while　　　　　　　　for
float　　　　　　　　while

(6) 有一个文件 scores.txt，其中包含有某班级若干学生 4 门课程的成绩，第一列为学生序号。编写程序，将该文件的内容读入到一个二维数组中，然后输出总分最高的学生序号及总分，以及每门课程的平均成绩。例如，若 scores.txt 的内容如下：

```
1  88  67  78  90
2  97  40  51  57
3  95  94  88  55
4  68  71  85  74
```

那么将输出：

```
No.3,最高分：333
```

平均成绩：

```
87.25   68.00   75.50   69.00
```

15.2.9 实验9：结构体与文件

一、实验目的

(1) 掌握结构体变量和结构体数组的定义和使用方法。
(2) 掌握文件的读写方法。

二、实验要求

(1) 请首先在纸质本上写出代码，然后上机调试，再将各题完整的程序粘贴到"三、实验程序清单"部分，代码前面用注释的形式列出以下信息：题目摘要，测试情况，已知缺陷。
(2) 请独立完成各题。
(3) 注意完成之后进行总结。

三、实验内容

(1) 现要为某一个销售部门编写一个程序管理约100种商品。要求设计一个结构体类型来描述商品，每种商品包括商品编号（如A001）、商品名称（如iPad pro 2 64GB）、商品销售量和商品销售额等信息，并编写以下函数：

① 编写一个函数输入所有商品的信息。
② 编写一个函数对商品进行排序，排序规则如下：首先按照商品销售额排降序；如果商品销售额相同，则再按照商品销售量排升序。
③ 编写一个函数将所有商品信息保存到一个二进制文件中。
④ 编写一个函数读取二进制文件中的所有商品信息。
⑤ 编写一个函数 search_no(char * pNo)，根据商品编号(pNo)查找商品。查找规则如下：如果 pNo 为 NULL，则表示没有指定商品编号，否则查找指定商品编号的商品并输出。
⑥ 编写一个函数 search_values(double count, double amount)，根据商品数量(count)和金额(amount)来查找数量小于等于count且金额大于等于amount的商品。例如，search_values(10, 2600)查找数量小于等于10，金额大于等于2600的商品，并且输出找到的所有商品。
⑦ 编写主函数调用上述函数。

说明：除了这些函数之外，还可以有其他函数。

(2) 编写一个程序 compare，带有命令行参数，比较两个文件的内容是否相同。如果内容完全相同，则输出"No difference!"；否则，输出从第几个字符开始不相同。使用方式如下：

```
compare file1.txt file2.txt
```

(3) 某次考试全部由单选题组成，标准答案保存在一个文件中，格式为：

```
1A2B…50B…
```

其中,数字为题号,字母为答案。从键盘输入某位考生的答案,例如:

```
ABCC…
```

输出该考生的成绩。假定每个题目答案正确得 1 分,错误得 0 分。

(4) 某心理测试试题全部由单选题组成,每个题目有 3 个选项,不同选项得分不同,答案和分数保存在一个文件中,格式为:

```
1A10B20C30
2A20B10C30
  ⋮
20A30B10C20
  ⋮
```

其中,前面的数字为题号。从键盘输入某位考生的答案,例如:

```
ABCC…
```

输出该考生的成绩。

(5) 某书店用一个文件记录书的销售情况,文件里记录了书的 ISBN 号和销售数量,每卖出一本书,需要更新该文件,并在每周末产生畅销书列表。编写函数,包括:

① newsale(char *isbn, int count),其中 isbn 和 count 分别表示 ISBN 号和本次销售数量,该函数负责更新文件。

② bestseller(int n),列出销售量最大的 n 本书的编号,要求按销售量降序排列。

其他函数可以自由设计。

附录 部分字符与ASCII代码对照表

ASCII值	字符	ASCII值	字符	ASCII值	字符	ASCII值	字符
0	NUL(空字符 null)	32	空格	64	@	96	`
1	SOH(标题开始)	33	!	65	A	97	a
2	STX(正文开始)	34	"	66	B	98	b
3	ETX(正文结束)	35	#	67	C	99	c
4	EOT(传输结束)	36	$	68	D	100	d
5	ENQ(请求)	37	%	69	E	101	e
6	ACK(收到通知)	38	&	70	F	102	f
7	BEL(响铃)	39	'	71	G	103	g
8	BS(退格)	40	(	72	H	104	h
9	HT(水平制表符)	41	)	73	I	105	i
10	LF(换行键)	42	*	74	J	106	j
11	VT(垂直制表符)	43	+	75	K	107	k
12	FF(换页键)	44	,	76	L	108	l
13	CR(回车键)	45	—	77	M	109	m
14	SO(不用切换)	46	.	78	N	110	n
15	SI(启用切换)	47	/	79	O	111	o
16	DLE(数据链路转义)	48	0	80	P	112	p
17	DC1(设备控制 1)	49	1	81	Q	113	q
18	DC2(设备控制 2)	50	2	82	R	114	r
19	DC3(设备控制 3)	51	3	83	X	115	s
20	DC4(设备控制 4)	52	4	84	T	116	t
21	NAK(拒绝接收)	53	5	85	U	117	u
22	SYN(同步空闲)	54	6	86	V	118	v
23	ETB(传输块结束)	55	7	87	W	119	w
24	CAN(取消)	56	8	88	X	120	x
25	EM(介质中断)	57	9	89	Y	121	y
26	SUB(替补)	58	:	90	Z	122	z
27	ESC(溢出)	59	;	91	[	123	{
28	FS(文件分割符)	60	<	92	\	124	|
29	GS(分组符)	61	=	93	]	125	}
30	RS(记录分离符)	62	>	94	^	126	~
31	US(单元分隔符)	63	?	95	_	127	DEL(删除)

参 考 文 献

[1] 万常选,舒蔚,骆斯文,刘喜平. C语言与程序设计方法. 2版. 北京:科学出版社,2009.
[2] 裘宗燕. 从问题到程序:程序设计与C语言引论. 北京:机械工业出版社,2007.
[3] Kernighan B W, Ritchie D M. C程序设计语言. 2版. 徐宝文,等译. 北京:机械工业出版社,2004.
[4] Roberts E S. C语言的科学和艺术. 翁惠玉,等译. 北京:机械工业出版社,2011.
[5] King K N. C语言程序设计:现代方法. 吕秀锋,黄倩,译. 北京:人民邮电出版社,2010.
[6] Prata S. C Primer Plus(第五版)中文版. 云巅工作室编. 北京:人民邮电出版社,2005.
[7] Plauger P J. C标准库. 卢红星,等译. 北京:人民邮电出版社,2009.
[8] Bryant R E, O'Hallaron D. 深入理解计算机系统. 2版. 龚奕利,雷迎春,译. 北京:机械工业出版社,2011.
[9] 潘爱民,俞甲子,石凡. 程序员的自我修养——链接、装载与库. 北京:电子工业出版社,2009.
[10] 左飞. 代码揭秘:从C/C++的角度探秘计算机系统. 北京:电子工业出版社,2009.
[11] Scott M L. 程序设计语言——实践之路. 3版. 韩江,陈玉,译. 北京:电子工业出版社,2012.
[12] 王晓东. 算法分析与设计. 3版. 北京:清华大学出版社,2014.